高等学校材料类精品教材
中国石油和化学工业优秀教材奖

材料学概论

胡　珊　李　珍　谭　劲　梁玉军　编

化学工业出版社

·北京·

全书共7章。第1章讲述材料与材料科学研究的内容及任务，材料的类别、性质、应用、发展现状及趋势。第2～4章分别讲述金属材料、无机非金属材料、高分子材料的基础知识、结构、生产方法、性能特点及应用。第5章讲述矿物材料基本概念、性能特点，矿物材料的加工及应用。第6章讲述复合材料的基础知识，增强材料的特性，复合材料的性能特点、生产工艺及应用。第7章介绍能源、环境、生物、智能、纳米等新型材料的特点、发展及应用。本书可作为材料及相关专业的教材，同时可作为材料研究人员的参考用书。

图书在版编目（CIP）数据

材料学概论/胡珊，李珍，谭劲，梁玉军编．—北京：化学工业出版社，2012.5（2023.11重印）
高等学校材料类精品教材
中国石油和化学工业优秀教材奖
ISBN 978-7-122-13810-1

Ⅰ.材…　Ⅱ.①胡…②李…③谭…④梁…　Ⅲ.材料科学-高等学校-教材　Ⅳ.TB3

中国版本图书馆CIP数据核字（2012）第046954号

责任编辑：杨　菁　　　文字编辑：林　丹
责任校对：王素芹　　　装帧设计：杨　北

出版发行：化学工业出版社（北京市东城区青年湖南街13号　邮政编码100011）
印　　装：高教社（天津）印务有限公司
787mm×1092mm　1/16　印张14½　字数384千字　　2023年11月北京第1版第12次印刷

购书咨询：010-64518888　　　售后服务：010-64518899
网　　址：http：//www. cip. com. cn
凡购买本书，如有缺损质量问题，本社销售中心负责调换。

定　　价：49.00元

前　言

材料是科技进步和社会发展的物质基础，是人类文明的重要支柱。20世纪70年代，人们把信息、材料和能源誉为当代文明的三大支柱，而信息和能源的发展又依赖于材料科学的进步。20世纪80年代，以高技术群为代表的新技术革命，又把新材料、信息技术和生物技术并列为新技术革命的重要标志。到了21世纪，各种高科技的新型材料不断涌现，加强基础、拓宽知识、增强学科的社会适应性以及提高学生的创造力已成为材料类专业改革的方向。为此，我们在多年教学和科研的基础上，编写了这本教材。该书既讲述了传统材料的基础理论知识，又发挥中国地质大学的特色，介绍了矿物材料的基础理论知识，同时，结合国内外材料学的发展，增加了新材料最新研究成果内容。

全书共7章。第1章为绪论。主要讲述材料与材料科学研究的内容及任务，材料的类别、性质、应用、发展现状及趋势。第2章为金属材料。主要讲述金属材料的基本概念，金属及合金晶体结构、相图，金属材料的结晶过程，金属材料的性能，金属的热处理，常见新型金属材料特点及应用。第3章为无机非金属材料。主要讲述无机非金属材料的概念及分类，陶瓷的概念及分类，陶瓷的显微结构与性能，普通陶瓷的生产过程及用途，特种陶瓷的制备工艺，各种结构陶瓷和功能陶瓷的特点，耐火材料的主要特性；玻璃的概念、特点及分类，玻璃的结构和性质，普通玻璃的生产过程，特种玻璃的特性及应用；胶凝材料的定义、分类及发展，水泥的生产、组成、凝结与硬化，水泥的主要性能及用途。第4章为高分子材料。主要讲述聚合物材料的基本概念、结构、物理状态、性能及应用；塑料的特性、成型加工及应用；橡胶的主要性质、配方组成、生产工艺；纤维的指标、结构与性能；胶黏剂的组成、粘接机理；涂料的特性；常见功能高分子的特点及应用。第5章为矿物材料。主要讲述矿物材料概念、特点、分类及发展趋势，矿物材料的加工，单晶矿物材料及应用，矿物材料的开发及应用。第6章为复合材料。主要讲述复合材料的基本概念、分类、性能特点、发展现状与趋势，复合材料的复合原理与增强机理，增强材料的特性，聚合物基复合材料、金属基复合材料、无机非金属基复合材料的性能特点、生产工艺及应用；常见功能复合材料的特点及应用。第7章为新型材料。介绍了新型能源材料、磁性材料、压电材料、信息材料、智能材料、生态环境材料、生物材料、纳米材料的特点及应用。

当前，随着现代科学技术和生产的飞跃发展，不管是传统材料还是先进材料，都得到了迅猛发展。新材料产业的发展在市场上占有重要的地位。材料类人才的需求量增加，适应社会发展的材料类人才培养也显得越来越重要。由此，该书不仅可以作为在校材料类专业学生的教材，还可以作为相关从业人员的重要参考书。

本书由胡珊、李珍、谭劲、梁玉军编写。其中，第1、4、7章由胡珊编写，第5、6章由李珍编写，第3章由谭劲编写，第2章由梁玉军编写，全书由胡珊负责统稿。

本书得到中国地质大学（武汉）“十二五”规划精品教材建设项目资助，在此表示衷心的感谢！

由于编者水平有限，书中不足和疏漏之处在所难免，敬请读者批评指正。

胡珊

2012.1

目　录

第1章　绪　　论

1.1　材料科学与工程

材料（materials）是人类用来制造有用的构件、器件或物品的物质。材料是现代科技和国民经济的物质基础。一个国家生产材料的品种、数量和质量是衡量其科技和经济发展水平的重要标志。20世纪70年代人们把信息、材料和能源誉为当代文明的三大支柱，而信息和能源的发展又依赖于材料科学的进步。20世纪80年代以高技术群为代表的新技术革命，又把新材料、信息技术和生物技术并列为新技术革命的重要标志。

材料作为一门独立的学科始于20世纪60年代。材料科学是在金属学、陶瓷学、高分子科学的基础上发展起来的。不同材料尽管各有特点，但它们之间却有相通的原理、共性和相似的研究、生产方法。不同类型材料统一考虑不但可以节约投资，更重要的是可以相互借鉴、相互启发，相互代用，充分发挥各类材料的优越性，加速材料及材料科学的发展。

材料科学是有关材料成分、组织与工艺流程对于材料性质与用途的影响规律的知识与运用。从这个意义上讲，材料科学是一种近年来形成的交叉学科和应用科学，与工程技术的联系较为密切，所以人们往往把材料科学与工程联系在一起，称为“材料科学与工程”（materials science and engineering）。近年来，又称为“材料科学技术”（materials science and technology）。材料工程是指运用材料科学的理论知识和经验知识，为满足各种特定需要而发展、制备和改进各种材料的工艺技术。因此，材料科学与工程是研究材料的组成、结构、生产过程、材料性能与使用效能以及他们之间的关系。

材料科学与工程包括的内容有四个方面，即材料的结构与成分（structure and composition）、合成与加工（synthesis and processing）、性质（性能）　（properties）和效能（performances），可以用一个四面体来表示（见图1-1）。材料的性能决定于材料的成分与结构，而这些又决定于制备工艺，但性能好的材料，在实际使用条件下不一定符合要求，所以在上述三项之外，又加入了效能这一项，成为材料科学与工程的四要素。材料的结构与成分是指每个特定的材料都含有一个以原子和电子尺度到宏观尺度的结构体系，对于大多数材料，所有这些结构尺度上化学成分和分布是立体变化的，这是制造该种特定材料所采用的合成和加工的结果。材料的合成与加工是指建立原子、分子和分子聚集体的新排列，在从原子尺度到宏观尺度的所有尺寸上对结构进行控制以及高效而有竞争力地制造材料和零件的演变过程。性质是材料功能特性和效用（如电、磁、光、热、力学等性质）的定量度量和描述，材料的性质表示了其对外界刺激（如电场、磁场、温度场、力场等）的整体响应。材料的效能（或称为使用性能或效果）是指材料在使用条件下的表现，包括环境影响、受力状态、材料特征曲线，乃至寿命估计等。

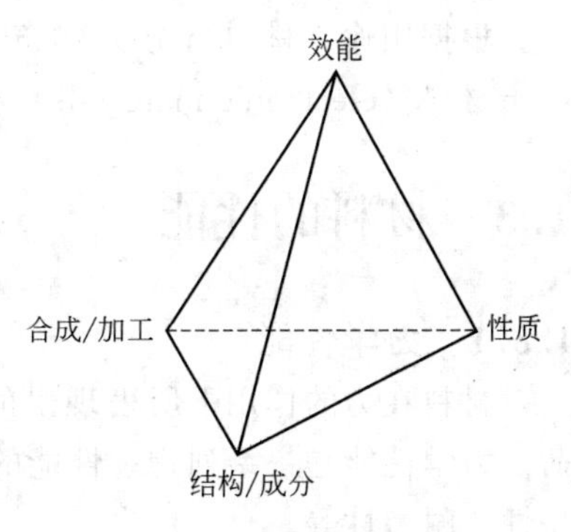

图1-1　材料科学与工程四要素

材料科学是一门交叉性学科和应用科学，它是物理、化学、冶金学、金属学、高分子科学、计算科学等学科相互融合与交叉的结果，是与实际应用结合非常密切的科学，也是一个正在发展的科学，随有关学科的发展而得到充实和完善。它的根本任务是揭示材料组分、结构与性质的内在关系，设计、合成并制备出具有优良使用性能的材料，以满足工农业生产、国防建设和现代科学技术发展对材料日益增长的需要。

1.2 材料的分类

材料科学研究的具体对象很多，目前世界各国注册的材料有几十万种，并在不断增加之中。为了便于研究和应用，常将材料进行分类。材料可从不同的角度进行分类，见图 1-2。

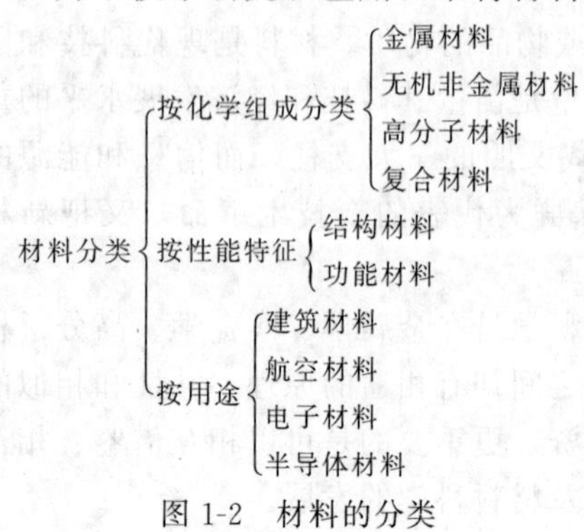

图 1-2 材料的分类

根据化学组成和显微结构特点，材料可以分为金属材料（metal materials）、无机非金属材料（inorganic non-metallic materials）、高分子材料（polymeric materials）和复合材料（composite materials 或 composites）。金属材料包括纯金属和以金属为基体所构成的合金；无机非金属材料是由无机化合物构成的材料，包括陶瓷、玻璃、水泥、耐火材料等；高分子材料是由高分子化合物组成的材料，包括塑料、橡胶、纤维、胶黏剂、涂料、功能高分子等；复合材料是由两种或两种以上的材料经复合而成的材料，包括树脂基复合材料、金属基复合材料、陶瓷基复合材料等。

根据性能特征，材料可分为结构材料（structural materials）和功能材料（functional materials）。结构材料主要是使用其力学性能，这类材料是机械制造、工程建筑、交通运输、能源利用等方面的物质基础。功能材料是利用物质的各种物理和化学特性发展起来的材料，在电子、红外、激光、能源、通信等方面起关键作用。例如，压电材料、光学功能材料、生物材料、智能材料、梯度功能材料等都属于功能材料。

根据用途，材料可分为建筑材料（building materials）、航空材料（aviation materials）、电子材料（electronic materials）和半导体材料（semiconductor materials）等。

1.3 材料的性能

1.3.1 力学性能

材料在力的作用下所表现出的特性即为材料的力学性能。通常把力的作用称为载荷或负荷。力学性能是一系列物理性能的基础。材料的力学性能包括强度、硬度、塑性、韧性、疲劳特性、耐磨性等。

（1）应力-应变曲线　在一定条件下，在材料上作用以拉伸、压缩等外力时，会相应地发生内应力，按此应力的大小产生应变。应力和应变分别用 σ 和 ε 表示：

$$\sigma=\frac{P}{A} \tag{1-1}$$

$$\varepsilon=\frac{L-L_0}{L_0} \tag{1-2}$$

式中，P 为载荷；A 为横截面积；L_0 为标距间的原始距离；L 是施加力 P 后标距间的距离。

应力与应变的关系可用应力-应变曲线加以表示。这种曲线按材料的种类不同，大体上可分为以下五种类型，见图1-3。

曲线①的开始部分为直线，随后表现出屈服现象，随着应力的增加应变增大，直至断裂，如软钢等。曲线②在开始阶段接近于直线，但不像软钢那样出现屈服现象，随后曲线稍微向上凸出，突然断裂，如玻璃、硬石块、铸铁等。曲线③在开始时向上凸出，在接近断裂时应变急剧增大，如软石块、木材的压缩曲线、质硬而脆的塑料等。曲线④在开始阶段接近于直线或表现有向上凸的趋势，随后应力出现极大值，屈服后应力再次增加而断裂，如硬而黏性大的塑料。曲线⑤在开始阶段稍许趋于向下凹，在不大的应力下，发生很大的应变，曲线没有屈服点，呈现一段较长的平台，直到试样断裂前，曲线又出现急剧地上升，如软质橡胶。

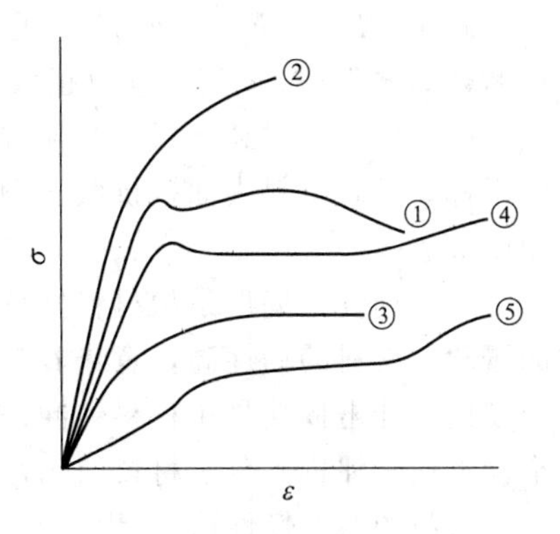

图1-3 应力-应变曲线

(2) 弹性模量 弹性模量是指材料在弹性极限范围内，应力与应变的比值，用E表示，即：

$$E=\frac{\sigma}{\varepsilon} \tag{1-3}$$

弹性模量E值与材料有关，反映了物体变形的难易程度，即刚度。E越大，刚度越大。纵向弹性模量一般也称为杨氏模量。如把材料看成弹性体时，在应力-应变曲线上弹性段的斜率即为弹性模量。

(3) 强度 在外力作用下，材料抵抗变形和断裂的能力称为强度。按作用方式的不同，材料的机械强度可分为拉伸强度（即抗张强度或抗拉强度）、屈服强度、压缩强度、弯曲强度、扭转强度、疲劳强度等。

抗拉强度是将试样在拉力机上施以静态拉伸负荷，试样直至断裂为止所承受的最大拉伸应力。拉伸强度σ_t按下式计算：

$$\sigma_t=\frac{P}{bd} \tag{1-4}$$

式中，P为拉伸实验中承受的最大负荷；b为试样宽度；d为试样厚度。

屈服强度是材料在外力作用下发生塑性变形的最小应力，用σ_s表示。工程上规定，试样产生0.2%塑性变形时的应力值为该材料的条件屈服强度，用$\sigma_{0.2}$表示。

弯曲强度是指采用简支梁法将试样放在两支点上，在两支点间的试样上施加集中载荷，使试样变形直至破裂时的载荷。弯曲强度σ_b的计算公式为：

$$\sigma_b=\frac{3Pl}{2bd^2} \tag{1-5}$$

式中，P为破坏载荷；l是试验时试样在支点间的跨度；b和d分别是试样的宽度和厚度。

压缩强度是指在试样上施加压缩载荷至破裂（对脆性材料而言）或产生屈服现象（对非脆性材料而言）时，原单位横截面积上所能承受的载荷。

(4) 塑性 材料在断裂前发生永久变形的能力叫塑性。塑性以材料断裂后永久变形的大小来衡量。塑性指标有延伸率δ和断面收缩率ψ：

$$\delta=\frac{L_1-L_0}{L_0}\times 100\% \tag{1-6}$$

$$\psi=\frac{F_0-F_1}{F_0}\times 100\% \tag{1-7}$$

式中，L_0 与 F_0 分别为试样原始长度与原始截面积；L_1 与 F_1 分别为试样拉断后的长度与拉断处的截面积。δ 值或 ψ 值越大，材料的塑性越好。

（5）硬度　材料能抵抗其他较硬物体压入表面的能力称为硬度。硬度是衡量材料软硬程度的指标，反映材料表面抵抗微区塑性变形的能力。工程上常用的有布氏硬度、洛氏硬度、维氏硬度等。

（6）韧性　韧性是指材料抵抗裂纹萌生与扩展的能力。韧性与脆性是两个意义上完全相反的概念。材料的韧性高，意味着其脆性低；反之亦然。度量韧性的指标有两类：冲击韧性和断裂韧性。冲击韧性是用材料受冲击而破断的过程所吸收的冲击功的大小来表征材料的韧性。此指标可用于评价高分子材料的韧性，但对陶瓷等韧性很低的材料一般不使用。

材料的冲击韧性值 a_k 为

$$a_k=\frac{A_k}{F} \tag{1-8}$$

式中，A_k 为试样在断裂过程中所吸收的能量；F 为试样缺口处的截面积；a_k 的单位为 $kJ\cdot m^{-2}$。

陶瓷等脆性材料一般用断裂韧性来衡量，是用材料裂纹尖端应力强度因子的临界值 K_{Ic} 来表征材料的韧性。由于裂纹的存在，在外力作用下，其尖端前沿必然存在应力集中。根据断裂力学的观点，只要裂纹很尖锐，顶端前沿各点的应力就按一定形状分布，即外加应力增大时，各点的应力按相应比例增大，这个比例系数称为应力强度因子 K_I（$MPa\cdot m^{1/2}$），表示为

$$K_I=Y\sigma\sqrt{a} \tag{1-9}$$

式中，Y 为几何因子；σ 为外加应力；a 为裂纹半长。

一定构件在外力增大或裂纹增长时，裂纹尖端的应力强度因子也增大，当 K_I 达到某临界值时，裂纹突然失稳扩展，发生快速脆断。这一临界值称为材料的断裂韧性，用 K_{Ic} 表示，它反应了材料抵抗裂纹扩展的能力。

（7）疲劳强度　疲劳强度是指被测材料抵抗交变载荷的性能。交变载荷是指大小和（或）方向重复和循环变化的载荷。在交变载荷作用下，即使交变应力小于 σ_s，材料经较长时间的工作也会发生断裂，这种现象称为疲劳。材料在无数次的交变载荷作用下而不致破裂的最大应力，称为疲劳强度。

1.3.2　电学性能

（1）导电性能　材料导电性的量度为电阻率或电导率，电阻率的倒数为电导率。电阻 R 与导体的长度 l 成正比，与导体的截面积 S 成反比，即：

$$R=\rho\frac{l}{S} \tag{1-10}$$

式中，ρ 称为电阻率，表示单位长度、单位面积导体的电阻。ρ 可用于评定材料的导电性能，其单位为 $\Omega\cdot m$。电阻率的倒数为电导率 σ。

显然，电阻率越小，导电性能就越好。根据电阻率的大小，可将材料分为超导体、导体、半导体和绝缘体四类。超导体的电阻率 ρ 在一定温度下接近于零，导体的 ρ 为 $10^{-8}\sim10^{-5}$ $\Omega\cdot m$，半导体的 ρ 为 $10^{-5}\sim10^{7}\Omega\cdot m$，绝缘体的 ρ 为 $10^{7}\sim10^{18}\Omega\cdot m$。

一般来说，金属材料及部分陶瓷材料和部分高分子材料是导体，普通陶瓷材料与大部分高分子材料是绝缘体。但是，一些具有超导特性的材料是陶瓷。金属的电导率随温度的升高而降

低，半导体、绝缘体、离子材料的电导率随温度的升高而增加。

（2）介电常数　当电压加到两块中间是真空的平行金属板上时，板上的电荷 Q_0 与施加电压成正比，$Q_0=C_0V$，比例系数 C_0 就是电容。如果两板间放入绝缘材料，在相同电压下，电荷增加了 Q_1，则 $Q=Q_0+Q_1=CV$。电介质引起电容量增加的比例，称为相对介电常数 ε。

$$\varepsilon=\frac{C}{C_0}=\frac{Q_0+Q_1}{Q_0} \tag{1-11}$$

介电常数是一个无因次的量，它表示绝缘材料储存电能的能力。当要求电容器的单位体积内有较大的贮电能力时，这就需要使用介电常数大的电介质。

1.3.3 热学性能

（1）热容　热容表示 1mol 物质温度升高 1K 时所吸收的热量，通常是用摩尔热容 $J\cdot mol^{-1}\cdot K^{-1}$ 来表征。热容有物质体积恒定的定容热容 C_V 和物质处于恒压时的定压热容 C_p 两种。

定压热容 C_p 与定容热容 C_V 存在如下关系：

$$C_p-C_V=\frac{\alpha_V^2V_0T}{\beta} \tag{1-12}$$

式中，α_V 为体积膨胀系数；V_0 为摩尔体积；T 为热力学温度；β 为压缩率，$\beta=-(1/V)(dV/dp)$。

（2）热传导　对在某一温度下处于热振动状态的质点，由外部再加上能量更大的热振动时，会依次引起邻接质点的热振动状态升高，如此热振动状态高的波峰向低温方向移动，将最初引入的大的热振动以质点为媒介不断传下去，这种现象便是热传导，即由于材料相邻部分间的温差而发生的能量迁移。热传导也就是热量从物体的一部分传到另一部分，或从一个物体传到另一个相接触的物体，从而使系统内各处的温度相等。

材料热传导能力的大小通常用热导率表示，热导率为单位时间内在 1K 温差的 $1cm^3$ 正方体的一个面向其所对的另一个面流过的热量。热传导的机制主要可分为三种，即由自由电子的传导（金属）、晶格振动的传导（具有离子键或共价键的晶体）和分子或链段的传导（高分子材料）等。

（3）热膨胀　热膨胀是由于温度变化而引起材料尺寸和外形的变化。材料受热时一般都会膨胀，而膨胀系数就是表示材料这一特性的一个参数。热膨胀可分为线膨胀、面膨胀和体积膨胀。通常，膨胀系数指的是温度变化 1K 时材料单位长度的变化量，故也称为线膨胀系数（K^{-1}），以区别于表示材料单位体积变化量的体积膨胀系数。

线膨胀系数 α_l 和体积膨胀系数 α_V 分别表达为：

$$\alpha_l=\left(\frac{1}{l}\right)\left(\frac{dl}{dT}\right)_p \tag{1-13}$$

$$\alpha_V=\left(\frac{1}{V}\right)\left(\frac{dV}{dT}\right)_p \tag{1-14}$$

式中，下标 p 表示恒压条件，V 和 l 分别为材料的体积和线尺寸。

1.3.4 化学性能

材料在使用过程中，一般会与周围的环境发生一定程度上的气相-固相、液相-固相或固相-固相之间的反应，随着反应的进行，表面逐渐被侵蚀。因此，材料的化学性能是指材料抵抗各种介质作用的能力。它包括溶蚀性、耐腐蚀性、抗渗入性、抗氧化性等，可归结为材料的化学稳定性。同材料的化学性质有关的问题还有催化性、离子交换性等。

材料的化学稳定性依材料的组成、结构等而不同。金属材料主要是易被氧化腐蚀，硅酸盐类的材料由于氧化、溶蚀、冻结溶化、热应力、干湿等作用而被损坏；高分子材料则会因氧化、生物作用、虫蛀、溶蚀和受紫外线的照射老化降解而损害其耐久性。

1.4 材料的应用

材料的应用要考虑以下几个因素：一是材料的使用性能（performance）；二是使用寿命（durability）及可靠性（reliability）；三是环境适应性（environmental compliance）；包括生产过程与使用期间；四是价格（cost）。材料的应用面极广，涉及农业、建筑、环境、国防、信息与通信、交通、能源、健康、制造等各个领域，材料的应用领域不同，对材料的要求也就各有其特点。

（1）包装材料　包装材料是指用于制造包装容器和包装运输、包装装潢、包装印刷等有关材料和包装辅助材料的总称。根据包装所用材料的不同，可分为纸质包装（如纸板包装、瓦楞纸包装），木质包装（如木箱包装、木桶包装），玻璃包装（如玻璃瓶、罐），陶瓷包装，金属包装（如金属罐、桶、盒），塑料包装（如塑料薄膜包装、塑料容器包装）以及复合材料包装等。

在纸质材料、金属材料、玻璃、木材、塑料及其复合材料等包装材料中，纸质材料、塑料及其复合材料发展极为迅速。尽管人们责难塑料包装是白色污染的来源，但是由于塑料材料具有原料丰富、易于加工制造、重量轻、价格低、有适当的力学性能和优良的防水防潮性能、容易与其他材料复合等优秀品质而得到广泛使用。全世界塑料生产的年增长率高达10%～11%，其中一半以上用作包装材料。目前，用于包装材料的主要塑料品种有聚乙烯（PE）、聚丙烯（PP）、聚氯乙烯（PVC）、聚苯乙烯（PS）、聚酯（PET）、聚氨酯（PU）、聚醋酸乙烯酯（PVA）、聚酰胺（PA）等，其中，聚烯烃用量最大，约占70%。

目前包装材料与技术总的发展趋势是高效、节能、环保等，除了开展高附加值的功能性材料研究外，对降解、再生塑料和减量包装材料与技术的研究也非常重视。在研究与开发新的包装材料时，成本是一个非常重要的因素。在未来发展中，节省资源的包装、科技（信息）含量高的包装、有利于降低物流成本的包装是主要的发展趋势。

（2）建筑材料　建筑材料是建造建筑物时所用的各种材料的总称，它包括结构材料、墙体材料、屋面材料、地面材料、绝热材料、吸声材料以及装饰材料等。

目前墙体材料是以砖为主，以砌块、轻质板材为辅的多元化的产品结构。常见的有石材、木材、水泥、砖瓦、混凝土、钢筋、墙地砖等。墙地砖包括釉面内墙砖（简称釉面砖）、外墙砖、地砖、陶瓷锦砖等品种。

防水密封材料的重要用途之一是解决房屋的渗漏和地下工程的止水堵漏问题。防水材料现已改变了过去单纯以纸胎油毡为主的局面，形成了包括沥青油毡、高分子防水卷材、防水涂料、密封材料和刚性防水材料等五大类产品。

热导率小的材料可用作保温材料。建筑上，保温隔热材料夏天起阻隔热能进入室内、冬天防止室内热能损失的作用。发展各种高效保温隔热材料的目的除满足工业上的各类窑炉的隔热要求外，主要是降低建筑能耗。为提高门窗的保温隔热性，必须重点推广塑料门窗，并开发铝塑复合窗、玻璃钢窗等新品种。此外，发展高效节能（如低辐射玻璃）或智能调光的玻璃窗户材料。

建筑装饰材料按其在建筑物不同的装饰部位有不同的材料。外墙装饰材料包括外墙、阳台、台阶、雨篷等建筑物全部外露的外部结构装饰所用的材料，如铝合金型材及门窗，塑钢门窗，管道等；内墙装饰材料包括内墙墙面、墙裙、花架等全部内部构造装饰所用的材料，如矿棉吸音板、墙纸/布、涂料等；地面装饰材料包括地面、楼面、楼梯等结构的全部装饰材料，如化纤地毯和复合木地板、塑料地板等；吊顶装修材料主要指室内顶棚装饰用材料；室内装饰用品及配套设备包括卫生洁具、装饰灯具、家具、空调设备及厨房设备等。

(3) 电子电器与信息材料　金属材料主要作为结构材料、骨架材料、导电材料、功能材料等应用于电子电器与信息领域。如电线电缆中金属导电体、低压或高压电器中导电体、各种电子线路板中导电体、电机电器结构件、骨架等。

高分子材料在电子电器与信息产业中主要应用于电子电器绝缘体、电器设备结构件、电子元件封装件等。

无机非金属材料在电子电器工业中应用非常广泛，特别是高性能结构陶瓷和功能陶瓷在电子信息领域中占有重要地位。

制作各种陶瓷电容器、多层陶瓷片式电容器、晶体管、保险丝管、电瓷、电阻、石英晶体元器件、热敏电阻、热敏元件、压电晶体器件及其他频率元件、发光器件、PTC 陶瓷热敏元件、工控及计算机芯片等。用于各种滤波器、谐波器、谐振器、振荡器及其他精密检测仪；集成电路、发声器、换能器件、变压器、温度传感器、散热器；彩电、计算机显示器；电话机、卫星接收器、通信设备等各类电子仪器产品等。

(4) 航天航空材料　以铝合金、钢、钛合金为主（包括金属基复合材料）的金属材料，用作航天航空领域的主体材料、结构材料等。由于金属材料具有优良的力学性能、工艺性能和较低成本，在航天航空应用中占有重要地位。而纤维增强金属基复合材料，如铝合金基、钛合金基、镁合金、镍铝化合物基等，由于其优异的高比强度和比模量及抗氧化和抗腐蚀性能优良，成为一种理想的航空、宇航材料。各种纤维增强金属基复合材料主要用于制作机身部件、飞机齿轮箱壳体、电子设备、飞机蒙皮、直升机旋翼桨叶以及重返大气层运载工具的防护罩和涡轮发动机的压气机叶片、航空发动机叶片（如风扇叶片等）和飞机或航天器蒙皮的大型壁板等。

高分子材料在航天航空上应用主要以复合材料的形式出现，以纤维为增强体，以树脂为基体制成的纤维增强结构件，在航空和宇航上得到了广泛的应用，被大量作为结构件使用，例如雷达罩、副翼、平尾、垂尾、机翼、机身壁板等。

另外，塑料还在透明件、耐烧蚀件及其他结构件上也有广泛应用。如飞机透明件，包括风挡、座舱盖和窗玻璃等，要求具有良好的光学性能，足够的结构强度和使用寿命。

塑料在航空和宇航上的应用，远不止上述的结构件及特殊用途的零部件，几乎所有的热塑性和热固性塑料及其增强塑料都可以在航空和宇航上找到自己合适的地位，发挥作用。内部装饰件是塑料在飞机上应用的另一重要方面，如行李舱架、地板、衬垫、座椅、窗框、隔音绝热材料等。

无机非金属材料，特别是新型的结构陶瓷材料，具有质量轻、压缩强度高（接近或超过某些金属材料）、耐高温、耐磨性好、硬度高、化学稳定性好，且有很好的耐蚀性、绝缘、绝热性好。因此，常用作航空航天中的耐烧蚀件。

(5) 汽车材料　金属材料主要应用于各种汽车结构件上，如车架、车身、发动机、传动系统等，及各种结构件与内外装件的支撑、骨架材料。所用材料有各种优质钢板、钢材、铜、合金等。

随着汽车向舒适、安全、美观、轻量化、节能等方向的发展，高分子材料在汽车上应用越来越广泛，主要有塑料、橡胶、涂料、合成纤维等。目前，许多通用塑料、工程塑料及其增强塑料，都能在不同程度上取代钢、铜、不锈钢、铝合金、无机玻璃等材料，用作汽车结构件或内外装件。

塑料用作汽车结构件与内外装件。在汽车上，橡胶主要用于轮胎、密封件、车用电气电线保护层等。涂料主要应用于汽车的外表涂装（如车身、底盘、塑料件的涂装等）；合成纤维可用于汽车内饰件，如脚垫等。

无机非金属材料在汽车上应用相对较少，主要用于挡风玻璃、灯具以及发动机中表面涂层和某些陶瓷活塞等。

（6）船舶材料　金属材料在船舶制造业，特别是大型船舶、军用船舶及各种特殊用途船舶中占有绝对地位，主要制作船体、船舶结构件。所用材料以钢铁材料为主，如碳钢（普通碳素钢与优质碳素钢）、合金钢（普通低合金钢、合金结构钢和特殊性能钢）、铸铁等，有色金属及其合金也常用于某些特殊要求的部件。

高分子材料在船舶上应用主要体现在三个方面：船体、船舶结构件上的应用。

在船舶结构件上的应用主要为船舶轴承（尾轴承和辅助轴承）。尾轴承通常选用酚醛布质层压板、酚醛木质层压塑料、酚醛-环氧碎布塑料、尼龙等作为基材。辅机轴承，以前大多采用铜合金材料，用铜量大，使用中容易咬死或导致轴颈磨损。采用塑料轴承，特别是采用尼龙材料，不仅可以节省大量有色金属，而且耐磨耗性优良，运转中噪声小，即使塑料轴承烧坏，也不会影响轴颈。主要用作水泵轴承、水密门梢轴衬套、舵轴承和喷涂塑料轴承。另外还应用于各种结构零件，如螺旋桨、活塞环、齿轮、摩擦片、滑块、滑轮、手柄、罩壳等。

涂料在船舶上应用也十分广泛，主要有各种普通涂料、防腐蚀涂料、耐高温涂料等。防腐蚀涂料主要应用于船舶外表，防止海水等腐蚀。

无机非金属材料在船舶上应用不如高分子材料那样广泛，主要应用于各种透明件，如挡风玻璃、视镜、灯具及各种装饰件。

1.5　材料在人类社会和国民经济发展中的地位与作用

材料是人类从事生产和生活的物质基础，是人类文明的重要支柱，人类社会的历史就是一部利用材料和制造材料的历史，人类的发明创造丰富了材料世界，材料的进步取决于社会生产力和科学技术的进步，同时材料的发展又会推动社会经济和科学技术的发展以及人类社会的进步，因此，材料对于人类和社会具有极为重要的影响。材料的利用情况标志着人类文明的发展水平，历史学家常常根据人类所使用的材料种类将人类生活的时代划分为石器时代、青铜器时代、铁器时代以及当今的人工合成材料新时代。

从古猿到原始人的漫长进化过程中，主要工具是石头。石器时代可分为旧石器时代和新时期时代。旧石器时代是使用打制石器为主的时代，打制石器是将石头先打制成毛坯，再加工成一定形状的石器，这期间的石器形状不规则，加工很粗糙。到了一万年前的新石器时代，人们逐渐掌握了从地层里开采石料的技术，对石料的选择、切割、磨制、钻孔、雕刻等工序已有一定的要求，获得较为锐利的磨制石器。利用石头和砖瓦作建筑材料。新石器时代，还发明了用黏土成型，再用火烧制成的陶器。在石器时代后期，人类从铜矿石中冶炼出青铜，青铜器的广泛使用标志着人类进入了奴隶社会。

我国商代青铜器已经盛行，并将青铜器的冶炼和铸造技术推向世界的顶峰，青铜器普遍用于制备各种工具、食器、兵器。春秋战国时期，随着人类烧火技术的进步，可以达到铁矿还原的温度，人们得到铁，出现了铁器，铁器的广泛使用标志着人类进入了封建社会。

炼铁技术和制造技术的发展，开创了人类文明的新时代。钢铁材料的广泛应用，导致了大规模的机械化生产，极大地丰富了人类社会的物质文明，引起了第一次产业革命，即工业革命。18 世纪蒸汽机的发明、19 世纪电动机的发明等对金属材料提出了更高要求，且由于工业迅速发展，对材料特别是钢铁的需求急剧增长。由此，在化学、物理、材料力学等学科的基础上，产生了一门新的科学，即金属学。它明确提出了金属的外在性能决定于内部结构的概念，并以研究它们之间的关系为自己的主要任务，近一百多年来，由于显微镜、X 射线技术、电子显微镜等新仪器和新技术的相继出现和发展，金属学得到了长足的进步，并将这种研究方法运用到无机非金属材料和有机高分子材料的领域里。在相当长的一段时间，金属有过辉煌的地位，直到 20 世纪 50 年代，以钢铁为代表的金属材料仍居统治地位。

随着科学技术和工业的发展，人类对材料的应用提出了重量轻、功能多、价格低等要求。与此同时，人类已掌握了丰富的知识和技能，能人为制造出一些自然界不存在的材料，来满足社会各种各样的要求。此时，材料发展进入人工合成时代。特种陶瓷、各种高分子材料及先进复合材料的出现。在 20 世纪 40 年代到 80 年代的 40 年期间里，塑料的平均年增长率为 13.6%，钢材为 5.7%，木材为 1.6%，水泥为 6.4%。到 20 世纪 90 年代初，塑料的产量按体积计，已超过钢铁产量。

传统材料是生产工艺已经成熟而又大规模工业化生产的一类材料，如钢铁、铜、铝、橡胶、塑料、陶瓷、玻璃、水泥和耐火材料等。这类材料量大面广，占材料生产总量的 90%以上。在世界范围内，20 世纪末 20～30 年代，传统材料的产量、生产技术水平和质量，超过以前数百年，成为人类经济生活的支柱。新材料又称先进材料。它不以生产规模，而以优异性能、高质量、高稳定性取胜的高知识、高技术、密集型为特点。新材料新技术的应用程度决定了一个国家的经济发展水平。

金属材料，特别是钢、铜、铝等，仍是 21 世纪的主要结构材料和电能传输材料。金属材料已有成熟的生产工艺，相当多的配套设施和工业规模生产，价格低廉、性能可靠，已成为涉及面广、市场需求大的基础材料。金属材料虽然今后会部分被高分子材料、陶瓷材料及复合材料所代替，由于它有比高分子材料高得多的弹性模量，比陶瓷高得多的韧性和良好的导电性能，在相当长的时期内改变不了它在材料中的主导地位，即使在高技术产业中也不例外。金属材料的发展趋势是：随着航天航空和其他尖端技术的飞跃发展，在改善和提高传统材料品质的同时，金属功能材料、非平衡态金属，特别是高比强、高模量、耐高温、抗氧化，抗腐蚀、耐磨损合金和金属基复合材料会有快速的发展，如金属超导材料、钛及其合金、铝基增强复合材料，金属间化合物、形状记忆合金和纳米晶块体材料等。

陶瓷是人类最早使用的人造材料，质地坚硬、耐磨损、抗腐蚀、膨胀系数低，耐高温，比金属间化合物有更高的比强度和比刚度，是很好的高温结构材料；部分陶瓷还具有压电、铁电，半导体、湿敏和气敏等特殊功能，广泛用于电子、计算机、激光、核反应、宇航等现代尖端科学技术领域。主要趋势是根据使用性能要求对陶瓷结构作一定程度的剪裁和设计，实现陶瓷结构纳米化和组分的复相结构，包括纤维或晶须增韧及有机/无机复合等。

高分子材料品种繁多，并且正以每年 10%的速率递增。高分子材料 80%以上作为包装、建筑、交通运输和纺织行业的结构材料和原料。功能高分子材料所占比例相对较低，主要有离子交换树脂、催化剂、固化酶，用于印刷、电子工业、集成电路、微细加工的感光树脂，用于薄膜电磁、静电复印及全息记录的电功能离子材料和生物功能材料等。高分子合成理论与技术对于高分子材料的制取、改性、设计越来越重要，对发展高分子新材料有着不可忽视的开拓作用。接枝共聚、共混、缩合聚合、开环聚合和缩合，是合成高分子材料的主要手段。发展先进的树脂基、有机/无机和异质材料连接技术，研究高分子材料的老化、降解机制和控制技术，制备综合性能更好的新材料，是高分子材料发展的主要趋势。

复合材料是 20 世纪后期发展起来的另一类材料。人们发现，将两种或两种以上的单一材料复合可以制得新的材料。这些新材料保留了原有组分的优点，克服或弥补了各自的缺点，并显示出一些新的性能。复合材料的出现和发展是材料设计方面的突破。复合材料一出现就引起人们的高度重视，得到迅速发展。

半导体材料、磁性材料、激光材料与光纤维材料的出现，加速了现代文明的发展，使人类进入信息时代，材料、能源与信息技术作为现代科学技术的三大支柱，都得到了迅猛发展。信息革命是人类科学史上的一次重大飞跃，它对人类社会产生的深远影响，甚至超过19世纪的工业革命。如今，计算机与网络、通信的结合更使得信息的传输发生了革命性的变化。国际互联网和信息高速公路使信息以空前的速度和广度在全世界传播，人类的信息资源得到前所未有的充分利用，大大加速了社会发展的进程。

第2章　金属材料

2.1　概述

金属材料是以金属元素或以金属元素为主构成的具有金属特性的材料的统称。包括纯金属、合金、金属间化合物和特种金属材料等。人类文明的发展和社会的进步同金属材料关系十分密切。继石器时代之后出现的铜器时代、铁器时代，均以金属材料的应用为其时代的显著标志。现代，种类繁多的金属材料已成为人类社会发展的重要物质基础。金属材料具有其他材料体系所不能完全取代的独特的性质和使用性能。例如：金属有比高分子材料高得多的模量，有比陶瓷高得多的韧性以及具有磁性和导电性等优异的物理性能。在可以预见的将来，金属材料仍将占据材料工业的主导地位，这种情况在发展中国家尤其如此。金属材料还在不断推陈出新，许多新兴金属材料应运而生，涌现了许多新型高性能金属材料。金属材料正在向着高功能化和多功能化方向发展。

2.1.1　金属材料的基本概念

在金属化学周期表中列出105种元素，金属元素有83种。这些金属元素有一个共性，即均随着温度的升高，其电阻增大，而非金属的电阻均随着温度的升高，其电阻减少。

金属的定义：金属是具有正的电阻温度系数的物质。

自古至今，在国民经济和日常生活中应用的金属材料，其中绝大部分是由两种或多种元素所组成。例如：常用的钢铁材料都含有Fe、C、Si、Mn、S、P等元素；再如，黄铜主要是由Cu、Zn元素组成的，且具有金属特性。

合金的含义：由一种元素跟其他金属或非金属元素熔合而成的、具有金属特性的物质。

通常将基本上由一种金属元素组成的物质称为纯金属，并且按照纯度的不同分为工业纯金属和化学纯金属。纯金属只是应用现代科学技术才能大量生产，现代技术已能制出纯度高达99.999%以上的纯金属。无论纯度如何高，总是或多或少的含有杂质元素。因此，从理论上和应用上，很难将其和合金截然分开。广义上讲，“金属”是包括合金在内的。

金属原子的结构特点是外层电子少，容易失去。当金属原子相互靠近时，其外层价电子脱离原子成为自由电子，成为整个金属所共有，即电子的公有化，它们在整个金属内部运动，形成电子云。这种金属正离子和自由电子之间的相互作用而构成的键称为金属键，如图2-1所示。

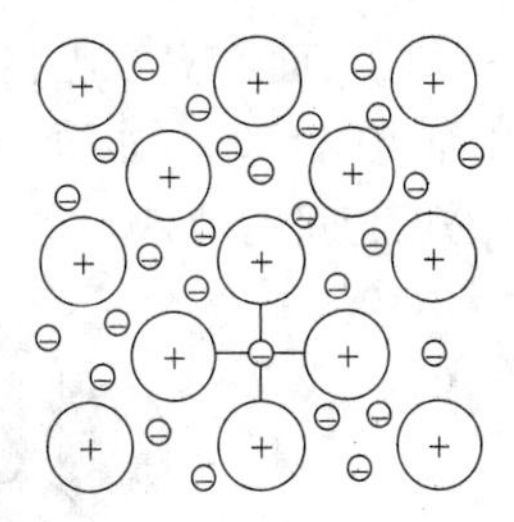

图2-1　金属键

金属无方向性和饱和性，故金属的晶体结构大多具有高对称性，利用金属键可解释金属所具有的各种特性。金属内原子面之间相对位移，仍旧保持着金属键结合，所以金属具有良好的延展性。在一定电位差下，自由电子可在金属中定向运动，形成电流，显示出良好的导电性。随温度的升高，正离子（或原子）本身振幅增大，阻碍电子通过，使电阻升高，因此金属具有正的电阻温度系数，即金属是具有正的电阻温度系数的物质。

固态金属中，不仅正离子的震动可传递热能，而且电子的运动也能传递热能，故比非金属具有更好的导热性。金属中的自由电子可吸收可见光的能量、被激发跃迁到较高能级，因此金属不透明。当它跳回到原来能级时，将所吸收的能量重新辐射出来，故使金属具有金属光泽。

2.1.2 金属材料的晶体结构

在固态金属中，原子依靠金属键规则地排列结合在一起。为使固态金属具有最低的能量，以便保持其稳定的状态，大量的原子之间必须保持一定的平衡距离，这是固态金属中原子规则排列的重要原因。

一个原子的周围最近邻的原子数越多，原子间的结合能（势能）越低。能量最低的状态是最为稳定的状态。任何系统都是自发地从高能量状态向低能量状态演化。因此，通常金属中的原子总是自发地趋于较为紧密的规则排列，以维持其最稳定状态。但是，原子（或离子、分子）并非在平衡位置上固定不动，而是以平衡位置为中心做热振动，温度越高，热振动的振幅越大，这种物质是晶体。

在通常情况下，金属和合金均为晶体。如果使用特殊的设备，将液态金属以极快的速度冷却下来，可以制出非晶态金属。相反，玻璃是非晶体，将其在高温下长时间加热后能够形成晶态玻璃。

2.1.2.1 纯金属的典型晶体结构

金属晶体的结合键是金属键，金属键具有无饱和性和无方向性的特征，从而使金属原子趋于紧密排列，构成高度对称性的简单晶体结构。所以在工业上使用的金属元素中，除了少数具有复杂的晶体结构外，绝大多数都具有比较简单的晶体结构，其中最典型，最常见的金属晶体结构有三种类型，即体心立方结构，面心立方结构和密排六方结构。前两种属于立方晶系，后一种属于六方晶系。

（1）体心立方晶格　体心立方晶格的晶胞是一个立方体，原子分布在立方体的各结点和中心处，如图 2-2 所示。属于这种晶格类型的金属有铬、钼、钨、α 铁（低于 910℃的纯铁）等。

(a) 刚球模型

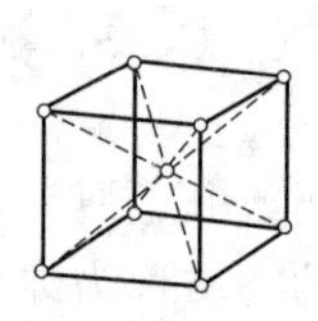
(b) 质点模型

(c) 晶胞原子数

图 2-2　体心立方晶胞

（2）面心立方晶格　面心立方晶格的晶胞也是一个立方体，原子分布在立方体的各结点和各面的中心处，如图 2-3 所示。属于这种晶格类型的金属有铝、铜、镍、γ 铁（温度在 1394～912℃之间的纯铁）等。

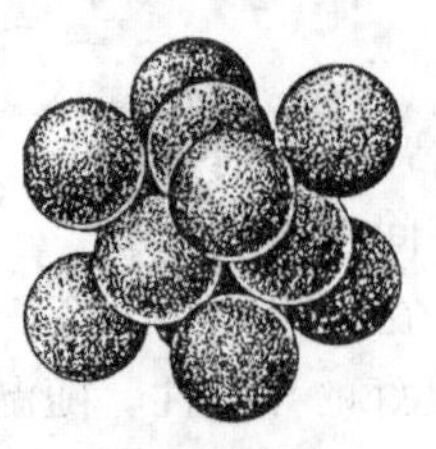
(a) 刚球模型

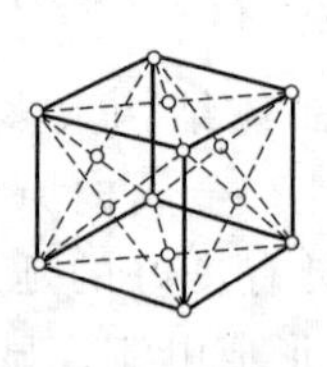
(b) 质点模型

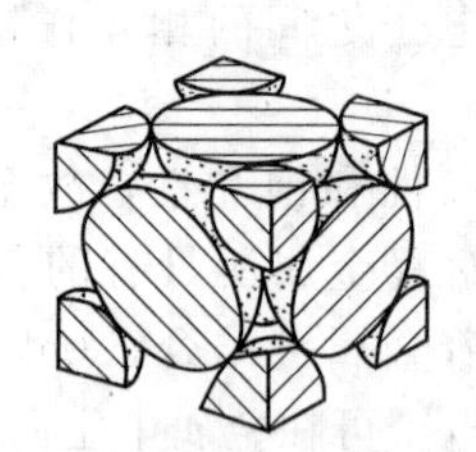
(c) 晶胞原子数

图 2-3　面心立方晶胞

（3）密排六方晶格　密排六方晶格的晶胞是一个六方柱体，上下两个六方面的中心及角上各有一个原子，而在这两个六面体的中间还均匀分布着三个原子，如图 2-4 所示。属于这种类型的金属有镁、锌等。

(a) 刚球模型

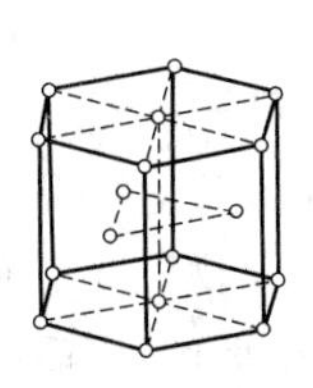

(b) 质点模型

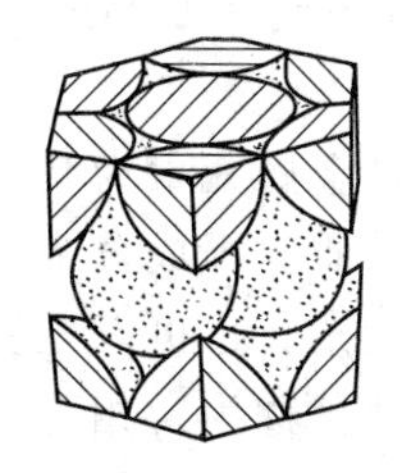

(c) 晶胞原子数

图 2-4　密排六方晶胞

这三种晶体结构的晶体学特点列于表 2-1 中。

表 2-1　三种典型金属结构的晶体学特点

结构特性		面心立方(A1)	体心立方(A2)	密排六方(A3)
点阵常数		a	a	$a,c(c/a=1.633)$
原子半径 R		$\frac{\sqrt{2}}{4}a$	$\frac{\sqrt{3}}{4}a$	$\frac{a}{2}\left(\frac{1}{2}\sqrt{\frac{a^2}{3}+\frac{c^2}{4}}\right)$
晶胞内原子数		4	2	6
配位数		12	8	12
致密度		0.74	0.68	0.74
四面体间隙	数量	8	12	12
	大小	$0.225R$	$0.291R$	$0.225R$
八面体间隙	数量	4	6	6
	大小	$0.414R$	$0.154R$ (100) $0.633R$ (110)	$0.414R$

由于晶体具有对称性，故可以看成晶体是许多晶胞堆砌而成。从图 2-2～图 2-4 中可以看出晶胞中顶角处为几个晶胞所共有，而位于晶面上的原子也同时属于两个相邻晶胞，只有在晶胞体积内的原子才单独为一个晶胞所有。故三种典型金属晶体结构中每个晶胞所占有的原子数 n 为

面心立方结构　$n=8\times1/8+6\times1/2=4$

体心立方结构　$n=8\times1/8+1=2$

密排六方结构　$n=12\times1/6+2\times1/2+3=6$

晶胞的大小由晶胞的棱边长度（a、b、c）即点阵常数（或晶格常数）来衡量，经格常数（a、b、c）是表征晶体结构的基本参数。不同金属的点阵类型可以相同，但各元素的电子结构及其所决定的原子间结合情况不同，因而具有不同的点阵常数，随温度变化而变化。

将金属原子视为刚球，设半径为 R，则根据几何关系不难求出三种典型金属晶体结构的点阵常数与 R 之间的关系如下。

面心立方结构：点阵常数 a，且$\sqrt{2}a=4R$。

体心立体结构：点阵常数为 a，且$\sqrt{3}a=4R$。

密排六方结构：点阵常数由 a 和 c 表示。在理想情况下，可算得 $c/a=1.633$，此时，$a=$

$2R$；但实际测得的轴比偏离此值，即 $c/a\approx1.663$，这时，$(a^2/3+c^2/4)=2R$。

2.1.2.2 合金的晶体结构

虽然纯金属在工业上获得了一定的应用，但由于其强度一般都很低，如铁的抗拉强度约为200 MPa，而铝还不到100 MPa，显然都不适合做结构材料。因此，目前应用的金属材料绝大多数是合金。

合金是以一种金属元素为基体加上一种或一种以上的金属或非金属元素熔合在一起所得到具有金属特性的物质。组成合金最基本的、独立的物质称为组元，或简称为元。组元可以是金属元素或非金属元素，也可以是稳定的化合物。合金中成分、性能、结构相同并以界面互相分开的均匀的组成部分称为“相”。如碳钢在平衡状态下由铁素体和渗碳体两个相所组成。根据碳钢的含碳量和加工、处理状态的不同，这两相的数量、状态、大小和分布情况也不会相同，从而构成了碳钢的不同组织，表现出不同的性能。

合金的结构按其组元在结晶时彼此作用的不同，可以分为固溶体、金属化合物、机械化合物三种类型。

(1) 固溶体　根据固溶体的不同特点，可以将其进行分类。

按溶质原子在晶格中所占位置分类，固溶体可分成置换固溶体与间隙固溶体。

① 置换固溶体　是指溶质原子位于溶剂晶格的某些结点位置所形成的固溶体，犹如这些结点上的溶剂原子被溶质原子所置换一样，因此称为置换固溶体。

② 间隙固溶体　溶质原子不是占据溶剂晶格的正常结点位置，而是填入溶剂原子间的一些间隙中。

按固溶度分类，固溶体可分为有限固溶体和无限固溶体。

① 有限固溶体　在一定条件下，溶质组元在固溶体中的浓度有一定的限度，超过这个限度就不再溶解了。这一限度称为溶解度或固溶度，这种固溶体就称为有限固溶体。大部分固溶体属于这一类。

② 无限固溶体　溶质能以任意比例溶入溶剂，固溶体的溶解度可达100%，这种固溶体就称为无限固溶体。事实上此时很难区分溶剂与溶质，二者可以互换，通常以含量大于50%的组元为溶剂，浓度小于50%的组元为溶质。能形成无限固溶体的合金系不是很多，Cu-Ni、Ag-Au、Ti-Zr、Mg-Cd等合金系可形成无限固溶体。

按溶质原子与溶剂原子的相对分布分类，可分为无序固溶体和有序固溶体。

① 无序固溶体　溶质原子统计地或随机地分布于溶剂的晶格中，无论它是占据与溶剂原子等同的一些位置，还是在溶剂原子的间隙中，均看不出有什么次序性或规律性，这类固溶体称为无序固溶体。

② 有序固溶体　当溶质原子按适当比例并按一定顺序和一定方向，围绕着溶剂原子分布时，这种固溶体就叫有序固溶体。它既可以是置换式的有序，也可以是间隙式的有序。但是应当指出，有的固溶体由于有序化的结果，会引起结构类型的变化，所以也可以将它看成是金属化合物。

除上述分类方法外，还有一些其他的分类方法，如以纯金属为基的固溶体称为一次固溶体或端际固溶体，以化合物为基的固溶体称为二次固溶体等。

(2) 金属化合物　除了固溶体外，合金中另一类相是金属化合物。金属化合物是合金组元间发生相互作用而形成的一种新相，又称为中间相，其晶格类型和性能均不同于任一组元，一般可以用分子式大致表示其组成。在该化合物中，除了离子键、共价键外，金属键也参与作用，因而它具有一定的金属性质，所以称为金属化合物。碳钢中的Fe_3C、黄铜中的CuZn、铝合金中的$CuAl_2$等都是金属化合物。

由于结合键和晶格类型的多样性，使金属化合物具有许多特殊的物理化学性能，其中已有不少正在开发应用，作为新的功能材料和耐热材料，对现代科学技术的进步起着重要的推动作用。例如具有半导体性能的金属化合物砷化镓，其性能远远超过了目前广泛应用的硅半导体材料，目前正应用在发光二极管的制造上，作为超高速电子计算机的元件已引起了世界的关注。此外，能记住原始形状的记忆合金 NiTi 和 CuZn，具有低热中子俘获截面的核反应堆材料 Zr_3Al，能作为新一代能源的储氢材料 $LaNi_5$ 等。对于工业上应用最广泛的结构材料和工具材料，由于金属化合物一般均具有较高的熔点和硬度，当合金中出现金属化合物时，将使合金的强度、硬度、耐磨性及耐热性提高，因此金属化合物已是这些材料中不可缺少的合金相。

金属化合物的类型很多，主要有三种，即：服从原子价规律的正常价化合物；取决于电子浓度的电子化合物；小尺寸原子与过渡族金属之间形成的间隙相和间隙化合物。

① 正常化合物　正常化合物通常是由金属元素与周期表中第Ⅳ、Ⅴ、Ⅵ族元素所组成。正常价化合物的成分符合原子价规律，具有严格的化合比，成分固定不变，可用化学式表示。这类化合物通常具有较高的硬度和脆性。它们当中有一部分具有半导体性质，引起了人们的重视。

② 电子化合物　电子化合物是由第Ⅰ族或过渡族金属元素与第Ⅱ至第Ⅴ族金属元素形成的金属化合物，它不遵守原子价规律，而是按照一定电子浓度的比值形成的化合物，电子浓度不同，所形成金属化合物的晶体结构也不同。电子化合物可以用化学式表示，但其成分可以在一定的范围内变化，因此可以把它看作是以化合物为基的固溶体。电子化合物具有很高的熔点和硬度，但脆性很大。

③ 间隙相和间隙化合物　过渡族金属能与原子很小的非金属元素氢、氮、碳、硼形成化合物，它们具有金属的性质、很高的熔点和极高的硬度。根据非金属元素（以 X 表示）与金属元素（以 M 表示）原子半径的比值，可将其分为两类：当 $r_X/r_M<0.59$ 时，化合物具有较简单的晶体结构，称为间隙相；当 $r_X/r_M>0.59$ 时，其结构很复杂，称为间隙化合物。由于氢和氮的原子半径较小，所以过渡族金属的氢化物和氮化物都是间隙相。硼的原子半径最大，所以过渡族金属的硼化物都是间隙化合物。碳的原子半径比氢、氮大，但比硼小，所以一部分碳化物是间隙相，另一部分是间隙化合物。

间隙相具有极高的熔点和硬度，但很脆。许多间隙相具有明显的金属特性：金属的光泽、较高的导电性、正的电阻温度系数等。这些特性表明，间隙相的结合既具有共价键性质，又带有金属键性质。

（3）机械混合物　在实际生产中使用的合金，除了一部分具有单相固溶体组织外，大多数是由两相或多相构成的组织。它们在固态下既不相互溶解，也不能彼此反应生成化合物时，就构成了机械混合物。例如，由两种固溶体组成的混合物，由固溶体和金属化合物组成的混合物等。机械混合物中的各个相各自保持自己的晶格和性能，而整个机械混合物的性能，则取决于构成它的各相性能以及各相的数量、形状、大小及分布状态等。

2.1.2.3　实际金属的晶体结构

实际应用的金属材料晶体中，总的来看，其结构是较为完整的。但是存在一些原子偏离规则排列的不完整性区域，即晶体缺陷。虽然一般来说，这些偏离其规定位置的原子数目很少，即使在最严重的情况下，偏离很大的原子数目至多占原子总数的千分之一，但是，这些晶体缺陷对金属及合金的性能特别是那些对结构敏感的性能，如强度、塑性、电阻等都会产生重大的影响，还会在金属的扩散、相变、塑性变形和再结晶等过程中扮演着重要的角色。因此，研究晶体的缺陷具有重要意义。

依据晶体缺陷的几何形态特征，可以将它们分为以下三类。

① 点缺陷　其特征是在三维方向上的尺寸都很小，仅引起几个原子范围内的点阵结构不完整，也称为零维缺陷，例如空位、间隙原子等。

② 线缺陷　其特征是在二维方向上的尺寸很小，在另一个方向上的尺寸很大，这一类缺陷主要是位错。

③ 面缺陷　其特征是在一维方向上的尺寸很小，另外二维方向上的尺寸很大，如晶界、亚晶界、孪晶界等。

2.2 金属及合金的相图

在实际工业中，广泛使用的不是单组元材料，而是由二组元及以上组元组成的多元系材料。多组元的加入，使材料的凝固过程和凝固产物趋于复杂，这为材料性能的多变性及其选择提供了契机。在多元系中，二元系是最基本的，也是目前研究最充分的体系。而相图是分析合金相组成及转变的有效工具。相图，就是将不同的温度以及在该温度下对应的稳定相，连同它的成分范围，汇集到一起构成的多元素信息。它表示了合金系中的合金状态与温度、成分之间的关系。利用相图可以知道各种成分的合金在不同温度下存在哪些相、各个相的成分及其相对含量。掌握相图的分析和使用方法，有助于了解合金的组织状态和预测合金的性能，并根据要求研制新的合金。在生产实践中，合金相图可作为进行合金熔炼、铸造、锻造及热处理的重要依据。

2.2.1 二元合金相图

相图是表示合金系中的合金状态与温度、成分之间关系的图解。由相图可以知道材料的凝固或熔化温度及系统中可能发生的固态相变或其他转变。材料的性能与相图有一定的关系，如果掌握了有关相图的知识，就可以通过相图预测材料的某些性能。因此，相图对于生产过程也有重要的指导作用。对材料工作者来说，相图是一种不可缺少的重要工具，必须很好地掌握。迄今研究得比较多、积累的资料比较丰富的是二元合金相图。

2.2.1.1 二元合金相图的建立和表示方法

2.2.1.1.1 二元相图的表示方法

对于给定的两个或多个组元，改变其比例，可以配制成一系列不同成分的合金，这些合金构成一个系统，称为合金系。由两个组元组成的合金系，称为二元合金系。例如由铁和碳以不同比例组成的合金系，称为铁碳合金系，属二元合金系。

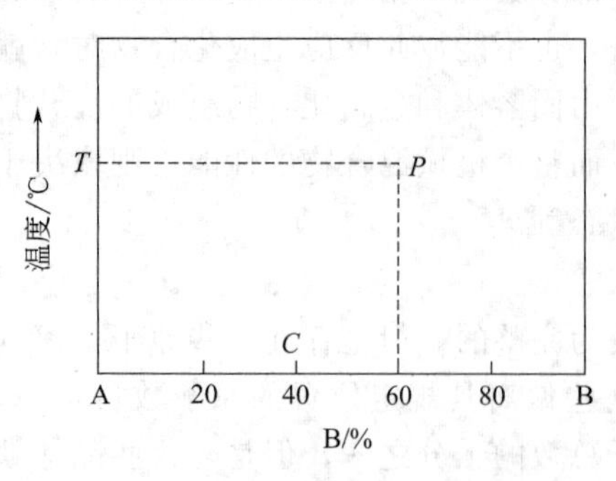

图 2-5　二元合金相图成分表示

对于一定的二元合金系，它的成分和温度的变化，都将引起合金组成相和组织状态的变化。所以必须用两个坐标轴——成分坐标轴和温度坐标轴构成的图形才能表示合金状态与成分和温度变化之间的关系。

在图 2-5 中，纵坐标表示温度，横坐标表示成分。成分多用重量百分数表示。设由 A、B 两组元组成一个合金系，横坐标的左端代表 A 组元（即 100%A），右端代表 B 组元（即 100%B）。由左向右表示 B 组元百分含量的增加。

在坐标轴上任何一点都代表一种合金的成分，如 P 点的成分为 $\omega_A=40\%$，$\omega_B=60\%$，P 点表示由 40%A、60%B 组成的合金。通过合金的成分点（60%B）作垂线，该线上任意一点代表该合金在这个温度所处的状态。P 点表示 60%B、40%A 合金在 T 温度下所处的状态。

在相图中表示合金成分和温度的点均称为表象点，如图 2-5 中的 A、B、P 均为表象点。

2.2.1.1.2　二元合金相图的测定方法

化学性质和物理性质都不同的两种物质组成合金的相图通常是由实验方法测得的，为了建立它，首先必须测定出合金系中一系列成分不同的合金的相变温度，即临界点，然后由这些临界点的数据，绘出相图中的各种曲线，形成该合金系的相图。

测定合金临界点的方法很多，如热分析法、金相分析法、膨胀法、磁性法、X 射线结构分析法等。除金相法及 X 射线结构分析法外，其他方法都是通过测定当合金的组织或状态发生变化时，引起合金性能的突变来判断临界点的，其中热分析法是常用的方法。我们以 Cu-Ni 合金为例来说明二元合金相图的测定与建立过程。

二元合金相图的测定方法如下。

① 配制一系列成分不同的合金。

② 测定上述各合金的冷却曲线。

③ 找出各合金冷却曲线的临界点（结晶开始和结晶终了温度）的位置。

④ 把临界点标在温度成分坐标图上，把各相同意义的点连接成线，这些线就在坐标图中划分出一些区域，这些区域即称为相区，将各相区所存在的相的名称标出，相图的建立工作即告完成。

上述的方法也就是首先配制一系列不同成分的合金，测出从液态到室温的冷却曲线。图 2-6 给出配制的各种纯铜、不同镍含量的合金及纯镍的冷却曲线。由图可见，纯铜和纯镍的冷却曲线都有一水平阶段，表示其凝固点。其他三种合金的冷却曲线都没有水平阶段，但有两次转折，两个转折点所对应的温度代表两个临界点。表明这些合金的结晶是在一个温度范围内完成的。结晶开始后，由于放出结晶潜热，致使温度的下降变慢，在冷却曲线上出现了一个转折点。结晶终了后，不再放出结晶潜热，温度的下降变快，于是又出现了一个转折点。温度较高的临界点是结晶开始的温度，称为上临界点。温度较低的临界点是结晶终了的温度，称为下临界点。其中上临界点的连接线称为液相线，表示合金结晶的开始温度或加热过程中熔化终了的温度；下临界点的连接线称为固相线，表示合金结晶终了的温度或加热过程中熔化开始的温度。

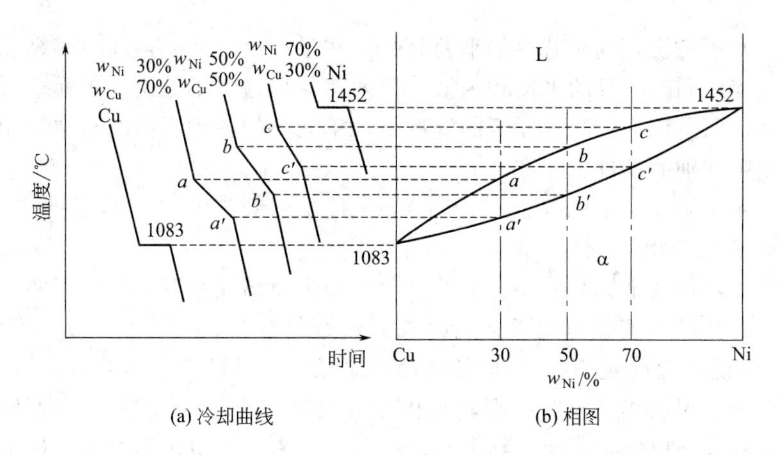

图 2-6　热分析方法建立 Cu-Ni 合金冷却曲线及相图

将上述的临界点标在温度-成分坐标图中，再将相应的临界点连接起来，就得到图 2-6(b) 所示的 Cu-Ni 合金相图。合金相图分成三个相区，在液相线之上，所有的合金都处于液态，是液相单相区，以 L 表示；在固相线以下，所有的合金都处于固态，是固相单相区，以 α 表示；在液相线和固相线之间，合金已开始结晶，但结晶过程尚未结束，是液相和固相的两相共存区，以 $\alpha+L$ 表示。这样相图的建立即告完成。

为了精确地测定相图，应配制较多数目的合金，采用高纯度金属和先进的实验设备，并同时采用几种不同的方法进行比较，综合测定。

2.2.1.2 相律和杠杆定律

2.2.1.2.1 相律及应用

相律是相平衡的基本规律之一，它把平衡系统组元数、相数、自由度数和影响系统性质的外界因素这四者联系起来，是在平衡条件下，系统的自由度、组元数和相数之间关系的数学表达式。从相律可确定，在一定条件下，系统有几个相以及有几个变量可对相平衡系统发生影响，至于这些"数目"具体代表哪些相和哪几个变量，相律并不能告诉我们，因此相律与热力学的其他定律或经验规则是相互补充的。相律可用下式表示：

$$f=c-p+2 \tag{2-1}$$

压力对液固相间的平衡影响不大，所以，凝聚态系统下可不考虑压力的影响，此时相律可表示成：

$$f=c-p+1 \tag{2-2}$$

式中，c 为系统的组元数；p 为平衡条件下系统中的相数；f 为自由度数。自由度指在保持合金系相数目不变的条件下，合金系中可以独立改变的、影响合金状态的内部及外部因素的数目。对于凝固态体系来说，影响合金状态的因素有合金的成分和温度两个因素。因此，对纯金属而言，成分固定不变，只有温度可以独立改变，所以纯金属的自由度数最多只有 1 个。而对二元系合金来说，已知一个组元的含量，则合金的成分即可确定。因此，合金成分的独立变量只有一个，再加上温度因素，所以二元合金的自由度数最多为 2 个。依次类推，三元系合金的自由度数最多为 3 个，四元系为 4 个。

下面讨论相律应用的几个例子。

(1) 利用相律可以确定系统中可能存在的最多平衡相数　例如对单元系来说，组元数 $c=1$，由于自由度不可能出现负值，所以当 $f=0$ 时，同时共存的平衡相数应具有最大值，代入相律公式得

$$p=1-0+1=2 \tag{2-3}$$

可见，对单元系来说，同时共存的平衡相数不超过 2 个。例如，纯金属结晶时，温度固定不变，自由度为零，同时共存的平衡相为液、固两相。但这并不是说，单元系中能够出现的相数不能超过 2 个，而是说，在某一固定的温度下，单元系的各种不同的相中只能有 2 个同时存在，而其他各相则在别的条件下存在。

同样，对二元系来说，组元数 $c=2$，当 $f=0$ 时，$p=2-0+1=3$，说明二元系中同时共存的平衡相数最多为 3 个。

(2) 利用相律解释纯金属与二元合金的结晶　纯金属结晶时存在液、固两相，其自由度为零，说明纯金属的结晶只能在恒温下进行。二元合金结晶时，在两相平衡条件下，其自由度 $f=2-2+1=1$，说明此时还有一个可变因素，即温度，因此，合金将在一定温度范围内结晶。如果二元合金出现三相平衡时，则其自由度 $f=2-3+1=0$，说明此时不但温度恒定不变，而且三个相的成分也恒定不变，结晶只能在各个因素完全恒定不变的条件下进行。

2.2.1.2.2 杠杆定律

在合金的结晶过程中，合金中各相的成分及其相对含量都在不断地发生变化，其中杠杆定

律是确定任一温度下处于平衡状态的两相的成分和相对含量的有力工具。

（1）确定两平衡相的成分　如图 2-7 所示，在 Cu-Ni 二元合金相图中，液相线是表示液相的成分随温度变化的平衡曲线，固相线是表示固相的成分随温度变化的平衡曲线。要想确定合金Ⅰ在冷却到 t_1 温度时，由哪两个相组成以及各相的成分及含量，可通过 t_1 作一水平线 arb，它与液相线的交点为 a，与固相线的交点为 b。

在 t_1 温度时，合金Ⅰ由液相与固相组成，其中 a 点对应的成分 C_L 为固液两相平衡时液相的成分，b 点对应的成分 C_α 为已结晶固相的成分。

（2）确定两平衡相的相对含量　设在图 2-7 中，合金Ⅰ的总质量为 1，在 t_1 温度时，液相的质量为 m_L，α 固溶体的质量为 m_α，则有 $m_L+m_\alpha=1$。而且，合金Ⅰ中所含的镍的总质量为液相中镍的质量与固相中镍的质量的和，即

$$m_L C_L + m_\alpha C_\alpha = 1 \tag{2-4}$$

由上面两个式子整理可得：

$$m_L=(C_\alpha-C)/(C_\alpha-C_L)=rb/ab\times100\%$$

$$m_\alpha=(C-C_L)/(C_\alpha-C_L)=ab/ab\times100\%$$

即

$$m_L/m_\alpha=rb/ar \tag{2-5}$$

这个式子与力学中的杠杆定律非常相似，如图 2-8 所示，所以称它为杠杆定律。

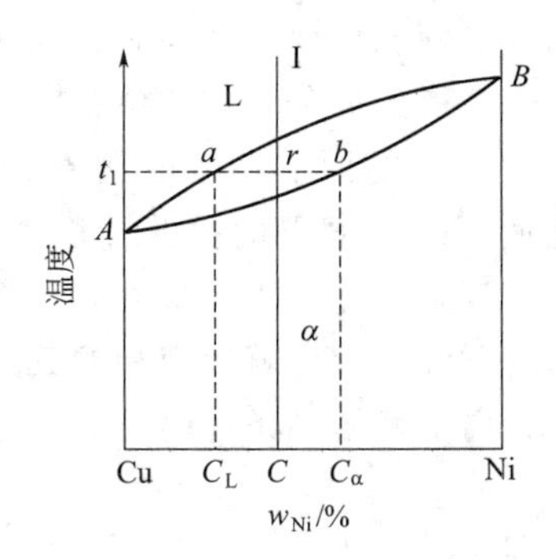

图 2-7　杠杆定律的证明

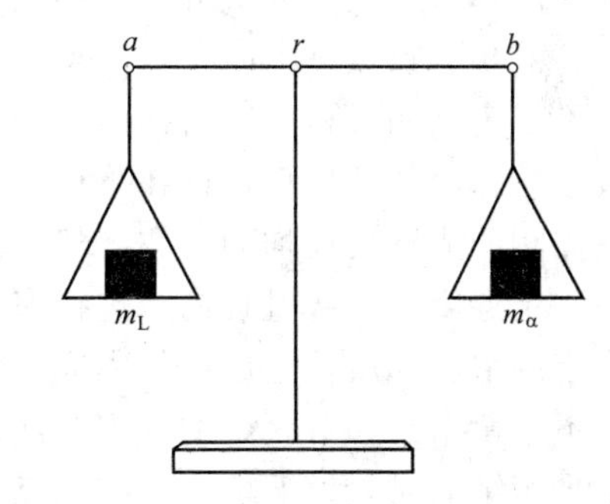

图 2-8　杠杆定律的力学示意图

2.2.1.3　二元相图的基本类型

2.2.1.3.1　匀晶相图及固溶体的结晶

匀晶相图是合金相图中最基本的一种相图，几乎所有的二元合金相图都包含有匀晶转变部分。其特点是：组成合金的两组元在液态时完全互溶，在固态时也完全互溶。如图 2-9 所示的工业用 Cu-Ni 相图即为匀晶相图。图中有三个相区：液相线 $BL_1L_2L_3A$ 以上为液相区，以 L 表示；固相线 $B\alpha_1\alpha_2\alpha_3A$ 以下为固相区，以 α 表示；液相线与固相线之间为液固两相区，以 L＋α 表示。此外，Fe-Cr、Ag-Au、Cr-Mo、Fe-Ni 等相图也为匀晶相图。在这类合金中，结晶都是从液相结晶出单相的固溶体，这种结晶过程称为匀晶转变。

（1）平衡结晶过程　现以含 30%Ni 的 Cu-Ni 二元合金相图（图 2-9）为例进行分析这类合金的平衡结晶过程及结晶后的显微组织。首先，在图中绘出该合金的成分线，它与液相线和固相线分别交于点 L_1 和 α_1。

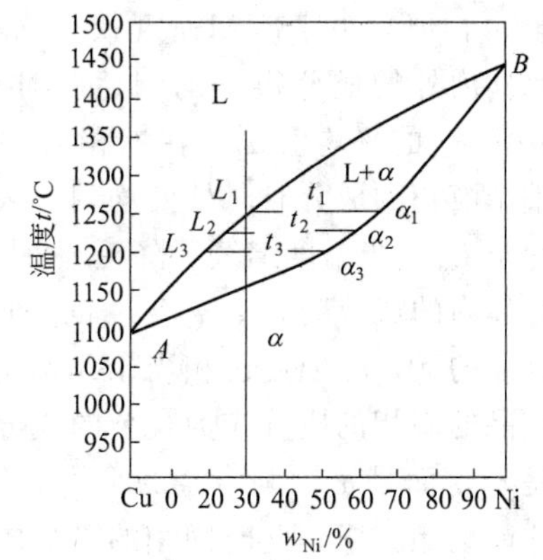

图 2-9　Cu-Ni 合金相图

从图中可得到如下信息。

① 该合金在 L_1 点（即 t_1 温度）以上为液相。

② 冷却到 L_1（即 t_1 温度）时，液相开始结晶。L_1 点表示液相的成分，α_1 表示结晶出的 α 固溶体的成分。

③ 冷却到 t_2 温度时，α 固溶体和液相 L_2 两相共存。已结晶的 α 固溶体的成分为 α_2，剩余液相的成分为 L_2，此时液相的含镍量比原合金成分中的含镍量少，α 固溶体中的含镍量比原合金中的多。

④ 当温度下降到 α_3 点时（即 t_3 温度），全部结晶完毕，此时固溶体的成分为 α_3，即原合金的成分。

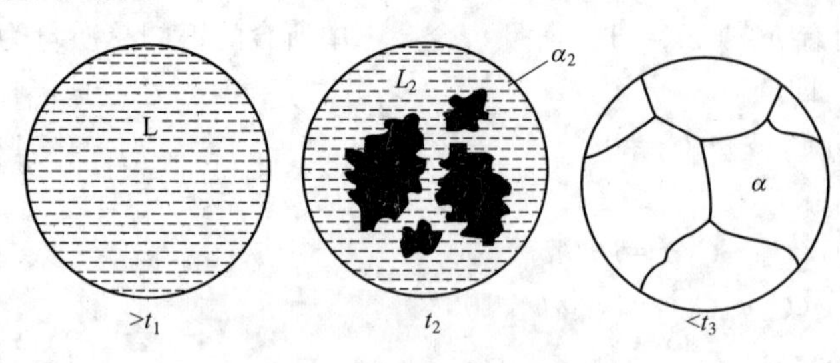

图 2-10 固溶体合金平衡结晶时组织变化示意图

⑤ 由 t_3 温度继续冷却到室温，为 α 固溶体的冷却，合金相及成分无任何变化。所以室温下合金的组织全部为单相 α 固溶体。结晶过程如图 2-10 所示。

合金温度在由 t_1 降至 t_3 的过程中，结晶出的固溶体的成分分别为 α_1、α_2、α_3，与其平衡的液相的成分分别为 L_1、L_2、L_3。这就是说，合金在结晶过程中随着温度的降低，液相的成分沿液相线变化，固相的成分沿固相线变化。同时，固相的数量逐渐增多，液相的数量逐渐减少，直至液相耗尽。结晶完毕，得到成分均匀的单相固溶体 α。

（2）不平衡结晶过程　固溶体的结晶过程是与液相和固相内的原子扩散过程密切相关的，只有在极缓慢的冷却条件下，即在平衡结晶条件下，才能使每个温度下的扩散过程进行完全，使液相或固相的成分处处均匀一致。然而，在实际生产中，液态合金浇入铸型之后，冷却速度较大，在一定温度下扩散过程尚未进行完全时，温度就继续下降，这样就使液相尤其是固相内保持着一定的浓度梯度，造成各相内成分的不均匀。这种偏离平衡结晶条件的结晶，称为不平衡结晶。不平衡结晶，对合金的组织和性能有很大影响。

在不平衡结晶时，设液体中存在着充分的混合条件，即液相的成分可以借助扩散、对流或搅拌等作用完全均匀化，而固相中却来不及进行扩散。这是一种极端情况。由图 2-11 可知，成分为 C_0 的合金过冷到 t_1 温度开始结晶，首先析出成分为 α_1 的固相，液相的成分为 L_1。当温度下降至 t_2 时，析出的固相成分为 α_2，它是依附在 α_1 晶体上生长的。如果是平衡结晶的话，通过扩散，晶体内部成分由 α_1 可以变化至 α_2，但是由于冷却速度快，固相内来不及扩散，结果使晶体内外的成分很不均匀。此时整个已结晶的固相成分为 α_1 和 α_2 的平均值 α_2'。在液相内，由于能充分进行混合，使整个液相的成分时时处处均匀一致，液相的成分沿液相线变化至 L_2。当温度继续下降至 t_3 时，结晶出的固相成分为 α_3，同样由于固相内无扩散，使整个固体内的成分为 α_1、α_2、α_3 的平均值 α_3'。液相的成分沿液相线变化至 L_3，此时，如果是平衡结晶的话，t_3 温度已相当于结晶完毕的固相线温度，全部液体应当在此温度下结晶完毕，已结晶的固相的成分应为合金的成分 C_0。但是由于是不平衡结晶，已结晶的固相的平均成分不是 α_3，而是 α_3'。与合金的平均成分 C_0 不同，仍有一部分液相尚未结晶，一直要下降到温度 t_4 才能结晶完毕。此时固相的平均成分由 α_3' 变化到 α_4'，这时与合金的成分 C_0 一致。

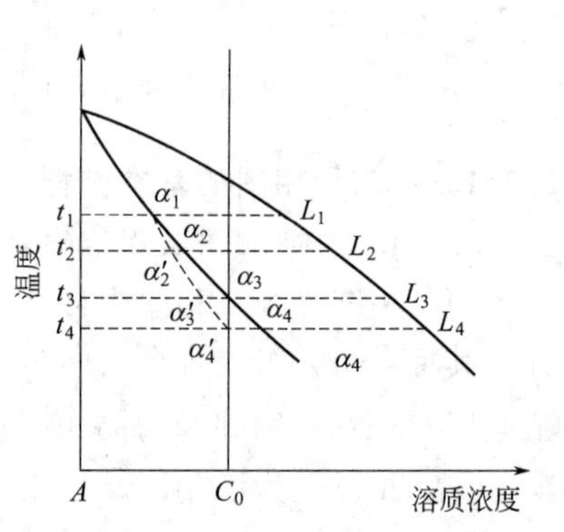

图 2-11 匀晶系合金的不平衡结晶

图 2-12 为固溶体合金不平衡结晶时的组织变化示意图。由图可见，固溶体合金平衡结晶

的结果，使前后从液相中结晶出的固相成分不同，再加上冷速较快，不能使成分扩散均匀，结果就使每个晶粒内部的化学成分很不均匀。先结晶的含高熔点组元较多，后结晶的含低熔点组元较多，在晶粒内部存在着浓度差别，这种在一个晶粒内部化学成分不均匀的现象，称为晶内偏析。由于固溶体晶体通常是树枝状，枝干和枝间的化学成分不同，所以又称为枝晶偏析。

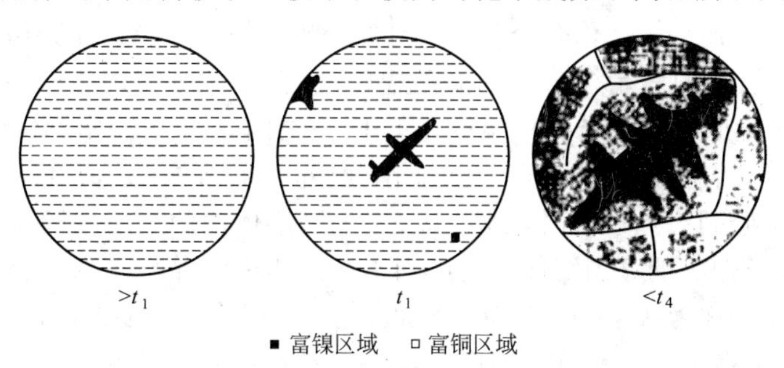

图 2-12 固溶体在不平衡结晶时的组织变化示意图

2.2.1.3.2 共晶相图及合金的结晶

二组元在液态完全互溶，但在固态下只能有限溶解，具有共晶转变的相图，为二元共晶相图。图 2-13 所示为 Pb-Sn 合金相图。共晶转变是指一定成分的液态合金，在一定的温度下，同时结晶出两种成分一定的固相的转变。具有共晶转变的二元合金有 Pb-Sn、Pb-Sb、Al-Si 等。

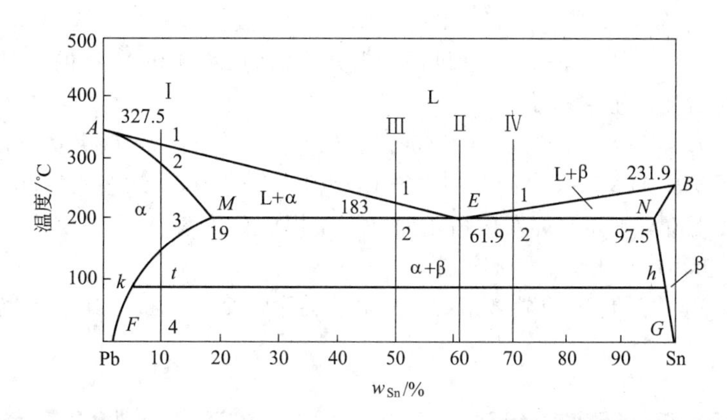

图 2-13 Pb-Sn 二元合金相图

(1) 相图分析 图 2-13 中 A、B 分别为组元 Pb、Sn 的熔点。E 点为共晶点，具有 E 点成分的液态合金，在 t_E 温度时发生共晶转变，同时结晶出 M 点成分的 α 固溶体和 N 点成分的 β 固溶体，并组成两相的整合组织。共晶转变的反应式如下：

$$L_E \xrightleftharpoons{t_E} \alpha_M + \beta_N \tag{2-6}$$

E 点成分的合金称为共晶合金，E 点的温度称为共晶温度，E 点为共晶点，共晶转变产物 (α+β) 称为共晶体或共晶组织。

AE、BE 为液相线；AM、NB 为固相线；MF 为 Sn 在 α-Pb 中的溶解度曲线，也叫固溶度曲线，随温度下降，溶 Sn 量减少；NG 为 Pb 在 β-Sn 中的溶解度曲线，随温度下降，溶 Pb 量减少。

相图中有三个单相区：即液相 L、固溶体 α 相和固溶体 β 相。α 相是 Sn 溶于 Pb 中的固溶体，β 相是 Pb 溶于 Sn 中的固溶体。在单相区之间有三个两相区，即 L+α、L+β 和 α+β。MEN 为一条水平线，称为共晶线，表示 L+α+β 三相共存，说明二元合金共晶反应在恒温下进行。

(2) 合金的平衡结晶过程　具有共晶转变的合金可分为：M点以左和N点以右成分的合金，称为边际固溶体。E点成分的合金为共晶合金；ME之间成分的合金称为亚共晶合金；EN之间成分的合金称为过共晶合金。现举例说明这些合金的平衡结晶过程及室温组织。

① 合金Ⅰ（$w_{Sn} \leqslant 19\%$）　作合金Ⅰ的成分线分别与液相线AE和固相线AM以及固溶线MF交于1、2、3点，它们表示合金Ⅰ在相应温度下发生了相变。即温度在1点以上时，合金为液相L；温度在1点时，开始结晶；温度在1～2点之间时，为α固溶体的结晶过程，为α+L两相共存；温度在2点时，结晶完毕，全部结晶成单相固溶体α；温度在2～3点之间，α冷却，无相变；温度下降到3点以下时，由于Sn在α固溶体中的溶解度随温度降低而减小，因此将从固溶体中析出富Sn的β固溶体。为区别于从液体中结晶出来的β相，通常将这种由初生α相中析出的β相，称为次生相，以$\beta_{Ⅱ}$表示，这一过程称为脱溶或沉淀。随温度继续降低，α相中的含Sn量逐渐减少，$\beta_{Ⅱ}$量逐渐增多，最终α的成分达到F点。

成分位于F和M之间的所有合金，平衡结晶过程均与上述合金相似，其显微组织也由α+$\beta_{Ⅱ}$两相组成，只是两相的相对含量不同。合金成分越靠近M点，$\beta_{Ⅱ}$的含量越多。两相的含量可用杠杆定律求出。如合金Ⅰ的α和$\beta_{Ⅱ}$相的含量分别为：

$$w_{\alpha}=4G/FG\times100\%$$

$$w_{\beta Ⅱ}=F4/FG\times100\%$$

图2-14为w_{Sn} 10%的Pb-Sn合金的显微组织。

② 合金Ⅱ为共晶合金　温度在E点以上时，合金为液体单相区，温度下降到E点时，发生共晶转变，结晶出共晶体（α+β），α和β的成分分别为M点和N点的成分，α相和β相的重量百分数可分别用杠杆定律求出：

$$w_{\alpha M}=EN/MN\times100\%=(97.5-61.9)/(97.5-19)\times100\%\approx45.4\%$$

$$w_{\beta N}=ME/MN\times100\%=(61.9-19)/(97.5-19)\times100\%\approx54.6\%$$

此后，随温度下降，α和β都发生脱溶过程，α相成分沿着MF线变化，β相的成分沿着NG线变化，分别析出次生相$\beta_{Ⅱ}$和$\alpha_{Ⅱ}$。

图2-15为Pb-Sn共晶合金的显微组织，α相呈层片状交替分布，其中黑色的为α相，白色的为β相。

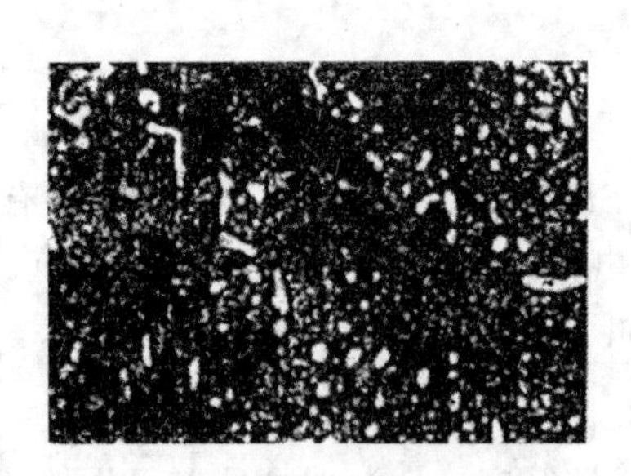

图2-14　w_{Sn}10%的Pb-Sn合金的显微组织（×500）

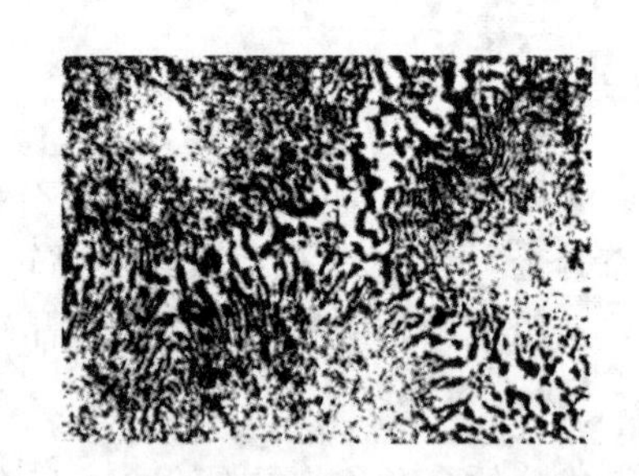

图2-15　Pb-Sn共晶合金的显微组织

③ 合金Ⅲ　为亚共晶合金。这类合金的结晶过程由匀晶转变、共晶转变和固溶体脱溶过程三部分组成。温度在1点以上时，合金为单相液态；1～2点之间，发生匀晶转变，从液相中析出固溶体α（先共晶α相），α的成分与液相的成分分别沿着AM和AE线变化；当温度降至2点时，α相和剩余液相的成分分别为M点和E点，两相的含量分别为：

$$w_{\alpha}=E2/ME\times100\%=(61.9-50)/(61.9-19)\times100\%\approx27.8\%$$

$$w_{L}=ME/MN\times100\%=(50-19)/(61.9-19)\times100\%\approx72.2\%$$

在 t_E 温度时，成分为 E 点的液相发生共晶转变，直到液相全部形成共晶组织。

当温度下降到 2 点以下时，将从 α 相（包括先共晶 α 相和共晶组织 α 相）和 β 相（共晶组织中的 β）中分别析出次生相 β_{II} 和 α_{II}。

图 2-16 为合金Ⅲ的显微组织，其中暗黑色树枝状晶部分是先共晶 α 相，其中的白色颗粒为 β 相，黑白相间分布的是共晶组织。

④ 合金Ⅳ　为过共晶组织。过共晶合金的平衡结晶过程和显微组织与亚共晶合金相似，所不同的是先共晶相不是 α，而是 β。

图 2-16　w_{Sn}50%的 Pb-Sn 合金的显微组织（×500）

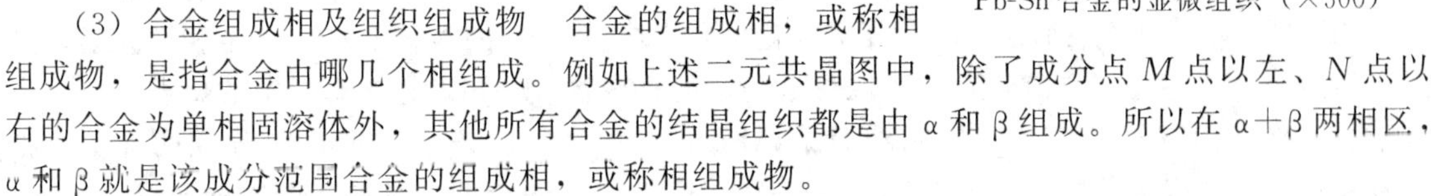

（3）合金组成相及组织组成物　合金的组成相，或称相组成物，是指合金由哪几个相组成。例如上述二元共晶图中，除了成分点 M 点以左、N 点以右的合金为单相固溶体外，其他所有合金的结晶组织都是由 α 和 β 组成。所以在 α+β 两相区，α 和 β 就是该成分范围合金的组成相，或称相组成物。

组织组成物，是指合金在显微镜下有哪几种可以区分清楚的组成部分（或者分布形态）。例如，上述共晶合金、亚共晶合金和过共晶合金，在室温下，它们的组成相是一样的，都是由 α 和 β 两个相组成。但是，三种合金的组织不同，共晶合金的组织全部是（α+β）共晶体；亚共晶合金的组织是 $\alpha+\beta_{II}+(\alpha+\beta)$；过共晶合金的组织是 $\beta+\alpha_{II}+(\alpha+\beta)$。虽然都由 α 和 β 两相组成，但分布特点和形态不同。

2.2.1.3.3　包晶相图及其结晶过程

二组元液态完全互溶，固态形成有限固溶体，并具有包晶转变的相图，称为包晶相图。包晶转变，是指一定成分的液相与一定成分的固相在一定温度下发生反应，形成一种新固相的过程。

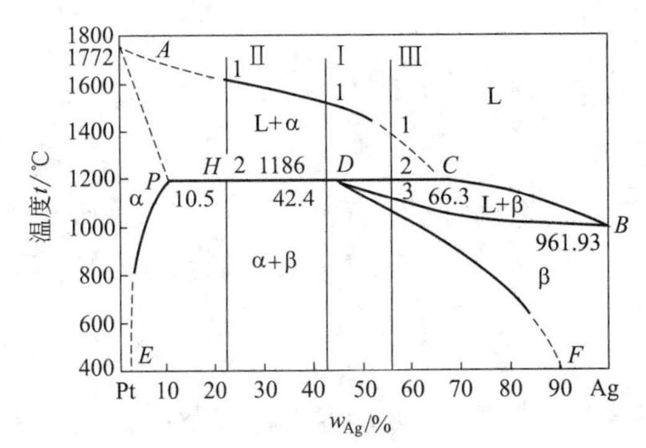

图 2-17　Pt-Ag 二元合金相图

图 2-17 所示的 Pt-Ag 二元相图是典型的二元包晶相图。图中 ACB 为液相线，$APDB$ 为固相线，PE 及 DF 分别是 Ag 溶于 Pt 中和 Pt 溶于 Ag 中的溶解度曲线。PDC 为包晶反应线，D 点为包晶点。具有 D 点成分的合金，当冷却到 t_D 温度时，发生包晶反应：

$$L_C+\alpha_P \rightleftharpoons \beta_D \tag{2-7}$$

包晶转变过程中，新相 β 包围在初生相 α 的表面，通过消耗 L 和 α 而长大。其过程如图 2-18 所示。

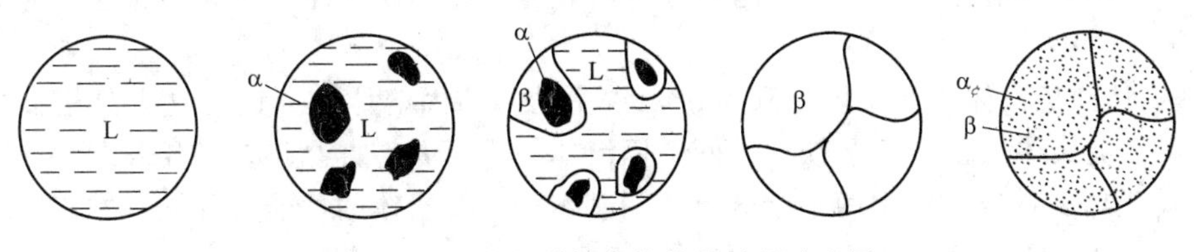

图 2-18　具有包晶转变的结晶过程示意图

2.2.1.3.4　其他类型的二元合金相图

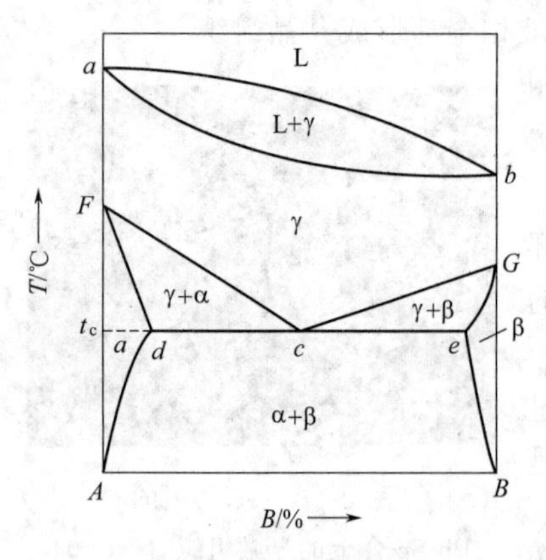

图 2-19 具有共析转变的相图

（1）具有共析转变的相图 在一定温度下，一定成分的固相分解为另外两个一定成分的固相的转变过程，称为共析转变。具有共析转变的相图如图 2-19 所示。二组元 A、B 液态无限互溶，结晶形成无限固溶体 γ，当温度降低到 t_c 时，γ 相发生分解，形成（α＋β）的整合组织，称为共析体，其反应式为：

$$\gamma_c \xrightarrow{t_c} (\alpha_d + \beta_e) \tag{2-8}$$

共析转变在 $Fe\text{-}Fe_3C$ 相图中非常重要。

（2）形成稳定化合物的相图 稳定化合物是指具有一定成分和固定熔点，在熔点以下保持其固有结构而不发生分解的化合物。图 2-20 中的 Mg-Si 二元合金相图就是一种形成稳定化合物的相图。Mg 和 Si 可以形成稳定的化合物 Mg_2Si，它具有一定的熔点，在熔点以下可保持其固有结构。图中的垂线代表 Mg_2Si 单相区，这条垂线把相图分成两部分，把 Mg_2Si 视为一个组元，则 Mg-Si 相图由 Mg-Mg_2Si 和 Mg_2Si-Si 两个共晶相图并列而成。

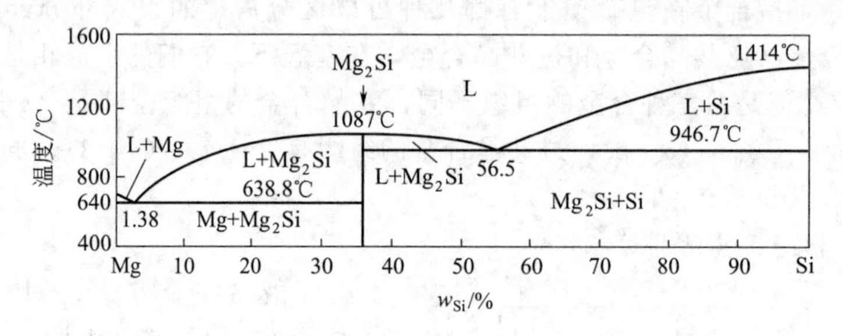

图 2-20 形成稳定化合物的 Mg-Si 二元合金相图

2.2.2 铁碳合金相图

碳钢、合金钢和铸铁都是铁碳合金，是应用最广泛的金属材料。而铁碳合金相图是研究铁碳合金的重要工具，了解与掌握铁碳合金相图，对于钢铁材料的研究和应用，制定各种热加工工艺有着很重要的指导意义。

2.2.2.1 铁碳合金的组元及基本相

（1）纯铁 铁属于过渡族元素。在一个大气压下，它于 1538℃熔化，2738℃气化。在 20℃时的密度为 7.87g/cm^3。

① 铁的同素异晶转变 铁具有多晶型性，图 2-21 是纯铁的冷却曲线。由图可以看出，铁在 1538℃结晶为 δ-Fe，它具有体心立方晶格。当温度继续冷却至 1394℃时，δ-Fe 转变为面心立方晶格的 γ-Fe，通常把 δ-Fe 与 γ-Fe 的转变平衡临界点称为 A_4 点。当温度继续降至 912℃时，面心立方晶格的 γ-Fe 又转变为体心立方晶格的 α-Fe，此转变的平衡临界点称为 A_3 点。在 912℃以下，铁的结构不再发生变化，这样一来，铁就具有三种同素异晶状态，即 δ-Fe、γ-Fe 和 α-Fe。

② 铁素体与奥氏体 铁素体是碳溶于 α-铁中的间隙固溶体，为体心立方晶格，常用符号 F 或 α 表示。奥氏体是碳溶于 γ-铁中的间隙固溶体，为面心立方晶格，常用符号 A 或 γ 表示。铁素体和奥氏体是铁碳相图中两个十分重要的基本相。铁素体的性能与纯铁基本相同，居里点也是 770℃，奥氏体的塑性很好，但它具有顺磁性。

纯铁的塑性和韧性很好，但其强度很低，很少用作结构材料。纯铁的主要用途是利用它所具有的铁磁性。工业上炼制的电工纯铁具有高的磁导率，可用于要求软磁性的场合，如各种仪器仪表的铁芯等。

（2）渗碳体　渗碳体是铁与碳形成的间隙化合物，Fe_3C 含碳量为 w_C6.69%，可以用符号 C_m 表示，是铁碳相图中的重要基本相。

渗碳体具有很高的硬度，约为 800HB，但塑性很差，延伸率接近于零。渗碳体于低温下具有一定的铁磁性，但是在 230℃以上，铁磁性就消失了，所以 230℃是渗碳体的磁性转变温度，称为 A_0 转变。根据理论计算，渗碳体的熔点为 1227℃。

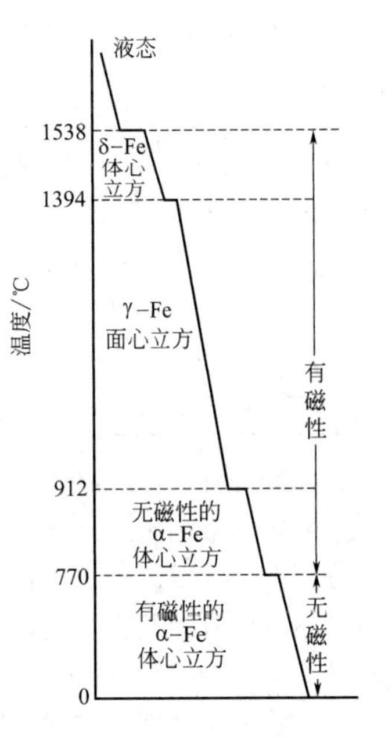

图 2-21　纯铁的冷却曲线

2.2.2.2　铁碳合金相图

铁与碳可形成一系列化合物，例如 Fe_3C、Fe_2C、FeC 等。因此，Fe-C 相图是具有多种化合物的相图。但是，有实用价值的合金仅局限在 Fe-Fe_3C 相图之内，如图 2-22 所示。

相图中有三个恒温反应，所发生的温度由 *HJB*、*ECF*、*PSK* 三条水平线表征。*HJB* 为包晶反应线，反应产物为奥氏体。*ECF* 为共晶反应线，反应产物为奥氏体-渗碳体共晶混合物，称为莱氏体（Ld）。*PSK* 为共析反应线，反应产物为铁素体-渗碳体共析混合物，称为珠光体（P）。

ES 与 *PQ* 线为固溶线，分别表示碳在奥氏体和铁素体中的溶解度与温度的关系。

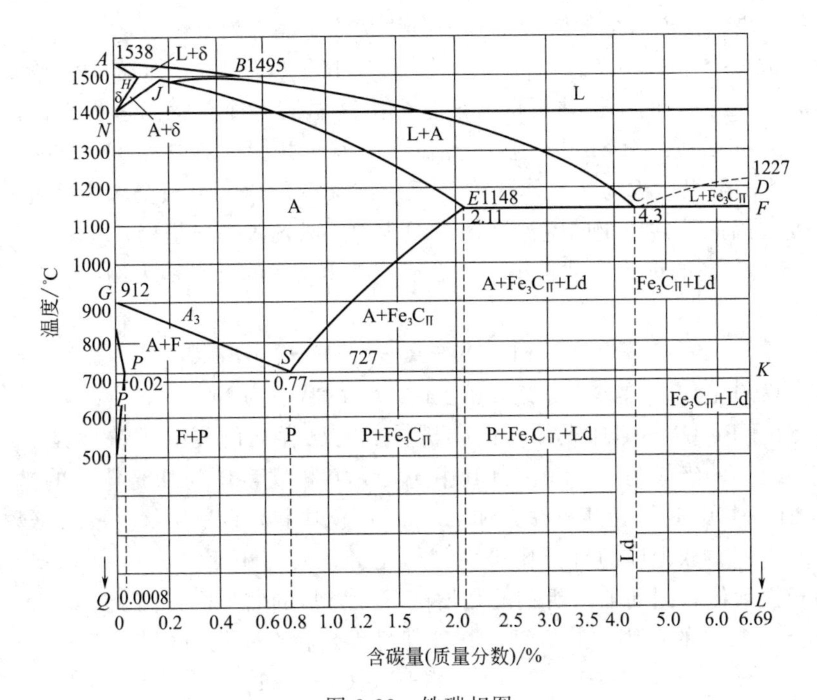

图 2-22　铁碳相图

PSK、*ES* 及 *GS* 线是制定钢的热加工工艺的重要依据，习惯上分别称为 A_1 线、A_{cm} 线及 A_3 线。

相图中有四个单相区（L、δ、A、F 相区）和七个双相区（L＋δ、L＋A、L＋Fe_3C、A＋δ、A＋Fe_3C、A＋F、F＋Fe_3C 相区）。相图中所标的 A＋$Fe_3C_{Ⅱ}$、F＋P 等为组织组成物的分布。

相图中重要特征点的含义列于表2-2。相图中的字母为通用符号，一般不可随意改变。

表2-2 铁碳相图中重要的特征点

点	温度/℃	含碳量/%	说明	点	温度/℃	含碳量/%	说明
A	1538	0	纯铁的熔点	*H*	1495	0.1	碳在δ-Fe中最大溶解度
B	1495	0.5	包晶反应时液相含碳量	*J*	1495	0.17	包晶点
C	1148	4.3	共晶点	*K*	727	6.69	渗碳体
D	1227	6.69	Fe_3C的熔点	*N*	1394	0	δ-Fe与γ-Fe转变点
E	1148	2.11	碳在γ-Fe中最大溶解度	*P*	727	0.02	碳在α-Fe中最大溶解度
F	1148	6.69	渗碳体	*S*	727	0.77	共析点
G	912	0	α-Fe与γ-Fe的转变点	*Q*	＜300	＜0.001	碳在α-Fe中的溶解度

2.2.2.3 铁碳合金的结晶过程与平衡组织

铁碳合金的组织是液态结晶和固态重结晶的综合结果，研究铁碳合金的结晶过程，目的在于分析合金的组织形成，以考虑其对性能的影响。为了讨论方便起见，先将铁碳合金进行分类。通常按有无共晶转变将其分为碳钢和铸铁两大类，即含碳量低于w_C2.11%的为碳钢，含碳量大于w_C2.11%的为铸铁。含碳量低于w_C0.021%的为工业纯铁。

(1) 工业纯铁　含碳量低于0.02%（*P*点）的铁碳合金为工业纯铁。以含碳量为0.01%的工业纯铁为例。该金属从液相L冷却至室温的过程中，其状态经历如下变化：

$$L \rightarrow L+\delta \rightarrow \delta \rightarrow \delta+A \rightarrow A+F \rightarrow F \rightarrow F+Fe_3C$$

沿*PQ*线析出的铁素体为三次渗碳体，记为Fe_3C_{II}。因此，工业纯铁的室温组织为$F+Fe_3C_{II}$。F呈白色块状，Fe_3C_{II}量极少，呈小白片状位于晶界处。

(2) 碳钢　成分介于w_C0.02%（*P*点）与w_C2.11%（*E*点）之间的铁碳合金为碳钢。

含w_C0.77%（*S*点）的钢为共析钢。该合金由高温液态冷至室温过程中依次经历的状态为：$L \rightarrow L+A \rightarrow A \rightarrow F+Fe_3C$。其中，在*S*点温度时发生共析反应（$A \rightarrow F+Fe_3C$），转变产物为（$F+Fe_3C$）共析组织，称为珠光体（P）。反应结束后，合金组织全部为珠光体。*S*点以下不发生组织转变。因此，共析钢的室温平衡组织为P。珠光体一般呈层片状。

含碳量低于0.77%的钢为亚共析钢。以含碳量为0.4%的合金钢为例。其冷却过程中的状态变化为：

$$L \rightarrow L+\delta \rightarrow L+A \rightarrow A \rightarrow A+F \rightarrow F+Fe_3C$$

其间，在1495℃发生包晶。在冷至727℃稍上时，钢的状态为F_P+A_S。A_S在727℃发生共析反应，转变为（$F+Fe_3C$），即珠光体，而共析转变前已存在的先共析铁素体F_P无变化。因此，亚共析钢室温相的组成为$F+Fe_3C$（其中包括先共析铁素体与珠光体中的铁素体），其组织组成物为F+P（其中F为先共析铁素体）。F呈白色块状，P呈层状。放大倍数不高时P呈黑色块状。亚共析钢中珠光体的百分比可由杠杆定律确定。由于珠光体中Fe_3C的强化作用，珠光体强度高于铁素体，因而亚共析钢的强度随珠光体量的增加而提高。

含碳量高于0.77%的钢为过共析钢。其冷却过程的状态变化为：

$$L \rightarrow L+A \rightarrow A \rightarrow A+Fe_3C \rightarrow F+Fe_3C$$

其中，沿*ES*线析出的Fe_3C为二次渗碳体，记为Fe_3C_{II}，在727℃稍上，合金状态为$A_S+Fe_3C_{II}$，在727℃，A_S发生共析反应，转变为P，而Fe_3C_{II}无变化。因此，过共析钢的室温相组成为$F+Fe_3C$（Fe_3C包括珠光体中的Fe_3C和Fe_3C_{II}），其组织组成物为$P+Fe_3C_{II}$。Fe_3C_{II}呈网状分布在P周围。

由杠杆定律可确定：亚共析钢珠光体量随含碳量的增加而增加，而过共析钢则相反。过共析钢中Fe_3C_{II}的分布状态对钢的性能影响极大。呈网状分布的Fe_3C_{II}会使钢的塑性、韧性下降。因此，必须通过适当的工艺来改变其分布。

(3) 铸铁 成分介于 w_C2.11%（E 点）与 w_C6.69%（F 点）之间的铁碳合金为铸铁。当铸铁中的碳是以 Fe_3C 的形式存在时，称该铸铁为白口铸铁。

成分为 w_C4.3%（C 点）的铸铁为共晶白口铸铁。其冷却过程中的状态变化为：

$$L \rightarrow A + Fe_3C \rightarrow F + Fe_3C$$

其中，在 1148℃发生共晶反应（$L \rightarrow A + Fe_3C$），反应后的共晶产物称为高温莱氏体，记为 Ld。在 727℃，莱氏体中的奥氏体发生共析反应（$A \rightarrow P$）。共析反应完成后，莱氏体由 $P + Fe_3C_{II} + Fe_3C$ 组成，称为低温莱氏体，记为 Ld'。因此，共晶白口铸铁室温组成为 $F + Fe_3C$，其组织组成物为 Ld'。Ld' 中的 P 是共析转变产物，Fe_3C_{II} 是沿 SE 线析出的二次渗碳体，Fe_3C 是共晶转变中产生的渗碳体。

成分介于 w_C2.11%（E 点）与 w_C4.3%（C 点）之间的铸铁为亚共晶白口铸铁。该类铸铁冷却过程中，除在液相线与共晶反应线之间自 L 中析出先共晶奥氏体外，其他与共晶白口铸铁相同。其室温的相组成为 $F + Fe_3C$，组织为 $P + Fe_3C_{II} + Ld'$。其中的 P 为先共晶奥氏体在共析温度的共析转变产物，Fe_3C_{II} 为共晶奥氏体沿 SE 线析出的二次渗碳体。

含碳量大于 w_C4.3%（C 点）的铸铁为过共晶白口铸铁。该铸铁的室温相组成为 $F + Fe_3C$，组织为 $Fe_3C + Ld'$。其中的 Fe_3C_{II} 为液相线与共晶反应线之间自 L 相中析出的先共晶渗碳体。

2.3 金属材料的结晶

材料由液态转变成固态的过程称为凝固，凝固是材料宏观状态的变化。凝固后得到的固体为晶体的转变称为结晶。它是一种相变，而凝固成非晶态固体的不属于相变，常称为非晶转变或玻璃化转变。结晶相变是各种相变中最常见的相变，通过对结晶相变的研究可揭示相变进行所必须的条件、相变规律和相变后的组织与相变条件之间的变化规律，对材料的制取、加工成型及性能的控制均有指导作用。

凝固后的固态金属通常是晶体，所以将这一凝固过程称为结晶过程。大多数金属制品都是在液态下进行冶炼，然后铸造成固态金属的。液态金属内部，在短距离的小范围内，原子作近程有序排列。所以金属结晶实质上是原子由近程有序状态过渡为远程有序状态的过程。

对每一金属，存在一平衡温度，用 T_m（熔点）表示。当液态金属冷却到低于这一温度时，即开始结晶。在平衡温度 T_m 时，液态金属与其晶体处于平衡状态，这时液体中的原子结晶为晶体的速度与晶体上的原子溶入液体中的速度相等。在宏观上看，既不结晶也不熔化，晶体与液体处于平衡状态，只有冷却到低于 T_m 温度才能有效地进行结晶。金属结晶时所需的实际温度 T_n 低于熔点 T_m 的现象称为过冷现象，二者温度差称为过冷度，以 ΔT 表示，$\Delta T = T_m - T_n$。过冷度随液体冷却速度的提高而增大。

2.3.1 结晶的过程

结晶过程是如何进行的？人们在观察了透明的有机物结晶过程，结果发现，结晶过程总是从形成一些极小的晶体开始，称这些细小晶体为晶核。此后，液体中的原子不断向晶核聚集，使晶核长大。同时液体中会不断有新的晶核形成并长大，直到长大到每个晶粒相互接触，液体消失为止，如图 2-23(a)～(f)所示。

需要注意的是，只有当液态金属过冷至理论结晶温度以下时才能够结晶，但并不是结晶马上开始，而是经过一定时间后才开始出现第一批晶核。结晶开始前的这一段停留时间称为孕育期。由一个晶核长成的晶体，就是一个晶粒。由于各个晶核是随机形成的，其位向各不相同，这样就形成一个多晶体金属。

总之，液态金属的结晶分为形核和晶核长大两个过程，在旧晶核长大的同时新晶核不断出现，二者互相重叠交织在一起。

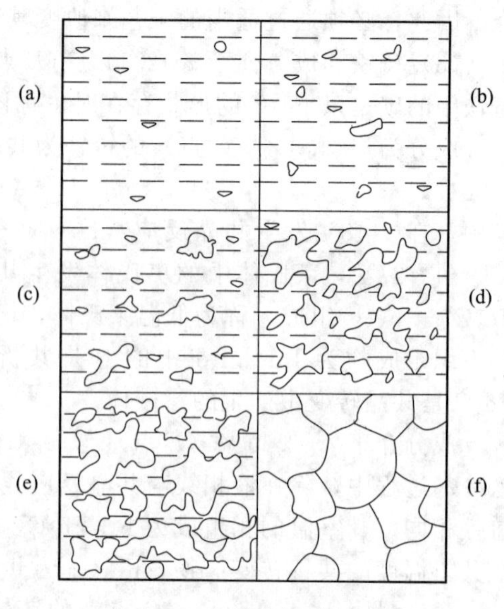

图 2-23 金属结晶过程示意

2.3.2 结晶的热力学条件

为什么液态金属在理论结晶温度不能结晶，而必须在一定的过冷条件下才能进行呢？这是由热力学条件决定的。由热力学知道，物质的稳定状态一定是其自由能最低的状态。促使由甲状态变至乙状态的自动转变的驱动力，就是这两种状态的自由能差。因此，应用热力学分析金属凝固的一般规律可以获得许多明确概念。在热力学中通常用自由能 G 的变化来确定特定条件下的稳定相。纯金属由液相 L 转变为固相 S 时，两相摩尔自由能的差值为：

$$\Delta G_V = G_S - G_L \tag{2-9}$$

图 2-24 是纯金属液、固两相自由能随温度变化的示意图。由图可见，液相和固相的自由能都随着温度的升高而降低，由于液态金属原子排列的混乱程度比固态金属的大，也就是液相自由能曲线的斜率较固相的大，所以液相自由能降低得更快些。液相和固相的曲线在某一温度相交，此时的液、固两相的自由能相等，即 $G_S = G_L$，它表示两相可以同时共存，具有同样的稳定性，既不熔化，也不结晶，处于热力学平衡状态，这一温度就是理论结晶温度 T_m。从图中看出，只有温度低于 T_m 时，固相的自由能低于液相时，结晶过程才能自发地进行。在结晶过程中，人们发现，过冷度越大，结晶速度越快。这可以通过液固两相的自由能差与过冷度的关系进行分析。

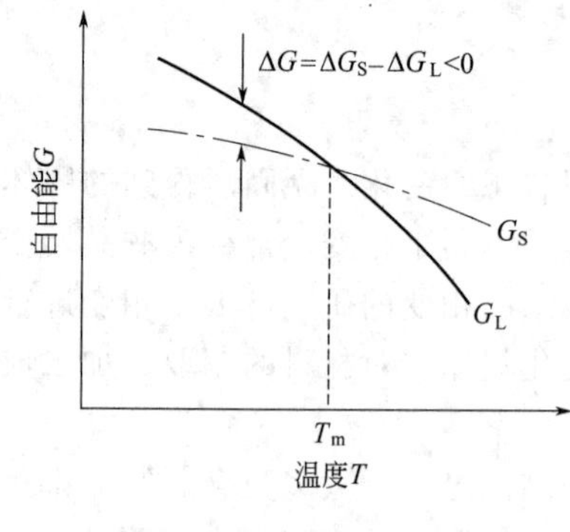

图 2-24 液相与固相随温度变化的示意图

因为 $\Delta G_V = G_S - G_L$，所以

$$\Delta G_V = H_L - TS_L - (H_S - TS_S) = (H_L - H_S) - T(S_L - S_S) \tag{2-10}$$

由于 $H_L - H_S = L_m$，即熔化潜热，当 $T = T_m$ 时，$\Delta G_V = 0$，即

$$L_m = T(S_L - S_S) = T\Delta S \tag{2-11}$$

当 $T < T_m$ 时，由于 ΔS 很小，所以

$$\Delta G_V = L_m - TL_m/T_m = L_m(T_m - T)/T_m = L_m\Delta T/T_m \tag{2-12}$$

从上式看出，过冷度越大，相变驱动力越大，结晶速度越快。

2.3.3 形核

研究表明，液态金属中存在许多大小不等、呈规则排列的原子小集团（近程有序）。在液态金属中，近程规则排列的原子集团并不是固定不动、一成不变的，而是处于不断地变化之中。仿佛在液态金属中不断涌现或不断消失一些极微小的固态结构一样。时而长大，时而缩小，此处产生，彼处消失，这种不断变化着的现象称为结构涨落，或称相起伏。在结构涨落的同时，会伴随着能量涨落。只有在过冷液体中出现的尺寸较大的相起伏和能量涨落的同时，才有可能转变为晶核。在理论结晶温度以上，这些有序集团不能继续长大，不能成为结晶核心。在过冷条件下，某些大于一定尺寸的原子集团，可以稳定地长大成为晶粒。这种由液态金属本身的原子集团发展成一定尺寸晶核的过程，称为均匀形核或自发形核。而依靠外来质点的表面形核的过程叫非均匀形核，或非自发形核。前者是指液态金属绝对纯净，无任何杂质，也不和型壁接触，只是依靠液态金属某些局部的结构和能量变化，由晶胚直接形核的过程。实际液态金属的结晶都是以非均匀形核方式进行的。由于非均匀形核的基本规律相似于均匀形核的过程，因此来讨论均匀形核的基本理论。

2.3.3.1　均匀形核

（1）形核时的能量变化和临界晶核半径　在过冷的液体中，并不是所有的晶胚都可以转变为晶核，进而长大为晶粒，只有那些尺寸等于或大于某一临界尺寸的晶坯才可能稳定地存在，并能自发地长大。这要从形核时晶坯长大的能量变化来分析。

金属液体在过冷条件下，晶坯逐渐长大的驱动力来自于液态转变为固态的自由能的下降。但是，由于晶坯构成新的表面，形成表面能，从而使系统的自由能升高，它是结晶的阻力。设晶坯的体积为 V，表面积为 S，单位面积的表面能为 σ，液、固两相单位体积自由能差为 ΔG_V，则由液相转变为固相的系统的自由能的总变化为：

$$\Delta G=-V\Delta G_V+\sigma S \tag{2-13}$$

假设晶坯为球状，则它所引起的自由能变化为：

$$\Delta G=-4/\pi r^3\Delta G_V+4\pi r^2\sigma \tag{2-14}$$

图 2-25 反映了晶坯半径与自由能的关系。可以看出，在 ΔG 与 r 的关系曲线上出现了一个极大值 ΔG_K，与其对应的 r 值为 r_K。从图中看出，当 $r>r_K$ 时，则随着晶坯尺寸的增大，系统的自由能降低，这一过程可自发进行，晶坯可以长大成为晶核。$r<r_K$ 时，随晶坯尺寸增大，系统自由能增加，晶坯不能成为稳定的晶核。当 $r=r_K$ 时，这种晶坯既可能消失，也可能长大成为稳定晶核，把半径为 r_K 的晶坯称为临界晶核，r_K 称为临界晶核半径。

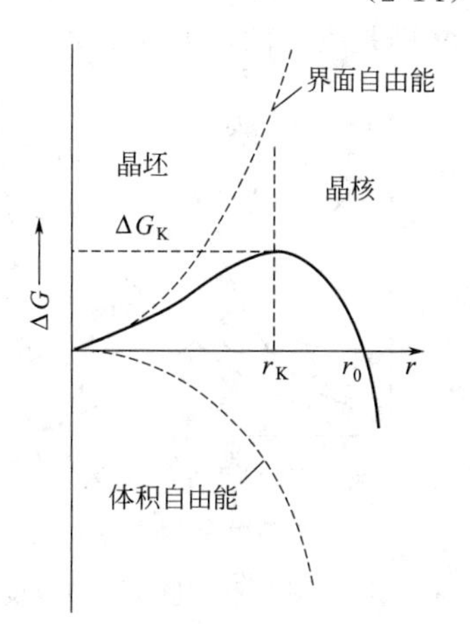

图 2-25　晶坯半径与 ΔG 的关系

对上式进行微分并令其等于零，就可得到

$$r_K=2\sigma/\Delta G_V=2\sigma T_m/L_m\Delta T \tag{2-15}$$

说明晶核的临界半径与过冷度成反比，过冷度越大，临界半径越小。只有当晶坯的尺寸达到了临界晶核半径的要求，液体中的晶坯才能成长为晶核。

（2）形核功　从图 2-25 可知，当晶坯尺寸达到 r_K 时，随 r 的增加，系统的自由能下降，晶坯长大过程可以自发地进行。但是，晶坯尺寸小于 r_K 时，系统的自由能随着晶坯尺寸的增大而增大，即晶坯表面能的增加大于体积自由能的减少，阻力大于驱动力。这时，晶坯的长大不能自发进行。将临界晶核半径代入自由能变化的式子中，得到晶坯长大到临界晶核尺寸时的极大值 ΔG_K 为

$$\Delta G_K=[16\pi\sigma^3T_m^2/(3L_m^2)](1/\Delta T^2)$$

或

$$\Delta G_K=1/3\times4\pi r_K{}^2\sigma \tag{2-16}$$

这说明，形成临界晶核时，体积自由能的下降只补偿了表面能的 2/3，还有 1/3 的表面能没有补偿，需要另外供给，即需要对形核做功，称 ΔG_K 为形核功。临界晶核形成功与过冷度的平方成反比，过冷度增大，临界晶核形成功显著降低。

补偿这一部分的形核功从哪里来呢？事实上，这部分能量可以由晶核周围的液体对晶核做功来提供。在液态金属中不但存在着结构涨落，而且还存在着能量涨落。在一定温度下，系统有一定的自由能值与其相对应，但这指的是宏观平均能量。其实在各微观区域内的自由能并不

相同，有的微区高些，有的微区低些，即各微区的能量也是处于此起彼伏、变化不定的状态。这种微区内暂时偏离平衡能量的现象即为能量涨落。当液相中某一微观区域的高能原子附着于晶核上时，将释放一部分能量，一个稳定的晶核便在这里形成，这就是形核时所需能量的来源。

（3）形核率　形核率是指在单位时间单位体积液体中形成的晶核数目，用 N 来表示，单位为个/(cm^3・S)。

形核率对于实际生产十分重要，形核率高，意味着单位体积内的晶核数目多，结晶结束后可以获得晶粒细小的金属材料。这种金属材料不但强度高，而且塑性、韧性也好。

形核率受两个方面因素的控制：一方面是随着过冷度的增加，晶核的临界半径和形核功都随着减小，结果使晶核易于形成，形核率增加；另一方面无论是临界晶核的形成，还是临界晶核的长大，都必须伴随着液态原子向晶核的扩散迁移，没有液态原子向晶核上的迁移，临界晶核就不可能形成，即使形成了也不可能长大成为稳定晶核。但是增加液态金属的过冷度，就势必降低原子的扩散能力，结果给形核造成困难，使形核率减少。这一对相互矛盾的因素决定了形核率的大小，因此形核率可用下式表示

$$N=N_1N_2 \tag{2-17}$$

式中，N_1 为受形核功影响的形核率因子；N_2 为受原子扩散影响的形核率因子；形核率 N 则是以上两者的综合。图 2-26 是形核率与温度及过冷度的关系示意图。

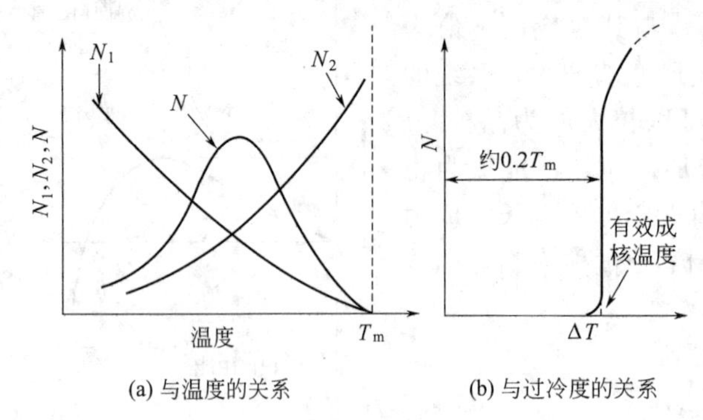

(a) 与温度的关系　(b) 与过冷度的关系

图 2-26　形核率与温度及过冷度的关系

由于 N_1 主要受形核功的控制，而形核功 ΔG_K 与过冷度的平方成反比，过冷度越大，则形核功越小，因而形核率增加，故 N_1 随过冷度的增加，也即温度的降低而增大。N_2 主要取决于原子的扩散能力，温度越高（过冷度越小），则原子的扩散能力越大，因而 N_2 越大。在由 N_1、N_2 叠加而成的形核率 N 的曲线上出现了极大值。从该曲线可以看出，开始时形核率随过冷度的增加而增大，当超过极大值之后，形核率又随过冷度的增加而减小，当过冷度非常大时，形核率接近于零。这是因为温度较高，过冷度较小时，原子有足够高的扩散能力，此时的形核率主要受形核功的影响，过冷度增加，形核功减小，晶核易于形成，因而形核率增大；但当过冷度很大（超过极大值后）时，矛盾发生转化，原子的扩散能力转而起主导作用，所以尽管随着过冷度的增加，形核功进一步减少，但原子扩散越来越困难，形核率反而明显降低了。对于纯金属而言，其均匀形核的形核率与过冷度的关系如图 2-26（b）所示。这一实验结果说明，在到达一定的过冷度之前，液态金属中基本上不形核，一旦温度降至某一温度时，形核率急剧增加，一般将这一温度称为有效成核温度。由于一般金属的晶体结构简单，凝固倾向大，形核率在到达曲线的极大值之前即已凝固完毕，看不到曲线的下降部分。

2.3.3.2　非均匀形核

形成非自发晶核所需要的过冷度比均匀形核小得多。例如，一滴纯净铁水，均匀形核时过冷度达 295℃，实际结晶的过冷度一般不超过 20℃。这说明实际金属主要以非均匀形核方式结晶。这是因为，在液态金属中总是存在一些微小的固相杂质质点，并且液态金属在凝固时还要和型壁相接触，于是晶核就可以优先依附于这些现成的固体表面上形成，这种形核方式就是非均匀形核。在工业生产中，为了改善金属材料的性能，在冶炼浇注过程中特意加入一些能形成

难熔固体微粒的变质剂，以起到非自发形核作用。

(1) 临界晶核半径和形核功 均匀形核时的主要阻力是晶核的表面能，对于非均匀形核，当晶核依附于液态金属中存在的固相质点的表面上形核时，就有可能使表面能降低，从而使形核可以在较小的过冷度下进行。但是，在固相质点表面上形成的晶核可能有各种不同的形状。为了便于计算，设晶核为球冠形，如图 2-27 所示。

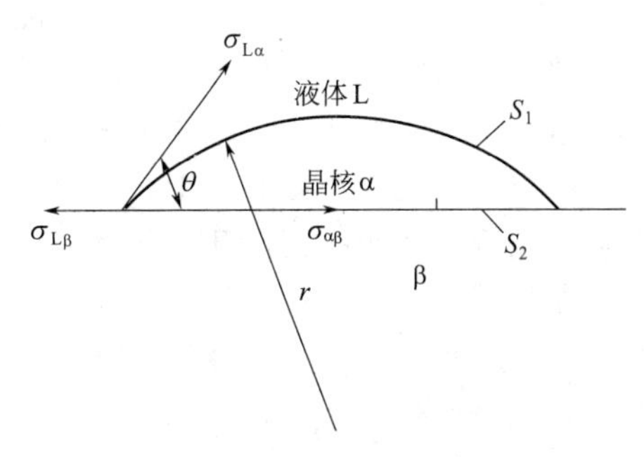

图 2-27 非均匀形核示意图

θ 表示晶核 α 与基底 β 的接触角（或称润湿角），$\sigma_{L\beta}$表示液相与基底之间的表面能，$\sigma_{L\alpha}$表示液相与晶核之间的表面能，$\sigma_{\alpha\beta}$表示晶核与基底之间的表面能。表面能在数值上可以用表面张力的数值表示。当晶核稳定存在时，三种张力在交点处达到平衡，即

$$\sigma_{L\beta}\sigma_{\alpha\beta}=\sigma_{L\alpha}\cos\theta+\sigma_{\alpha\beta} \quad (2\text{-}18)$$

根据几何知识，可以求出晶核与液体的接触面积 S_1，晶核与基底的接触面积 S_2 和晶核的体积 V。

$$S_1=2\pi r^2(1-\cos\theta) \quad (2\text{-}19)$$

$$S_2=\pi r^2\sin^2\theta \quad (2\text{-}20)$$

$$V=1/3\pi r^3(2-3\cos\theta+\cos^3\theta) \quad (2\text{-}21)$$

在基底 β 上形成晶核时总的自由能变化 $\Delta G'$应为

$$\Delta G'=-V\Delta G_V+\Delta G_S \quad (2\text{-}22)$$

总的表面能由三部分组成：晶核球冠上的表面能为 $\sigma_{L\alpha}S_1$，晶核底面上的表面能为 $\sigma_{\alpha\beta}S_2$，已经消失的原来基底底面上的表面能为 $\sigma_{L\beta}S_2$。于是

$$\Delta G_S=\sigma_{L\alpha}S_1+\sigma_{\alpha\beta}S_2-\sigma_{L\beta}S_2 \quad (2\text{-}23)$$

经整理化解，可得

$$\Delta G'=(-4/3\pi r^3\Delta G_V+4\pi r^2\sigma_{L\alpha})(2-3\cos\theta+\cos^3\theta)/4 \quad (2\text{-}24)$$

按照均匀形核求临界晶核半径和形核功的方法，即可求出非均匀形核的临界晶核半径r'_K和形核功 $\Delta G'_K$

$$r'_K=2\sigma_{L\alpha}/\Delta G_V=2\sigma_{L\alpha}T_m/L_m\Delta T \quad (2\text{-}25)$$

$$\Delta G'_K=4/3\pi r^2\sigma_{L\alpha}(2-3\cos\theta+\cos^3\theta)/4 \quad (2\text{-}26)$$

通过比较，发现均匀形核的临界半径与非均匀形核的临界球冠半径是相等的。当 $\theta=0$ 时，非均匀形核的球冠体积等于零，这时 $\Delta G'_K=0$，表示完全润湿，不需要形核功。这说明液体中的固相杂质质点就是现成的晶核，可以在杂质质点上直接结晶长大，这是一种极端情况。一般情况下 θ 在 0°～180°之间，非均匀形核的球冠体积小于均匀形核的晶核体积，则 $\Delta G'_K$恒小于$\Delta G'_K$。θ 越小，$\Delta G'_K$越小，非均匀形核越容易，需要的过冷度也越小。

(2) 形核率 非均匀形核的形核率与均匀形核的相似，但除了受过冷度和温度的影响外，还受固态杂质的结构、数量、形貌及其他一些物理因素的影响。

① 过冷度的影响 由于非均匀形核所需的形核功 $\Delta G'_K$很小，因此在较小的过冷度条件下，非均匀形核就能够进行。非均匀形核决定于夹杂物的存在，在过冷度为 $0.02T_m$ 时，就能达到最大的形核率。

② 固体杂质结构的影响 非均匀形核的形核功与接触角 θ 有关，θ 角越小，形核功越小，形核率越高。那么，哪些因素影响 θ 角的大小呢？

下式说明，θ 角的大小取决于液体、晶核及固态杂质三者之间表面能的相对大小，即

$$\cos\theta=(\sigma_{L\beta}-\sigma_{\alpha\beta})/\sigma_{\alpha L} \tag{2-27}$$

当液态金属确定以后，$\sigma_{\alpha L}$固定不变，那么θ角就取决于$\sigma_{L\beta}-\sigma_{\alpha\beta}$的差值。$\theta$角越小，$\cos\theta$越接近于1。只有当$\sigma_{\alpha\beta}$越小时，$\sigma_{\alpha L}$便越接近于$\sigma_{L\beta}$，$\cos\theta$才越接近于1。也就是说，固态质点与晶核的表面能越小，它对形核的催化效应就越高。很明显，$\sigma_{\alpha\beta}$取决于晶核（晶体）与固态杂质的结构（原子排列的几何状态、原子大小、原子间距等）上的相似程度。两个相互接触的晶面结构越相似，它们之间的表面能就越小，即使只在接触面的某一个方向上的原子排列配合得比较好，也会使表面能降低一些。这样的条件（结构相似、尺寸相当）称为点阵匹配原理。凡满足这个条件的界面，就可能对形核起到催化作用，它本身就是良好的形核剂，或称为活性质点。

③ 固体杂质形貌的影响　固体杂质表面的形状是形形色色的，有的呈凸曲面，有的呈凹曲面，还有的为深孔，这些基面具有不同的形核率。例如有三个不同形状的固体杂质，如图2-28所示，形成三个晶核，它们具有相同的曲率半径r和相同的θ角，但三个晶核的体积却不同。凹面上形成的晶核体积最小［见图2-28（a）］，平面上的次之［见图2-28（b）］，凸面上的最大［见图2-28（c）］。可见，在曲率半径、接触角相同的情况下，晶核体积随界面曲率的不同而改变。凹曲面的形核效能最高，因为较小体积的晶胚便可达到临界晶核半径，平面的效能居中，凸曲面的效能最低。因此，对于相同的固体杂质颗粒，若其表面曲率不同，它的催化作用也不同，在凹曲面上形核所需过冷度比在平面、凸面上形核所需过冷度都要小。铸型壁上的深孔或裂纹属于凹曲面情况，在金属结晶时，这些地方有可能成为促进形核的有效界面。

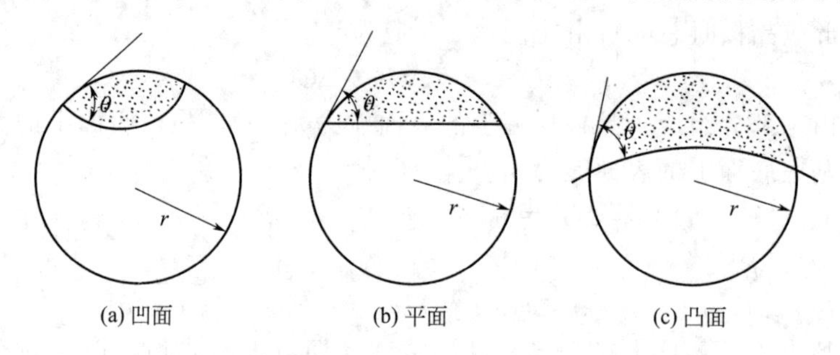

图2-28　不同形状的固体杂质表面形核的晶核体积

④ 过热度的影响　过热度是指金属熔点与液态金属温度之差。液态金属的过热度对非均匀形核有很大的影响。当过热度不大时，可能不使现成质点的表面状态有所改变，这对非均匀形核没有影响；当过热度较大时，有些质点的表面状态改变了，如质点内微裂缝及小孔减少，凹曲面变为平面，使非均匀形核的核心数目减少；当过热度很大时，将使固态杂质质点全部熔化，这就使非均匀形核转变为均匀形核，形核率大大降低。

⑤ 其他影响因素　非均匀形核的形核率除受以上因素影响外，还受其他一系列物理因素的影响，例如在液态金属凝固过程中进行振动或搅动，一方面可使正在长大的晶体碎裂成几个结晶核心，另一方面又可使受振动的液态金属中的晶核提前形成。用振动或搅动提高形核率的方法，已被大量实验证明是行之有效的。

综上所述，金属的结晶形核有以下要点。

① 液态金属的结晶必须在过冷的液体中进行，液态金属的过冷度必须大于临界过冷度，晶胚尺寸必须大于临界晶核半径r'_K。前者提供形核的驱动力，后者是形核的热力学条件所要求的。

② r'_K值大小与晶核表面能成正比，与过冷度成反比。过冷度越大，则r'_K值越小，形核率越大，但是形核率有一极大值。如果表面能越大，形核所需的过冷度也应越大。凡是能降低表

面能的办法都能促进形核。

③ 形核既需要结构涨落，也需要能量涨落，二者都是液体本身存在的自然现象。

④ 晶核的形成过程是原子的扩散迁移过程，因此结晶必须在一定温度下进行。

⑤ 在工业生产中，液体金属的凝固总是以非均匀形核方式进行。

2.3.4 晶核的长大

当液态金属中出现第一批略大于临界晶核半径的晶核后，液体的结晶过程就开始了。结晶过程的进行，依赖于新晶核的连续不断地产生，以及已有晶核的进一步长大。晶体的长大从宏观上来看，是晶体的界面向液相逐步推移的过程；从微观上看，则是依靠原子逐个由液相中扩散到晶体表面上，并按晶体点阵规律的要求，逐个占据适当的位置而与晶体稳定牢靠地结合起来的过程。由此可见，晶体长大的条件是：第一，要求液相不断地向晶体扩散供应原子，这就要求液相有足够高的温度，以使液态金属原子具有足够的扩散能力；第二，要求晶体表面能够不断而牢靠地接纳这些原子，始终保持能量最低的固液界面能。

2.3.4.1 固液界面的微观结构

实验表明，有两种界面结构能量最低，即光滑界面和粗糙界面。光滑界面，如图 2-29（a）所示，是指在液固界面上的原子排列比较规则，界面处两相截然分开，所以从微观上来看，界面是光滑的，但是宏观上它往往是由若干小平面所组成，如图 2-30（a）所示。属于光滑界面的主要是无机化合物和亚金属。

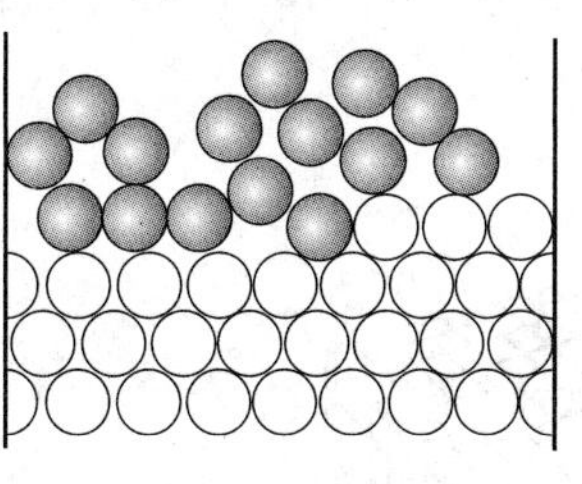

(a) 光滑界面　(b) 粗糙界面

图 2-29 固液界面的微观结构

粗糙界面，如图 2-29（b）所示。在液固界面上的原子排列比较混乱，原子分布高低不平，并存在着厚度达几个原子间距的过渡层。但在宏观上来看，界面反而较为平直，不出现曲折的小平面，如图 2-30（b）所示。常用的金属元素均属于粗糙界面，如 Fe、Al、Cu、Ag 等。

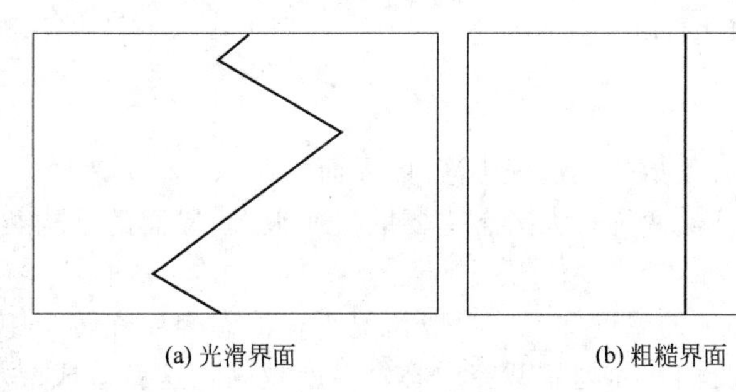

(a) 光滑界面　(b) 粗糙界面

图 2-30 固液界面的宏观结构

2.3.4.2 晶体长大机制

当晶体生长时，液态原子以什么方式添加到固相上去，与其固液界面的微观结构有关，一般认为晶体的生长是通过单个或若干个原子同时依附到晶体表面上，并按晶格规则排列而长大。

（1）垂直长大方式　这种长大方式是针对粗糙界面结构提出来的。因为在几个原子厚度的界面上，约有一半席位是空着的，所以从液相扩散过来的原子很容易填入空位中与晶体连接起来，并使晶体连续地垂直于界面的方向生长，而且在生长过程中，粗糙界面永不消失，如图 2-29（b）所示。研究指出，这种长大方式在垂直于界面方向的长大速度相当快。例如，一般金属定向凝固的长大速率约为10^2cm/s，这种成长机理适用于大多数金属。当然，成长速度还与过冷度和热量的传导速率有关，过冷度越大，散热速率越快，成长速度越快。

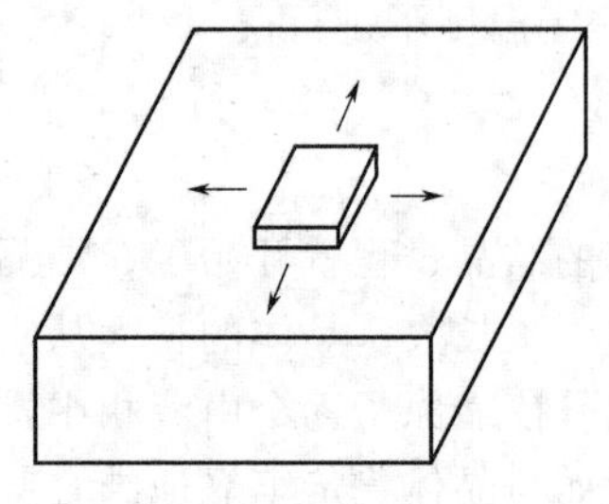

图 2-31 二维晶核台阶长大机制

(2) 二维晶核台阶长大机制 这样的长大机制，主要是利用系统中的能量涨落与结构涨落，使一定大小的原子集团同时降落在光滑界面上，形成一个具有单原子厚度的二维薄层状稳定的原子集团，如图 2-31 所示，如果这种原子集团的体积自由能小于其表面能的增加，则可以在光滑的平面上稳定地长大，这种原子集团称为二维晶核。然后依靠其周围出现的台阶按上述机制扩展，直至覆盖整个表面。晶体的进一步长大，必须在新的界面上重新形成二维晶核，如此反复进行。

(3) 螺旋位错长大机制 在结晶过程中，由于平滑界面出现的某些原子排列不规则，总是在固液界面上形成种种缺陷，这些缺陷使得原子很容易向上堆砌。人们对 Si、Ge、Bi 等具有平滑固液界面的晶体成长进行实际观察，发现它们连续地进行台阶式成长，如图 2-32 所示，存在着永不消失的台阶。当台阶围绕整个台面转一圈之后，又出现高一层的台阶。如此反复，总是沿着台阶螺旋生长。图 2-33 是 SiC 晶体的生长蜷线，是用光学显微镜观察到的结果。

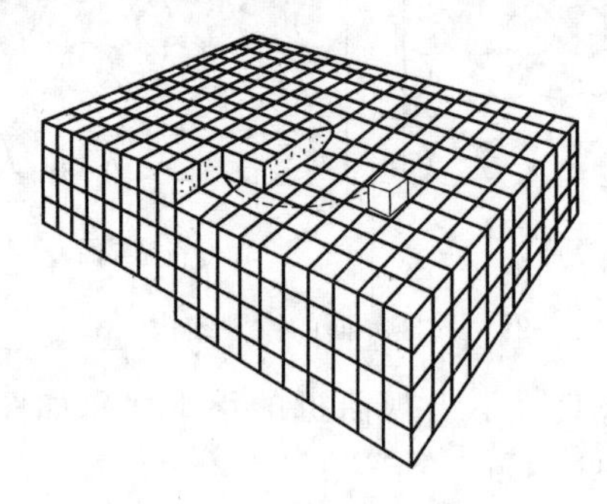

图 2-32 螺旋位错长大机制

图 2-33 SiC 晶体的螺旋生长

2.3.4.3 晶体的形态

晶体凝固时的长大形态，是指长大过程中液/固界面的形态。研究表明，主要有两种类型，即平面状长大和树枝状长大。这两种长大形态主要取决于液/固界面的结构类型和界面前沿液相中的温度梯度。

(1) 液/固界面前沿液相中的温度梯度 一般情况下，液态金属在铸型中凝固时，型壁附近散热快，温度最低，首先凝固，而越靠型腔中心，温度越高，这就造成液/固界面前沿液相中的温度随着离开界面距离的增加而升高。如图 2-34 (a) 所示，这样的温度分布称为“正温度梯度”。从图中影线部分可知，过冷度随着离界面距离的增加而减小。

在某些情况下，在界面上产生的结晶潜热可以通过液相而散逸。这样，在液/固界面前沿液相的温度随离开界面距离的增加而降低，如图 2-34 (b) 所示。这样的温度分布称为“负温度梯度”。从图中可知，过冷度随着离界面距离的增加而增大。

(2) 平面状长大形态 平面状长大，就是液/固界面始终保持平直的表面向液相中生长，长大中的晶体也一直保持规则的形态。在正温度梯度条件下，对于具有粗糙界面结构的晶体都具有这种平面状长大形态。

造成平面状长大形态的主要原因，是由于粗糙界面上的空位较多，界面的推进也没有择优

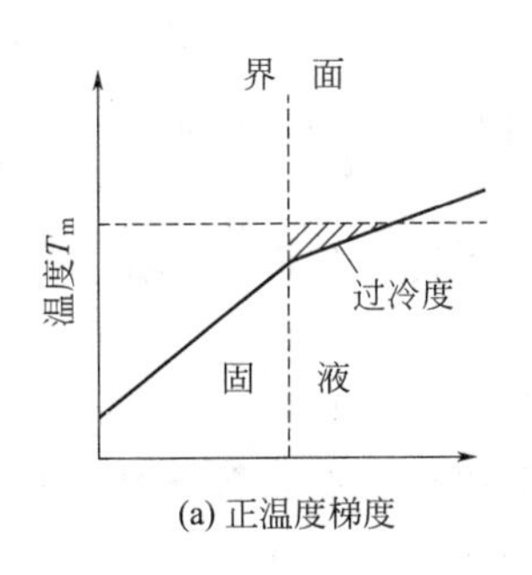

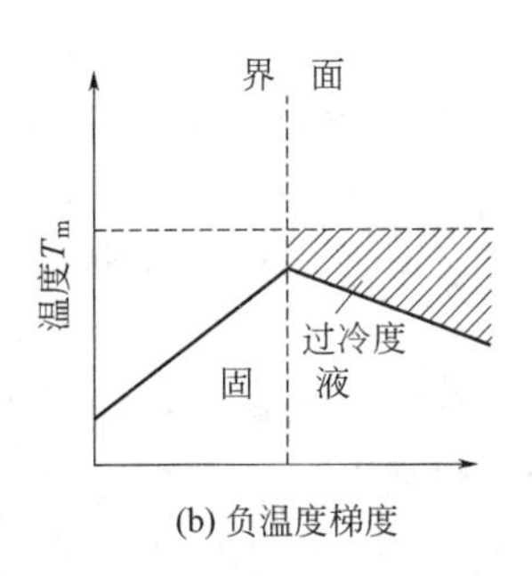

图 2-34　液/固界面前沿的温度分布

取向，其界面与熔点 T_m 等温线平行，如图 2-35（b）所示。在正温度梯度条件下，当界面上局部微小区域偶然冒出而伸入到过冷度较小的液体中时，它的长大就会减慢甚至停下来，周围滞后的部分就会赶上去，这样就保持等温、液/固界面始终保持平面的稳定状态。

（3）树枝状长大形态　树枝状长大就是液/固界面始终呈树枝状那样向液相中长大，并不断地分枝发展，如图 2-36 所示。在负温度梯度条件下，一般具有粗糙界面的晶体都具有这种树枝状长大形态。

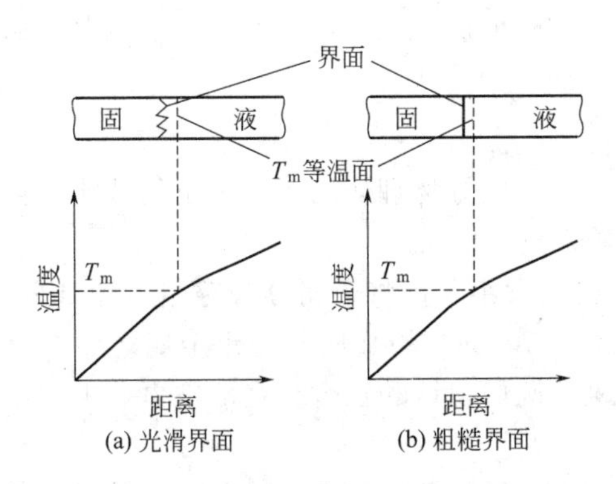

图 2-35　正温度梯度下的界面形态

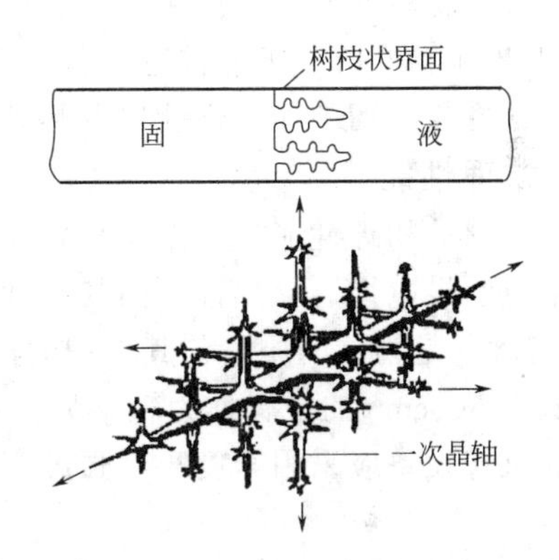

图 2-36　枝晶生长示意图

造成树枝状长大形态的主要原因，是在负温度梯度下，液/固界面不再保持稳定状态，当界面上微小区域有偶然凸起而伸入到过冷液体中时，有利于此突出尖端向液体中生长。长大速率越来越大，而它本身生长时又要放出结晶潜热，不利于其近处的晶体生长，只能在较远处形成另一凸起。通常把首先长出的晶枝称为一次晶轴。在一次轴成长变粗的同时，由于释放潜热使晶轴侧的液体中也呈现负温度梯度，于是在一次轴上又会长出小枝来，称为二次轴，在二次轴上再长出三次轴……由此而形成树枝状骨架，故称为树枝晶（简称枝晶）。每一个枝晶长成一个晶粒。

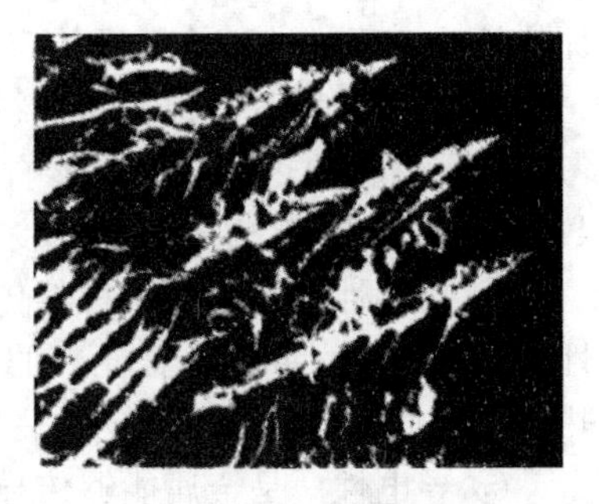

图 2-37　钢锭中的树枝状晶体（×50）

图 2-37 为钢锭中观察到的树枝状晶体。

2.3.4.4　晶粒大小的控制

在常温下使用的铸件中，细小的等轴晶有利于铸件力学性能的提高。增加形核速率和抑制晶核生长以细化晶粒是提高铸件性能的重要途径。促进形核，细化晶粒的主要途径如下。

① 添加晶粒细化剂，即向液态金属中引入大量形核能力很强的异质晶核，达到细化晶粒

的目的。

② 添加阻止生长剂以降低晶核的长大速度，使形核数量相对提高，获得细小的等轴晶组织。

③ 采用机械搅拌、电磁搅拌、铸型振动等力学方法，促使枝晶折断、破碎，使晶粒数量增多，尺寸减小。

④ 提高冷却速率使液态金属获得大过冷度，增大形核速率。

⑤ 去除液相中的异质晶核，抑制低过冷度下的形核，使合金液获得很大过冷度，并在大过冷度下突然大量形核，获得细小等轴晶组织。

2.4 金属材料的性能

金属材料的种类很多，为了正确合理地加工和使用材料，充分发挥其性能潜力，以达到提高产品质量的目的，必须掌握金属材料的性能。金属材料的性能包括使用性能和工艺性能两个方面。

① 使用性能　指金属材料适应各种使用条件的能力，它包括物理性能、化学性能、力学性能等。金属材料的使用性能决定了其应用范围、安全可靠性和使用寿命等。

② 工艺性能　指金属材料适应各种冷、热加工工艺的能力，它包括铸造性能、压力加工性能、焊接性能、切削加工性能以及热处理性能等。

2.4.1 物理性能

金属材料的物理性能是指金属材料在重力、温度、电磁等物理作用下表现出的性能，包括密度、熔点、导电性、导热性、热膨胀性和导磁性等。

① 密度　是物体的质量与其体积的比值。根据密度大小，可将金属分为轻金属和重金属。凡密度低于 $5g/cm^3$ 的金属称为轻金属，而把密度高于 $5g/cm^3$ 的金属称为重金属。要求自重比较轻的机械设备应采用密度小、强度高的金属材料。例如，钛和钛合金在航空事业中应用很广泛。

② 熔点　是指金属材料从固态转变为液态的转变温度。熔点低的易熔金属材料可以用来制造铅字、保险丝等；熔点高的难熔金属材料可以用来制造耐高温的零件和结构件，如在冶金加热炉、火箭、导弹等方面的应用。

③ 热膨胀性　是指金属材料的体积受热时增大、冷却时则收缩的性能。在实际工作中应考虑金属材料的热膨胀性的影响。例如，铸件冷却时的体积收缩，量具因温度变化而引起的读数误差，轧钢时轧辊辊形随温度会发生变化等。

④ 导热性　是指金属材料传导热量的能力。金属中铜和银的导热性最好，纯金属的导热性能比合金好，并随合金元素的含量升高，导热性能也越差。如高碳钢、铸铁、高合金钢的导热性能比低碳钢、低合金钢差得多。

⑤ 导电性　是金属能够传导电流的性能。纯金属具有良好的导电性，一般来说金属纯度越高导电性也越好。合金的导电性能一般比纯金属差，工业上常用导电性强的铜、铝制作导电材料，用电阻很高的合金作电热元件。

⑥ 导磁性　是材料在磁场中能够磁化或导磁的能力。根据材料的导磁性能可将它们分为：铁磁性材料，即在磁场中能够强烈地磁化的材料，如铁、钴、镍等；顺磁性材料，即在磁场中只微弱地磁化的材料，如锰、铬、钼等；抗磁性材料，即在磁场中不仅不能导磁，并且削弱外磁场的材料，如铜、银、铅等。铁磁性材料能被带磁性的物体磁体吸引，而顺磁性材料和抗磁性材料都不能被磁体吸引。

2.4.2 化学性能

金属材料的化学性能是指金属材料抵抗周围介质侵蚀的能力，包括耐腐蚀性和热稳定性等。

① 耐腐蚀性　是指金属材料在常温下，抵抗周围介质侵蚀的能力。根据介质侵蚀能力的强弱，对在不同介质中工作的金属材料的耐腐蚀性能的要求也不同。如船舶上所用钢材必须具有抗海水腐蚀能力；贮藏及运输酸类用的容器、管道等应具有较高的耐酸性能。

② 热稳定性　是指金属在高温下对氧化的抵抗能力。在高温下工作的锅炉、加热炉、内燃机上的许多零部件都要求具有良好的热稳定性能。

2.4.3 力学性能

2.4.3.1 应力

物体内部单位截面积上承受的力称为应力。由外力作用引起的应力称为工作应力，在无外力作用条件下平衡于物体内部的应力称为内应力（例如组织应力、热应力、加工过程结束后留存下来的残余应力等）。

2.4.3.2 力学性能

金属在一定温度条件下承受外力（载荷）作用时，抵抗变形和断裂的能力称为金属材料的力学性能。金属材料承受的载荷有多种形式，它可以是静态载荷，也可以是动态载荷，包括单独或同时承受的拉伸应力、压应力、弯曲应力、剪切应力、扭转应力，以及摩擦、振动、冲击等，因此衡量金属材料力学性能的指标主要有以下几项。

(1) 强度　这是表征材料在外力作用下抵抗变形和破坏的最大能力，可分为抗拉强度极限(σ_b)、抗弯强度极限（σ_{bb}）、抗压强度极限（σ_{bc}）等。由于金属材料在外力作用下从变形到破坏有一定的规律可循，因而通常采用拉伸试验进行测定，即把金属材料制成一定规格的试样，在拉伸试验机上进行拉伸，直至试样断裂，测定的强度指标主要有如下几项。

① 强度极限　材料在外力作用下能抵抗断裂的最大应力，一般指拉力作用下的抗拉强度极限，以 σ_b 表示，常用单位为 MPa，换算关系有 $1MPa=1N/m^2=(9.8)^{-1}kgf/mm^2$ 或 $1kgf/mm^2=9.8MPa$。$\sigma_b=P_b/F_o$，P_b 为致使材料断裂时的最大应力（或者说是试样能承受的最大载荷）；F_o 为拉伸试样原来的横截面积。

② 屈服强度极限　金属材料试样承受的外力超过材料的弹性极限时，虽然应力不再增加，但是试样仍发生明显的塑性变形，这种现象称为屈服，即材料承受外力到一定程度时，其变形不再与外力成正比而产生明显的塑性变形。产生屈服时的应力称为屈服强度极限，用 σ_s 表示。

③ 弹性极限　材料在外力作用下将产生变形，但是去除外力后仍能恢复原状的能力称为弹性。金属材料能保持弹性变形的最大应力即为弹性极限，以 σ_e 表示，单位为 MPa。$\sigma_e=P_e/F_o$，P_e 为保持弹性时的最大外力（或者说材料最大弹性变形时的载荷）。

④ 弹性模数　这是材料在弹性极限范围内的应力 σ 与应变 δ（与应力相对应的单位变形量）之比，用 E 表示，单位 MPa。$E=\sigma/\delta=\tan\alpha$，$\alpha$ 为拉伸试验曲线与水平轴的夹角。弹性模数是反映金属材料刚性的指标（金属材料受力时抵抗弹性变形的能力称为刚性）。

(2) 塑性　是指金属材料在静载荷作用下产生永久性变形而不破坏的能力。材料的塑性好坏是根据材料断裂前所产生的塑性变形的多少来确定的。通过拉伸试验测定的塑性指标有伸长率和断面收缩率。

伸长率是指试样被拉断后总伸长量与原始长度之比的百分数，以符号 δ 表示，则

$$\delta=(L_1-L_0)/L_0\times100\% \qquad (2\text{-}28)$$

式中，L_0 为试样的原始长度；L_1 为试样拉断后的长度。

断面收缩率是指试样断口面积的收缩量与原始面积之比的百分数，以符号 Ψ 表示，则

$$\Psi=(F_1-F_0)/F_0\times100\%\tag{2-29}$$

式中，F_0 为试样的原始截面积；F_1 为试样拉断后的断面面积。

断面收缩率不受试样标距长度的影响，因此能更可靠地反映材料的塑性。一般来说，金属的伸长率与断面收缩率越大，其塑性越好。

(3) 硬度　是衡量金属材料软硬程度的一个指标，它是指金属材料抵抗硬物体压入其表面的能力。测定硬度值的基本方法是用一定载荷把一个较硬的标准物体（称压头）压入被测工件表面，然后根据压痕的深度或表面面积确定硬度值。根据所采用压头和压力的不同，常用硬度测定法可分为布氏硬度法、洛氏硬度法、维氏硬度法和肖氏硬度法等。

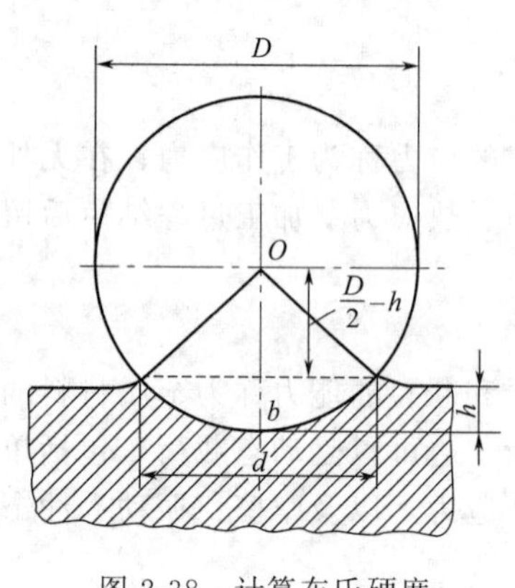

图 2-38　计算布氏硬度压痕面积示意图

① 布氏硬度（代号 HB）　是以一定负荷 P 把直径为 D 的淬火小钢球压入试样表面并保持一定时间，然后卸除负荷，测量试样表面上所形成的压痕直径 d，如图 2-38 所示。用负荷 P 除以压痕表面积 F 所得的压痕单位面积上所受平均压力即为布氏硬度值，以符号 HB 表示。如压痕深度为 h，则压痕表面积为：

$$F=\pi Dh=1/2\pi D(D-\sqrt{D^2-d^2})\tag{2-30}$$

试样硬度值为：

$$\mathrm{HB}=P/F=2P/[\pi D(D-\sqrt{D^2-d^2})]\tag{2-31}$$

在上式中，负荷 P 和钢球直径 D 是一定的，所以测出压痕直径 d 即可求出 HB 值。在实际应用中根据 P、D 与 d 的关系，可直接由硬度表中查得 HB 值。

考虑到各种材料硬度范围相差很大，尺寸不一，所以对于钢铁材料的布氏硬度试验除常采用直径为 10mm 的压头和 3000kg 负荷的标准外，还有采用直径为 5mm 的压头、750kg 负荷和采用直径为 2.5mm 的压头、187.5kg 负荷等标准。对于铜、铝等有色金属材料则另有标准。

布氏硬度法的特点是操作方便，准确度高，因此得到广泛应用。但因采用的压头强度低，测定较硬（HB=450）的材料时会变形，影响试验结果，故只能测量硬度不太高的材料。另外，由于压痕面积较大，故不宜测量薄件和对表面质量要求较高的成品件。布氏硬度法适用于测量没经淬火的碳钢、灰口铸铁、有色金属等硬度不太高的金属材料的硬度。

因为硬度可以反映材料局部的强度，所以拉伸强度与硬度之间有一定的关系，其近似关系为：

$$\delta_b\approx K\,\mathrm{HB}\tag{2-32}$$

式中，K 为常数，低碳钢 $K\approx0.36$；高碳钢 $K\approx0.34$；调质合金钢 $K\approx0.325$；灰口铸铁 $K\approx0.1$。

② 洛氏硬度法（HR）　采用的压头是直径为 1.588mm（1/16in）的钢球或顶角为 120°的金刚石圆锥，根据压痕深度确定洛氏硬度值。根据压头和载荷的不同，洛氏硬度标度可分许多种，其中常用三种标度见表 2-3。

表 2-3　洛氏硬度的压头、载荷和适用范围

洛氏硬度符号	压头		载荷/kg		适用范围
	类型	大小	预载荷	主载荷	
HRC	金刚石圆锥体	夹角为 120°，锥顶半径为 0.2mm	10	140	HRC20～70 的硬金属，如淬火回火处理的钢
HRB	钢球	直径为 1.59mm(1/16in)	10	90	HRB25～100 的软金属，如铜合金、低碳钢、中碳钢
HRA	金刚石圆锥体	夹角为 120°，锥顶半径为 0.2mm	10	50	HRA 大于 70 的很硬及硬而薄的金属

洛氏硬度法的特点是压痕面积小，对工件表面质量影响很小，对软硬材料均可测定等。但因压痕较小，一次测量数据代表性差，需多次测量取平均值；又因负荷较大，故不宜用来测定极薄的材料或具有表面硬化层的材料的硬度。

③ 维氏硬度法　采用压头是一顶角为 136°的金刚石四棱锥，与布氏硬度法一样，以压痕单位表面积上的平均压力作为维氏硬度值，以符号 HV 表示。

维氏硬度法有各种载荷可供选择，所得压痕较浅而大，故准确度较高，可测定具有表面硬化层的材料的表面层硬度。在采用很小载荷时可测定显微硬度，缺点是测验步骤较繁。

④ 肖氏硬度　是利用弹性回跳测定金属的硬度。基本方法是利用金刚石球或钢球从一定高度上自由降落到试件表面，根据回跳的高度测定硬度值，以符号 HS 表示。

这一方法简便，而且试件表面上不留下痕迹。工厂中多用于测量一些精密量具和大型金属件，如大型曲轴、轧辊等的硬度。肖氏硬度法的缺点是所测得的硬度值不够准确。

(4) 韧性

① 冲击韧度　机械零部件在服役过程中不仅受到静载荷或变动载荷作用，而且受到不同程度的冲击载荷作用，如锻锤、冲床、铆钉枪等。在设计和制造受冲击载荷的零件和工具时，必须考虑所用材料的冲击吸收功或冲击韧度。目前最常用的冲击试验方法是摆锤式一次冲击试验，其试验原理如图 2-39 所示。

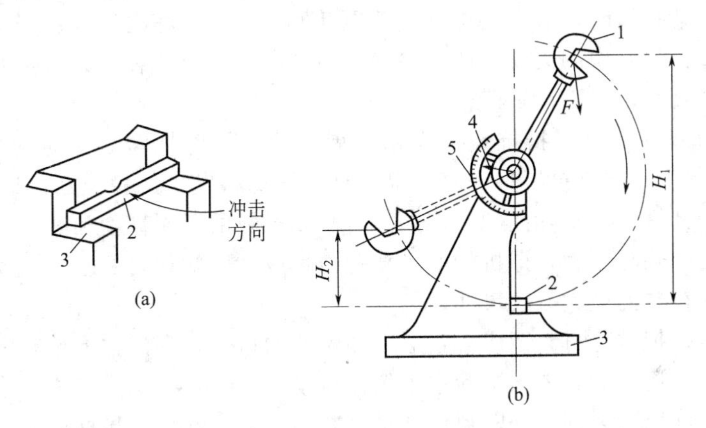

图 2-39　冲击试验原理图

1—摆锤；2—试样；3—机架；4—指针；5—刻度盘

将欲测定的材料先加工成标准试样，然后放在试验机的机架上，试样缺口背向摆锤冲击方向，将具有一定重力 F 的摆锤举至一定高度 H_1；使其具有势能 FH_1，然后摆锤落下冲击试样；试样断裂后摆锤上摆到 H_2 高度，在忽略摩擦和阻尼等条件下，摆锤冲断试样所做的功，称为冲击吸收功，以 A_K 表示，则有 $A_K = FH_1 - FH_2 = F(H_1 - H_2)$。在 GB/T 229—94 中，仅规定了冲击吸收功的概念。若用试样的断口处截面积 S_N 除 A_K 即得到冲击韧度，用 α_K 表示，单位为 J/cm²。

$$\alpha_K = A_K / S_N \tag{2-33}$$

对一般常用钢材来说，所测冲击吸收功 A_K 越大，材料的韧性越好。但由于测出的冲击吸收功 A_K 的组成比较复杂，所以有时测得的 A_K 值及计算出来的 α_K 值不能真正反映材料的韧脆性质。

长期生产实践证明，A_K、α_K 值对材料的组织缺陷十分敏感，能灵敏地反映材料品质、宏观缺陷和显微组织方面的微小变化，因而冲击试验是生产上用来检验冶炼和热加工质量的有效办法之一。由于温度对一些材料的韧脆程度影响较大，为了确定出材料由韧性状态向脆性状态转化趋势，可分别在一系列不同温度下进行冲击试验，测定出 A_K 值随试验温度的变化。试验表明，A_K 随温度的降低而减小；在某一温度范围，材料的 A_K 值急剧下降，表明材料由韧性状态向脆性状态转变，此时的温度称为韧脆转变温度。根据不同的钢材及使用条件，其韧脆转变温度的确定有冲击吸收功、脆性断面率、侧膨胀值等不同的评定方法。

② 断裂韧度　前面几节讨论的力学性能，都是假定材料是均匀、连续、各向同性的。以这些假设为依据的设计方法称为常规设计方法。根据常规方法分析认为是安全的设计，有时会发生意外断裂事故。在研究高强度金属材料中发生的低应力脆性断裂的过程中，发现前述假设是不成立的。实际上，材料的组织远非是均匀、各向同性的，组织中有微裂纹，还会有夹杂、气孔等宏观缺陷，这些缺陷可看成是材料中的裂纹。当材料受外力作用时，这些裂纹的尖端附近便出现应力集中，形成一个裂纹尖端的应力场。根据断裂力学对裂纹尖端应力场的分析，裂纹前端附近应力场的强弱主要取决于一个力学参数，即应力强度因子 K_I，单位为 $MN/m^{3/2}$。

$$K_I = Y\delta\sqrt{a} \tag{2-34}$$

式中，Y 为无量纲的系数，与裂纹形状、加载方式及试样尺寸有关；δ 为外加拉应力，MPa；a 为裂纹长度的一半，m。

对某一个有裂纹的试样（或机件），在拉伸外力作用下，Y 值是一定的。当外加拉应力逐渐增大，或裂纹逐渐扩展时，裂纹尖端的应力强度因子 K_I 也随之增大；当 K_I 增大到某一临界值时，试样（或机件）中的裂纹会产生突然失稳扩展，导致断裂。这个应力强度因子的临界值称为材料的断裂韧度，用 K_{Ic} 表示。

断裂韧度是用来反映材料抵抗裂纹失稳扩展，即抵抗脆性断裂能力的性能指标。当 $K_I < K_{Ic}$ 时，裂纹扩展很慢或不扩展；当 $K_I > K_{Ic}$ 时，则材料发生失稳脆断。这是一项重要的判据，可用来分析和计算一些实际问题。例如，若已知材料的断裂韧度和裂纹尺寸，便可以计算裂纹扩展以致断裂的临界应力，即机件的承载能力；或者已知材料的断裂韧度和工作应力，就能确定材料中允许存在的最大裂纹尺寸。

断裂韧度测定是把试验材料制成一定形状和尺寸的试样，在试样上预制出能反映材料实际情况的疲劳裂纹，然后施加载荷。试验中用仪器自动记录并绘出外力与裂纹扩展的关系曲线，经过计算和分析，确定断裂韧度。断裂韧度是材料固有的力学性能指标，是强度和韧性的综合体现。它与裂纹的大小、形状、外加应力等无关，主要取决于材料的成分、内部组织和结构。

2.4.4 工艺性能

金属材料的工艺性能是指其在各种加工条件下表现出来的适应能力，包括焊接性能、压力加工性能（弯曲、冲压及切削）、热处理性能、铸造性能等。

① 焊接性　钢的焊接性是指钢适应普通焊接方法与工艺的性能。焊接性好的钢，易于用一般的焊接方法与工艺施焊；焊接性差或坏的钢，则需用特定的焊接方法与工艺才能保证焊件的质量。影响钢焊接性的因素很多，其中影响最大的是钢的化学成分和焊接时的热循环。焊接时的热循环实际上是一个快速炼钢和快速加热冷却的特殊热处理过程。对于一般钢板来说，知道其化学成分和板厚，大致就可判断出焊接性能。碳素钢和低合金钢的焊接性主要是由含碳量来决定的。由焊接引起的硬化，随着含碳量和碳当量的增加而增加，硬化是引起焊接裂纹和焊接处脆化的原因。为了抑制硬化，可采取焊接预热和硬化后热处理的措施，并把碳含量控制在 $w_C = 0.4\%$ 以下。影响钢板焊接裂纹敏感性的因素，除化学成分以外，还有含氢量和板厚，另外，焊接输入热量、残余应力及应力集中也有很大的关系。为了提高焊接性能，应当尽量降低碳含量，改善合金的成分，减少磷、硫等不纯成分及非金属夹杂物，采用性能先进的装备生产出性能均匀、预热温度低、热影响区稳定及接合面韧性好的钢板。

② 淬透性　钢奥氏体化后淬火的难易程度，通常以淬火层深度和硬度分布来判定。影响淬透性的因素很多，最主要的是钢的化学成分，其次是奥氏体化温度和晶粒度等。奥氏体向珠光体转变的速度越慢，即等温转变开始曲线越向右移，则钢的淬透性越大。相反，淬透性就越小。

③ 加工性　包括热加工性和冷加工性。热加工性是指金属材料在加热状态下受压力加工产生塑性变形的能力。一般普通板带钢热加工应避开 300℃左右的蓝脆温度和 900℃左右的红脆温度。热加工温度高，变形抗力减小，但氧化铁皮增加，且需注意过热和过烧。而冷加工包括有弯曲、深冲及切削等。

a. 弯曲　是板带钢使用中经常采用的加工方式。以最小的弯曲半径弯曲而不产生裂纹是衡量弯曲加工性的重要指标。最小弯曲半径取决于钢板的材质和弯曲的方法。板带钢的力学性能存在有方向性，一般来说，轧制方向（纵向）的延展性优于垂直轧制方向（横向）的延展性。当横向性能有要求时，往往都牺牲纵向性能。弯曲性能采用不同宽度的试样，在常温情况下以不同的弯心直径（$d=0.05h$、$1h$、$2h$ 及 $3h$，h 为板厚）及弯心角度（达 180°）加以弯曲变形，检测试样弯曲处表面和侧面有无裂纹、分层和折断。

b. 深冲加工　主要在加热后进行，但厚度为 25mm 以下，多用冷加工，且限于低碳钢。冷加工前进行正火热处理细化晶粒，可减少脆性冲裂。为了防止加工应力集中，可在加工过程中进行消除应力退火或正火热处理，分几次加工成形。

c. 切削加工性　金属材料接受切削加工的难易程度称为切削加工性或可切削性。切削加工性好的金属材料，在切削加工时，切屑易于折断，切削后表面粗糙度低，切削量大，切削刀具磨损小。一般认为含碳量 $w_C=0.2\%\sim0.3\%$ 的轧态钢板的切削性较佳，如添加 $w_S=0.08\%\sim0.33\%$的硫、$w_{Mn}=0.7\%\sim1.7\%$的锰的硫易切削钢和添加 $w_{Nb}=0.2\%\sim0.3\%$的铌的铌易切削钢，其切削性更佳。如含有镍、铬、钼等合金元素，由于它们固溶于铁素体中，形成了碳化物而提高了韧性、使切削性变坏。

④ 铸造性能　铸造性能是指金属能否用铸造方法制成优良铸件的性能，其好坏主要取决于金属的液态流动性、冷却时的收缩率和偏析倾向等。

2.5　金属的热处理

热处理是将金属在固态下加热到预定的温度，保温一定的时间，然后以预定的方式冷却下来的一种热加工工艺。其工艺曲线如图 2-40 所示。通过热处理可以改变金属的内部组织结构，从而改善其工艺性能和使用性能，充分挖掘金属的潜力，延长零件的使用寿命，提高产品质量，节约材料和能源。

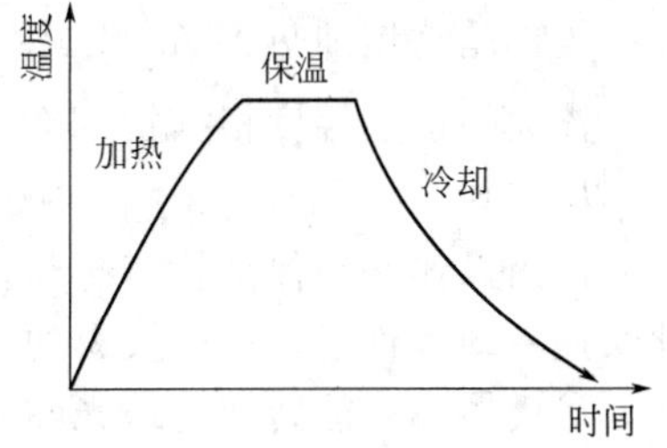

图 2-40　热处理工艺曲线示意图

正确的热处理工艺还可以消除金属经铸造、锻造、焊接等热加工工艺造成的各种缺陷，细化晶粒、消除偏析、降低内应力，使组织和性能更加均匀。

热处理是一种重要的金属加工工艺，在机械制造工业中被广泛地应用。例如，汽车、拖拉机工业中需要进行热处理的零件占 70%～80%，机床工业中占 60%～70%，而轴承及各种工模具则达 100%。如果把预备热处理也包括进去，几乎所有的零件都需要进行热处理。

这里主要以钢的热处理为例，因为钢是应用最为广泛的金属材料之一。钢的热加工工艺主要有退火、正火、淬火、回火和表面热处理等。

2.5.1 退火和正火

2.5.1.1 退火

退火是将钢加热到高于或低于临界点，保温后随炉冷却的热处理方法。

根据退火的目的和加热温度不同，常用的退火方法有完全退火、球化退火和去应力退火等。

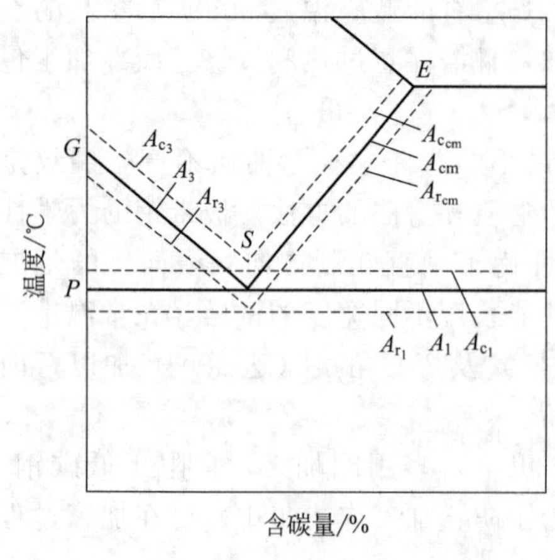

图 2-41 实际加热和冷却时的临界位

(1) 完全退火　它主要应用于亚共析钢的铸、锻件。加热温度为临界温度 A_{c_3} 以上 30～50℃（如图 2-41 所示）。保温一段时间，使钢的原来组织全部转变为单一均匀的奥氏体，然后在缓慢冷却中，使奥氏体转变为铁素体和珠光体，以达到细化组织，降低硬度和消除内应力的目的。

(2) 球化退火　它主要用于过共析钢的刀具、量具、模具等。加热温度为 A_{c_1} 以上 20～30℃，只有部分渗碳体溶解到奥氏体中，在随后的缓慢冷却过程中，形成在铁素体基体上分布着粒状渗碳体的组织，这种组织称为球状珠光体。球化退火的目的是降低硬度，改善切削加工性，并为淬火做好组织准备。

(3) 去应力退火　它主要用于消除铸件、锻件、焊接结构或切削、冲压过程中的内应力。加热温度一般为 500～650℃。由于加热温度低于 A_{c_1}，工件原来组织未发生变化，只是在缓慢冷却过程中，使各部分均匀冷却和收缩，从而消除内应力。

2.5.1.2 正火

正火是将钢加热到 A_{c_3} 或 $A_{c_{cm}}$ 以上 30～50℃，保温后在空气中冷却的热处理方法。正火的作用与退火相似。由于正火的冷却速度比退火快，所获得的组织较细，强度、硬度较高，但消除应力不如退火彻底。

低碳钢经正火后的硬度比退火稍高，有利于改善切削加工性，而且正火在空气中冷却，不占用加热炉，生产周期短，操作简便，所以对低碳钢常采用正火代替退火。

2.5.2 淬火及回火

2.5.2.1 淬火

淬火是将钢加热到 A_{c_3} 或 A_{c_1} 以上 30～50℃，保温后在水或油中冷却的热处理方法。

淬火的加热温度根据钢的含碳量而定，对亚共析钢为 A_{c_3} 以上 30～50℃，对过共析钢为 A_{c_1} 以上 30～50℃。

淬火操作必须保证快速冷却。一般情况下，碳钢在水中冷却，合金钢在油中冷却。钢在如此快速冷却条件下，产生极大的过冷度，因而奥氏体的转变温度很低，由于碳原子无法进行扩散，奥氏体不可能转变为珠光体，只是 γ 铁转变成 α 铁，碳全部保留在 α 铁中，形成碳在 α 铁中的过饱和固溶体，称为马氏体。因为 α 铁中溶解了过量的碳，使晶格发生畸变，增加了塑性变形的抗力，所以马氏体具有很高的硬度，可达 65HRC。

马氏体是一种不稳定的组织，并存在较大的内应力和脆性。为了消除淬火钢的内应力，降低脆性，并获得所需的力学性能，淬火后必须进行回火。

2.5.2.2 回火

回火是将淬火钢重新加热到 A_{c_1} 以下的某一温度，保温后冷却下来的热处理方法。根据加热温度的不同，回火可分为低温回火、中温回火和高温回火三种。

（1）低温回火　加热温度为 150～250℃。淬火钢经低温回火后，可以消除内应力，降低脆性，并保持其硬度和耐磨性，适用于各种工具、刃具和量具等。

（2）中温回火　加热温度为 350～550℃。淬火钢经中温回火后，提高了弹性和屈服强度，但硬度有所降低，适用于弹簧、锻模等。

（3）高温回火　加热温度为 500～650℃。淬火钢经高温回火后，可以获得温度、硬度、塑性和韧性等都较好的综合力学性能，适用于受力情况复杂的重要零件，如主轴、齿轮、连杆等。生产上习惯把淬火后高温回火的热处理称为调质处理。

2.5.3 表面热处理

以上介绍的退火、正火、淬火及回火，一般都是使工件的整体性能发生变化，属于整体热处理。但生产中有些零件要求表面与中心具有不同的性能。例如汽车变速箱的高速齿轮，如减少长期运转后的磨损，要求齿轮表面有高硬度和耐磨性，而在启动，紧急刹车时有较大的冲击载荷作用，要求齿轮心部具有良好的韧性。在这种情况下，生产上广泛采用表面热处理方法。

常用的表面热处理方法有表面淬火和化学热处理两种。

（1）表面淬火　表面淬火是将钢表面迅速加热到淬火温度，不等热量传至中心，即快速冷却的热处理方法。

加热表面的方法可采用火焰加热或感应电流加热。进行表面淬火的零件材料是中碳钢或中碳合金钢。工件经表面淬火及低温回火后，使表面具有高硬度，而心部仍保持原来的韧性。

（2）化学热处理　化学热处理是将钢放在含有某种化学元素的介质中加热和保温，使该元素的活性原子渗入钢表面的热处理方法。

根据渗入元素的不同，化学热处理有渗碳、氮化和氰化等方法。

进行渗碳的零件材料一般为低碳钢或低碳合金钢。钢经渗碳后，表面层变为高碳组织，为了进一步提高其硬度和耐磨性，尚需进行淬火及低温回火；而心部仍为低碳组织，保持原来的韧性。

进行氮化的零件材料要采用专门的氮化用钢（钢中含有 Cr、Mo、Al 等合金元素）。零件经氮化后，表面形成一层氮化物，不需淬火便具有高的硬度、耐磨性和抗疲劳性能等。此外，由于氮化温度低，氮化后零件变形不大，但氮化层薄，生产周期长，氮化成本高，高速传动的精密齿轮、镗床镗杆、磨床主轴等常采用氮化处理。

2.6 新型金属材料简介

功能材料的发展历史很悠久，对技术的进步、社会的发展起到非常巨大的作用。较早期的硅钢片和铜、铝导线材料，对电力工业的发展起到关键作用。20 世纪 50 年代，与微电子技术密切相关的半导体材料迅速发展。60 年代，激光技术中以光导纤维为代表的光学材料得到广泛研究与开发应用。80 年代，能源技术又促进了储能材料的发展。近年来，新型功能材料更是不断涌现，多种功能材料迅速发展，大批具有多方面特殊性能的功能材料得到广泛研究与开发。

从材料的原子结合键、化学成分特征出发，可将功能材料分成金属功能材料、无机非金属功能材料、有机功能材料和复合功能材料。不同类别的功能材料，其突出性能不同，因而应用于不同的工程领域。金属功能材料具有多方面的突出物理性能，在功能材料中占有重要地位，在工程实际中应用很广泛。它们的突出性能，主要表现在导电性、磁性、导热性、热膨胀特性、弹性、抗腐蚀性等方面。有些金属功能材料还具有非常特殊的性能，如马氏体相变引发的形状记忆特性，基于这种特性，人们开发出具有“人工智能”的机构；某些合金对氢具有超常吸收能力，适当控制外界条件，可实现材料对氢的吸收和释放，基于这种现象，人们得到了二次能源材料——储氢材料，并制成氢电池。

2.6.1 形状记忆合金

一般金属及合金材料承受作用力超过其屈服强度时，发生永久性的塑性变形。某些特殊合金在较低温度下受力发生塑性变形后，经过加热，又恢复到受力前的形状，即塑性变形因受热消失，如图 2-42 所示。在该变形和温度变形过程中，合金似乎对初始形状有记忆性，故称这种特性为形状记忆效应，或“SEM”。具有形状记忆效应的合金，就是形状记忆合金，或“SMA”。

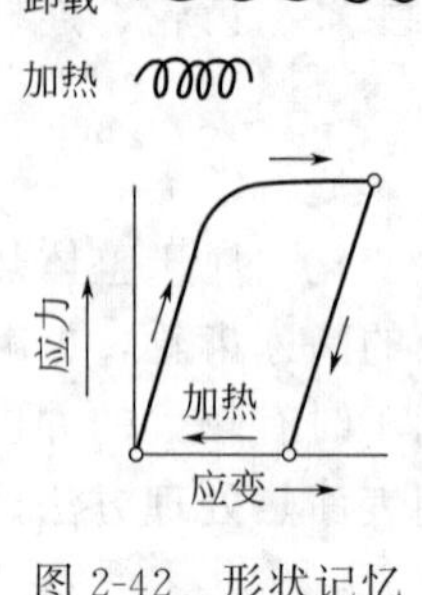

图 2-42 形状记忆效应示意图

早在 20 世纪 30 年代，格莱宁格（A. B. Greninger）等人就在 Cu-Zn 合金中观察到形状记忆现象。作为一类重要的功能材料，形状记忆合金的广泛研究与开发工作始于 1963 年。这一年比勒（J. Buehler）等人发现 Ti-Ni 合金具有良好的形状记忆效应，进行了比较深入的研究。70 年代，人们发现了铜基形状记忆合金（Cu-Al-Ni）。80 年代中，又在铁基合金（Fe-Mn-Si）中发现了 20 多个合金系，共 100 余种合金具有形状记忆效应。其中，具有比较优异的综合应用性能的合金，主要是上面提到的 Ti-Ni 合金、铜基合金和铁基合金。

2.6.1.1 形状记忆效应的基本原理

合金的形状记忆效应，是与合金中发生马氏体相变密切相关的。目前所有形状记忆合金，具有记忆特征的形状变化都是在马氏体相变过程中发生的。马氏体相变是一种无原子扩散的相变。冷却时，较高温下稳定的母相到新相（马氏体相）结构转变过程中，发生切变，微观上发生较大的剪切变形。母相与马氏体相的界面共格或半共格，存在着非常严格的晶体位相对应关系。温度再回升，马氏体发生逆相变，即经历逆向切变后回到母相。此时合金可能恢复原有形状。形状记忆效应是以马氏体相变及其逆相变过程中母相与马氏体相的晶体学可逆性为依据的。

为了保证相变时晶体学的可逆性，中间不能发生其他相变过程。温度升高过程中马氏体向高温母相的转变，经常发生一系列的新相形核长大过程，因而使得逆转变不可能与马氏体转变具有晶体学上的可逆性，这些合金不可能具有形状记忆效应，如碳钢。

目前人们所发现的形状记忆合金，多数发生热弹性马氏体相变。它是马氏体相变的四种类型之一。其特点是，相变时形成的马氏体片，随温度的降低（升高），通过两相界面的移动长大（缩小）。其尺寸由温度决定，随温度的变化具有“弹性”特征。这种既无其他相变参与，又通过两相界面移动进行相变的过程中，母相与马氏体相保持着严格的晶体学可逆。不过，这种晶体学的可逆性并不是在所有发生马氏体相变的合金中都能得到保证的。比如，碳钢中的马氏体，加热时通常发生回火，使得相变过程不可逆，因而不可能出现形状记忆现象。

因此，形状记忆合金的形状记忆过程为：合金的母相在降温过程中，自温度低于马氏体相变的温度起开始发生相变，该过程中无大量的宏观变形。在低于马氏体转变完成温度以下，对合金施加应力，马氏体通过变体界面移动，发生塑性变形，变形量可达数个百分点；温度再升高至马氏体逆转变终了温度以上，马氏体逆向转变回到母相，合金低温下的“塑性变形”消失，于是恢复原始形状。这就是典型的形状记忆效应。

具有形状记忆效应的合金，较高温度下稳定的母相多数是有序相。有序态的母相，其自由能低，相变的潜热小，温度滞后小，有利于马氏体相变以热弹性方式实现。有序结构提高了母相的屈服强度，可使母相在相变过程中有效地避免因周围发生的马氏体相变引发塑性变形，不发生稳定化。另外，有序结构在一定程度上减少了合金发生切变时的变形“自由度”，或者说减少滑移及孪生的切变方向，从而有利于马氏体相变及其逆相变过程中母相与马氏体相的晶体学方面的完全可逆性。

形状记忆效应的机制已通过抗拉实验、光学显微镜和电子显微镜观察，详细地进行了研究。图 2-43 示出了其简化的示意图。为了简单起见，考虑如图 2-43（a）所示的单晶体母相，当把它冷却到 M_f 点以下，如图 2-43（b）所示，它将边相变，边发生自协调，使宏观外形不发生变化。当使它变形时，通过孪生晶变形，使某一马氏体变体吞食掉其他马氏体变体而长大，变形如图 2-43（c）所示。如对它进行拉伸变形，则发生如图 2-43（d）所示的变形。当把试样加热到 A_f 点以上，将引起逆转变。但在热弹性型的情况下，由于逆转变如图 2-43（a）～图 2-43（c）所示，可逆地进行，因而使整个试样回复到原先的形状。由此可知，记忆住的就是母相的形状。当然，形状记忆效应的驱动力是母相和马氏体相的自由能之差。为了保证完全地回复原形，相变必须具有可逆性和变形时没有滑移现象，因而，当某一条件没有被满足时，就不显示出完全的形状记忆效应。为了得到完全的形状记忆效应，相变必须是热弹性型的，而且即使是进行热弹性型马氏体相变的合金，当给以过度的应变，或施加过大的应力时，产生了滑移，形状回复就变得不完全了，这点可以通过图 2-43（d）及图 2-43（e）来加以说明，即如给以过度的应变［图 2-43（d）］，即使加热至 A_f 点以上，也不能完全回复到原来的形状［图 2-43（e）］。

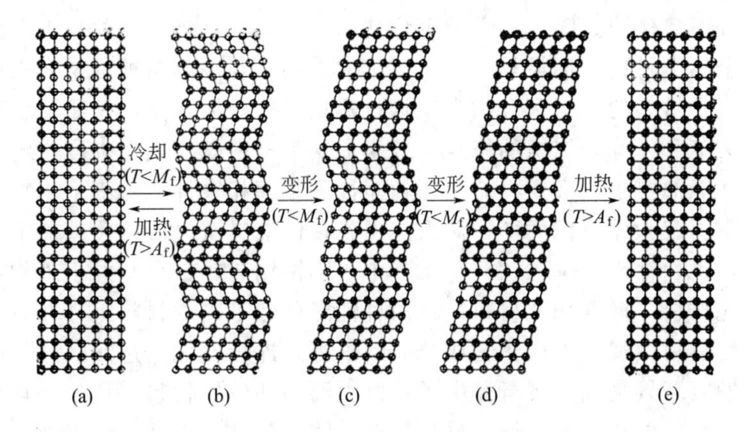

图 2-43　形状记忆效应机制示意图

2.6.1.2　形状记忆合金的应用

形状记忆合金是传统金属所没有的特异性能，它的应用很广泛。现在已提出了几千件关于形状记忆合金的专利，预计今后还要进一步增加。

（1）形状回复的利用　图 2-44 示出了一个例子，它是一种最简单的应用。从外部不能接触到的地方可以利用这方法，这是其他材料不能代替的。它可应用于原子能工业、真空装置、海底工程和宇宙空间工程等。

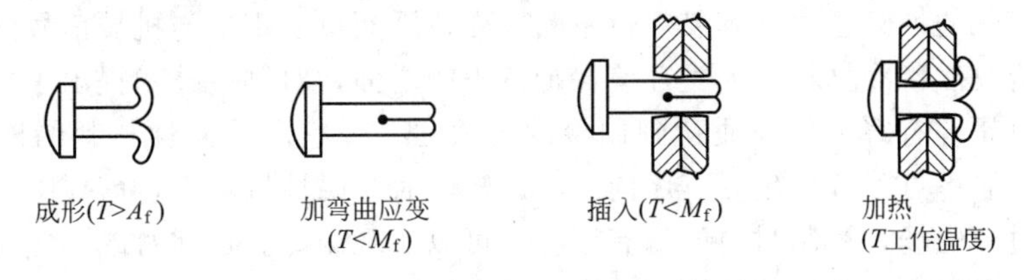

图 2-44　Ti-Ni 合金在紧固销上的应用

（2）形状回复和相变应力的作用　下面以作为电路的连接器为例，如图 2-45 所示。由于低温时马氏体相非常软，在插座弹簧力的作用下，使 Ti-Ni 合金的环张开，插头容易插入。但

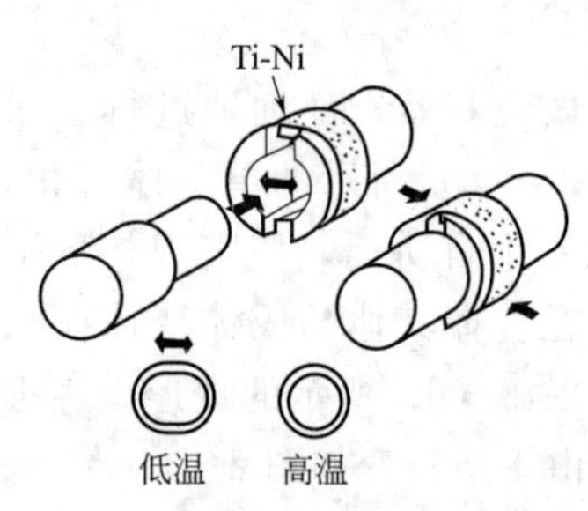

图 2-45 Ti-Ni 合金在电路连接器方面的应用

在高温下将恢复原来形状则不会脱开。此时，紧固力很大，不会产生滑动，可保证接触可靠，在大电流和振动情况下可放心使用，适用于制造潜艇、火箭、飞机等电路的连接部分。美国 Raychem 公司已付诸于实际应用。类似的应用还可用管子接头。预先将接头的内径做成比管子外径小 4% 左右，通过低温处理，使接头处在马氏体状态，并进行扩管，然后插入管子，若将接头恢复到使用温度，则接头的内径将复原，此时，不用担心它们会漏水或漏油。Raychem 公司大量采用它们作为 F-14 战斗机油压系统的管接头和输送石油制品的管接头。它们可以连接任何材料的管子，也没有焊接管子而引起的材料方面的问题，这在经济方面的价值是很大的。

形状记忆合金的应用非常广泛，如用作温度敏感装置、机器人中的调节器、热能-机械能的转换以及医学方面的凝血过滤器、脊椎矫正棒、固定骨折的固骨板等。

2.6.2 其他金属功能材料

（1）生物医学材料　生物医学材料被单独地或与药物一起用于人体内组织及器官，起替代、增强、修复等医疗作用。随着医学及医疗技术的提高，这类功能材料涉及面越来越广，用量也越来越大。金属类材料应用最早，一百多年前人们已经用耐腐蚀的金属来修复或替代人体器官；它的应用也是最多的，与聚合物类生物材料相当。今天，金属生物材料比较广泛地用于承受力的骨骼、关节和牙等硬组织的修复与替换。这类材料既要满足强度、耐磨性以及较好的疲劳性能等力学性能的要求，又要具有生物功能性和生理相容性，即满足生物学性能的具体要求，还要无毒、不引起人体组织病变，对人体内各种体液具有足够抗侵蚀能力。金属类生物医学材料主要是不锈钢、钴铬合金和钛合金。其中，不锈钢与钴铬合金的生理相容性最好。

（2）梯度功能材料　梯度功能材料是将两种性能截然不同的材料组合在一起时，在它们之间建立一个可控的材料微观要素（化学成分、组织等）连续变化的过渡区，从而实现性能平缓变化的材料。其发展背景是高速飞行器中承受巨大温差部位的材料。从耐热角度出发，高温侧应选用陶瓷材料；在低温侧，为了保证材料具有足够的强度、韧性，应选择金属材料。巨大的温差，以及陶瓷材料与金属材料的热膨胀差别，使两者界面上形成很大热应力，会导致剥落或龟裂。为了减小热应力，人们提出了梯度材料的设想。即在高温侧的陶瓷与低温侧的金属之间，制造一个陶瓷与金属的混合过渡区，并且相对含量随着位置变化，实现连续过渡。适当设计该区内组成的变化，可以将各个位置上的热应力均控制在材料的承受范围内。

（3）超磁致伸缩材料　许多铁磁性、反铁磁性或亚铁磁性材料都具有磁致伸缩现象。这种现象在很大程度上影响、决定磁性材料的磁性能。磁致伸缩是磁有序材料的共性。作为一类功能材料，超磁致伸缩材料的特点是，饱和磁致伸缩系数特别高，是一般材料的几十至上百倍。这类材料处于变化的外磁场中，其尺寸也不断改变，因而可实现电与机械信号的转换。

（4）磁制冷及磁蓄冷材料　人类环境保护意识的增强，对制冷技术提出了新的要求。磁制冷是不使用氟里昂等有害工作介质达到制冷的方法之一。它利用磁性材料的磁卡效应进行制冷。磁性材料在居里点附近发生磁有序向无序态转变时，磁性熵增大，需要吸收外界热量。利用该特性，通过外磁场，控制材料的磁有序度，可以实现制冷。近期对磁制冷材料的研究集中于具有适当的居里温度，磁性熵特别高，因而具有较大热容量的材料。在磁蓄冷方面，主要研究了稀土与过渡金属的金属间化合物材料，它们的居里点在几开至二三十开范围内，主要用于低温蓄冷。这类材料已经开始向实用化方向发展。

第 3 章 无机非金属材料

3.1 无机非金属材料概述

3.1.1 无机非金属材料的概念及分类

无机非金属材料主要是指各种金属元素与非金属元素形成的无机化合物和非金属单质材料，简称无机材料。无机非金属材料的化合物组成多为金属氧化物和金属非氧化物。从非金属元素分类来看，它们主要是氧化物、碳化物、氮化物、硼化物、硫系化合物（包括硫化物、硒化物及碲化物）和硅酸盐、钛酸盐、铝酸盐、磷酸盐等含氧酸盐。也可以认为除金属材料和有机高分子材料以外的固体材料通称无机非金属材料。

一般认为无机非金属材料包括陶瓷、玻璃、水泥、耐火材料以及新型无机材料等，其中新型无机材料指高性能的结构陶瓷、功能陶瓷、半导体、新型玻璃和人工晶体等，是当代最为活跃的材料领域。随着与陶瓷工艺相近的无机材料的不断出现，其中陶瓷一词，其概念的外延也不断扩大，如今广义的陶瓷概念几乎与无机非金属材料的含意相同。

无机非金属材料的名目繁多，用途各异，目前尚没有统一而完善的分类方法。通常把它们分为传统（普通）无机非金属材料和新型（特种）无机非金属材料两大类。例如，普通陶瓷对应特种陶瓷，普通玻璃对应特种玻璃，普通水泥对应特种水泥。

3.1.2 无机非金属材料主要性能及应用

无机非金属材料的化学组成质点间的结合力主要为离子键、共价键或离子-共价混合键。离子键是以正、负离子之间的静电作用力为结合力。由于离子键没有方向性，只要求正负离子相间排列并尽量紧密堆积，因而离子晶体的密度较高，键强度也较高。金属氧化物主要是离子键结合。这类材料强度高、硬度高，但脆性大。离子晶体固态绝缘，熔融后可导电。共价键具有方向性与饱和性，这就决定了共价晶体中原子的堆积密度较小。共价晶体键强度较高，且具有稳定的结构。故这类材料熔点高、硬度高、脆性大，热膨胀系数小。虽然无机非金属材料的键性主要为离子键和共价键，但实际上有许多是混合键结合，既有离子性结合，又有共价性结合。

由于这些化学键的特点，例如高的键能和强的极性等，赋予这一大类材料以高熔点、高强度、耐磨损、高硬度、耐腐蚀及抗氧化的基本属性和宽广的导电性、导热性、透光性以及良好的铁电性、铁磁性和压电性等特殊性能。但是无机非金属材料一般为脆性材料，这是最大的弱点，如何改善和提高无机非金属材料的韧性是人们不断努力的方向。

传统的无机非金属材料是日常生活、工业生产和基础建设所必需的基础材料，新型无机材料更是现代新技术、新兴产业和传统工业技术改造的物质基础，也是发展现代军事技术和生物医学的必要物质条件。无机非金属材料优异的性能及其广泛应用，在微电子技术、光电子技术、先进制造技术和空间技术的发展中占有十分重要的地位，是现代高技术发展的支柱。例如，微电子技术就是在硅单晶材料和外延薄膜技术及集成电路技术的基础上发展起来的。又例如，氮化硅系统、碳化硅系统和氧化锆，氧化铝增韧系统的高温结构陶瓷及陶瓷基复合材料的研制成功，一改传统无机非金属材料的脆性大、不耐冲击的特点，而作为具有高强度的韧性材料用于制造热机部件，切削刀具、耐磨损、耐腐蚀部件等进入机械工业、汽车工业、化学工业等传统工业领域，推动了产品的更新换代，提高了产业的经济效益和社会效益。

3.2 陶瓷材料

3.2.1 陶瓷的概念及分类

3.2.1.1 陶瓷的概念

陶瓷（ceramics）是以非金属矿物或化工产品为原料，经原料处理、成型、烧成等工序制成的产品。陶瓷在国际上没有统一的概念，我国及欧洲一些国家中，陶瓷是指黏土质产品，后来包括特种陶瓷；在美国和日本，陶瓷是硅酸盐的同义词，不仅包括了陶瓷和耐火材料，还包括水泥、玻璃等。

3.2.1.2 陶瓷的分类

早期，陶瓷是陶器与瓷器的总称。陶器可以使用各种黏土制作，烧成温度较低，多在700～1000℃之间，陶器通常有一定吸水率，断面粗糙无光，不透明，敲之声音粗哑，有的无釉，有的施釉，包括粗陶器（如盆、罐、砖等）和精陶器（如日用精陶、美术陶器、釉面砖等）。而瓷器使用的是氧化铝含量较高的瓷土即高龄土，混配石英和长石等原料烧制，烧成温度一般在1200℃以上，瓷器的坯体致密，基本上不吸水，敲击声清脆，有一定的半透明性，通常施釉，有的不施釉。介于陶器与瓷器之间的一类产品，坯体较致密，吸水率也小，但缺乏半透明性，这类产品称为炻器或半瓷。

传统的陶瓷如日用陶瓷、建筑陶瓷等是用黏土类及其他天然矿物原料经粉碎加工、成型、烧成等过程而得到的器皿，这类陶瓷可称为传统陶瓷，图3-1所示为最具代表性和最常见的日用陶瓷。由于它使用的原料主要是硅酸盐矿物，所以归属于硅酸盐类材料。随着生产和科学技术的发展，对陶瓷制品的性能与应用提出了新的要求，因而制成了许多新品种，如氧化物、碳化物、氮化物陶瓷，它们的生产过程虽然还是原料处理、成型、烧成等这种传统的方式，但采用的原料已扩大到高度精选的天然原料或人工合成原料，使用高度可控的生产工艺，因而往往具有一些特殊的性能，相对于传统陶瓷，这类陶瓷制品称为先进陶瓷或特种陶瓷、精细陶瓷等。如图3-2所示，在计算机主板上芯片周围分布着许多起保护作用的功能陶瓷器件。

图3-1 最常见的日用陶瓷

图3-2 分布在芯片周围的陶瓷电容

先进陶瓷从性能上可分为结构陶瓷（structural ceramics）和功能陶瓷（functional ceramics）两大类。结构陶瓷是指具有力学性能及部分热学和化学功能的先进陶瓷，特别适于高温下应用的则称为高温结构陶瓷。功能陶瓷是指那些利用电、磁、声、光、热、力等直接效应及耦合效应的先进陶瓷。随着科学技术的发展，新材料不断出现，结构陶瓷与功能陶瓷的界限也逐渐淡化，有些材料同时具备优越的结构性能与优良的功能。功能性与结构性结合的陶瓷材料，或者具有多种良好功能性的陶瓷材料，为提高产品的性能和可靠性，促使产品向薄、轻、小发展提供了基础。当材料的特征尺寸小到纳米级，由于量子效应和表面效应十分显著，可能产生独特的电、磁、光、热等物理和化学特性，先进陶瓷开始进入纳米技术领域。

3.2.2　陶瓷的显微结构与性能

3.2.2.1　陶瓷的显微结构

陶瓷材料的显微结构是指在各种光学显微镜和电子显微镜下观察到的陶瓷内部组织结构。在显微镜下，可看到陶瓷材料的显微结构通常由三种不同的相组成，即晶相、玻璃相和气相。陶瓷显微结构如图 3-3 所示。普通陶瓷由于化学组成复杂，其显微结构不够均匀，多气孔。而特种陶瓷化学组成简单，其显微结构一般均匀而细密，气孔和玻璃相较少。

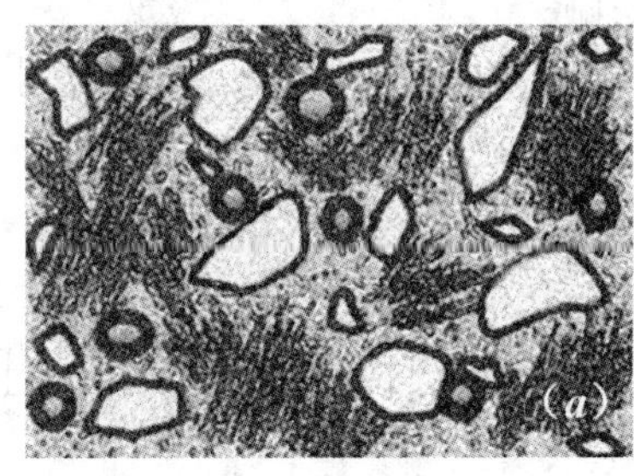

(a) 普通陶瓷

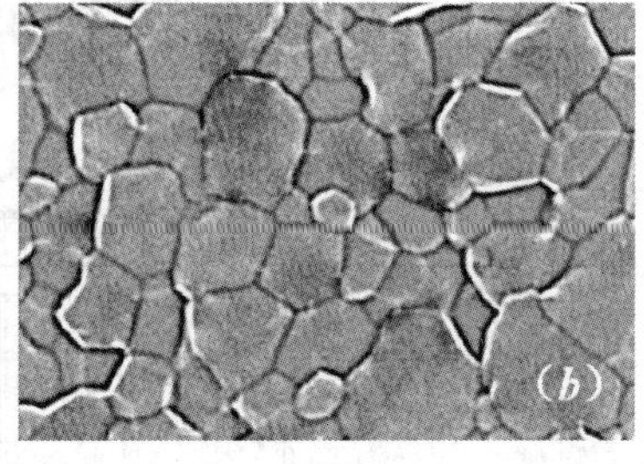

(b) 压电陶瓷

图 3-3　陶瓷的显微结构示意图

晶相是陶瓷材料中最主要的组成相。晶相由原料带入或玻璃相析晶形成。一般将晶相分为主晶相和次晶相。主晶相是构成材料的主体，其性质、数量及结合状态，直接决定材料的基本性质。例如刚玉瓷的主晶相是 α-Al_2O_3，由于结构紧密，因而具有机械强度高、耐高温、耐腐蚀等特性。

一般陶瓷是由各向异性的晶粒通过晶界结合而成的多晶体。晶粒的形状与大小对材料的性能影响很大，陶瓷中晶粒的形状、大小受到成分、原材料颗粒大小与形状、晶型以及工艺制备方法的影响。

玻璃相是一种低熔点的非晶态固体，是材料在高温烧成或使用过程中，由于化学反应或熔融冷却形成的。对于不同陶瓷，玻璃相的含量不同。日用瓷及电瓷的玻璃相含量较高，高纯度的氧化物陶瓷中玻璃相含量较低。玻璃相的作用是充填晶粒间隙，黏结晶粒，提高陶瓷材料的致密程度，降低烧成温度，改善工艺，抑制晶粒长大。但玻璃相机械强度要比晶相低，在较低温度下即开始软化，降低了材料的高温使用性能。

气相又称气孔，大部分气孔是在工艺过程中形成并保留下来的。有的气孔通过特殊的工艺方法获得。气孔含量（按材料容积）在 0～90％之间变化。一般陶瓷含有 5％～10％的气孔，耐火材料中的气孔率多在 25％以下，轻质隔热吸音材料高达 50％～60％甚至更高。

材料的许多性能与气孔的含量、形状、分布有密切的关系。气孔也是应力集中的地方，往往有可能扩展成裂纹，导致材料强度大大降低，耐磨性能变差。许多电性能和热性能也随气孔率、气孔尺寸及分布的不同而在很大范围内变化。合理控制陶瓷中气孔数量、形态和分布是非常重要的。

3.2.2.2　陶瓷材料的性能

3.2.2.2.1　力学性能

（1）弹性模量　陶瓷材料具有牢固的离子键和共价键，其弹性模量比金属材料的弹性模量大得多，大约在 10^3～10^4 MPa 之间甚至更高。陶瓷材料的弹性模量除了与结合键有关外，还与组成相的种类、分布、比例及气孔率的大小有关。

（2）强度

① 陶瓷材料在理论上具有很高的断裂强度，但实际断裂强度往往比金属材料低得多。一些材料的理论强度和实际强度测定值见表 3-1。陶瓷材料的离子键、共价键强度高于金属键，因而其熔点、硬度、理论强度均高于金属。但陶瓷内部的气孔常具有不规则形状，且分布极不均匀，其作用相当于裂纹。因而陶瓷材料的组织结构比金属材料更复杂，更不均匀，其内部的裂纹或缺陷更多。所以，陶瓷的断裂强度远低于金属的强度。

② 抗压强度比抗拉强度大得多，其差别程度大大超过金属。其原因在于陶瓷内部缺陷（气孔、裂纹等）和不均匀性对拉应力十分敏感。

③ 气孔和材料密度对陶瓷断裂强度有很大影响。

④ 陶瓷材料耐热冲击性较差，严重限制了陶瓷材料在急冷急热条件下的使用。

⑤ 晶粒越小，强度越高。

表 3-1 断裂强度理论值与测定值

材料	理论值 σ_c /MPa	测定值 σ_c' /MPa	σ_c/σ_c'	材料	理论值 σ_c /MPa	测定值 σ_c' /MPa	σ_c/σ_c'
Al_2O_3 晶须	49000	15100	3.3	BeO	35000	230	150.0
铁晶须	29420	12700	2.3	MgO	24000	300	81.4
奥氏体型钢	20000	3240	6.4	Si_3N_4（热压）	37700	980	38.5
高碳钢琴丝	13700	2450	5.6	SiC（热压）	4800	930	51.5
硼	34100	2350	14.5	Si_3N_4（反应烧结）	37700	290	130.5
玻璃	6800	103	66.0	AlN（热压）	27500	588～980	46.7～28.0
Al_2O_3（蓝宝石）	49000	630	77.6				

（3）塑性与韧性　陶瓷材料最突出的弱点是很低的塑性与韧性。只有极少数具有简单晶体结构的陶瓷材料在室温下具有塑性。如 MgO、KCl、KBr 等。一般的陶瓷材料在室温下塑性为零。这是因为大多数陶瓷材料晶体结构复杂，滑移系统少，位错生成能高，而且位错的可动性差，通常呈现典型的脆性断裂。几种材料的室温屈服强度与断裂韧性见表 3-2。

表 3-2 几种材料的室温屈服强度与断裂韧性

材料	屈服强度 /MPa	断裂韧性 K_{IC} /MPa·$m^{1/2}$	材料	屈服强度 /MPa	断裂韧性 K_{IC} /MPa·$m^{1/2}$
碳素钢	235	＞200	SiC	500～700	4～6
马氏体时效钢	1670	93	Al_2O_3	300～500	3.5～5
Si_3N_4	500～800	5～6	ZrO_2-Y_2O_3	800～1500	8～15

（4）硬度　陶瓷、矿物材料常用莫氏硬度和维氏硬度来衡量材料抵抗破坏的能力。莫氏硬度是以陶瓷、矿物之间相互刻划能否产生划痕来确定，只能表示材料硬度的相对大小。以前分为 10 级，由于大量硬质材料的出现，又将莫氏硬度分为 15 级。表 3-3 为莫氏硬度顺序。

陶瓷材料的硬度取决于其组成和结构。组成陶瓷材料中主晶相的阳离子半径越小，离子电价越高，配位数越大，结合能就越大，抵抗外力摩擦、刻划和压入的能力也就越强，所以，硬度就较大。陶瓷材料的显微组织、裂纹、杂质等都对硬度有影响。当温度升高时，硬度将下降。

3.2.2.2.2　热性能

（1）热容　陶瓷材料的摩尔热容对结构变化不敏感，但单位体积的热容却与气孔率有关，由于多孔材料质量轻，所以单位体积热容小。因此，使耐火砖的温度上升所需的热量远低于致密的耐火砖。

表 3-3　莫氏硬度顺序

材　料	顺序	材　料	顺序
滑石	1	滑石	1
石膏	2	石膏	2
方解石	3	方解石	3
萤石	4	萤石	4
磷灰石	5	磷灰石	5
正长石	6	正长石	6
石英	7	SiO_2 玻璃	7
黄玉	8	石英	8
刚玉	9	黄玉	9
金刚石	10	石榴石	10
		熔融氧化锆	11
		刚玉	12
		碳化硅	13
		碳化硼	14
		金刚石	15

(2) 热膨胀　热膨胀是温度升高时物质原子振动振幅增大，原子间距增大所导致的体积长大现象。陶瓷材料的线膨胀系数约为 $(10^{-5}\sim10^{-7})℃^{-1}$。热膨胀系数的大小与晶体结构和结合键强度密切相关。键强度高的材料热膨胀系数低，结构较紧密的材料热膨胀系数较大，陶瓷的线膨胀系数一般低于高聚物和金属。

(3) 导热性　导热性为在一定温度梯度作用下热量在固体材料中的传导速率。陶瓷的热传导主要依靠于原子的热振动。由于没有自由电子的传热作用，陶瓷的导热性比金属小。陶瓷多为较好的绝热材料。

(4) 热稳定性　热稳定性就是抗热震性，是指材料承受温度的急剧变化或在一定温度范围内冷热交替而不致破坏的能力。陶瓷的热稳定性很低，比金属低得多。这是陶瓷的一个主要缺点。可用热应力因子 R 来表征材料的抗热震性。R 越大，材料的抗热震性越高。

$$R=\frac{\sigma_f(1-\mu)\lambda}{E\alpha} \tag{3-1}$$

式中，σ_f代表强度；λ 代表热导率；E 代表弹性模量；α 代表膨胀系数；μ 代表泊松比。

高的强度使材料抵抗热应力而不致破坏的能力增强，从而提高抗热震性。λ 值越大，则材料表层与内部的温度易于均匀一致，相应的热应力小，石墨、碳化硼、氮化硼的 λ 大，抗热震性好。E 大，则材料弹性变形能力小，因而在热冲击条件下难以通过变形来部分抵消热应力，因此大的 E 值对抗热震不利。热膨胀现象是产生热应力的本质，同样条件下，α 值小，则热应力值也小，因而从提高热震性的角度，总是希望 α 值尽可能小，石英玻璃具有极优良的抗热震性，主要原因是 α 值小。

3.2.2.2.3　电性能

(1) 电导率　陶瓷材料在一般情况下没有自由活动的电子，电阻率比较低，绝大部分陶瓷都是良好的绝缘体。随着科学技术的发展，某些陶瓷材料的半导性和导电性已被人们发现，随着制成各种半导体陶瓷及导电陶瓷。表 3-4 列出了某些陶瓷材料在室温时的电导率。

表 3-4　某些陶瓷材料室温时的电导率

材　料	电导率/(S/m)	材　料	电导率/(S/m)
ReO_3	10^8	NiO	10^{-6}
SnO_2、CuO、Sb_2O_3	10^5	$BaTiO_3$	10^{-8}
SiC	10^1	TiO_2(金红石瓷)	10^{-9}
$LaCrO_3$	10^2	Al_2O_3(刚玉瓷)	10^{-12}

(2) 介电常数　大部分离子晶体的介电常数为 $\varepsilon=5\sim12$，但有少数晶体的介电常数很高。例如，金红石（TiO_2）晶体的 $\varepsilon=110\sim114$，钙钛矿（$CaTiO_3$）晶体的 $\varepsilon=150$。这类晶体的晶体结构比较独特，在外电场作用下，由于离子之间的相互作用，引起了极其强大的内电场。在此内电场作用下，离子的电子壳层发生强烈变形，离子本身也发生强烈的位移，使材料具有很高的介电常数。

属金红石的氧化物晶体还有 SnO_2、PbO_2、VO_2、NbO_2、MoO_2、MnO_2、MnO_2、RuO_2 等，其中部分可作为高介电常数电容器。属钙钛矿型的高介电常数的晶体有 $CaSnO_3$、$CaZrO_3$、$SrZrO_3$、$SrSnO_3$、$BaSnO_3$、$CaTiO_3$、$SrTiO_3$ 等。

各种功能陶瓷室温时的介电常数大致如下：装置陶瓷、电阻陶瓷及电真空陶瓷为 2～12；Ⅰ类电容器陶瓷为 6～1500；Ⅱ类电容器陶瓷为 200～30000；Ⅲ类电容器陶瓷为 7000 至几十万；压电陶瓷为 50～20000。从以上数据可以看出，功能陶瓷的介电常数的数值范围很大，因材料不同而有很大的差异，使用范围和条件也不同。

(3) 介电损耗　当电介质在电场作用下，单位时间内因发热而消耗的能量称为电介质的损耗功率或简称为介质损耗，用损耗角正切 $\tan\delta$ 表示。

介质损耗是所有应用于交流电场中电介质的重要指标之一。介质损耗不但消耗了电能，而且由于温度上升可能影响元器件的正常工作，介质损耗严重时，甚至会引起介质的过热而破坏绝缘性质。

实际使用的绝缘材料都不是完善的理想电介质。在外电场作用下，总有一些带电质点会发生移动而引起电流，使介质发热而消耗电能。这种因电导而引起的介质损耗为漏导损耗。同时，一切介质在电场中均会呈现出极化现象。除电子、离子弹性位移极化基本上不消耗能量外，其他缓慢极化（如松弛极化）在极化的缓慢建立过程中都会因克服阻力而引起能量损耗，这种损耗一般称为极化损耗。

从相组成观点看，陶瓷材料是由晶相、玻璃相、气相组成，其能量损耗主要来源于漏导损耗、松弛质点的极化损耗及结构损耗。在结构紧密的离子晶体中（如镁橄榄石 $Mg[SiO_4]$），如果没有严重的点缺陷存在，损耗很小，一般是由漏导引起。以这类晶体为主晶相的陶瓷往往用在高频的场合，如刚玉瓷、滑石瓷等。结构不紧密的离子晶体（如电瓷中的莫来石 $3Al_2O_3\cdot2SiO_2$）内部有较大的空隙，易形成热离子松弛，产生漏导损耗与极化损耗，因而一般只能用于低频。

(4) 绝缘强度　电介质能绝缘和储存电荷，是指在一定的电压范围内，即在相对弱电场范围内，介质保持介电状态。当电场强度超过某一临界值时，介质由介电状态变为导电状态，这种现象称介质的击穿。击穿时的电压称击穿电压，相应的电场强度称击穿电场强度、绝缘强度、介电强度等。由于击穿时电流剧烈增大，在击穿处往往产生局部高温、火花，造成材料本身不可逆的破坏。可以发现，在击穿处有小孔、裂缝，或击穿时整个瓷体炸裂的现象，陶瓷材料的击穿强度一般为（4～60）kV/mm。

3.2.2.2.4　光学性能

功能陶瓷的光学性质是指其在红外光、可见光、紫外线及各种射线作用下的一些性质。在光学领域里，主要光学材料是光学玻璃和单晶。近年来，随着遥感、计算机、激光、光纤通信、自动化等技术的发展和“透明陶瓷”的出现，陶瓷材料在光学领域有了较重要的应用。光学材料的性质一般指材料对各种光和射线的反射、透射、折射和吸收等性质。对陶瓷材料，主要是指其透光性。

为了提高陶瓷的透光性，一般使用高纯原料，加入抑制晶粒长大的掺杂剂，采用适当的工艺排气孔制备细晶的透明陶瓷材料。

3.2.2.2.5　化学稳定性

陶瓷的结构非常稳定。在以离子晶体为主的陶瓷中，金属原子为氧原子所包围，被屏蔽在其紧排列的间隙之中，很难再同介质中的氧发生作用，甚至在千度以上的高温下也是如此，所以具有很高的耐火性能或不可燃性，是很好的耐火材料。另外，陶瓷对酸、碱、盐等腐蚀性很强的介质均有较强的抗蚀能力，与许多金属的熔体也不发生作用，所以也是很好的坩埚材料。

3.2.3　普通陶瓷

3.2.3.1　普通陶瓷的生产过程

普通陶瓷又称传统陶瓷，是以天然存在的矿物为主要原料的陶瓷制品。其生产工艺流程如图 3-4 所示。

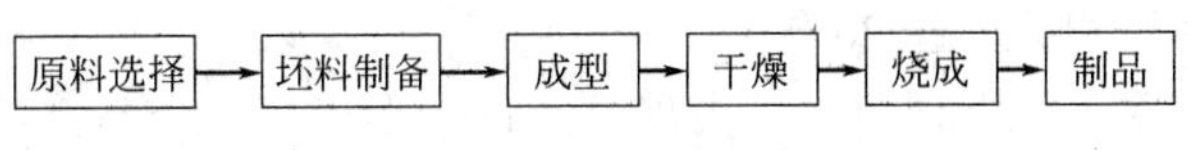

图 3-4　普通陶瓷生产工艺流程

（1）原料的选择　普通陶瓷中主要原料为石英、黏土和长石。其中石英为耐高温的骨架成分，赋予制品高的强度、耐热、耐蚀等特性；黏土具有独特的可塑性与结合性，调水后成为软泥，能塑造成型，烧后变得致密坚硬；长石作为助熔剂能熔解一部分黏土分解物及部分石英，促进成瓷反应的进行，并降低烧成温度。

（2）坯料的制备　陶瓷原料经过配料和加工后成为坯料，根据陶瓷制品的性质以及制品所用的成型方法，制成可塑料、注浆料和压制粉料。

（3）成型方法　成型是将坯料加工成为有一定形状和尺寸的半成品。常见的成型方法有如下几种。

① 压制成型　利用外部机械压力，将含有一定水分的粉料填充到模型中压缩并形成具有一定尺寸、形状和强度的坯体的成型方法。广泛用于砖瓦、建筑陶瓷、磨具、人造石等坯体的压制。

② 注浆成型　将制备好的坯料泥浆注入多孔性模型（一般为石膏模）内，泥浆在贴近模壁处的一层被模型吸去水分，形成均匀的泥层，并随时间延长而逐渐加厚。达到一定厚度后，倒出多余的泥浆，泥层继续脱水收缩，并与模型脱离，最后按模型形状形成坯体。注浆成型法可成型形状复杂、不规则、薄的、体积较大且尺寸要求不严的制品。如花瓶、茶壶等日用陶瓷、美术瓷、卫生瓷等。

③ 可塑成型法　加入水分或塑化剂，将坯料混合，捏炼成为有一定塑性的料团，然后用手工或成型机成型。

（4）生坯的干燥　使含水物料中的液体水汽化而排除水分的过程，称为干燥。成型后的各种坯体还呈可塑状态，在运输和再加工过程中很容易变形或破损。为提高成型后坯体的强度，还要进行干燥，以除去一部分水分，使坯体失去可塑性。经过干燥的坯体，可以在烧成初期经受快速升温，从而缩短烧成周期，提高窑炉的周转率，节约能耗。

（5）烧成　陶瓷工艺的最终目的是制成有足够机械强度的制品。经过成型及干燥过程后，生坯中颗粒之间只有很小的附着力，因而强度相当低。要使颗粒相互结合使坯体形成较高的强度，只有在无液相或有液相的烧结温度下才能实现。烧成也称烧结，是通过高温处理，使坯体发生一系列物理化学变化，达到固定外形并获得所要求性能的工序。

3.2.3.2　普通陶瓷的用途

普通陶瓷是指黏土类陶瓷。这类陶瓷质地坚硬、不氧化、耐腐蚀、不导电、产量大、种类多、成本低。但含有相当数量的玻璃相，使用温度不能过高。广泛用于日用、建筑、化工等行业。普通陶瓷的用途见表 3-5。

表 3-5 普通陶瓷的种类及用途

种类	用途	种类	用途
日用陶瓷	茶具、餐具、美术瓷等	电瓷	绝缘器件
建筑陶瓷	陶瓷墙地砖、卫生洁具、输水管道等	化工陶瓷	化工衬里材料、阀门、管道、塔、容器等

3.2.4 特种陶瓷

特种陶瓷（special ceramics）又叫精细陶瓷（fine ceramics）、先进陶瓷（advanced ceramics）、现代陶瓷（modern ceramics）、高技术陶瓷（high technology ceramics）或高性能陶瓷（high performance ceramics）。一般认为，特种陶瓷是“采用高度精选的原材料，具有精确控制的化学组成，按照便于控制的制造技术加工的，便于进行结构设计，并具有优异特性的陶瓷”。特种陶瓷是指相对于传统陶瓷而言，新发展起来的陶瓷。它的出现与现代工业和高技术密切相关。近20年来，由于冶金、汽车、能源、生物、航天、通信等领域的发展对新材料的需要，陶瓷材料在国内外已经逐步形成了一个新兴的产业。高性能特种陶瓷在许多方面都突破了传统陶瓷的概念和范畴，是陶瓷发展史上的一次革命性的变化。

如今，特种陶瓷与传统陶瓷相比，已有很大的不同。在原材料方面，传统陶瓷以天然矿物如黏土、石英和长石等为主要原料，而特种陶瓷则使用经人工合成的高质量的粉体作为主要原料。在结构方面，传统陶瓷材料由于化学和相组成的复杂多样，杂质成分和杂质相众多而不易控制，显微结构粗劣而不够均匀，多气孔；特种陶瓷则一般化学和相组成较简单明晰，纯度高，即使是复相材料，也是人为调控设计添加的，所以特种陶瓷材料的显微结构一般均匀而细密。在制备工艺方面，传统陶瓷用的矿物经混合可直接用于湿法成型，材料的烧结温度较低，烧成后一般不需加工；而特种陶瓷用高纯度粉体一般添加有机的添加剂才能适合于干法或湿法成型，材料的烧结温度较高，烧成后一般尚需加工。特种陶瓷突破了传统陶瓷以窑炉为主要生产手段的界限，广泛采用真空烧结、保护气氛烧结、热压、热等静压等手段。在性能和用途方面，传统陶瓷和特种陶瓷材料性能有极大差异，后者不仅在性能上远优于前者，而且特种陶瓷材料还发掘出传统陶瓷材料所没有的性能和用途。传统陶瓷材料一般限于日用和建筑使用；特种陶瓷具有不同的特殊性质和功能，如高强度、高硬度、耐腐蚀、导电、绝缘以及在磁、电、光、声、生物工程等各方面具有特殊功能，从而使其在高温、机械、宇航、医学工程等方面得到广泛地应用。

3.2.4.1 特种陶瓷的制备工艺

特种陶瓷的主要制备工艺是粉末制备，成型和烧结。其工艺流程如图 3-5 所示。

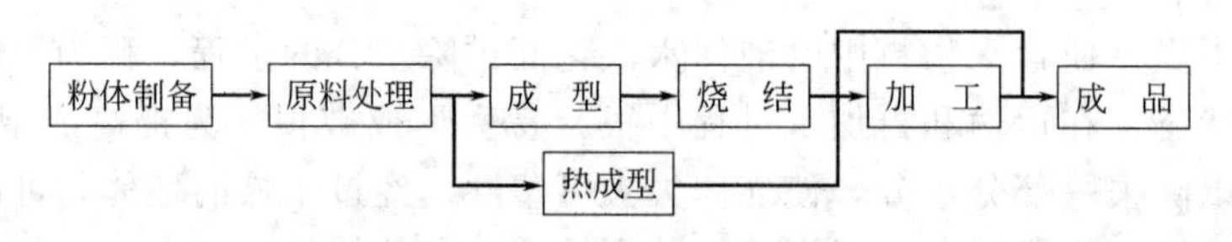

图 3-5 特种陶瓷制备工艺流程

3.2.4.1.1 粉体制备方法

特种陶瓷的原料具有下述特点：纯度高；颗粒细小；只加入很少甚至完全不加入助熔剂与提高可塑性的添加剂；采用原料主要是人工合成的粉末原料。

目前制取特种陶瓷用粉体原料的方法有粉碎法和合成法两类。合成法包括固相法、液相法和气相法。

(1) 粉碎法　机械磨细是制取粉末原料最传统的方法。特种陶瓷的制备要求粉末原料具有高的细度和纯度，因此用于特殊陶瓷粉末的磨细机械设备也较传统的设备有了很大改进。如采用与磨细粉料相同材质的内衬和研磨介质，使所得粉料的污染大大减小。高效气流磨机的发展，使得粉体的细度可以达到亚微米级。

（2）固相法制备陶瓷粉体

① 化合反应法　化合反应一般是两种或两种以上的固体粉末，经混合后在一定的温度与气氛条件下生成另外一种或多种复合物粉末，有时也可能伴随某些气体的逸出。如钛酸钡粉体的合成：

$$BaCO_3 + TiO_2 \longrightarrow BaTiO_3 + CO_2 \uparrow \tag{3-2}$$

② 热分解反应法　许多高纯氧化物粉末可以采用加热相应金属的碳酸盐、硝酸盐等方法，通过热分解制得性能优异的粉末。如：

$$CaCO_3 \longrightarrow CaO + CO_2 \uparrow \tag{3-3}$$

③ 氧化物还原法　非氧化物陶瓷原料粉末的合成，可采用氧化还原法。如 SiC 粉体的制备：

$$SiO_2 + C \longrightarrow SiO + CO \tag{3-4}$$

$$SiO + 2C \longrightarrow SiC + CO \tag{3-5}$$

$$SiO + C \longrightarrow Si + CO \tag{3-6}$$

$$Si + C \longrightarrow SiC \tag{3-7}$$

④ 直接固态反应法　许多碳化物陶瓷材料的原料可以直接用固态反应法制备。使用金属硅粉与碳粉直接反应可以在 1000～1400℃制备 SiC，反应式为：

$$Si + C \longrightarrow SiC \tag{3-8}$$

（3）液相法制备陶瓷粉体

① 沉淀法　沉淀法是在可溶性前驱物溶液中添加适当的沉淀剂，使得溶液中的阳离子生成不溶性沉淀，然后再经过滤、洗涤、干燥、加热分解等工艺来合成粉体，该法具有反应过程简单、成本低等优点。

② 溶胶-凝胶法（sol-gel 法）　将金属氧化物或氢氧化物的溶胶变为凝胶，经干燥、煅烧，制得高纯度超细氧化物粉末。

③ 水热法　是指在密封压力容器中，以水或其他溶剂作为溶媒（也可以是固相成分之一），在高温（>100℃）、高压条件下制备、研究材料的一种方法。

（4）气相法制取陶瓷粉体

① 蒸发-凝聚法（PVD）　将原料用电弧或等离子体高温加热至气化，然后在加热源与环境之间很大的温度梯度条件下急冷，凝聚成粉状颗粒。

② 化学气相反应法（CVD）　化学气相反应法是采用挥发性金属化合物蒸气通过化学反应合成所需物质的方法。

3.2.4.1.2　成型技术

模压成型、注浆成型等技术可用于特种陶瓷的成型。此外，为了保证特种陶瓷制品的优异性质，可采用以下方法成型，以提高坯体的致密度、均匀性或尺寸精度等。

（1）冷等静压法　将粉末充填入橡胶制的容器内，密封后利用静水压力通过介质从各个方向向橡胶模均匀加压而成型。由于是从各个方向施加相同静水压力，因而能得到理想的坯体。但成型工序较复杂，一般适用于形状复杂、大型、小批量生产的制品。

（2）注射成型法　在压力下把加热混有有机添加剂的陶瓷粉末注满金属模具中，冷却后脱膜得到坯体。这种方法生产的产品尺寸精确，光洁度高，结构致密，已广泛应用于制造形状复杂、尺寸和质量要求高的特种陶瓷产品。

（3）轧模成型　一些薄片状的陶瓷产品，如集成电路基板、电容器等，厚度一般在 1mm 以下，可采用轧模成型工艺生产。轧模成型是由橡胶和塑料工业移植过来的一种成型方法，也称为压延法。

3.2.4.1.3 烧结技术

(1) 普通烧结 传统陶瓷多半在隧道窑中进行。但特种陶瓷主要在电炉中进行。采用的烧结气氛由产品性能需要和经济因素决定，可以用保护气氛（如氩、氮气等），也可在真空或空气中进行。在性能允许的前提下，常常添加一些烧结助剂，以降低烧结温度，尽可能降低粉末粒度也是促进烧结的重要措施之一，因为粉末越细、表面能越高，烧结越容易。

(2) 热压烧结 将干粉末填入模具内，再从单轴方向施加压力，并同时进行烧结。这是一种成型与烧结同时进行的工艺方法。采用热压烧结，使烧结机理由以扩散为主变为塑性流动为主，从而可在较低温度下进行烧结，而且得到的烧结体气孔率低，组织致密。

(3) 热等静压烧结 热等静压烧结是使材料在加热过程中经受各向均衡的气体压力，在高温高压同时作用下使材料致密化的烧结工艺。

热等静压与传统的无压烧结方法和普通的单向热压烧结方法相比，具有可降低烧结温度、提高材料性能，能制备复杂形状部件的优点。缺点是：设备比较复杂昂贵，因而生产成本比普通烧结工艺高得多。

此外还有反应烧结、液相烧结、自蔓延高温合成烧结等。

3.2.4.2 结构陶瓷

结构陶瓷具有高强、高韧、低密度、高硬和耐高温、抗蠕变、耐磨损、耐腐蚀和化学稳定性好等优异的性能，已逐步成为尖端技术不可缺少的关键材料，如图3-6所示。可用于陶瓷发动机及高温耐热部件等。在耐磨部件的研制中，人们已经逐渐认识到陶瓷耐磨部件的优点，已有不少金属部件被陶瓷部件取代并有良好的效果。用作耐磨部件的陶瓷要求具有高硬度、高耐磨性、耐高温和对金属的不黏合性即自润滑性，因此高性能结构陶瓷被用作高速切削和精密切削的刀具、各种阀类及球磨机内衬、研钵等。高性能结构陶瓷还广泛应用于其他行业，在军事上用陶瓷作装甲材料；由于高性能结构陶瓷的耐磨、耐腐蚀、高强度、低摩擦系数以及其生物相容性，在生物医学领域有了广阔的发展空间；在涂层方面和隔热方面，高性能结构陶瓷也充分显示了它的功效。

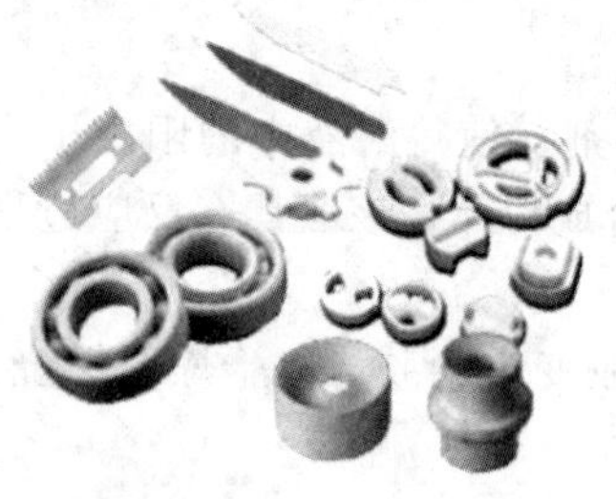

图3-6 各种结构陶瓷部件

(1) 氧化铝陶瓷 氧化铝陶瓷又称刚玉瓷，氧化铝陶瓷一般是指以α-Al_2O_3为主晶相的陶瓷材料，其Al_2O_3含量在75%～99.9%之间，是用途最广泛，原料最丰富，价格最低廉的一种高温结构陶瓷。根据Al_2O_3含量和添加剂的不同，有不同系列的氧化铝陶瓷，例如Al_2O_3含量在75%、85%、95%和99%的分别称为75瓷、85瓷、95瓷和99瓷；根据其主晶相的不同又可分为莫来石瓷、刚玉-莫来石瓷和刚玉瓷；根据添加剂的不同又分铬刚玉、钛刚玉等。

Al_2O_3陶瓷是高温氧化物中化学性质稳定、机械强度较高的一种材料，弯曲强度可达450MPa，熔点为2050℃。由于Al_2O_3陶瓷制品具有耐高温、耐腐蚀、高强度等性能，所以可以作为冶炼高纯金属和生长单晶用的坩埚以及各种高温炉的结构件，如发动机用的火花塞、耐热涂层等。在化工领域可用作各种反应器皿、反应管道、化工泵等。

氧化铝含量高于95%以上的Al_2O_3陶瓷具有优异的电绝缘性能和较低的介质损耗特点，在电子、电器方面具有广阔的应用领域。例如作为微波电解质，雷达天线罩，超高频大功率电子管支架、窗口、管壳、晶体管底座，大规模集成电路基板和元件等。

利用Al_2O_3高强度、硬度和耐磨性，可制作机械部件、拉丝模、固体物料喷嘴、刀具、磨料、磨具、装甲防护材料、人造骨等。

（2）氧化锆陶瓷　二氧化锆（ZrO_2）有三种晶型。天然二氧化锆和用化学方法得到的二氧化锆在常温下都属单斜晶系，1100℃左右转变为四方晶系，伴随 5%左右的体积收缩，且转变是可逆的；当由四方 ZrO_2 冷却时转变到单斜 ZrO_2 时，体积膨胀，且转变温度为 1000℃左右。由于二氧化锆单斜型与四方型之间的可逆转变有体积效应，使陶瓷烧成时容易开裂。因而加入适量的 CaO、MgO、Y_2O_3 等氧化物，使得二氧化锆冷却时没有体积效应，可避免含锆制品的开裂，经过处理的二氧化锆称为稳定二氧化锆。如稳定剂加入量不足，则可得到部分稳定二氧化锆。

ZrO_2 陶瓷耐火度高，有很好的力学性能，同时热传导系数小，隔热效果好，而热膨胀系数又比较大，容易与金属部件匹配，在目前所研制的陶瓷发动机中用于汽缸内壁、活塞、缸盖板、气门座和气门导杆，其中某些部件是与金属复合而成的。

（3）氮化硅陶瓷　氮化硅（Si_3N_4）有两种结晶形态。α-Si_3N_4 和 β-Si_3N_4，两者均属六方晶系。氮化硅陶瓷材料的热膨胀系数小，因此具有较好的抗热震性能；在陶瓷材料中，Si_3N_4 的弯曲强度比较高，硬度也很高，同时具有自润滑性，摩擦系数小，与加油的金属表面相似，作为机械耐磨材料使用具有较大的潜力；Si_3N_4 陶瓷材料的化学稳定性很好，耐氢氟酸以外的所有无机酸和某些碱液的腐蚀，也不被铅、铝、锡、银、黄铜、镍等熔融金属合金所浸润与腐蚀；高温氧化时材料表面形成的氧化硅膜可以阻碍进一步氧化，抗氧化温度达 1400℃；在还原气氛中最高使用温度可达 1800℃。

Si_3N_4 陶瓷可用作切削工具、高级耐火材料，还可用作抗腐蚀、耐磨损的密封部件等。作为一种高温结构材料，Si_3N_4 陶瓷也可用来制作飞机发动机轴承、汽车发动机等。

（4）赛隆陶瓷　赛隆（Sialon）是在 Si_3N_4 中添加多量 Al_2O_3 构成 Si-Al-O-N 系统的新型陶瓷材料。赛隆陶瓷材料具有较低热膨胀系数，较高耐腐蚀性，优良的耐热冲击性能，很高的高温强度、硬度等优良性能。

由于赛隆陶瓷所具有的优良性能，其应用范围比 Si_3N_4 更广泛，可用于汽车发动机部件，切削工具，轴承等滑动件及磨损件。

（5）氮化铝陶瓷　氮化铝（AlN）属于共价键化合物，六方晶系，在 2000℃以内的高温非氧化气氛中具有良好的稳定性，其室温强度虽不如 Al_2O_3，但高温强度比 Al_2O_3 高，通常随温度升高，强度不发生变化，热膨胀系数比 Al_2O_3 低，但导热率比 Al_2O_3 高，因此 AlN 具有优异的抗热震性；AlN 对 Al 和其他熔融金属、砷化镓等具有良好的耐蚀性；此外，还具有优良的电绝缘性和介电性质；但 AlN 的高温（＞800℃）抗氧化性差，在大气中易吸潮、水解。

AlN 可以用作熔融金属用坩埚、热电偶保护管、真空蒸镀用容器、耐热砖、耐热夹具等，特别适用于作为 2000℃左右非氧化电炉的炉衬材料；AlN 的导热率比 Al_2O_3 高，热压烧结体强度高，可用于要求高强度、高导热的场合，例如大规模集成电路的基板、车辆用半导体元件的绝缘散热基体等都是 AlN 陶瓷最有前途的应用领域。

（6）氮化硼陶瓷　氮化硼（BN）属六方晶系，晶体结构与石墨相似，因此有“白石墨”之称。BN 具有自润滑性，可用于机械密封、高温固体润滑剂，还可用作金属和陶瓷的填料制成轴承。

BN 对一般金属、酸、碱和玻璃熔渣有良好的耐侵蚀性，对大多数熔融金属、玻璃熔体等既不润湿也不发生反应，因此可以用作熔炼这些金属的坩埚和耐酸碱的容器及反应器等。

BN 既是热的良导体，又是电的绝缘体。它的击穿电压是氧化铝的 4～5 倍，介电常数是氧化铝的 3～5 倍，到 2000℃仍然是电绝缘体，是良好的高温绝缘材料。

（7）碳化硅陶瓷　碳化硅（SiC）晶体有两种晶型。一种是 α-SiC，属六方晶系，是高温稳定型；另一种是 β-SiC，属等轴晶系，是低温稳定型。SiC 具有优异的高温强度和抗高温蠕变能力，热膨胀系数小，热稳定性好，具有负温度系数特点，即温度升高，电阻率下降，可作为发热元件使用。碳化硅的化学稳定性好。

高性能碳化硅材料可以用于高温、耐磨、耐腐蚀机械部件，在耐酸、耐碱泵的密封环中已得到广泛的工业应用，其性能比氮化硅更好；碳化硅材料用于制造火箭尾气喷管、高效热交换器、各种液体与气体的过滤净化装置也取得了良好的效果；此外，碳化硅是各种高温燃气轮机高温部件提高使用性能的重要候选材料。

3.2.4.3 功能陶瓷

功能陶瓷的发展始于20世纪30年代，目前已发展成为性能多样、品种繁多、使用广泛、市场占有份额很高的一大类先进陶瓷材料，如图3-7所示。近十年来，在人类社会对能源、计算机、信息、激光和空间等现代技术的迫切需求的牵引下，随着微电子技术、光电子技术、计算技术等高新技术的发展以及高纯超微粉体、厚膜和薄膜等制备工艺的进一步完善，功能陶瓷在新材料探索、现有材料潜在功能的开发和材料、器件一体化以及应用等方面都取得了突出的进展，成为材料科学和工程中最活跃的研究领域之一，也成为现代微电子技术、光电技术、计算技术、激光技术等许多高技术领域的重要基础材料。功能陶瓷的分类及用途见表3-6。

图3-7 各种功能陶瓷部件

表3-6 功能陶瓷的分类及用途

分类	功能	常用材料	应用举例
电磁功能	绝缘性	Al_2O_3，BeO，SiC，AlN	基片，绝缘件
	介电性	TiO_2，$CaTiO_3$，$MgTiO_3$，$CaSnO_3$	电容器
	导电性	Na-β-Al_2O_3，$LaCrO_3$，ZrO_2，SiC，$MoSi_2$	电池，发热元件
	压电性	$BaTiO_3$，$Pb(ZrTi)O_3$	振荡器，点火元件
	磁性	$(Zr,Mn)Fe_2O_4$，$(Ba,Sr)O\cdot 6Fe_2O_3$	磁芯
半导体功能	热敏性	NiO，FeO，CoO，MnO，$BaTiO_3$	温度传感器，过热保护器
	光敏性	$LiNbO_3$，PZT，$SrTiO_3$，LaF_3	光传感器
	气敏性	SnO_2，NiO，Cr_2O_3，TiO_2，ZrO_2	气敏元件，气体警报器
	湿敏性	LiCl，ZnO-LiO，TiO_2，ZnO	敏传感器，湿度计
	压敏性	ZnO，SiC	压敏传感器
光学功能	荧光性	$Eu_2Al_2O_3$，GaP，GaAs，GaAsP	激光器，激光二极管
	透光性	Al_2O_3，MgO，BeO，Y_2O_3	透光电极，窗口材料
	透光偏振性	PLZT	偏光元件
	光波导性	SiO_2 多元玻璃	光导纤维，胃照相机
	反光特性	CoO，TiN，TiC，CaF_2	聚光材料，热反射玻璃
热学功能	耐热性	MgO，Al_2O_3，ZrO_2，SiC，HfC，Si_3N_4	耐热结构材料，耐火材料
	隔热性	Al_2O_3，ZrO_2，SiC，C	隔热材料
	导热性	BeO，C，SiC，AlN，BeC，LaB_6，NbC	基板，散热元件
生物化学功能	生物适应性	α- Al_2O_3，$Ca(PO_4)_2$，$Ca(PO_4)_3OH$	人工骨，人工牙，人工关节
	吸附性	SiO_2，Al_2O_3，沸石	催化剂载体
	催化作用	SiO_2-Al_2O_3，沸石，Pt- Al_2O_3，铁氧体	控制化学反应，净化排出气体
	耐腐蚀性	ZrO_2，Al_2O_3，HBN，TiB_2，Si_3N_4，AlN	化学装置，热交换器，坩埚
与原子能有关的功能	核反应	UO_2，ThO_2	核燃料
	吸水中子	Sm_2O_3，Eu_2O_3，Gd_2O_3，B_4C	控制材料
	中子减速	BeO，C，BeC	减速剂，反射剂
超导功能		Y-Ba-Cu-La，Ca-Sr-Ba-Cu-O	超导体

3.2.4.3.1　电介质陶瓷

材料可按其对外电场的响应方式区分为两类，一类以电荷长程迁移即以传导的方式对外电场作出响应，这类材料称为导电材料。另一类以感应的方式对外电场作出响应，即沿电场方向产生电偶极矩或偶极矩的改变，这类材料称为电介质，这种现象称为电介质的极化。通常，绝缘体都是典型的电介质。

电介质陶瓷是指电阻率大于 $10^{8}\Omega \cdot m$ 的陶瓷材料，能承受较强的电场而不被击穿。电介质陶瓷主要有电绝缘陶瓷、电容器陶瓷和微波陶瓷等。随着材料科学的发展，在这类材料中又相继发现了压电、铁电和热释电等性能，因此电介质陶瓷作为功能陶瓷又在传感、电声和电光技术等领域得到广泛应用。电介质、压电体，热释电体和铁电体之间的关系，可用图 3-8 表示。

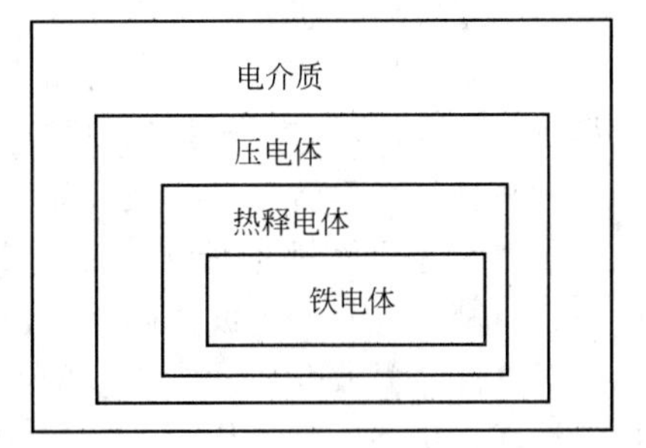

图 3-8　各种电介质陶瓷间的相互关系

（1）电绝缘陶瓷　电绝缘陶瓷又称装置瓷，主要用于电子设备中的安装、固定、支撑、保护、绝缘、隔离及连接各种无线电零件和器件。装置瓷应具备以下性质。

① 高的体积电阻率（室温下，大于 $10^{12}\Omega/m$）和高介电强度（大于 $10^{4}kV/m$），以减少漏导损耗和承受较高的电压。

② 介电常数小（常小于 9），可以减少不必要的电容分布值，避免在线路中产生恶劣的影响，从而保证整机的质量。

③ 高频电场下的介电损耗要小（$\tan\delta$ 一般在 $2\times10^{-4}\sim9\times10^{-3}$ 范围内）。介电损耗大，会造成材料发热，使整机温度升高，影响工作。

④ 机械强度要高，因为装置瓷在使用时，一般都要承受较大的机械负荷。通常抗弯强度为 45～300MPa，抗压强度为 400～2000MPa。

⑤ 良好的化学稳定性，能耐风化、耐水、耐化学腐蚀，不致性能老化。

在无线电设备中，电绝缘陶瓷主要用来制造高频绝缘子、插座、瓷轴、瓷条、瓷管、基板、线圈骨架、波段开关片、瓷环等。

目前国内外主要采用 Al_2O_3 陶瓷作为集成电路基板材料。近年来，随着半导体元件向高性能、高密度、小型化、低成本方向发展，迫切希望热导率大的陶瓷基板。氧化铍（BeO）与氧化铝的物理性质类似，但其热导率是氧化铝的 9 倍，接近于金属铝，因此，是制造集成电路基片的良好材料。但氧化铍粉末有剧毒，且价格昂贵，故限制了其应用。采用少量 BeO 作为助烧结剂，用热压烧结法可制成高热导率 SiC 基板，改性的 SiC 瓷的热膨胀系数与单晶硅材料相近，其热导率比 Al_2O_3 提高了约一个数量级，这有利于改善基片的散热性能，对于集成电路进一步微型化、轻量化、高性能化和高可靠性均有现实意义。但是 SiC 价格高，不太适于多层布线，又因其介电常数大，增大了信号延迟时间。AlN 陶瓷基片热导率高，约为 Al_2O_3 的 8～10 倍，克服了 Al_2O_3 瓷和 BeO 瓷与硅片间存在的热失配的缺陷，热膨胀系数为 $4.4\times10^{-6}℃^{-1}$，与单晶硅接近，且机械强度高、电绝缘性好，无毒。可进行多层布线。是一种较理想的基片材料。

（2）电容器陶瓷　电容器介质陶瓷系指用来制造电容器的陶瓷介质材料。电介质陶瓷按国家标准分为三类：Ⅰ类陶瓷介质主要用于制造高频电路中使用的陶瓷介质电容器，Ⅱ类陶瓷介质主要用于制造低频电路中使用的陶瓷介质电容器，Ⅲ类陶瓷介质也称半导体陶瓷介质，主要用于制造汽车、电子计算机等电路中要求体积非常小的陶瓷介质电容器。

电容器陶瓷材料在性能方面有下列要求。

① 陶瓷的介电常数应尽可能高。介电常数越高，陶瓷电容器的体积可以越小。

② 陶瓷材料在高频、高温、高压及其他恶劣环境下，应能可靠、稳定地工作。

③ 介质损耗角正切要小。这样可以在高频电路中充分发挥作用，对于高功率陶瓷电容器，能提高无功功率。

④ 比体积电阻要求高于 $10^{10}\Omega\cdot m$，这样可保证在高温下工作不致失效。

⑤ 高的介电强度。

陶瓷电容器以其体积小、容量大、结构简单、高频特性优良、品种繁多、价格低廉、便于大批量生产而广泛应用于家用电器、通信设备、工业仪器仪表等领域。

(3) 微波介质陶瓷　微波介质陶瓷是指应用于微波频段（主要是 300MHz～30GHz 频段）电路中作为介质材料并完成一种或多种功能的陶瓷，是现代通信中广泛使用的谐振器、滤波器、介质基片、介质导波回路等微波元器件的关键材料。介质滤波器在光通信中也是必不可少的电子器件。微波介质陶瓷制成的谐振器与金属空腔谐振器相比，具有体积小、质量轻、温度稳定性好、价格便宜等优点。已在便携式移动电话、汽车电话、无绳电话、电视卫星接受器、军事雷达及全球卫星定位系统等方面有着十分重要的应用。

(4) 压电陶瓷　电介质在电场的作用下，可以使它的带电粒子相对位移而发生极化。某些电介质晶体也可以通过机械力作用而发生极化，并引起表面电荷的现象称为压电效应。晶体在受机械力而变形时，在晶体表面产生电荷的现象称为正压电效应。对晶体施加电压时，晶体发生变形的现象称为逆压电效应。

陶瓷是大量晶粒的聚集体，尽管单个晶粒表现出压电性，但由于各个晶粒的效应相互抵消，总体上表现不出压电性。如果在铁电陶瓷片两侧放上电极，进行极化，使内部晶粒定向排列，陶瓷便具有压电性，成为压电陶瓷。

(5) 热释电陶瓷　热释电效应是一种自然现象，也是晶体的一种物理效应。晶体受热温度升高，由于温度的变化 ΔT 而导致自发极化的变化，在晶体的一定方向上产生表面电荷，这种现象称为热释电效应。热释电陶瓷材料应用很广，目前最主要的应用是作为热释电探测器。可用于入侵报警（门自动开关、入侵者报警器、自动售货机），火焰探测，红外测厚计与水分计等。

3.2.4.3.2　敏感陶瓷

半导体材料的电阻率显著受外界环境变化的影响，例如受温度、光照、电场、气氛、湿度等变化的影响，根据这种变化可以很方便地将外界的物理量转化为可供测量的电信号，从而制成敏感器件或传感器。因敏感陶瓷多属半导体陶瓷或者说半导体陶瓷多用于制造敏感元件，所以常常将半导体陶瓷称为敏感陶瓷。这些敏感陶瓷已广泛应用于工业检测、控制仪器、交通运输系统、汽车、机器人、防止公害、防灾、公安及家用电器等领域。

(1) 热敏陶瓷　热敏陶瓷是对温度变化敏感的陶瓷材料。它可分为热敏电阻、热敏电容、热电和热释电等陶瓷材料。

利用半导体陶瓷的电阻值对温度的敏感性制成的一种对温度敏感的器件，如热敏电阻或敏感元件，是温度传感器中的一种。根据热敏电阻器的电阻-温度特性，热敏半导体陶瓷可分为正温度系数（PTC）热敏陶瓷和负温度系数（NTC）热敏陶瓷等。正温度系数热敏陶瓷和负温度系数热敏陶瓷是目前应用最为广泛的两类热敏电阻。近年来，随着通信技术的迅猛发展，对于程控电话交换机用PTC过电流保护元件、移动电话石英晶体振荡器用PTC恒温器、NTC温度补偿器和充电器电路的过电流保护元件等需求剧增。为了降低汽车尾气，排放和提高冷启动速度，需要大量汽车冷启动用 PTC 加热片。PTC 热敏陶瓷在彩电消磁器，空调器，暖风机，节能灯软启动等家用电器方面得到了普遍应用。此外，PTC 和 NTC 在航空航天、雷达、电子通信、仪器仪表等领域占有非常重要的地位。

(2) 气敏陶瓷　气敏陶瓷是一种对气体敏感的材料。其电阻值随所处的环境的气氛而变化，不同材质的材料将对一种或几种气体特别敏感，其电阻值将随该种气体的浓度（分压）呈有规律的变化。气敏陶瓷的材料系统很多，SnO_2 气敏传感器至今仍是应用最广和性能最优的一种，对许多可燃气体，如氢、一氧化碳、甲烷、丙烷、乙醇、丙酮、城市煤气和天然气等都有相当高的灵敏度，并且有较高的重复性和使用寿命。选择纳米级的材料可以大幅度提高 SnO_2 气敏陶瓷传感器的气敏性能。今后的目标是研究低温或常温下工作的气敏传感器，此外 SnO_2 气敏传感器在如何消除环境气氛对湿度的影响方面还没有很好的解决。ZrO_2 气敏传感器在汽车方面的应用近年来取得了很多进展，这种气敏传感器装在汽车排气管道中，并与三元催化剂净化系统联合使用，通过检测废气中的氧分压，从而把空/燃比控制在理想配比附近，起到净化排气和节能的作用。

(3) 湿敏陶瓷　电阻随环境相对湿度的变化而明显改变的陶瓷材料称为湿敏陶瓷。它能将湿度信号转变为电信号输出，因而广泛用于各种湿度测控系统中。湿敏陶瓷材料很多，如 $MgCr_2O_4$-TiO_2 系、TiO_2-V_2O_5 系、ZnO-Li_2O-V_2O_5 系、$ZnCr_2O_4$-SnO_2 系等。

(4) 光敏陶瓷　光敏陶瓷是具有光电导效应的一类陶瓷材料，光电导效应是一种材料的电阻值随光照变化而变化的现象。对可见光灵敏的光敏陶瓷，可用于各种自动控制，如光电自动开关门窗、光电计算器等。对红外线敏感的光敏陶瓷，可用于红外通信。

(5) 压敏陶瓷　压敏材料是指电阻值随加于其上的电压而发生变化的材料，其工作原理基于特殊的非线性伏安特性。以 ZnO 为代表的压敏陶瓷材料是所有敏感器件中研究得最多，发展最快，应用最广的材料。现已成为家用电器、工业电子设备、通信、汽车以及电力设备的过电压保护、稳压等主要元件。

3.2.4.3.3 磁性陶瓷

磁性陶瓷分为含铁的铁氧体陶瓷和不含铁的磁性陶瓷，磁性陶瓷主要指铁氧体。它是将铁的氧化物与其他某些金属氧化物用制造陶瓷的工艺方法制成的具有亚铁磁性的非金属磁性材料。它的组成中，主要是 Fe_2O_3，此外有一价或二价的金属如 Mn、Zn、Cu、Ni、Mg、Ba、Pb、Sr 及 Li 等氧化物，或三价的稀土金属如 Y、Sm、Eu、Gd、Tb、Dy、Ho 及 Er 等的氧化物。不含铁却具有铁磁性的氧化物材料有 $NiMnO_3$ 及 $CoMnO_3$ 等。

铁氧体作为磁芯时，涡流损失小，介电损耗低，广泛用于高频和微波领域。铁氧体的弱点是饱和磁化强度低，居里温度不高，不适宜在高温和低频大功率的条件下使用。

3.2.4.3.4 多孔陶瓷

多孔陶瓷是一类经高温烧结，内部具有大量彼此连通孔或闭孔的新型陶瓷材料。它的主要功能在于巨大的气孔率、气孔表面以及可调节的气孔形状，气孔孔径及其分布、气孔在三维空间的分布、连通，具有一定的强度与形状。多孔陶瓷是利用其巨大的比表面积相匹配的优良热、电、磁、光、化学等功能的高新技术无机非金属材料。

多孔陶瓷由于具有很大的气孔率及低的基体热传导系数，在热工方面广泛用于制作隔热材料。如保冷集装箱。更高级的多孔陶瓷隔热材料还可用于航天飞机外壳隔热及导弹头。在化工领域，多孔陶瓷具有高比表面积、多孔、耐热耐蚀、不污染等特性，可作为催化剂载体，作为接触燃烧催化剂载体时，可用于化工厂、印刷厂、食品厂畜牧部门、汽车等有毒、恶臭等有害气体处理。多孔陶瓷也可以作为过滤器用于水源净化、空气净化、污染处理等。

3.2.5 耐火材料

耐火材料是指耐火温度在1580℃以上的无机非金属材料。它是砌筑高温窑炉等热工设备的结构材料，也是制造某些高温容器和部件或起特殊作用的功能性材料，因此耐火材料是服务于高温技术的基础材料。

耐火材料广泛应用于冶金、建材、化工、动力、石油和机械制造等工业之中，其中冶金工业消耗的耐火材料占耐火材料总量的50%～70%，因而耐火材料的发展与冶金行业息息相关。耐火材料技术的发展不仅按照钢铁生产的发展要求不断得到提高与完善，同时也以自身的发展促进了钢铁生产水平的提高。

3.2.5.1 耐火材料的分类

耐火材料的分类方法有多种，其中应用较多的是按照耐火材料的矿物化学组成进行分类，它能够表征耐火材料的基本组成和特性，在生产、使用和科学研究上均有实际意义。

按矿物化学组成的不同，耐火材料可分为硅质、硅酸铝质、镁质、白云石质、铬质、碳质、碳化硅质、锆质、隔热耐火材料和特种耐火材料。

按耐火度分类可分为普通耐火材料（1580～1770℃）、高级耐火材料（1770～2000℃）和特级耐火材料（2000℃以上）

按制造工艺分类：定形耐火材料、不定形耐火材料和耐火纤维。

3.2.5.2 耐火材料的组成

耐火材料的性质取决于其中的物相组成、分布和各相的特性，即取决于制品的矿物化学组成。

（1）化学组成　根据耐火材料的化学成分含量和作用，可以将耐火材料的化学组成分为两大部分。

① 主成分　它是构成耐火材料基体的成分，其性质和数量直接决定着制品的性质。

② 副成分　包括杂质成分和添加成分。杂质成分指耐火原料中伴随的夹杂成分。添加成分指在耐火材料生产中，为了改善耐火材料的某些性能而加入某种起特定作用的成分，如分散剂、矿化剂、稳定剂和烧结剂等。

（2）矿物组成　耐火材料的矿物组成一般可以分为主晶相和基质相两大类，主晶相是指构成耐火材料结构主体且熔点较高的晶相，晶相的性质、数量和结合状态直接决定着耐火材料的性质。基质是指填充在主晶相间的结晶矿物和玻璃相，其数量不大，但结构成分复杂，作用明显，对耐火材料的性质有重要影响。

根据晶相和基质的结合状态，耐火材料的显微组织结构有两种类型，即由硅酸盐结合物胶结颗粒的结构类型［见图3-9（a）］和由晶体颗粒直接交错结合成结晶网［见图3-9（b）］。

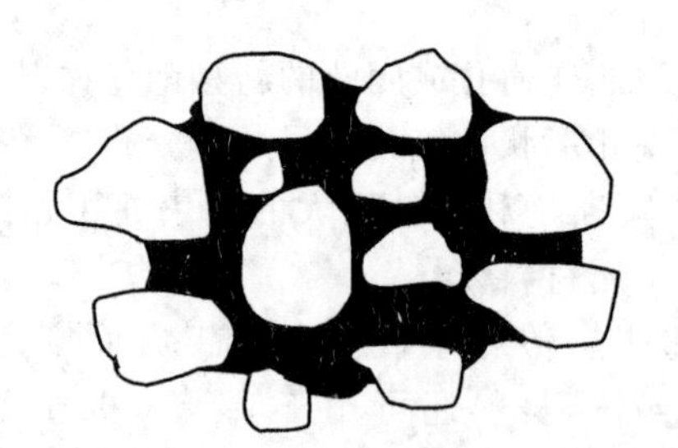

(a) 由硅酸盐结合物胶结颗粒的结构

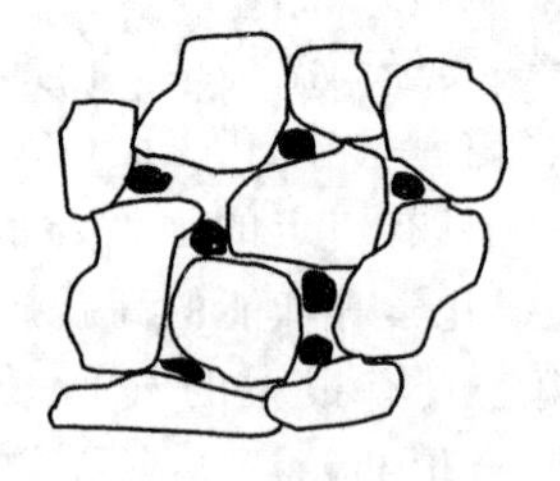

(b) 由晶体颗粒直接交错结合成结晶网

图3-9　耐火材料的显微组织结构

3.2.5.3 耐火材料的性质

耐火材料的一般性质包括化学-矿物组成、组织结构、力学性质、热学性质和高温使用性质。

（1）耐火材料的组织结构　耐火材料是由固相（包括结晶相和玻璃相）和气孔两部分组成的均质体。材料的致密与否对性能起着关键性的作用。通常以气孔率、体积密度、真密度和密度来衡量制品的致密性。

（2）热学性质　主要包括热膨胀、热导率和比容热等。

（3）力学性质　指耐火材料在不同温度下的强度、弹性和塑性性质。常用力学性能指标包括耐压强度（常温和高温）、抗折强度（常温和高温）、高温蠕变、耐磨性和弹性模量等。

（4）耐火材料的使用性质　指在耐火材料使用过程中的性能要求。其主要性能指标如下。

① 耐火度　耐火度是耐火材料在无荷重时抵抗高温作用而不熔化的性能。

② 荷重软化温度　指耐火材料在持续升温条件下，承受恒定载荷而产生变形的温度。它表示了耐火材料同时抵抗高温和载荷两方面作用的能力。

③ 重烧线变化　指耐火材料在加热至高温后，其长度发生的不可逆变化。

④ 抗热震性　指耐火材料抵抗高温急剧变化而不被破坏的能力。

⑤ 抗渣性　耐火材料在高温下抵抗熔渣侵蚀作用而不被破坏的能力。

3.2.5.4　定形和不定形耐火材料

定形耐火材料和不定形耐火材料的生产工艺如图 3-10 所示。

定形和不定形耐火材料的主要区别在于外观。耐火原料混合物借助于外力和模具，成为具有一定尺寸、形状和强度的坯体或制品的过程称为成型，经过成型的耐火材料称为定形制品。其中熔铸成型指将耐火原料在电弧炉中熔融，然后将熔体浇注到耐火模具内铸造成型。不经过成型和烧成工序而直接使用的耐火材料称为不定形耐火材料，它是由一定级配的耐火骨料和粉状物料与结合剂和外加剂混合而成，也称为散状耐火材料。

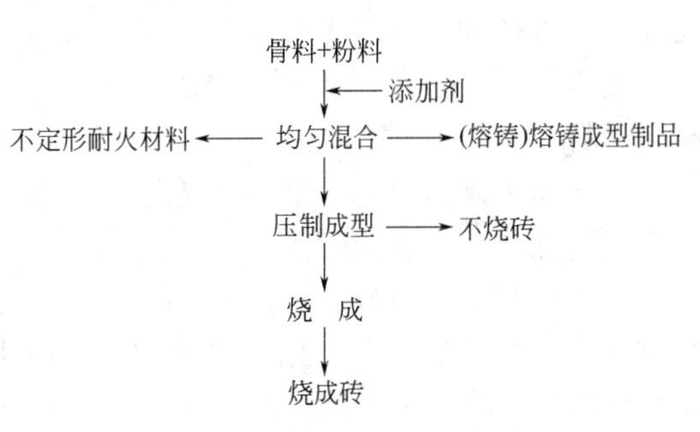

图 3-10　定形耐火材料和不定形耐火材料的生产工艺

与定形耐火材料相比，不定形耐火材料具有节省能源、生产工艺简单、施工方便、使用寿命长等一系列优点，被喻为第二代耐火材料。

3.2.5.5　主要耐火材料简介

（1）硅质耐火材料　硅质耐火材料是以 SiO_2 为主要成分的耐火材料，主要品种为硅砖和石英制品。硅质耐火材料属酸性耐火材料，对酸性熔渣有良好的抵抗力，但不能抵抗碱性熔渣的侵蚀，易被 K_2O、Na_2O、CaO、MgO 等碱性氧化物破坏。硅质耐火材料的优点是具有高的荷重变形温度，在高温下长期使用时体积比较稳定，缺点是热震稳定性低和耐火度不高。

硅质耐火材料主要用于焦炉、玻璃熔窑、酸性炼钢炉和其他热工设备。

（2）硅酸铝质耐火材料　硅酸铝质耐火材料的主要组分是 Al_2O_3 和 SiO_2，以及少量起熔剂作用的杂质成分。根据材料中 Al_2O_3 含量的不同，可以分为四大类：

$$Al_2O_3(\%)15\xrightarrow{\text{半硅质}}30\xrightarrow{\text{黏土质}}46\xrightarrow{\text{高铝质}}90\xrightarrow{\text{刚玉质}}$$

硅酸铝质耐火材料的矿物组成因 Al_2O_3/SiO_2 比值不同而异，随 Al_2O_3 含量的提高，矿物组成逐步由石英（SiO_2）-莫来石（$3Al_2O_3 \cdot 2SiO_2$）体系变为莫来石-刚玉（Al_2O_3）体系。材料的耐火性能和抗渣侵蚀性能随刚玉含量的升高而增大。

硅酸铝质耐火材料目前广泛应用于冶金、机械制造、石油化工、动力及轻工业领域所用热工设备的内衬结构材料。

(3) 碱性耐火材料　碱性耐火材料是指以碱性氧化物（如 MgO 和 CaO）为主要成分的耐火材料。主要品种包括以 MgO 为主的耐火材料（包括镁质、镁硅质、镁橄榄石质和镁尖晶石质耐火材料）和以 CaO 为主的耐火材料（即白云石质耐火材料）。

碱性耐火材料的显著特点是耐火度高，对碱性炉渣的侵蚀抵抗能力强。主要用于冶金窑炉、工业窑炉蓄热室及水泥回转窑、玻璃窑等。

(4) 含锆耐火材料　含锆（ZrO_2）耐火材料包括锆英石质和铝硅锆质耐火材料。锆英石质耐火材料是以天然锆英砂（$ZrSiO_4$）为原料制得的耐火材料。其显著特点是抗侵蚀性强，广泛应用于冶金行业的盛钢桶内衬、电炉内衬、玻璃窑及炼铝炉等高温场合。

铝硅锆质耐火材料一般采用工业氧化铝和锆英石矿作为原料制得，包括熔铸材料和烧结材料。此种材料抵抗玻璃液的侵蚀性强，是玻璃窑的关键部位所必需的耐火材料。

(5) 含碳耐火材料　含碳耐火材料是指由碳的化合物制成的，以含不同形态的碳为主要组分的耐火制品。根据所用含碳原料的成分及制品的矿物组成，可分为碳质制品、石墨黏土制品和碳化硅制品三类。

按化学性质分类，含碳耐火材料属于中性耐火材料。这类材料的耐火度高、导热性和导电性好、抗渣性和热震稳定性比其他耐火材料好，但抗氧化性差。

碳质制品是指主要或全部由碳制成的制品。这种材料以高炉用量最大，用作炉底和炉缸的砌筑材料。

石墨黏土制品是以天然石墨为原料，以黏土为结合剂制得的耐火材料。多数用于炼钢和有色金属冶炼的石墨黏土坩埚。

碳化硅制品是以碳化硅（SiC）为原料生产的高级耐火材料。目前广泛应用于钢铁冶炼、有色冶炼、硅酸盐工业、化学工业和空间技术等。

(6) 耐火纤维　耐火纤维主要指陶瓷纤维，是一种柔软并富有弹性的纤维状的高温绝热材料，被喻为第三代耐火材料。它的特点是热导率低、质量小、绝热性能好、抗热震性能好、机械振动性能好和容易施工等。耐火陶瓷纤维包括氧化铝-氧化硅纤维（硅酸铝纤维）、氧化铝-氧化硅-氧化锆纤维、氧化铝纤维、晶体莫来石纤维和氧化锆纤维等。产品可制成棉絮，针刺毯，纤维板，软毡，硬化毡，纸和纺织品等形式，广泛用于高温隔热和纤维增强复合制品，它是目前常用的高温节能隔热材料。

(7) 特种耐火材料　特种耐火材料是在传统陶瓷和耐火材料基础上发展起来的新型材料，也称为高温陶瓷或高温材料。它包括高熔点氧化物和难熔非氧化物及其衍生的复合材料。

① 高熔点氧化物材料，如 Al_2O_3、MgO、ZrO_2、HfO_2、ThO_2 等。

② 难熔非氧化物系材料，如碳化物、硼化物和氮化物等。

③ 复合高温材料，包括金属陶瓷、高温无机涂层材料和纤维增强材料等。

特种耐火材料不仅具有一般耐火材料的性能，而且还具备各种使用条件下所要求的特殊性能。它不仅广泛应用于钢铁工业，还用于特殊冶炼、航天航空、导弹、原子反应堆、新能源和特种电炉等。

3.2.5.6　耐火材料的发展趋势

近年来，随着冶炼技术和钢铁工业的快速发展，对耐火材料提出了更苛刻的要求，耐火材料也实现了一系列重大技术变革。在耐火材料发展中，耐火材料正在进一步不定形化；一些优质制品向高技术、高性能以至高精度方向发展。制品从以氧化物和硅酸盐为主演变到以氧化物和非氧化并重，并有向氧化物与非氧化物复合发展的趋势；原料从以天然为主演变到天然、精选和人工合成并重；工艺对精料、精配、高压和高温等的要求更加严格。通过控制显微结构特征，大大地改进和优化材料的高温性能，尤其是高温力学性能、抗热震性能和抗侵蚀性能。

3.3 玻璃

3.3.1 玻璃的概念、特点及分类

3.3.1.1 玻璃的概念

玻璃是一种非晶态物质。广义上，玻璃是指所有非晶态固体所具有的“长程无序”结构状态，在这个意义上，玻璃就是指整个固体非晶态物质。狭义上，玻璃是指熔体经过冷却，因黏度增加所得到的具有固体机械性质和一定结构特征的固体。狭义上的玻璃一般指由熔融物冷却、硬化而得的无机玻璃。

3.3.1.2 玻璃态的特点

（1）各向同性　玻璃态物质的质点（原子、分子或离子等）排列总的说来是无规则的，是统计均匀的。因此，在任何方向上都具有相同的性质。即玻璃态物质在各个方向的硬度、弹性模量、热膨胀系数、热导率、折射率、电导率等都是相同的。

（2）介稳性　熔融态向玻璃态转变时，黏度急剧增大，质点来不及作有规则地排列，虽然伴有放热现象，但释放出的热量小于相应晶体的熔化潜热，而且其热值也不固定，随冷却速度而异。因此玻璃态物质比相应的晶态物质含较大的内能，它不是处于能量最低的稳定状态，而是处于介稳状态，属于热力学的不稳定状态。

（3）物理化学性质变化的可逆性　玻璃在固态和熔融态之间的转变是可逆的，其物理化学性质的变化是连续的和渐变的。物质内能与体积随温度变化如图 3-11 所示。

从图 3-11 可以看出，若将熔体逐渐冷却，熔体将沿 AB 收缩，内能减小，达到熔点 B 时，固化为晶体，此时内能 Q，体积 V 以及其他一些物理化学性质会发生突然变化（BC）。当全部熔体都结晶后（即达到 C 点后），温度再降低时，晶体体积即内能就沿 CD 减小。当熔体冷却转变成晶体时，在 B 温度出现突变，而熔体冷却形成玻璃时，其内能和体积等性质是连续逐渐变化（在 B 时沿 BK 变为过冷液体）的，KF 为转变区。从图 3-11 中还可以看出，玻璃的体积（包括密度、折射率、黏度等特性）与温度变化快慢有关。降温速度越快，形成的玻璃体积和内能就越大。

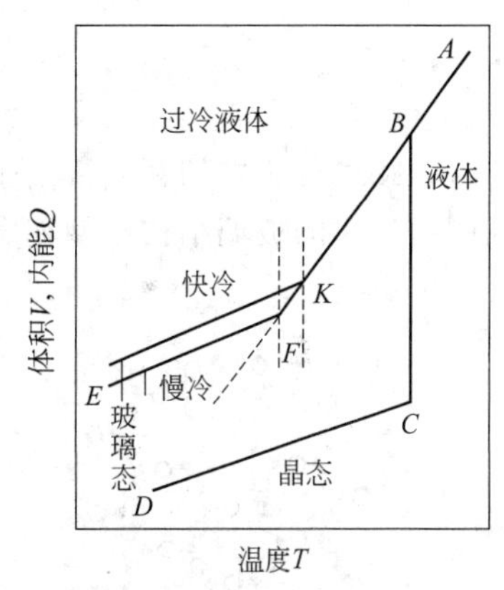

图 3-11　物质内能与体积随温度变化

（4）性质随成分变化的连续性和渐变性　玻璃一般是由多种组分组成，在一定范围内，改变玻璃的成分时，玻璃的性质会随成分改变而连续变化。例如，玻璃的弹性模量随 Na_2O 或 K_2O 的增加而下降，随着 Li_2O 的增加而上升，且变化是连续的。

3.3.1.3 玻璃的分类

玻璃的品种繁多，可从不同的角度分类。玻璃按组成分类可分为：元素玻璃、氧化物玻璃、非氧化物玻璃。玻璃按应用分类可分为：建筑玻璃（主要包括各种平板玻璃，压延玻璃、钢化玻璃、磨光玻璃、夹层玻璃、中空玻璃等品种），日用轻工玻璃（这类玻璃包括瓶罐玻璃、器皿玻璃、保温瓶玻璃以及工艺美术玻璃等），仪器玻璃，光学玻璃（用于显微镜、望远镜、照相机、电视机及各种光学仪器等），电真空玻璃等。玻璃按性能分类可分为：光学特性方面的光敏玻璃、声光玻璃、光色玻璃、高折射玻璃、低色散玻璃、反射玻璃、半透过玻璃；热学特性方面的热敏玻璃、隔热玻璃、耐高温玻璃、低膨胀玻璃；电学方面的高绝缘玻璃、导电玻

璃、半导体玻璃、高介电性玻璃、超导玻璃；力学方面的高强玻璃、耐磨玻璃；化学稳定性方面的耐碱玻璃、耐酸玻璃等。除了上述主要分类方法以外，也有按玻璃形态分类的，如泡沫玻璃、玻璃纤维、薄膜（片）玻璃等。或者按照外观分类，如无色玻璃、颜色玻璃、半透明玻璃、乳白玻璃等。

3.3.2 玻璃的结构

玻璃的结构是指构成玻璃的质点在空间的几何配置以及它们之间的结合状态。多少年来，学者们提出过各种有关玻璃结构的假说。从不同角度揭示了玻璃态物质结构的局部规律。其中影响最大的是列别捷夫的晶子假说和查哈里阿生的无规则网络学说。

（1）晶子学说　1921年列别捷夫提出了晶子学说，他认为玻璃结构中存在微晶体，它们不同于正常晶格的微小晶体，而是晶格极度变形的极微小的有序排列区域，被称为“晶子”，“微晶子”或“雏晶”。晶子与晶子之间由无定形中间层隔离，即分散在无定形介质中，从晶子部分到无定形部分是逐渐过渡的，两者之间并无明显界线。

（2）无规则网络学说　查哈里阿生（Zachariasen）根据结晶化学观点，提出用三维无规网络的空间构造来解释玻璃结构。认为玻璃的结构和晶体类似，具有三维连续网架形式。网络中一个氧原子最多同两个形成网络的正离子M（如Si、B等）相连接。正离子在多面体（如硅氧四面体等）的中央。这些多面体通过顶角上的公共氧以“氧桥”相连而形成三维连续网架。但这种网架不像晶体那样有序，而是完全无序的。玻璃中除了有 SiO_2 氧化物外，还有碱金属氧化物 Na_2O、K_2O 及碱土金属氧化物 CaO、MgO，它们也引入一定量的氧原子，此时 Si-O-Si 网络中的氧桥被这些原子切断，出现非氧桥。如：

$$\equiv Si-O-Si\equiv + Na_2O \longrightarrow \equiv Si-O\,Na^{+} \qquad Na^{+}\,O^{-}-Si\equiv$$

此时，Na^{+} 位于被切断氧桥离子附近的网络外间隙中，作为整体玻璃来说是统计分布的。无规则网络学说的玻璃结构模型如图3-12所示。

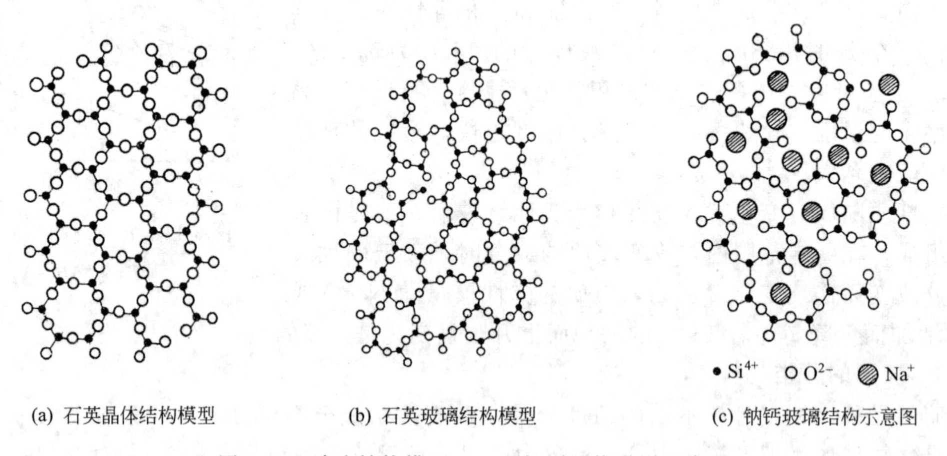

(a) 石英晶体结构模型　(b) 石英玻璃结构模型　(c) 钠钙玻璃结构示意图

图3-12　玻璃结构模型——无规则网络学说示意图

上述两种假设都比较强调玻璃结构的某一方面。晶子假说强调玻璃的有序性、微不均匀性和不连续性方面，而无规则网络学说宏观上强调了玻璃多面体相互间排列的无序性、均匀性和连续性方面，这可以说明玻璃的各向同性，以及玻璃性质随成分变化的连续性等基本特性。两种结构从不同角度反映了玻璃结构的两个方面。随着研究的日趋深入，两种假设正力图说服本身的局限，彼此都有进展。目前，从有关玻璃性质及其结构的研究来看，玻璃态结构具有短程有序和长程无序特点，即玻璃在微观上它是有序、微不均匀，在宏观上是无序、均匀的。

3.3.3 玻璃的性质

3.3.3.1 力学性质

玻璃的耐压强度、硬度高。但抗折和抗张强度不高，且脆性较大，因而应用受到一定的限制。

玻璃的实际强度比理论强度低得多，一般仅为$3\times10^7\sim15\times10^7$Pa，与理论强度相差2～3个数量级。这是因为玻璃的强度除了和原子间作用力（化学键）有关之外，还与玻璃的脆性、玻璃表面的微裂纹、内部不均匀区（力学弱点）及各缺陷的存在有关。其中，表面微裂纹对玻璃强度的影响为最大。当玻璃受到应力作用时，表面上的微裂纹尖端因应力集中而造成裂纹急剧扩展以致使玻璃破裂。

玻璃的脆性很大，这是由于玻璃分子松弛运动的速度低，当受到冲击力时，玻璃内部质点来不及作出适应性流动，就相互分离而破坏。

3.3.3.2 热学性质

玻璃的热学性质包括热膨胀系数、导热性、比热容、热稳定性等，其中以热膨胀系数较为重要，它和玻璃制品的使用和生产都有密切关系。热膨胀系数对玻璃的成型、退火、钢化，玻璃与金属、玻璃与玻璃及玻璃与陶瓷的封接、玻璃的热稳定性等性质均有着重要的意义。

（1）玻璃的热膨胀　玻璃的热膨胀系数主要取决于离子间的键力、配位数、电价及离子间的距离。

Si-O键的键力强，所以石英玻璃的膨胀系数为最小（$\alpha=5.05\times10^{-7}K^{-1}$）。$R^+$-O的键强弱，随着$R_2O$的引入和$R^+$离子半径的增大，膨胀系数不断增大。RO的作用和$R_2O$相类似，但因电价为二价（高于$R_2O$），因此对膨胀系数的影响较$R_2O$小些。高价网络外氧化物（如$La_2O_3$、$ZrO_2$等）则因大的键力及对周围阴离子团的积聚作用使膨胀系数α下降。

另一方面，从玻璃整体结构来看，玻璃的网络骨架对膨胀起着重要作用。石英玻璃三维空间网络完整，刚性大，不易膨胀。R_2O及RO的引入，使网络断开，α上升。而单组成B_2O_3玻璃，虽然它的键能大于Si-O，但由于［BO_3］的层状或链状结构，结构不紧密，膨胀系数较大（$\alpha=152\times10^{-7}K^{-1}$），当硅酸盐玻璃中引入$B_2O_3$或$Al_2O_3$时，在有足够的游离氧提供的前提下，以［$BO_4$］或［$AlO_4$］形式和［$SiO_4$］共同构成网络整体，对断网起到“补网”作用，则可使α下降。

（2）玻璃的耐热性　凡是能降低玻璃机械强度的因素，都能使玻璃耐热性降低，尤其是玻璃的表面状态。如果玻璃表面出现擦痕或裂纹以及各种缺陷，都能使玻璃的耐热性降低。玻璃表面进行火抛光或酸处理后，能提高其热稳定性。此外，玻璃的厚度对热稳定性也有很大影响，显然，玻璃越厚，能耐受的急冷温差越小。

应当指出，玻璃经受急热要比急冷好得多。其原因在于急热时玻璃表面产生压应力，冷却时表面产生张应力，而玻璃的耐压强度要比抗张强度大10倍左右。试样损坏时，起决定性作用的则是外层的应力，所以热稳定性试验一般是在急冷条件下进行的。

3.3.3.3 电学性质

（1）玻璃的电导率（电阻率）　在常温下，一般玻璃是绝缘材料，属于电介质。但是随着温度上升，玻璃的导电性迅速提高，特别是在玻璃化转变温度T_g以上，电导率有飞跃地增加。到熔融状态时，玻璃已成为良导体。一般，钠钙玻璃电导率在常温下为（$10^{-11}\sim10^{-12}$）S/cm［电阻率为（$10^{11}\sim10^{12}$）$\Omega\cdot$cm］，在熔融状态下，急剧增高到（$10^2\sim10^3$）S/cm［电阻率为（10^{-2}～10^{-3}）$\Omega \cdot cm$]。

(2) 玻璃的介电常数　玻璃的 ε 一般介于 4～20 之间，如石英玻璃 $\varepsilon=3.75$，而含 80% PbO 的玻璃 $\varepsilon=16.2$。作为电绝缘材料的玻璃 ε 要小，相反，作为电容用的玻璃 ε 要大。

(3) 玻璃的介电损耗　当电介质外加一定频率的交流电压时，由于极化或吸收现象使部分电能转化成热能而损失，即为介电损耗。室温以上，频率较低（$f<10^6$ Hz）时，玻璃的介电损耗以电导损耗和松弛损耗为主，主要取决于网络外离子的浓度及活动程度等因素。随着温度升高，结构网络疏松，碱离子的活动能力增大，$\tan\delta$ 值增大，如从 20℃ 到 80℃，玻璃的 $\tan\delta$ 值可增大 4～6 倍。当频率高于 10^6 Hz，则结构损耗和共振损耗影响增大，因此，玻璃的介电损耗随频率增加而增大。热处理同样能对玻璃的介电损耗产生影响，相同组成的玻璃，退火后的 $\tan\delta$ 比淬火的小，显然是因为后者的结构疏松、电导率较大的原因。微晶玻璃与同组成的普通玻璃相比，因电导损耗、松弛损耗及结构损耗均要小些，所以介电损耗也会小些。

3.3.3.4 光学性质

玻璃的光学性质是指玻璃的折射、吸收、透过和反射等性质。可以通过调整成分、光照、热处理、光化学反应以及涂膜等物理和化学方法来满足一系列重要的光学材料对光性能以及理化性能的要求。

(1) 玻璃的折射率　玻璃的折射率可以理解为电磁波在玻璃中传播速度的降低（与光在真空中传播速度相比较）。用折射率表示光速的降低，则有：

$$n=c/v \tag{3-9}$$

式中，n 为玻璃折射率；c，v 分别为光在真空和玻璃中的传播速度。

(2) 玻璃的色散　玻璃的折射率及与此有关的各种性质，都与入射光的波长有关。因此，定量表示玻璃的光学性质要明确标准波长，国际上统一规定若干波长作为共同标准，见表 3-7。

表 3-7　各种光源的谱色

谱线符号	A	C	D	d	e	F	g	G	h
波长 $\lambda/\mu m$	768.5	656.3	589.3	587.6	516.1	435.8	435.8	434.1	404.7
光源	钾	氢	钠	氦	汞	氢	汞	氢	汞
元素符号	K	H	Na	He	Hg	H	Hg	H	Hg
光谱色	红	红	黄	黄	绿	浅蓝	浅蓝	蓝	紫

不同波长测得的折射率分别用 n_D、n_F、n_e 等表示。

玻璃的折射率随入射光波长不同而不同的现象，称为色散。对于色散经常采用的表示方法有以下几种：

n_F-n_C 为平均色散，记作 Δ；

n_F-n_D、n_D-n_C、n_d-n_D 等为部分色散；

$\dfrac{n_D-1}{n_F-n_C}=\nu_D$ 为色散系数或阿贝数；

$\dfrac{n_D-n_C}{n_F-n_C}$、$\dfrac{n-n_F}{n_F-n_C}$ 等称为相对部分色散。

(3) 玻璃对光的透过、吸收和反射　除了折射率、阿贝数外，玻璃对光的透过率 T、吸收率 K 和反射率 R 也是重要参数。光线通过玻璃时，除了被光反射掉和透过的部分以外，部分被玻璃本身吸收。这三项性质可用百分数表示，即 $T(\%)+K(\%)+R(\%)=100\%$。

当光线从空气通过玻璃再射入空气时，在玻璃的两个表面都会产生反射损失，从一个表面反射出去的光强与入射光强之比为反射率 R。当投射角为 90°时，而吸收率相对较小情况下，

反射率 R 可用下式表示：

$$R=\left(\frac{n-1}{n+1}\right)^2 \tag{3-10}$$

式中，n 为玻璃折射率。

由式（3-10）可知，玻璃折射率增大，反射率也增大，例如，当折射率分别为 1.5，1.9 及 2.4 时，反射率对应为 4%，10%及 17%。含高 PbO 的晶质玻璃反射率较大。

玻璃的光吸收可分为两类：即由玻璃基质的电子跃迁和网络振动引起的特征吸收以及由于某些具有未充满 d 层和 f 电子层的离子（如过渡金属元素和稀土元素离子）或其他杂质引起的选择吸收。

光的透过率

$$T=(I/I_0)\times 100\% \tag{3-11}$$

式中，I_0 为进入玻璃时的光强（已除去反射损失）；I 为经过光程长度 d 后透出玻璃的光强。

描述 I_0 和 I 关系的表达式是 Lambert-Bear 定律，即为

$$I=I_0 e^{-\varepsilon d} \tag{3-12}$$

式中，ε 为玻璃单位厚度的吸收系数，当厚度 d 的单位为 cm 时，ε 的单位是 cm^{-1}。

实际中，常用另一个参数光密度来表示光的吸收和反射损失。$D=\lg\frac{1}{T}=\frac{\varepsilon}{\ln 10}d$，即透过率的负对数。

3.3.3.5　玻璃的化学稳定性

玻璃有较高的化学稳定性，因而用来制造盛装食品、药液和各种化学制品的容器及化学用管道和仪器。在常温下几乎对所有的化学药品都有较大的抵抗力。这点也促成了玻璃制品在日常生活、科学研究以及工业生产中广泛的应用。但是在较长时间的使用过程中，还不能满足要求，如平板玻璃的“黏片”、保温瓶的“脱片”、光学镜头的“发霉”等。因此，对玻璃化学稳定性，特别是对玻璃的各种介质侵蚀性的机理进行研究很有必要。

3.3.4　普通玻璃

3.3.4.1　普通玻璃的原料

玻璃的混合料是由多种原料混合而成。根据各种原料的用量和作用的不同，可分为主要原料和辅助原料，其中为了引入玻璃主要成分的原料，称为主要原料，而为了满足某种需要或使玻璃具有某些必要性能而引入的原料称为辅助原料。

（1）主要原料

① 硅质原料　硅质原料是指引入 SiO_2 成分的原料，主要包括石英砂（硅砂）、砂岩、石英岩、脉石英、粉石英等。硅砂主要成分 SiO_2，并伴有少量的 Al_2O_3 以及 K_2O、Na_2O、CaO、MgO、Fe_2O_3 等。氧化铁是有害成分，它能使玻璃着色而影响其透明度，有些硅砂还含有 Cr_2O_3 使玻璃成绿色，TiO_2 使玻璃成黄色，与氧化铁同时存在使玻璃成黄褐色。

② 引入 Al_2O_3 原料　在玻璃中引入 Al_2O_3 的原料有长石、黏土、$Al(OH)_3$ 等。长石除了引入 Al_2O_3 外，还引入 Na_2O、K_2O、SiO_2 等，正是由于长石能引入碱金属氧化物减少了纯碱用量，在一般玻璃中应用较广泛，且只能在含 R_2O 的玻璃中引用。长石的杂质通常有黏土、云母、氧化铁等，它们对玻璃质量均有一定的影响，在使用前应经过洗涤和挑选。

③ 引入 CaO 的原料　CaO 是通过方解石、石灰石、沉淀 $CaCO_3$ 等原料来引入的。在一般玻璃中，CaO 含量不超过 12.5%。

④ 引入 MgO 的原料　引入 MgO 的原料有白云石（$MgCO_3$、$CaCO_3$）、菱镁矿（$MgCO_3$）。

⑤ 引入 Na_2O 的原料　主要有纯碱（Na_2CO_3）和芒硝（Na_2SO_4）。

（2）辅助原料

① 澄清剂　往玻璃配合料或玻璃熔体中，加入一种高温时本身能气化或分解放出气体，以促进排除玻璃中气泡的物质，称为澄清剂。常用的澄清剂有氧化砷（As_2O_3）、三氧化锑（Sb_2O_3）、硝酸盐、硫酸盐、氯化物等。

② 着色剂　使玻璃着色的物质，称为玻璃的着色剂。

③ 脱色剂　由于玻璃原料中含有铁、铬、钛等化合物和有机物的有害杂质，使玻璃显示不希望的颜色，消除这些颜色最常用的方法是在配合料中加入脱色剂。常用脱色剂：硒 Se、MnO_2、NiO、Co_2O_3 等。

④ 助熔剂　能使玻璃熔制过程加速的原料称为助熔剂。常用的助熔剂为氟化合物、硼化合物，钡化合物和硝酸盐等。

⑤ 氧化与还原剂　在玻璃熔制时，能分解放出氧的原料，称为氧化剂；相反，能夺取氧的原料，称为还原剂。它们提供氧化性和还原性熔制条件。常用的氧化剂有硝酸盐、As_2O_3、氧化铈等，常用的还原剂有碳、酒石酸、锡粉及化合物（SnO、SnO_2）、金属锑粉、金属铝粉等。

3.3.4.2　原料的加工处理

为了使配合料均匀混合，加速玻璃的熔制过程，提高玻璃熔制质量，必须将大块的矿物原料和结块的化工原料进行破碎、粉碎、过筛使其成为一定大小的颗粒，然后经称量、混合制成配合料。

3.3.4.3　玻璃的熔制

将配合料经过高温加热形成均匀的、无气泡的、符合成型要求的玻璃液过程，称为玻璃的熔制。玻璃的熔制过程是一个包括一系列物理、化学反应的复杂过程，如配合料加热、吸附水分蒸发排除、组分熔融、多晶转变等物理过程，固相反应、各种盐类的分解、化学结合水排除、组分间相互反应及硅酸盐生成等化学反应，其结果使机械混合体的配合料变为复杂的熔融玻璃液。玻璃的熔制过程可分为五个阶段，即硅酸盐形成、玻璃形成、澄清、均化和冷却。

（1）硅酸盐的形成　在高温下，配合料中各组分在加热过程中经过一系列的物理变化和化学变化，如水分蒸发、晶形转变、盐类分解、硅酸盐形成反应和复盐形成等。经过很短的时间（3～5min），主要反应结束，大部分气态产物逸出，配合料变成由各种硅酸盐（如硅酸钠、硅酸钙、硅酸铝等）和未反应完的 SiO_2 共同组成的半熔融烧结物。

（2）玻璃的形成　随着温度升高，各种硅酸盐及大量二氧化碳在继续提高温度下它们相互溶解和扩散，烧结物熔融，变为含有大量气泡、极不均匀的透明玻璃液。这一过程称为玻璃的形成阶段。SiO_2 砂料的溶解和扩散速度比各种硅酸盐慢，实际取决于石英砂粒的扩散速度。

硅酸盐形成和玻璃形成的两个阶段没有明显的界限，在硅酸盐形成阶段结束之前，玻璃形成阶段即已开始，所以，生产上把这两个阶段视为一个阶段，称为配合料熔化阶段。

（3）玻璃液的澄清　玻璃的澄清过程是指排除可见气泡的过程。存在于玻璃中的气体主要有三种状态，即可见气泡、溶解的气体、化学结合的气体。此外，尚有吸附在玻璃熔体表面上的气体。

在硅酸盐形成和玻璃形成过程中，由于配合料各组分的分解和挥发组分的挥发等会析出大量气体，以及配合料操作中带入气体等，这些气体直至玻璃形成过程结束，没有完全逸出，而以气泡形式残留在玻璃液中。必须将它们排除掉。

变价氧化物类的澄清剂是在一定温度下分解放出氧，然后在玻璃液中扩散，渗入气泡中使它们长大而排除；或者在一定温度下吸收或化合气泡中气体，使气泡减小到临界气泡以下而消失。卤代物类澄清剂主要是降低熔体的黏度方法达到澄清的目的。

（4）均化　在玻璃形成阶段结束后，由于各种原因在玻璃液中带有与主体玻璃液化学成分不同的不均体。清除这种不均体，使整个玻璃液在化学成分上达到一定的均匀性称玻璃液的均化过程。

均化的目的是消除玻璃液中各部分的化学组成不均匀及热不均匀性，使达到均匀一致。玻璃均化不良会使制品产生条纹、波筋等缺陷，影响玻璃的外观及光学性能，还会因各部分膨胀系数不同而产生内应力造成玻璃力学性能的下降，不均匀造成的界面处易形成新的气泡甚至产生析晶。由此可见，不均匀的玻璃液对制品的产量和质量有重大的影响。

玻璃液长时间处于高温下，其化学组成逐渐趋向均一，即利用扩散的作用，使玻璃中条纹、结石消除到允许限度，变成均一体。玻璃液是否均一，可由测定不同部位的折射率或密度的一致程度来鉴定。

（5）冷却　玻璃液的冷却是玻璃熔制的最后阶段，其目的是为了将玻璃液的黏度增高到成型制品所需的范围。

玻璃熔制的各个阶段，各有其特点，同时它们又是彼此互相密切联系和互相影响的。熔制的目的是在高温下使多种固相的配合料转变为单一的、均匀的玻璃液相，是一个从固相向液相转化，并与气相相互作用下消除可见气泡的过程。

3.3.4.4　玻璃的成型

玻璃的成型，是熔融的玻璃转变为具有固定几何形状制品的过程。玻璃的成型方法可以分为两类：热成型和冷成型。后者包括物理成型（研磨、抛光等）和化学成型（高硅氧微孔玻璃等）。通常把冷成型归属到玻璃的冷加工中。

下面主要介绍平板玻璃的成型方法。

（1）浮法　平板玻璃生产中目前效率最高，产量最大和最先进的成型方法是浮法。

浮法的玻璃成型是在锡槽中进行的。其成型过程由玻璃液流到锡液面、玻璃液展薄、玻璃抛光和拉薄四部分组成。

金属锡在较高的温度下为液态，靠其表面张力可形成平滑的表面。将锡槽加热，使其中的锡熔化，并继续升温。然后使锡液的温度保持在 850～1000℃。将均化和澄清后的玻璃液放入锡槽。玻璃液靠其自身的重力在锡槽中漫延、并漂浮在锡液之上。

通常，锡液的温度是稳定的，因此其密度也是基本不变的。玻璃液的温度和成分的变化范围有限，表面张力和密度值的变化不大，所以指望改变表面张力或密度值来调整厚度是不可能的。要使玻璃变薄只能施加外力。

玻璃液离开液槽自由地落在锡液面上之后，进行横向伸展并向前漂移。由于流入时速度波动，窑温波动等原因，使玻璃液表面出现了不平整，类似于水中的波浪。当玻璃液在锡槽中停留短暂时间后，玻璃液靠其自身的表面张力可以很快消除这些不平整（约 1min），这个过程称为“抛光”。

浮于锡面上的玻璃液的自由厚度，往往大于玻璃实际应用所需要的厚度，因此需要施以外力将其拉薄，这一过程称为玻璃液的拉薄。玻璃液的拉薄通常在 850～1050℃进行。

在拉薄过程中，玻璃不但在厚度方面上产生收缩，并且在宽度方向上也产生收缩。其中低温法所产生的宽度收缩量低于高温法。为了减少玻璃在拉薄过程中宽度方向上的收缩量，常使用拉边器。

（2）垂直引上法　垂直引上法包括有槽垂直引上、无槽垂直引上和对辊法三种。其中前两种在大中型玻璃厂已很少使用。

垂直引上法就是使用一些控制拉薄和冷却装置，将玻璃液以塑性带状从工作池中垂直提起，边上升边拉薄，并逐渐冷凝固化。当升至工作最高点时玻璃已成刚性，然后切割成需要的尺寸。

(3) 平拉法　与垂直引上法相比，平拉法的优点是拉制速度高、原板宽度大、生产效率高、玻璃质量高、用碱最低等。同时降低了成型设备的高度，操作更为方便。此法的主要缺点是玻璃表面易产生轴花。

3.3.5 特种玻璃

3.3.5.1 特种玻璃发展与应用

特种玻璃也称新型玻璃，是在传统玻璃的基础上发展起来的。日用器皿玻璃和平板玻璃是以 Na_2O-CaO-SiO_2 系统为基础的传统玻璃。随着社会发展和科学技术的进步，对玻璃提出了某些特殊的要求，如具有更好的光学、热学、化学、力学和电学等方面的性能，以提供特殊用途的需要，这些玻璃逐渐脱离了 Na_2O-CaO-SiO_2 玻璃范围，发展成为品种繁多、具有特殊性能的、专业应用的特种玻璃。

在化学成分方面，从纯的硅酸盐玻璃发展为硼酸盐、磷酸盐、钡酸盐等非硅酸盐玻璃，从纯氧化物玻璃发展为卤化物、硫族化物和合金化合物等非氧化物玻璃，从单纯成分的 Na_2O-CaO-SiO_2 发展至元素周期表中大部分元素为成分的形形色色的玻璃；在制备工艺方面，从制备玻璃传统的坩埚和池窑的高温熔融方法发展到电加热、高频感应加热、高压真空熔炼以及太阳炉熔化和等离子火焰熔化、激光熔化等多种手段；在形状变化方面，从板状块体发展为薄膜和纤维，即三维到二维和一维；在玻璃态方面，从均匀的玻璃态发展到多种互不相溶的玻璃态以及玻璃与可控大小晶态或气态共存的特种玻璃。在功能方面，从单纯透光和包装材料发展成为具有光、电、磁和声等特性的各种特殊材料，玻璃本身也从早期的单纯材料发展为元件（如透光、激光器件等）。

如今，特种玻璃已成为高科技领域不可缺少的功能材料，在光通信、光电子、激光、信息存储、宇航、电子及生命科学等领域得到了越来越广泛地应用。例如，在光通信领域，可制备光导纤维、光通信装置和器件；在信息存储领域可作为光盘基板，利用光色玻璃在光照射下显色或变色的特性应用于大面积数字、文字和图像显示；在电子与微电子领域，可以用作集成电路基板、半导体玻璃；在宇航领域可以用于人造卫星的热反射镜和宇宙飞船表面的保护材料，也有希望作为火箭、导弹和航天飞机的结构部件；在激光领域，可制作激光玻璃；在医疗和生物科学领域，可制作内窥镜、光纤探针式血压计等。

3.3.5.2 光学玻璃

光学玻璃是一种能改变光的传播方向，并能改变紫外，可见或红外光的相对光谱分布的玻璃。传统的光学玻璃仅指无色光学玻璃。光学玻璃主要用来制成各种曲率的球面或非球面透镜和反射镜，以及各种复杂的棱镜，如显微镜、照相机、电影机、电视机、光谱仪等。现今，光学玻璃不仅指传统的无色光学玻璃，还包括有色光学玻璃、石英光学玻璃、激光玻璃、防辐射玻璃等。

无色光学玻璃主要有以下基本要求：特定的光学常数和同一批玻璃的光学常数的一致性；高度的透明性；高度的物理化学均匀性；一定的化学稳定性；一定的热学性质和机械性质。

光学玻璃基本上根据玻璃的光学常数分类，主要是按其折射率 n_D 和阿贝值 ν_D 组成的n_D～ν_D 领域图中的位置分类。传统上，将 $n_D>1.66$，$\nu_D>50$ 和 $n_D<1.60$，$\nu_D>55$ 的各类玻璃定义为“冕”(K) 玻璃，其余各类定义为“火石”(F) 玻璃。在光学系统中冕玻璃一般作为凸透镜，火石玻璃作为凹透镜。

3.3.5.3　光导纤维

（1）光导纤维的定义及传光原理　光导纤维（简称光纤）是指能以光信号的形式传送光束或图像，具有特殊光学性能的玻璃纤维。光纤的内层是纯玻璃光芯，外层包有低于玻璃折射率的包层，内芯是光传播部分。大部分的光纤在包层外还有一层，它一般是一层或几层聚合物，它的作用是防止纤芯和包层受到振荡而影响光纤的性能，见图 3-13。

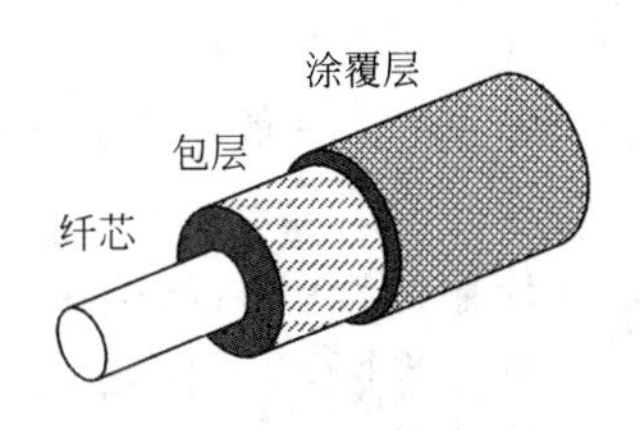

图 3-13　光纤组成示意图

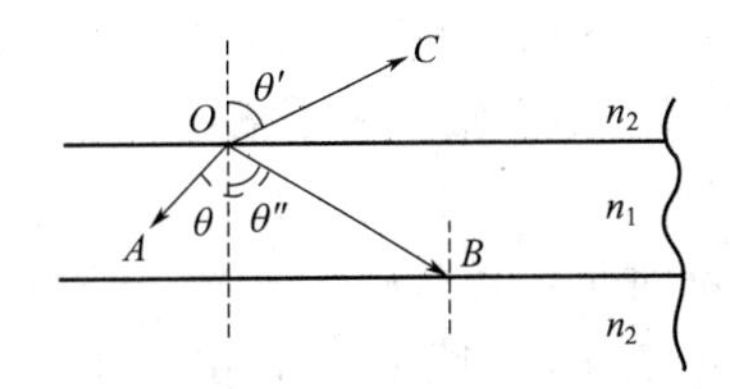

图 3-14　光在光纤中的折射和反射

光纤是利用全反射原理来传导光能的，如图 3-14 所示。当进入光纤的光线射入纤芯和包层界面的入射角为 θ 时，则在入射点 O 的光线可能分为两束，一束为折射光，另一束为反射光，它们服从光线的折射和反射定律，即：

$$\theta=\theta' \tag{3-13}$$

$$n_1\sin\theta=n_2\sin\theta' \tag{3-14}$$

折射光在靠近纤芯-包层界面的包层中传播。反射光将回到纤芯中，又射向纤芯的另一边的纤芯-包层界面，然后重复 O 点的情况，使光向前传播。因为包层的损耗比纤芯大，进入包层的光将很快衰减掉，在这种情况下，光纤中传播的光波就很快地衰减而不能远距离传输。

因为 $n_1>n_2$，则 $\theta'>\theta$，增大入射角 θ，当 θ 达到一定大小时，折射角 $\theta'=\frac{\pi}{2}$。折射光线不再进入包层，而沿纤芯-包层界面向前传播，我们把此种情况下的入射角称为全反射临界角，并用 θ_c 表示。继续增加光的入射角 θ，光将全部反射回纤芯中。我们把入射光全部返回到纤芯中的现象称为“全反射”或“全内反射”。当折射角 $\theta'=\frac{\pi}{2}$ 时，临界角 θ_c 的正弦可以表示为

$$\sin\theta_c=\frac{n_2}{n_1} \tag{3-15}$$

综上所述，为了使光能在光纤中远距离传输，一定要具备光在光纤中反复发生全反射的条件。实现全反射的条件是：$n_1>n_2$，$\theta>\theta_c$。

（2）光损耗　影响光纤导光的主要障碍是光损耗。光损耗使入射光信息在纤维中大大衰减，因此，并非所有透明材料均可作光纤。光纤材料必须保证光损耗极小。

光在玻璃中传播时的损耗分为散射损耗和吸收损耗。

散射损耗的主要原因是玻璃或纤维内部存在着不均匀性。玻璃棒制备时会带来条纹、气泡、分相甚至极其微小的结晶体或夹杂物，由于这些缺陷的存在，就会产生异相界面，光束在传送过程中就因散射作用使其衰减。光波越短，衰减越大；相反光波越长则散射损耗越小。采用长波，通过制造方法及工艺的改进消除玻璃的不均匀性。

光吸收损耗是由 Fe^{3+}、Ni^{2+}、Co^{2+}、Ti^{3+}、Cu^{2+} 等过渡金属离子和水引起的。过渡金属离子在可见光或近红外区域产生强烈的吸收。水在玻璃中形成羟基（OH），从而在近红外区域形成三个吸收峰，一般过渡金属离子应控制在一亿分之一左右，水含量不超过一百万分之一。

（3）光导纤维的应用　光导纤维的一个重要应用是光纤通信。采用激光光源使每条光路单

位时间能传送（3×10^{10}）b/s 的信息通带，由于有光学纤维玻璃作传输介质，使光通信得到实用。与同轴电缆的微波通信系统相比，它具有以下特点。

① 频带宽，通信容量大。其通信容量比电通信容量高数千倍。

② 传输损耗低，通信距离长，可减少中继站的设置。

③ 抗电磁干扰强，保密性好。一般的外界电磁干扰频率都比较低，不在光频波段。因此光纤通信抗电磁干扰的能力特别强，它不会受高压线、雷电、电车线路等电磁场的干扰，光纤里也很少有光线泄漏出来，偷听的可能性基本上可以消除。

④ 材料资源丰富，成本低廉，易于铺设。光纤所用的材料主要是石英，它是地壳中含量最丰富的物质之一，使用光纤可以节省大量的金属铜和铝。

光导纤维可用作传感器。光纤是用来传输光波能量的，在传输过程中，光波特征的导波参量也会发生变化，如振幅、相位、强度、波长、频率等，尤其是外界因素（如压力、温度、振动、浓度）对光纤的作用更会引起上述参量发生变化。光纤传感器与传统的传感器相比，光纤传感器具有抗电磁干扰、灵敏度高、耐腐蚀、安全及测量对象广泛等特点，而且在一定条件下可任意弯曲，可根据被测对象的情况选择不同的检测方法，再加上它对被测介质影响小，非常有利于在医药卫生等具有复杂环境的领域中应用。光纤传感器是由特种玻璃拉成的细丝，末端带一固定试剂相。分析测试时将末端插入待测溶液中，当光通过光纤至末端时，由于试剂相和分析组分之间的相互作用引起试剂相的光学性质如吸光度、反射率、荧光强度等发生变化而达到定性定量分析的目的。

3.3.5.4 光致变色玻璃

光致变色玻璃又称光色玻璃，指的是在紫外线或可见光的照射下，在可见光区域产生吸收使颜色发生变化，光照停止后又能自动恢复到初始颜色状态的玻璃。在一定波长的激活辐射作用下，玻璃产生着色即生成色心，当激活辐射去除后，色心破坏使玻璃褪色。光致变色玻璃与其他玻璃的区别是具有亚稳态色心。

光色玻璃大致可以分为三类，掺 Ce^{3+} 或 Eu^{3+} 的高纯度碱硅酸盐玻璃；含卤化银或卤化铊的玻璃及玻璃结构缺陷变成色心的还原硅酸盐玻璃。目前，多采用含卤化银的碱铝硼酸盐玻璃，也有采用含卤化银的硼酸盐玻璃及磷酸盐玻璃等。

光色玻璃因其具有变暗复明光色性，在科学技术和人民生活中有着广泛的用途。光色玻璃除已广泛用作制造“太阳眼镜”外，在其他各个领域中也不断地进行开发。作为图像记录、全息照相材料的应用，光色玻璃是合适的材料；作为情报储存，光记忆在显示装置的元件的应用中，光色玻璃的光色性是十分有价值的；若黑板上书写用光调谐笔，一定时间后自然能消失，则可以不用粉笔，不擦黑板；当光色互变性足够快时，就可用于光阀、相机镜头、紫外线剂量计等；在热带地区，光色玻璃作为汽车防护玻璃及建筑物的自动调光窗玻璃；光色玻璃制成光学纤维面板也可以用于计算技术和显示技术。

3.3.5.5 有色玻璃

能透过光辐射是玻璃的特性。当可见光（380～760nm）入射至玻璃表面，一部分被反射，大部分进入玻璃中。如果玻璃中含有过渡元素或稀土元素（着色剂），致使一定波长的光被吸收而显色成为有色玻璃。玻璃的颜色取决于透射光的波长。

有色玻璃应用在科学技术各个领域。例如，应用于摄影技术、交通信号系统以及保护视力和精密光学仪器方面；在照明、建筑装饰、首饰品和高级器皿方面也有广阔市场。

3.3.5.6 微晶玻璃

微晶玻璃（glass-ceramic）是由玻璃的受控晶化而制得的多晶固体，也称为玻璃陶瓷。

微晶玻璃的制备过程是把通过各种成型方法制得的玻璃，再经过热处理，使其产生晶核及结晶相生长而转变为微晶固体的过程。微晶玻璃产品种类不同，具体的工艺制度也各有特点。各种微晶玻璃共同的生产工艺流程如下：

配合料制备→玻璃熔融→成型→加工→微晶化处理→再加工

微晶玻璃生产的技术关键是通过组成、晶核剂和热处理条件的调节来控制晶体组成、尺寸和浓度以制取预定力学、热学、电学、化学性质的微晶玻璃。

微晶玻璃与陶瓷的不同是微晶化过程的晶相全由一个均匀玻璃中的晶体生长而产生的，而陶瓷中的晶相则是在制备陶瓷组分时引入的。微晶玻璃与玻璃的不同之处是其大部分是晶相（可含55%～98%小于1μm的微晶），而玻璃则是非晶态。尽管微晶玻璃的结构、性能和生产方法与玻璃和陶瓷各异，但是微晶玻璃集中了后两者的特点，成为一类独特的材料，目前已在许多领域得到广泛地应用。

在机械力学材料方面，利用微晶玻璃耐高温、抗热震、热膨胀性可调等力学和热学性能，制造出各种满足机械力学要求的材料。作为机械力学材料的微晶玻璃广泛应用于活塞、旋转叶片的制造上，同时也用在飞机、火箭、人造地球卫星的结构材料上。

在光学材料方面，应用低膨胀和零膨胀微晶玻璃对温度变化特别不敏感，使其可在随温度改变而要求尺寸稳定的领域得到应用，例如在望远镜和激光器的外壳中的应用。用金、银作核化剂的微晶玻璃具有光学敏感性，可起到“显影”作用。

在电子与微电子材料方面，应用微晶玻璃的膨胀系数能从负膨胀、零膨胀，直到具有(100×10^{-7})℃$^{-1}$以上的热膨胀系数，使得它能够与很多材料膨胀特性相匹配，可以制得各种微晶玻璃基板、电容器及应用于高频电路中的薄膜电路和厚膜电路。

在化学化工材料方面，微晶玻璃的化学稳定性好，几乎不被腐蚀的特性广泛地应用于化工行业。在控制污染和新能源应用领域也找到了用途，如微晶玻璃用于喷射式燃烧器中消除汽车尾气中的碳氢化合物，在输送腐蚀性液体中作管道和槽等。

在建筑材料方面，应用建筑微晶玻璃作为新型绿色装饰材料，在世界上成为最具有发展前景的建筑装饰材料。广泛应用于大型建筑和知名重点工程，其装饰效果和理化性能均优于玻璃、瓷砖、花岗石和大理石板材。微晶玻璃具有高的强度，封闭气孔，低的吸水性和热导性，可作为结构材料、热绝缘材料。

3.3.5.7 防护玻璃

为了防护X射线、γ射线、β射线对人体的危害，要求生产有特殊性能的防护材料。防护玻璃是其中重要的材料，大致有以下系列：$PbO\text{-}CdO\text{-}SiO_2$系统的玻璃，有吸收γ射线、中子的能力；$PbO\text{-}Bi_2O_3\text{-}SiO_2$系统，有较高的吸收X、γ射线的能力；$BaO\text{-}PbO\text{-}B_2O_3$系统，有吸收γ射线和中子的能力；$PbO\text{-}Ta_2O_5\text{-}B_2O_3$系统的玻璃也具有吸收γ射线的能力。

防护的作用机理是，射线穿过防护材料时，在物质内部产生光电效应，生成正负电子对，同时产生激发态和自由态的电子，使射入的γ射线等的能量降低，不能透过，因而起到了防护作用。

3.3.5.8 激光玻璃

在1960年第一台激光器问世后，第二年就出现了激光玻璃。随着激光技术的飞速发展，激光玻璃也越来越受到人们的重视。用玻璃作激光器有一些独特的优点，如可以广泛改变化学组成和制造工艺以获得许多重要的性质，如荧光性、高度热稳定性、负的温度折射系数、高度的光学均匀性等；掺入玻璃中的激活离子种类和数量限制较小；容易得到各种尺寸和形状。此外激光玻璃的价格也较激光晶体便宜，因此，激光玻璃得到了广泛地应用。

激光玻璃由基础玻璃掺入激活离子形成。激光玻璃的各种物理化学性质主要由基础玻璃决定，而它的光谱性质则主要由激活离子决定。基础玻璃和激活离子彼此有联系和影响，激活离子对玻璃的激光性能有一定的影响，而基础玻璃对它的光谱性质也相当重要，主要通过配位体与激活离子的作用而影响激活离子的吸收光谱。

利用激光玻璃优良的单色性，可作为分光光度计的光源；利用它高度的定向性和相干性，能将它发射到非常遥远的空间，广泛用于激光定向和激光测距。特别是由于激光束可以聚集成极小的“一点”，能量密度极高，可用来进行激光核聚变反应和激光打孔、激光点焊等精密加工以及外科手术。配合光导纤维传输的激光通信，正日益受到世界各国的重视。激光玻璃由于容易获得均质大块材料，而且便于成形加工，大有发展前途。

3.4 胶凝材料

3.4.1 胶凝材料的定义、分类及发展现状

3.4.1.1 胶凝材料的定义及分类

凡能在物理、化学作用下，从浆体变成坚固的石状体，并能胶结其他物料，且具有一定机械强度的物质，统称为胶凝材料，又称胶结料。

胶凝材料分为有机胶凝材料和无机胶凝材料两大类。沥青以及各种树脂属于有机胶凝材料。无机胶凝材料按硬化条件分为气硬性胶凝材料和水硬性胶凝材料。气硬性胶凝材料只能在空气或其他介质中硬化，不能在水中硬化，如石灰、石膏、菱苦土和水玻璃等都属于这一类。水硬性胶凝材料既能在空气中硬化又能在水中硬化，通常称为水泥，如硅酸盐水泥、铝酸盐水泥等。本章主要介绍无机胶凝材料。

3.4.1.2 胶凝材料的发展及现状

人类发现和利用胶凝材料，有着悠远的历史，从新石器时代的前陶器时代人们就开始使用胶凝材料，最早的胶凝材料就是天然的黏土。

公元前2500～3000年，人们就开始学会利于石灰和石膏拌制砂浆，如古代埃及的金字塔和许多建筑都是采用石膏和石灰作为胶结材料砌筑的。这个时期可称为胶凝材料发展的石膏-石灰阶段。

公元初期，人们又学会了应用石灰-火山灰水硬性材料，用石灰和火山灰或凝灰岩制备的胶凝材料既有水硬性也具备足够的强度。石灰-火山灰时期的胶凝材料和近代的胶凝材料的化学组成更接近。1756年英国工程师在建造灯塔时发现了用水硬性石灰代替普通石灰来提高这种石灰-火山灰胶凝材料强度的方法。这种胶凝材料在波特兰水泥诞生前很多年一直被应用，表现出良好的耐久性。

现代波特兰水泥是在18世纪末19世纪初随着水硬性石灰实验的发展而发展起来的。1796年英国人发现了一种用杂质含量大的石灰岩烧制成的一种很细的水硬性石灰，因为这种水泥和古罗马的水泥有着相同的颜色，所以被命名为罗马水泥。1802年法国人开始大量生产近似于这种水泥的产品。1810年英国开始用石灰石和黏土生产水泥。1850年David O. Saylor发现水泥岩并在美国开始用立窑生产这种水泥，这种天然水泥比水泥强度低，但高于水硬性石灰。1824年英国泥瓦工约瑟夫·阿斯普丁首先取得了生产波特兰水泥即硅酸盐水泥的专利，从此胶凝材料进入人工配料的波特兰水泥阶段。

随着现代科技和工业的发展，在硅酸盐水泥的基础上逐渐生产了各种不同性能和用途的水泥，如铝酸盐水泥、硫铝酸盐水泥、氟铝酸盐水泥等。同时，石灰、石膏等胶凝材料也得到了发展。

硅酸盐水泥的应用到目前为止仅200年，但一些波特兰水泥混凝土的破坏已经相当严重。

其根本原因无外乎与混凝土的微观结构，水化物的化学稳定性和溶解度有关。古代混凝土的水化物的溶解度比现代混凝土的水化物的溶解度小得多。通常现代混凝土的水化物随着时间的延长会发生转化，或溶解于环境介质中，或与环境介质发生化学反应从而导致混凝土结构劣化。耐久性差不仅仅影响混凝土的使用性、服役年限及安全性，另一方面也会因混凝土的大量废弃而无法有效处理，造成固体废弃物污染。

水泥制造业目前已经成了垃圾和废弃物的焚化炉，很多工业废渣和下水道污泥，生活垃圾、建筑垃圾都被用作水泥生产的原燃材料，日本建立了好几条利用垃圾和下水污泥生产水泥的生态水泥生产线。用水泥窑处理垃圾由于燃烧温度高，不易产生低温方式焚烧垃圾所产生的二恶英等有毒物质。因此水泥生产的生态化和混凝土的绿色化是水泥制造和应用的发展趋势，为达到此目的，我国提倡水泥的高钙化以尽量减少熟料水泥的用量，尽量多地利用工业废渣。

未来的混凝土应该具有更好的耐久性，更适合于采用低品位的原料，更适合于回收利用，适合于清洁生产的要求。

3.4.2　普通水泥

3.4.2.1　水泥的定义及分类

凡细磨成粉末状，加入适量水后，可成为塑性浆体，既能在空气中硬化，又能在水中硬化，并能将砂、石等材料牢固地胶结在一起的水硬性胶凝材料，通称为水泥。

水泥按照用途和性能可分为：通用水泥、专用水泥和特性水泥三大类。通用水泥是用于大量土木建筑工程的一般建筑用途的水泥，如硅酸盐水泥、普通硅酸盐水泥、矿渣硅酸盐水泥、火山灰质硅酸盐水泥和粉煤灰硅酸盐水泥等。专用水泥是指有专门用途的水泥，如油井水泥、大坝水泥、砌筑水泥、道路水泥等，它们一般具有某些特殊性能和比较固定的用途。特性水泥是某种性能比较特殊的一类水泥，如快硬硅酸盐水泥、低热矿渣硅酸盐水泥、抗硫酸盐硅酸盐水泥、膨胀硫铝酸盐水泥等，它们一般用于比较特殊的场合。

按照水泥成分中起主导作用的水硬性矿物的不同，水泥又可分为硅酸盐水泥、铝酸盐水泥、硫铝酸盐水泥、氟铝酸盐水泥以及少熟料和无熟料水泥等。

3.4.2.2　硅酸盐水泥

凡由硅酸盐水泥熟料、适量石膏磨细制成的水硬性胶凝材料，称为硅酸盐水泥。国外称为波特兰水泥。硅酸盐水泥是硅酸盐类水泥的一个基本品种，通过改变水泥熟料各矿物成分之间的比例，或在硅酸盐水泥熟料中掺入一定数量的混合材料，可以得到其他品种的硅酸盐水泥。

3.4.2.2.1　硅酸盐水泥的生产

硅酸盐水泥生产工艺流程如下（见图 3-15）。

（1）生产硅酸盐水泥的原料

生产硅酸盐水泥的原料，主要是石灰质原料和黏土质原料两类。石灰质原料主要提供 CaO，可采用石灰石、白垩等。黏土质料主要提供 SiO_2、Al_2O_3 以及少量的 Fe_2O_3，可采用黏土、黏土质页岩、黄土等。如果所选用的两种原料，按一定的配合比组合还满足不了形成熟料矿物化学组成的要求时，则要加入第三、甚至第四种原料加以调整。例如生料中 Fe_2O_3 含量不足时，可以加入黄铁矿渣或含铁较高的黏土加以调整；如生料中 SiO_2 的含量不足时，可以加入硅藻土、硅藻石、蛋白石、火山灰、硅质渣等加以调整；如生料中 Al_2O_3 含量不足时，可以加入铁与矾土废料或含铝高的黏土加以调整。此外，为了改善煅烧条件，常常加入少量的矿化剂，

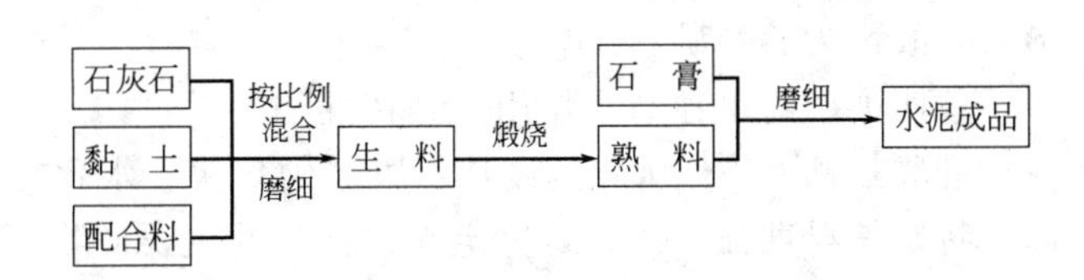

图 3-15　硅酸盐水泥的生产工艺流程

如萤石、石膏等。

(2) 生料的配制　生料的配制主要是按要求的化学成分确定所选用的各种原料的比例；同时或分别将这些原料破碎，再粉磨至规定的细度，并且使它们混合均匀，以便为煅烧过程创造良好条件。

(3) 煅烧　煅烧水泥熟料可以采用回转窑，也可以采用立窑。回转窑是用原钢板制成的圆筒形窑体，圆筒内壁以耐火砖为窑衬。窑身稍有倾斜并能转动，约每分钟回转1～2周。燃料从窑的下端用燃料喷嘴送入窑内。在窑的上端设有喂料管，从喂料管喂入生料。由于窑的倾斜和回转，生料逐渐向下移动，并在移动途中受到煅烧。回转窑生产水泥，煅烧均匀，产品质量较稳定，产量较高。

熟料的形成过程是指生料在窑内，由常温加热到1400～1500℃的高温下，进行一系列的物理化学和热化学反应的过程。在煅烧过程结束后形成各种矿物（C_3S、C_2S、C_3A、C_4AF），从外观上看已烧成了10～20mm的颗粒。

(4) 磨细熟料　熟料出窑后，在仓库中存放10～15天，使其完全冷却，并使游离的CaO吸收空气中的水分进行熟化，以减少或消除水泥的不安定性。为了调节水泥的凝结时间，需加入2%～5%的石膏。石膏及应掺的混合材料均在此时加入一起磨细。储存一定时间后，经检验合格出厂。

3.4.2.2.2　*硅酸盐水泥的组成*

硅酸盐水泥熟料的化学组成主要由氧化钙（CaO）、氧化硅（SiO_2）、氧化铝（Al_2O_3）和氧化铁（Fe_2O_3）四种氧化物组成，它们通常在熟料中的百分含量之和为95%以上。同时，熟料中含有5%以下的少量氧化物，如氧化镁（MgO）、硫酐（SO_3）、氧化钛（TiO_2）、氧化磷（P_2O_5）以及碱（K_2O和Na_2O）等。

现代生产的硅酸盐水泥熟料，各主要氧化物含量的波动范围为：CaO 62%～67%；SiO_2 20%～24%；Al_2O_3 4%～7%；Fe_2O_3 2.5%～6.0%。

在硅酸盐水泥熟料中，氧化钙、氧化硅、氧化铝和氧化铁并不是以单独的氧化物形式存在，而是在经过高温煅烧后，发生反应，结合成四种主要矿物组成：硅酸三钙（$3CaO \cdot SiO_2$），可简写成C_3S，含量37%～60%；硅酸二钙（$2CaO \cdot SiO_2$），可简写成C_2S，含量15%～37%；铝酸三钙（$3CaO \cdot Al_2O_3$），可简写成C_3A，含量7%～15%，铁铝酸四钙（$4CaO \cdot Al_2O_3 \cdot Fe_2O_3$），可简写成$C_4AF$，含量10%～18%。

通常，硅酸盐熟料中硅酸三钙和硅酸二钙的含量之和占75%左右，称为硅酸盐矿物，它们是产生水泥强度的主要成分；铝酸三钙和铁铝酸四钙的含量之和占22%左右。在煅烧过程中，后两种矿物与氧化镁、碱等从1250～1280℃开始逐渐熔融成液相以促进硅酸三钙的顺利形成，故称为熔剂矿物。

这四种矿物单独与水作用，其特性如下。

硅酸三钙C_3S：水化速度快、凝结硬化快、水化热较高，且主要在早期放出。它的强度最高，特别是早期强度高，是决定水泥标号的主要矿物。

硅酸二钙C_2S：水化速度慢，凝结硬化慢、水化热最小，早期强度低，后期强度高。

铝酸三钙C_3A：水化速度最快，凝结硬化极快，能促进硅酸盐矿物的水化，对水泥的凝结硬化起促凝作用。水化热最高，而且主要在早期放出；强度不高，性脆。

铁铝酸四钙C_4AF：水化速度仅次于铝酸三钙，水化热较小，主要在后期放出；强度低。

此外，水泥熟料中，还有少量的其他成分，如煅烧过程中残存下来的过火的氧化钙，过火的氧化镁等。它们呈游离状态，水化非常缓慢，当含量过多时，会产生膨胀，将水泥石胀裂，产生很大的危害作用。三氧化硫主要由掺入的石膏带来的，当石膏掺量过多时，也会给水泥带来不良影响。

3.4.2.2.3 硅酸盐水泥的凝结与硬化

水泥和适量的水调和后，水泥熟料中的各种矿物和水之间便立即发生化学反应，最初反应很激烈，以后逐渐变缓，一直持续若干年。

主要发生的有以下反应：

① $2(3CaO \cdot SiO_2)+6H_2O \longrightarrow 3CaO \cdot 2SiO_2 \cdot 3H_2O+3Ca(OH)_2$

$C_3S_2H_3+CaO+5H_2O \longrightarrow 2C_2SH_4$

② $2(2CaO \cdot SiO_2)+4H_2O \longrightarrow 3CaO \cdot 2SiO_2 \cdot 3H_2O+Ca(OH)_2$

$C_3S_2H_3+CaO+5H_2O \longrightarrow 2C_2SH_4$

③ $3CaO \cdot Al_2O_3+6H_2O \longrightarrow 3CaO \cdot Al_2O_3 \cdot 6H_2O$

④ $4CaO \cdot Al_2O_3 \cdot Fe_2O_3+7H_2O \longrightarrow 3CaO \cdot Al_2O_3 \cdot 6H_2O+CaO \cdot Fe_2O_3 \cdot H_2O$

⑤ $3CaO \cdot Al_2O_3 \cdot 6H_2O+3(CaSO_4 \cdot 2H_2O)+19H_2O \longrightarrow 3CaO \cdot Al_2O_3 \cdot 3CaSO_4 \cdot 31H_2O$

如上所述，若不考虑水泥熟料中的其他次要矿物成分，硅酸盐水泥水化后主要产生五种水化产物。即：水化硅酸钙、水化铝酸钙、水化铁酸钙、氢氧化钙和水化硫铝酸钙。其中水化硅酸钙和水化铁酸钙是胶凝体。水化硅酸钙胶凝性很强，强度高，在水中的溶解度也很小。氢氧化钙是片状晶体，强度高，易溶于水。水化铝酸钙易溶于水，强度很低，水化硫铝酸钙是针状大结晶体，不溶于水，强度很高。

水泥与适量的水拌和，最初形成具可塑性的浆体，经过一定时间，水泥浆体逐渐变稠失去塑性，这一过程称凝结，凝结后开始产生强度并逐渐提高，变成坚硬的人造石——水泥石，这一过程称为硬化。

水泥的凝结硬化是很复杂的物理化学过程。水泥加水后，水化反应首先在水泥颗粒表面剧烈地进行，生成的水化物溶于水中。而水泥颗粒又暴露出新的表面继续与水作用。同时，由于水泥颗粒存在着微裂缝等缺陷，使水分易渗透到颗粒内部产生“楔劈”分散作用，水泥颗粒由大块变成小块，加速水化反应，以致水泥颗粒周围的溶液很快成为水化产物的饱和溶液。

此后，水泥继续水化，生成的产物不再溶解，只能以细分散状态的颗粒析出，附于水泥颗粒表面，形成凝胶体。此时水泥浆体具有良好的塑性。随着水化继续进行，胶粒的数量不断增加，游离水分不断减少，使凝胶体逐渐变浓，水泥浆逐渐失去塑性，出现凝结现象。但这时不具有强度，称为初凝。

以上过程不断进行的结果，使固相不断增加，液相不断减少，结晶体生成结晶连生体并不断长大。凝胶体随水分的不断减少逐渐紧密。凝胶体和结晶体互相贯穿、嵌镶、交错在一起，新的水化产物又不断填充凝胶体和结晶体之间的空隙，使结构更加紧密，开始具有一定强度，称为终凝。

由于水化仍不断进行，随硬化时间的延长，水泥颗粒内部未水化部分将继续水化，水分更加减少，水泥石就具有越来越高的强度。

以上过程说明，水泥的水化反应是由颗粒表面逐渐深入到内层的。当水化物增多时，堆积在水泥颗粒周围的水化物也不断增加，以致阻碍水分与未水化水泥颗粒的接触。因此，水泥强度开始时增长很快，以后逐渐减慢，直到自由水分干涸为止。但是，实际上无论时间多久，也很难使水泥颗粒内部完全水化。硬化后的水泥石是由晶体、胶体、未水化颗粒、游离水、气孔等组成的不均质的结构体。而在硬化过程的各不同龄期，水泥石中构成物所占的比率是不同的，并直接影响水泥的强度和性质。

3.4.2.2.4 硅酸盐水泥的主要技术性质

(1) 密度和容重 硅酸盐水泥的密度一般为3.0～3.2之间，平均取3.1。其容重视松紧程度的不同约为1000～1600kg/m³之间。

（2）细度　水泥颗粒的粗细程度称为细度。水泥颗粒越细，水化作用越迅速充分，凝结硬化的速度加快，早期强度也就越高，但磨制特细的水泥，将消耗较多的粉磨能量，成本增高。而且特细水泥容易与空气中的水分及二氧化碳起作用，硬化时收缩也较大。若水泥颗粒过粗则不利于水泥的水化，并影响其强度的增进。一般认为，颗粒小于40μm的水泥才具有较高的活性，大于90μm的几乎接近惰性物质。

测定水泥细度的方法，通常用筛分法。硅酸盐水泥的细度，用0.08mm方孔筛的筛余量不得超过15%。

（3）标准稠度用水量　水泥使用时，必须加入一定量的水，使水泥颗粒能够水化、凝结和硬化，同时也使拌成的水泥净浆或混凝土具有一定流动性而便于施工。水泥的用水量，对水泥的技术性质有很大的影响。按国家标准检验水泥的凝结、硬化时间和体积安定性时，规定采用一定稠度的水泥净浆，这个稠度称为标准稠度。而标准稠度用水量是指水泥净浆达到标准稠度时所需要的拌和水量，以占水泥质量的百分数表示。

五大品种水泥的标准稠度用水量的变化范围一般如下：硅酸盐水泥为21%～28%；普通水泥为23%～28%；矿渣水泥为24%～30%；火山灰质及粉煤灰水泥为26%～32%。

影响水泥需水量的因素主要是水泥粉磨细度、熟料矿物组成以及混合材料种类及掺加量等。

（4）凝结时间　水泥的凝结时间有初凝和终凝之分。初凝为水泥加水拌和时起，至水泥开始失去可塑性时所需的时间。终凝为水泥加水拌和时起，至水泥浆完全失去可塑性并开始产生强度的时间。

水泥的凝结时间在施工中具有重要的意义。初凝不宜过快，以便有足够的时间在初凝之前能完成施工的操作。终凝又不宜过迟，以利下一步施工工作的进行。

水泥凝结时间的测定，是以标准稠度的水泥净浆，在规定温度和湿度下用凝结时间测定仪（即标准稠度仪）进行。我国水泥标准规定硅酸盐水泥的初凝时间不早于45min，终凝时间不得迟于12h。实际上，国产硅酸盐水泥初凝时间为1～3h，终凝时间为5～8h。

（5）强度和标号　水泥强度是指硬化的水泥石能够受外力破坏的能力，它是评定水泥质量的重要指标。一般用水泥标号作为水泥强度的等级划分标准。水泥标号的确定是将水泥、标准砂（粒径0.25～0.65mm）及规定的用水量，按灰砂比1∶2.5拌制成塑性水泥胶砂，按规定方法制成4cm×4cm×16cm的试件，在标准条件下养护，测其3d、7d、28d的抗折和抗压强度。最后根据28d的抗压强度值，确定水泥的标号。

国家标准规定强度检验用软练法，并对不同品种、不同标号的水泥各龄期的抗压强度和抗折强度作了明确规定。见表3-8。

（6）体积安定性　体积安定性是指水泥制品在凝结硬化过程中体积变化是否均匀的性质。如水泥硬化过程之中或之后产生不均匀的体积变化，即为体积安定性不良。它能使构件产生膨胀性裂缝，降低建筑质量，甚至引起建筑物破坏。

水泥熟料中如含有较多的游离氧化钙，而过火的氧化钙熟化很慢，在水泥已经凝结硬化后，才进行熟化反应，产生体积膨胀，破坏已硬化的水泥石的结构，出现龟裂、弯曲、松脆、崩溃等现象。此外，熟料中氧化镁、三氧化硫含量过多，也是导致安定性不良的因素。

（7）水化热　水化热与放热速率：$C_3A>C_3S,C_4AF>C_2S$。

水泥的水化是放热反应，在凝结硬化过程中放出大量的热，称为水化热。硅酸盐水化热较一般水泥大，且大部分在水化初期（7d内）放出，以后逐渐减少，水泥的放热特性，对大体积混凝土建筑物是不利的，大坝、桥墩等大体积构筑物，由于积聚在内部的水化热不易发散，内外温差引起的应力，常使混凝土产生裂缝，所以，大体积混凝土工程，不宜采用硅酸盐水泥，但水化热对于混凝土的冬季施工，则是有利的。

表 3-8　五大品种水泥标号龄期强度

品种	标号	抗压强度/MPa			抗折强度/MPa		
		3d	7d	28d	3d	7d	28d
硅酸盐水泥	425R	22.0		42.5	4.0		6.5
	525	23.0		52.5	4.0		7.0
	525R	27.0		52.5	5.0		7.0
	625	28.0		62.5	5.0		8.0
	625R	32.0		62.5	5.5		8.0
	725R	37.0		72.5	6.0		8.5
普通水泥	325	12.0		32.5	2.5		5.5
	425	16.0		42.5	3.5		6.5
	425R	21.0		42.5	4.0		6.5
	525	22.0		52.5	4.0		7.0
	525R	26.0		52.5	5.0		7.0
	625	27.0		62.5	5.0		8.0
	625R	31.0		62.5	5.5		8.0
粉煤灰水泥、矿渣水泥、火山灰水泥	275		13.0	27.5		2.5	5.0
	325		15.0	32.5		3.0	5.5
	425		21.0	42.5		4.0	6.5
	425R	19.0		42.5	4.0		6.5
	525	21.0		52.5	4.0		7.0
	525R	23.0		52.5	4.5		7.0
	625R	28.0		62.5	5.0		8.0

(8) 水泥的保水性和泌水性　水泥的泌水性又称析水性，是指水泥浆所含水分从浆体中析出的难易程度，而保水性则是水泥浆在静置条件下保持水分的能力，实践表明，凡能够减弱泌水性的因素，一般都能改善保水性。

(9) 抗冻性　水泥石的抗冻性对于在负温下使用的水泥混凝土构造物，是一个重要的耐久性指标。硬化水泥石的抗冻性主要与水泥石中水分的结冰以及由此产生的体积变化有关。由于水分的结冰伴随着固相体积的增加，因而在水泥石内部产生膨胀应力，它会导致水泥石的体积变化，当膨胀应力超过水泥石的强度时还会引起水泥石的强度降低或破坏。

3.4.2.2.5　*硅酸盐水泥的性能及用途*

凝结硬化快，早期强度高，水泥标号高，抗冻性、耐磨性好，水化热较高，耐酸、碱、硫酸盐类化学侵蚀性差。

用于一般地上和地下不受侵蚀的工程；低温条件下，强度发展快的工程；无腐蚀水中的受冻工程。

3.4.2.3　掺混合材料的硅酸盐水泥

为了调整水泥标号，改善水泥的某些性能，增加水泥的品种和产量，充分利用工业废料，降低水泥成本，可在硅酸盐水泥熟料中掺入一定数量的混合材料。混合材料一般就是当地出产的天然砂、石、土壤或工业废渣等。

混合材料按其性能分为活性混合材料和非活性混合材料。活性混合材料又可分为粒化高炉矿渣、火山灰质和粉煤灰三类。

(1) 普通硅酸盐水泥　凡由硅酸盐水泥熟量、少量混合材料，适量石膏磨细制成的水硬性胶凝材料，称为普通硅酸盐水泥，简称普通水泥。混合材料：活性＜15%，非活性＜10%。

普通硅酸盐水泥由于所加的混合材料较少，性质与硅酸盐水泥相比差别不大，只是硬化速度及早期强度较低，抗冻性及耐磨性较硅酸盐水泥差，广泛用于各种混凝土工程及钢筋混凝土工程。

（2）矿渣硅酸盐水泥　由硅酸盐水泥熟料加入适量石膏的同时，加入20%～70%的粒化高炉矿渣共同磨细制成的水硬性胶凝材料，简称矿渣水泥。

矿渣硅酸盐水泥水化时，由于掺有较多矿渣，因此其水化过程也比硅酸盐水泥更为复杂，大致可分两步进行：首先是熟料矿物水化，然后，熟料矿物水化析出的 $Ca(OH)_2$ 起激发剂作用，和矿渣中的活性 SiO_2、活性 Al_2O_3 反应形成具有胶凝性能的水化硅酸钙和水化铝酸钙。矿渣水泥中的石膏，不但起调节水泥凝结时间的作用，同时也起激发作用，与水化铝酸钙结合，生成水化硫铝酸钙，产生强度。

矿渣硅酸盐水泥凝结时间较硅酸盐水泥长，体积安定性良好，水化热较硅酸盐水泥小得多，耐热性好，化学稳定性好。但矿渣水泥抗冻性差，保水能力较差，泌水性较大，干缩性较大，养护不当，易产生裂缝，因而施工采取相应措施，如加强保潮养护，严格控制加水量，低温施工时采用保温养护，也可加入外加剂，如减水剂等，提高水泥的早期强度。

矿渣水泥适用于大体积工程及耐热的混凝土结构和蒸汽养护的混凝土结构件，也适用于地上、地下和水中的混凝土工程和有抗硫酸盐侵蚀要求的工程。

（3）火山灰质硅酸盐水泥　由硅酸盐水泥熟料加入适量石膏，同时加入20%～50%的火山灰质混合材料共同磨细制成的水硬性胶凝材料，简称火山灰水泥。

火山灰水泥加水后，其水化反应和矿渣水泥一样也是分两步进行的。首先是熟料矿物水化；然后，熟料矿物水化析出的氢氧化钙和混合材料中的活性氧化硅、氧化铝反应形成稳定的水化硅酸钙和水化铝酸钙，使水泥石的强度不断增大。

火山灰水泥和矿渣水泥在性能方面有许多共同点，如早期强度低，后期强度增长率较大，水化热低，抗冻性差。

火山灰水泥颗粒较细、保水性好、泌水性较小，干缩现象较矿渣水泥更显著，施工时加强养护，长期保持潮湿状态，以免产生干缩裂缝。当处于干燥空气中，形成的水化硅酸钙凝胶会逐渐干燥、产生较大的干缩裂缝。当处在潮湿环境中或水里养护时，火山灰混合材料在吸收石灰时会产生膨胀胶化作用，形成较多的水化硅酸钙凝胶，使水泥石结构致密，因而致密度较高，抗蚀性好，但耐热性差，受高温作用，强度会显著降低。

火山灰水泥适宜用于大体积工程，地下或水中工程，尤其是需要抗渗性、抗淡水及抗硫酸盐侵蚀的工程中，由于干缩变形大，不宜用于高温和长期在干燥环境中的工程。

（4）粉煤灰硅酸盐水泥　由硅酸盐水泥熟料加入适量石膏生产水泥时，同时加入20%～40%的粉煤灰而制成的胶凝材料，简称粉煤灰水泥。

粉煤灰实际上属于火山灰质材料，但制成水泥后干缩性小，抗裂性能好。国家规定将粉煤灰水泥与硅酸盐水泥、普通水泥、火山灰水泥、矿渣水泥并列为我国广泛使用的五种常用水泥。

粉煤灰水泥的凝结硬化过程与火山灰水泥也极为相似，首先是水泥熟料矿物的水化，然后粉煤灰中的活性 SiO_2、Al_2O_3 与熟料矿物水化所释放出的 $Ca(OH)_2$ 相反应，但也存在一定的特点。虽然粉煤灰玻璃体中的 SiO_2、Al_2O_3 与 $Ca(OH)_2$ 反应生成水化硅酸钙和水化铝酸钙，但粉煤灰的球形玻璃体比较稳定，不易水化。7d表面几乎没有变化，28d初步水化，略有凝胶状的水化物出现，在水化90d后，粉煤灰颗粒表面才开始形成大量的水化硅酸钙胶凝体，它们互相交叉连接，形成很好的强度，所以，粉煤灰活性，要以3个月的抗压强度值来表示。

粉煤灰混合材料中含有大量玻璃体的球形颗粒，内部结构致密，几乎没有裂缝，比表面积小，吸水性较小。所以，这种水泥干缩性小，抗裂性好，水化热低，抗蚀性好。因此，可用于一般的工业和民用建筑，尤其适用于地下和海港工程。

3.4.3　特种水泥

特种水泥是与通用水泥比较而言的，具有某些特殊性能或特种功用的水泥。特种水泥按其特性或用途主要分为快硬性高强水泥、低水化热水泥、膨胀水泥、油井水泥、耐高温水泥、装饰水泥和其他水泥（如道路水泥）七大类。

3.4.3.1　快硬性高强水泥

随着现代工程的日益发展，在很多情况下，需要水泥的硬化快，早期强度高，最好凝结时间还能任意调节。例如军事抢修工程，公路路面紧急修补，隧道、地下建筑、水池、船舶堵漏等多种场合，要求水泥具有相应的快凝、快硬性能。另外，在装配式混凝土预制构件的生产中，采用快硬水泥，可以免除蒸汽养护，缩短拆模时间，降低成本。近二十年来，已发展了超早强水泥。硬化1h的抗压强度可达10～30MPa，2～3h可达20～40MPa，1d的强度可达28d强度的75%～90%，快硬性超过高铝水泥。

凡以适当成分的生料，烧至部分熔融，所得以硅酸钙为主要成分的硅酸盐水泥熟料，再加入适量石膏，磨细制成具有早期强度较高的水硬性胶凝材料。快硬硅酸盐水泥标号以3d的抗压强度来表示。与普通硅酸盐水泥相比，熟料中C_3S和C_3A的含量较高。

除了快硬硅酸盐水泥外，采用快硬剂使水泥获得超快硬特性，是水泥工业的一项新进展。日本在1975年发明了QT硬化剂，它可以使硅酸盐水泥变成超快硬水泥。我国也研制了SH硅酸盐水泥超早强促硬剂及NX水泥超快硬化剂。SH的性能与QT相似，NX可使我国现行五大水泥成为超快硬水泥，为常用水泥应用于特殊工程开辟了广阔前景。

3.4.3.2　膨胀水泥

水泥在空气中硬化常表现为收缩，其程度随水泥品种、熟料矿物组成、细度、石膏的加入量、水灰比等而定。混凝土内部因收缩会产生微裂纹，不仅使其整体性破坏，而且使一系列性能变差，如强度、抗渗性和抗冻性下降，侵蚀性介质更易侵入，造成钢筋锈蚀，使耐久性进一步下降等。在浇注装配式构件的接头或建筑物之间连接处及填塞孔洞、修补缝隙时，因干缩也难达预期效果。人们希望有这样一种膨胀水泥，其凝结硬化时能产生一定量的膨胀，从而消除混凝土因收缩而引起的各种弊病。用膨胀水泥配制钢筋混凝土时，钢筋会因混凝土膨胀，受到一定拉应力而伸长，混凝土的膨胀则因钢筋的限制而受到相应压应力。以后，即使干缩，也不致使膨胀量全部抵消，尚有一定剩余膨胀，这种预先产生的压应力可减轻外界的因素所造成的拉应力，从而有效地改善了混凝土抗拉强度低的缺陷。因为这种压应力是依靠水泥本身的水化而产生的，所以称为“自应力”。膨胀水泥水化中，有相当一部分能量用于膨胀，转变成“膨胀能”。一般，膨胀能越高，能达到的膨胀值越大。

膨胀水泥可应用于收缩补偿膨胀和产生自应力。前一用法膨胀能较低，限制膨胀时所产生的压应力能大致抵消干缩引起的拉应力，主要用以减少或防止混凝土的干缩裂缝。后一用法则具有较高的膨胀能，足以使干缩后的混凝土仍有较大自应力，用以配制各种自应力钢筋混凝土。

3.4.3.3　耐腐蚀水泥

在一般的使用条件下，通用水泥有较好的耐久性。但是，在腐蚀环境条件下，许多通用水泥配置的混凝土工程短期内就发生早期损坏甚至彻底破坏，工程寿命远远达不到设计使用所限，给国家造成了很重的维修和重建负担。

有害的腐蚀性介质主要为：淡水、酸和酸性水、硫酸盐和碱溶液等。淡水腐蚀主要是溶出性腐蚀，即将水泥或混凝土结构中的$Ca(OH)_2$等组分按溶解度大小溶出并带走，从而导致结构破坏。对密实度高、抗渗性好的结构而言，淡水溶出过程的发展一般是很缓慢的。

硫酸盐腐蚀是工程中常见的一种腐蚀类型，很多电站、大坝、海港等工程都由于硫酸盐与水泥浆体中的矿物组分发生化学反应，形成膨胀性产物或者将浆体中的C-S-H等强度组分分解而造成的。硅酸盐水泥中易受腐蚀的组分主要为氢氧化钙和水化铝酸钙。因此，通过控制水泥熟料矿物组成，减少易受腐蚀组分的含量是生产抗硫酸盐水泥的关键。

普通水泥硬化浆体本身是一个碱性系统，处在酸性介质中时，由于离子交换反应，浆体组分很容易被溶出并带走。因此，必须选用与通用水泥不同的耐酸原材料并采用不同的工艺来生产水泥，才能达到耐酸的要求。

硅酸盐水泥或普通硅酸盐水泥能用于具有一定碱度的环境，但若环境碱溶液浓度过高，则不仅会有膨胀结晶作用，而且碱溶液也能与硬化水泥浆体发生化学反应，生成胶结力弱、易为碱溶析的产物。用于浓碱腐蚀环境中的硅酸盐水泥或普通硅酸盐水泥，必须限制其C_3A含量不超过9%，或者采用其他耐碱腐蚀的水泥。

总的说来，不同的腐蚀环境需要使用不同的耐腐蚀水泥。与通用水泥相比，耐腐蚀水泥在原材料的选用和生产过程的控制等方面有许多不同的特点，因而也具有与通用水泥不同的性能。

(1) 抗硫酸盐硅酸盐水泥　混凝土的硫酸盐腐蚀是化学腐蚀中的一种。在各种条件下，硫酸盐介质对硬化水泥石的腐蚀作用，以及由此而引起的混凝土材料破坏是影响混凝土工程服务年限的重要原因之一。

抗硫酸盐水泥所用原材料与硅酸盐水泥基本相同，同样是石灰质原料、黏土质原料和铁质校正原料。但是，抗硫酸盐水泥对熟料矿物组成的要求与硅酸盐水泥差别很大。

根据硫酸盐腐蚀机理，水化硅酸钙在系统碱度不太低时是稳定的。硬化浆体中容易受腐蚀的组分是水泥石中的氢氧化钙和水化铝酸钙，而熟料中C_3A和C_3S含量高时，水泥水化生成的水化铝酸钙和氢氧化钙就多，腐蚀作用就更严重。因此，水泥的抗硫酸盐性能在很大程度上决定于水泥熟料的矿物组成及相对含量。

因此，必须限制抗硫酸盐水泥熟料的矿物组成及相对含量。一般，抗硫酸盐水泥熟料中C_3A不得超过5.0%，C_3S不得超过50.0%，C_3A与C_4AF的总量不得超过22.0%。用于严重腐蚀环境中的高抗硫酸盐水泥，则需限制其熟料矿物组成为$C_3A \leqslant 2.0\%$，$C_3S \leqslant 35.0\%$。

抗硫酸盐水泥适用于一般受硫酸盐腐蚀的海港、水利、地下、隧道、引水、道路和桥梁基础等工程。由抗硫酸盐水泥制备的普通混凝土，一般可抵抗硫酸根离子浓度低于25000mg/L的纯硫酸盐腐蚀。

(2) 耐酸水泥　各种工业废水和天然水中常常有酸性物质存在，例如化工厂废水中就可能有盐酸、硫酸或硝酸存在，许多食品工厂有含醋酸、蚁酸或乳酸的废水排出，而天然水中也会含有浓度很高的CO_2等。这种环境中的混凝土溶液与硬化水泥浆体中的Ca^{2+}形成可溶性的钙盐而被水带走，导致混凝土结构破坏。采用耐酸水泥是提高酸性环境中构筑物耐久性的重要措施。

水玻璃耐酸水泥能抵抗大部分无机酸、有机酸及酸性气体和水解呈酸性的盐的腐蚀，具有足够的机械强度，可制成耐酸的大块混凝土和耐酸构件。因此，水玻璃耐酸水泥广泛应用于各种防腐设备的内衬及设备基础，应用于耐酸设备的勾缝及胶结材料以及建筑物和构筑物的耐酸防腐层及胶结料；在化工、冶金、造纸、制粮和纺织等工业部门的一般耐酸工程中，可以用作制备耐酸胶泥、耐酸砂浆和耐酸混凝土。

3.4.3.4　白色和彩色水泥

以硅酸盐为主要成分，并大量减少氧化铁等着色化合物的熟料，加入适量的石膏，磨成细粉，所制成的白色水硬性胶凝材料，称为白色硅酸盐水泥，简称白水泥。

硅酸盐水泥熟料的颜色主要是由氧化铁引起的，随Fe_2O_3含量的不同，水泥熟料的颜色就不同。当 Fe_2O_3 含量在 3%～4%时，熟料呈暗灰色；Fe_2O_3 含量在 0.45%～0.7%时，呈淡绿色；而降至 0.35%～0.4%时，即呈白色（略带淡绿色）。因此，白色硅酸盐水泥的生产主要是降低 Fe_2O_3 的含量。此外，氧化锰、氧化铬等着色氧化物也会对白水泥的颜色产生显著影响，故也不宜存在或仅允许有极少量。

白色硅酸盐水泥的标号分为 325 和 425 两个标号。其指标与普通硅酸盐水泥相同。白度分为四个等级，见表 3-9。

表 3-9　白水泥的白度要求

等级	一级	二级	三级	四级
白度/%	84	80	75	70

彩色水泥可用白水泥熟料、石膏和颜料共同粉磨而成。常用的颜料有：氧化铁（红、黄、褐色、黑）、二氧化锰（黑、褐色）、氧化铬（绿色）等。

白水泥与彩色水泥主要用于建筑装饰工程的粉刷和雕塑，并可制造有艺术性的彩色混凝土或钢筋混凝土等各种装饰部件和制品，还可制造水磨石、人造大理石等。

3.4.3.5　硅酸盐大坝水泥

硅酸盐大坝水泥简称大坝水泥，其发热量低，适用于大体积混凝土工程，如大型堤坝、实心桥墩等。由于要求水化热低，必须限制 C_3A 的含量不大于 6%，并控制 C_3S 的含量为 40%～55%。同时，对有害成分的控制也较严格。

硅酸盐大坝水泥的性能基本上与硅酸盐水泥相似，只是对其熟料的矿物组成及水化热作了限定。这种水泥水化热较低，抗溶出性及抗硫酸盐侵蚀的能力稍强，适用于要求较低水化热、较高抗冻性及耐磨性的大体积混凝土工程，如寒冷地区的水坝、桥梁墩台基础等。

3.4.3.6　油井水泥

油井水泥专用于油井、气井的固井工程，又称堵塞水泥。在勘探和开采石油和天然气时，要把钢质套管下入井内，再注入水泥浆，将套管与周围地层胶结封固，进行固井作业，封隔地层内的油、气、水层，防止互相窜扰，以便在井内形成一条从油层流向地面、隔绝良好的油流通道。

油井底部的温度和压力随着井深的增加而提高，每深入 100m，温度约提高 3℃，压力增加 1.0～2.0MPa。例如，井深达 7000m 以上时，井底温度可达 200℃，压力可达 125.0MPa。因此，高温高压，特别是高温对水泥性能的影响，是油井水泥生产和使用时最重要的问题。

在使用过程中，用油井水泥配制成的净浆（水灰比为 0.5），用泵打入经套管流入管壁与岩石之间的缝隙中，要求在固井过程中水泥浆具有良好的流动性，待固井过程结束时，很快凝结，并且终凝与初凝之间的间隔时间要短。要求在短期内达到足够的强度，以防止水泥浆发生沉淀和水流穿孔等。油井水泥主要是承受抗折应力，其凝结硬化过程是在高温高压下进行的。在特殊情况下，对油井水泥还有特殊的要求，如抗硫酸盐腐蚀、堵缝隙等。

3.4.4　石膏和石灰

3.4.4.1　石膏

石膏是一种应用历史悠久的胶凝材料，在建筑材料工业中应用十分广泛。例如：在生产普通硅酸盐水泥时要加入适量的石膏作为缓凝剂；在生产硅酸盐与铝酸盐自应力水泥时，石膏是其不可缺少的重要组成材料之一；在硅酸盐建筑制品的生产中，石膏作为外加剂能有效地提高产品的性能等。特别要指出，石膏可作为建筑制品，因为它具有质量轻、凝结快、耐火性好、传热、传声小及资源丰富等优点，所以得到了很快的发展，其中发展最快的是纸面石膏板、纤维石膏板、小型石膏砌块、中型石膏条板以及建筑饰面板、隔声板等。因此，对石膏性能的研究具有十分重要的意义。

生产石膏胶凝材料的原料有天然二水石膏（$CaSO_4 \cdot 2H_2O$）、硬石膏（$CaSO_4$）、石膏矿石以及化工生产的废石膏等。建筑石膏的凝结速度很快，一般在5～15min内凝结，因此在使用时必须将石膏粉撒入水中，以免石膏结成团块影响制品质量。建筑石膏在凝结过程中体积约膨胀1%左右，浇注时可充满模板，因而造形正确、表面光滑、干燥时不易开裂。建筑石膏颜色洁白，易于抹成光滑的表面，能制轮廓精细的图案和制品，常用于室内装修。在房屋建筑中，常利用建筑石膏的特点，生产各种制品和构件，如石膏板、石膏混凝土砌块和其他建筑装饰品等。其中石膏板的用量最大。

3.4.4.2 石灰

石灰是将以碳酸钙为主要成分的原料（如石灰石），经过适当的煅烧，尽可能分解和排出二氧化碳所得的成品。其主要成分是氧化钙。有时为了方便起见，将生石灰用水消化后的产物$Ca(OH)_2$，即熟石灰也包括在“石灰”这一范畴中。

根据使用性质不同，石灰可分为两种。

① 气硬性石灰　目前使用的石灰大多数是气硬性石灰。它是碳酸钙含量较高，黏土杂质含量<8%的石灰石煅烧而成，简称生石灰。

② 水硬性石灰　当制造石灰原料中含有8%～20%的黏土杂质时，在煅烧过程中就会生成较多的低钙硅酸盐、铝酸盐和镁酸盐等水硬性物质，使石灰带有水硬性。水硬性石灰含有大量气硬性石灰，这部分性质与气硬性石灰完全相同，其水硬性部分基本与硅酸盐水泥相同。

自古以来，熟石灰在许多行业都是不可缺少的，用途十分广泛。在钢铁工业中，冶炼时加入石灰，以结合不需要的伴生元素，如硅、铝、硫和磷，而生成碱性炉渣。在化学工业中，有些石灰为最终产品的组成部分，如碳化钙等；有些仅仅在生产工艺过程中作为辅助剂，如制糖、制苏打等。工业废水和生活废水的净化处理主要用石灰作沉淀剂。在建筑工程上，石灰主要用于粉刷和砌筑砂浆中。

第4章　高分子材料

4.1　概述

4.1.1　高分子材料的基本概念

高分子化合物（简称高分子）是由成百上千个原子组成的大分子构成的，大分子是由一种或多种小分子通过主价键一个接一个地连接而成的链状或网状分子。因此，高分子又称为聚合物。

高分子化合物的分子式可用以下通式表示：

A—M—M……M—B

式中，M为结构单元；A、B为大分子链的端基。由于大分子链很长，M的数目很大，比较起来，端基在大分子链中的比例可以忽略不计。此时，高分子化合物分子的通式可写成：

$$\left[M \right]_n$$

构成大分子链的基本结构单元$\left[M \right]$称为结构单元或重复单元。由于重复单元是组成大分子链的基本单位，好像是长链中的一环，所以又称为链节。大分子链上结构单元的数目n就称为聚合度。聚合物的分子量M等于聚合度n和结构单元分子量M_0的乘积。

$$M = nM_0$$

一般地说，相对分子质量低于500的化合物统称为低分子化合物，而相对分子质量大于10000者统称为高分子化合物，天然或合成的高分子化合物，其相对分子质量通常为$10^4 \sim 10^6$。

高分子材料也称为聚合物材料。它是以聚合物为基本组分的材料，虽然有许多聚合物材料仅由聚合物构成，但大多数高分子材料除基本组分聚合物之外，为获得具有各种实用性能或改善其成型加工性能，一般还加有各种添加剂，如增塑剂、润滑剂、颜料、填料、固化剂、防老剂、稳定剂等。

4.1.2　高分子材料的命名

国际纯化学和应用化学联合会（IUPAC）1973年提出了以结构为基础的聚合物系统命名法，因命名繁琐，目前仅见于学术研究文献中，尚未普遍采用。高分子材料可以有三种独立的名称：化学名称、商品名称或专利商标名称、习惯名称。

普遍采用的化学名称是以单体或假想单体名称为基础，前面冠以“聚”字，就成为聚合物名称。大多数烯类单体均按此命名。例如，聚氯乙烯、聚苯乙烯分别是氯乙烯、苯乙烯的聚合物，聚乙烯醇则是假想单体乙烯醇的聚合物。

由两种单体缩聚而成的聚合物，如果结构比较复杂或不太明确，则往往在单体名称后面加上“树脂”二字来命名。例如由环氧氯丙烷和双酚-A合成的聚合物叫“环氧树脂”，由苯酚和甲醛合成的聚合物称“酚醛树脂”等。现在，“树脂”这个名词应用范围扩大了，未加工成型的聚合物往往都叫树脂，如聚氯乙烯树脂、聚丙烯树脂等。

也有以聚合物的结构特征来命名，它是以该类材料中所有品种所共有的特征化学单元为基础的，如聚酰胺、聚酯、聚碳酸酯、聚砜等。至于具体品种，应有更详细的名称，例如，己二胺和己二酸的反应产物称为聚己二酰己二胺。

许多合成橡胶是由两种或两种以上单体聚合物的共聚物，常从共聚单体中各取一字，后附“橡胶”二字来命名，如丁（二烯）苯（乙烯）橡胶、乙（烯）丙（烯）橡胶等。

商品名称或专利商标名称是由材料制造商命名的，突出所指的是商品或品种。这样的材料很少是纯聚合物的，常常是指某个聚合物和添加剂的配方。

习惯名称是沿用已久的习惯叫法。如聚酰胺类的习惯名称为尼龙，聚对苯二甲酸乙二醇酯的习惯名称为涤纶等，因其简单而普遍采用。

4.1.3 高分子材料的分类

可根据来源、性能、结构、用途、热行为等不同角度进行分类。下面介绍工业上常用的分类方法。

（1）从高分子的来源分类　根据高分子的来源，可分为天然高分子和合成高分子。天然高分子包括食物中的淀粉，衣服原料的棉、毛、丝、麻，木材以及天然橡胶等。合成高分子利用小分子经人工合成得到的高分子，合成原料主要是石油化工产品，合成高分子的结构和性能可通过合成条件和加工条件的改变而调整，产量不仅远远超过天然高分子，而且超过金属材料。

（2）按大分子主链结构分类　根据主链结构，可将聚合物分成碳链、杂链和元素有机高分子三类。

碳链聚合物是指大分子主链完全由碳原子构成。绝大部分烯类和二烯类聚合物都属于这一类。常见的有聚乙烯、聚氯乙烯、聚丙烯、聚苯乙烯等。

$-[CH_2-CH_2]_n-$　　$-[CH_2-CH(CH_3)]_n-$　　$-[CF_2-CF_2]_n-$　　$-[CH_2-CH(C_6H_5)]_n-$　　$-[CH_2-CH(Cl)]_n-$

聚乙烯　　聚丙烯　　聚四氟乙烯　　聚苯乙烯　　聚氯乙烯

杂链聚合物是指大分子主链中除碳原子外，还有氧、氮、硫等杂原子。常见的这类聚合物如聚醚、聚酯、聚酰胺、聚脲、聚砜等。

元素有机高分子是指大分子主链中没有碳原子，主要由硅、硼、铝、氧、氮、硫、磷等原子组成，但侧基却由有机基团如甲基、乙基、芳基等组成，如有机硅橡胶。

（3）按聚合物的热行为分类　根据聚合物热行为可分为热塑性聚合物和热固性聚合物。

热塑性聚合物（如聚乙烯、聚丙烯等）是具有热可塑性的聚合物。这类聚合物具有线型分子结构，加热时可以熔融、冷却后又凝固成型。再加热可再熔融且不改变材料的基本结构和性能。聚合物的成型加工主要是利用这一性能。

热固性聚合物（如不饱和聚酯树脂、环氧树脂等）具有三维网络结构。这类聚合物在成型之前是分子量相对较小的线型分子，加热成型后转变成不溶不熔的网络结构，不能再进行加工成型。

（4）按性能和用途分类　根据聚合物材料的性能和用途，可将聚合物分为橡胶、纤维、塑料、黏合剂、涂料、功能高分子等不同类型。这实际上是聚合物材料的一种分类，并非聚合物的合理分类，因为同一种聚合物，根据不同的配方和加工条件，往往既可用作这种材料也可用作另一种材料。

4.1.4 聚合反应

高分子化合物是由低分子有机化合物通过合成反应而得到的，这种由单体转变成聚合物的反应称为聚合反应。聚合反应有许多类型，可以从不同角度进行分类。

（1）按单体和聚合物的组成和结构发生的变化分类　根据单体和聚合物的组成和结构发生的变化，聚合反应可分为加成聚合反应（简称加聚）和缩合聚合反应（简称缩聚）。

加成聚合反应一般按链式反应机理进行，聚合物是唯一的反应产物，因此，所产生的聚合物的化学组成与所用的单体相同，加聚物的分子量是单体分子量的整倍数。一般通式可表示为：

$$n\mathrm{M} \longrightarrow \left[\mathrm{M}\right]_n$$

式中，M 代表单体分子；n 代表聚合度。

缩合聚合反应是按逐步反应机理进行的缩合聚合反应，缩聚反应是官能团之间的反应，除形成缩聚物外，还伴有水、醇、氨等低分子副产物，所形成聚合物的化学组成与起始单体不同，缩聚物的元素组成比单体中少若干原子，其分子量也不是单体的整倍数。缩合聚合反应的通式可表示如下：

$$n\mathrm{MN}+n\mathrm{PQ} \longrightarrow \left[\mathrm{MP}\right]_n+n\mathrm{NQ}$$

式中，MN 和 PQ 可以相同也可不相同。

随着高分子化学的发展，不断出现了许多新的聚合反应。如开环聚合、异构化聚合、原子转移自由基聚合等。

（2）按聚合机理和动力学分类　根据聚合机理和动力学，可将聚合反应分成连锁聚合和逐步聚合两大类。聚合物的加聚反应大部分属于连锁聚合反应，缩聚反应大部分属于逐步聚合反应。

连锁聚合反应也称链式聚合反应，反应需要活性中心。聚合过程由链引发、链增长和链终止几步基元反应组成，各步反应速率和活化能差别很大，反应体系中只存在单体、聚合物和微量引发剂。进行连锁聚合反应的单体主要是烯类、二烯类化合物。根据活性中心不同，连锁聚合反应又分为活性中心为自由基的自由基聚合，活性中心为阳离子的阳离子聚合，活性中心为阴离子的阴离子聚合，活性中心为配位离子的配位离子聚合。

逐步聚合反应通常是由单体所带的两种不同的官能团之间发生化学反应而进行的，例如，羟基和羧基之间的反应。两种官能团可在不同的单体上，也可在同一单体内。逐步聚合反应的特点是在反应中逐步形成聚合物分子链，即聚合物的分子量随反应时间增长而逐渐增大，直至反应达到平衡为止。逐步聚合反应在高分子化学和高分子合成工业中占有重要地位。大多数杂链聚合物如聚酯、聚酰胺、聚氨酯、酚醛树脂、环氧树脂都是逐步聚合反应合成的，逐步聚合反应还可合成一些带芳环的高强度及耐高温聚合物，如聚碳酸酯、聚砜、聚苯醚、聚酰亚胺等。

4.1.5　高分子材料的成型加工

高分子材料的成型加工是将高分子材料转变成所需形状和性质的实用材料或制品的工程技术。通常是使固体状态（粉状或粒状）、糊状或溶液状态的高分子化合物熔融或变形，经过模具形成所需的形状，并保持其已经取得的形状，最终得到制品的工艺过程。

聚合物成型过程中将发生物理和化学的变化，从而引起形状、结构和性质等多方面的变化。形状的变化主要指粒状、粉状或溶液状的物料经成型加工过程而制成各种型材和制品；结构的变化指组成（配方）、材料宏观和微观结构的变化；性质的变化涉及物理机械性能、热性能、电性能、耐腐蚀性能、耐候性等。虽然某些高分子是由纯聚合物构成，但大多数高分子材料是由聚合物为基本组分，配以各种添加剂而构成，不同的高分子材料需要不同的添加成分，有些添加剂可以改善制品的性能，有些添加剂用于改善制品的加工工艺性能。

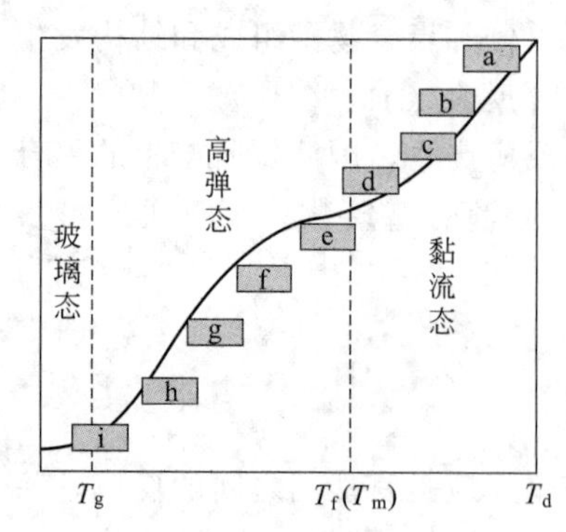

图 4-1 高分子材料成型加工与温度的关系

a—熔融纺丝；b—注射成型；c—薄膜成型；d—挤出成型；e—压延成型；f—中空吹塑成型；g—真空和压力成型；h—薄膜和纤维热拉伸；i—薄膜和纤维冷拉伸

对一个特定的高分子化合物来说，其成型加工性能是极为重要的特性，高分子化合物在成型加工过程中所表现出来的性质和行为主要由其本身决定的，成型加工性能是指可挤压性、可模塑性、可延展性和可纺性等。可挤压性是材料受挤压时，获取和保持形状的能力；可模塑性是材料在温度和压力作用下，产生形变和在模具中模制成型的能力；可延展性是材料在一个或两个方向上受到压延或拉伸的形变能力；可纺性是材料通过成型而形成连续固态纤维的能力。

高分子材料的成型加工与温度特性有关，见图 4-1。一般来说，非晶态高分子材料（如塑料）在脆化点 T_b 和玻璃化 T_g 之间使用，结晶聚合物在 T_b 和熔点 T_m 之间使用。在 T_g 或 T_m 以下，对高分子材料不能进行形变较大的成型加工，只能进行机械加工，如车、铣、削、刨等。非晶态聚合物一般在 T_g 以上不高的温度下进行拉伸，结晶聚合物可在 $T_g \sim T_m$ 之间进行薄膜和纤维的拉伸。绝大多数高分子材料是在黏流温度 T_f（非结晶聚合物）或 T_m（结晶聚合物）附近进行挤出、注塑、模压等成型加工。

高分子材料经过成型加工，成为人们有用的高分子制品或成品。制品的性能不仅决定于原材料，而且与加工方法密切相关。不正确的加工方法，不仅得不到预期性能的产品，甚至会破坏原材料的性能。高分子材料由于原料、热行为、性能及用途的不同而具有不同的成型加工工艺，如塑料的挤出、注塑，橡胶的炼胶、硫化，纤维的熔融纺丝、溶液纺丝等。

4.1.6 高分子材料的发展现状与趋势

高分子材料由于原料来源丰富、合成相对容易、加工方便、能源和投资较小、效益显著、品种繁多、用途广泛，且有不少性能为其他材料不具备或比其他材料更为优越，因此在材料领域中的地位日益突出，增长最快，所占比重越来越大。高分子材料工业主要包括高分子化工工业和高分子加工工业，世界各国高分子化工工业占石油化工工业的比重大多在 60%～70%之间，高分子加工工业在轻工业中也占举足轻重的地位。

高分子合成技术的发展是高分子材料科学与工程发展的基础，许多高分子加工改性技术，因进一步提高材料的性能的需要最终发展成了新的高分子合成技术。高分子合成技术的发展方向是：综合利用原料，节省资源、能源，降低污染；强化生产，简化工艺，实现连续化、自动化和最佳化；降低成本，提高产品质量。随着高分子合成技术的发展，人们对传统的聚合方法和工艺不断进行改进，各种聚合新技术、新方法不断涌现，实现通用高分子高性能化和多功能化，并合成了许多结构、性能优异的新型聚合物。高分子合成技术在高分子材料向高性能化、高功能化、复合化、精细化和智能化方向发展中，正起着越来越重要的作用。目前，高分子合成已开始进入分子设计阶段，即根据高分子的性能要求，研究聚合原理，选择合适的原料，对传统聚合方法进行改进，研究新的合成方法，探索合成工艺条件，合成出预定结构的聚合物。

高分子材料制品的质量取决于材料的选择和成型加工条件。高分子材料成型加工是一门学科交叉、科学与工程紧密结合的学科。其任务是：了解材料的特性，确定最适宜加工条件，制取最佳性能产品；为合成具有预期性能的聚合物和助剂提供理论依据；提高制品性能，为解决高新技术的突破提供关键材料。目前，这一学科前沿研究领域和主攻方向是：研究在加工工程中材料结构的演变，通过反应性加工实现预期的材料结构；与辐照、力化学、电磁振荡等物理技术结合，建立高效、清洁的聚合物加工新方法；聚合物纳米材料的制备和加工新技术；加工过程中定量化，计算机模拟、工程优化、结构预测的研究；加工过程和材料结构变化的在线检测，可视化研究；废弃高分子材料回收利用技术等。

在绿色化技术方面，环境保护要求发展与环境协调、高效益的高分子材料制备技术，解决废弃高分子材料的白色污染问题，实施高分子材料绿色工程。在高分子材料的制备方面，理想的绿色技术是在单体的选择、合成、材料的制备阶段即考虑到材料使用后可回收利用性，制备易于解聚、降解、可循环再生利用的高分子材料。研究新的聚合方法，在分子链中引入对热、光、氧、生物酶敏感的基团，为材料使用后的降解、解聚制造条件。注意发展线型热塑性、无毒高分子材料，尤其是聚烯烃材料；采用物理交联替代化学交联，改善材料的热塑性、加工流变性，为材料使用后的回收加工创造条件。发展可生物降解的高分子材料，研究淀粉、纤维素等天然高分子材料的结构、性能和应用。研究天然高分子和合成高分子材料的共混和复合材料的结构与性能，为制备高性能、价廉、可降解的高分子材料提供依据。

4.2　高分子的结构与性能

4.2.1　高分子的结构

高分子的结构包括高分子链的结构和聚集态结构这两方面。高分子链结构是指高分子内的相互作用达到平衡时，一个分子链中原子或基团之间的几何排列；聚集态结构研究的是大分子之间的相互作用达到平衡时，单位体积内分子链之间的几何排列。高分子链的结构包括分子链的近程结构和远程结构，近程结构主要指高分子链的化学结构，远程结构主要是指高分子链的构象、形态和分子量。

4.2.1.1　大分子链的近程结构

大分子链的近程结构常称为聚合物的一次结构，它包括大分子链结构单元的化学组成、连接方式、空间构型、序列结构以及大分子链的几何形状。

(1) 大分子链的化学组成　按照主链的化学组成，可分为碳链大分子、杂链大分子、元素有机大分子等。化学组成不同，性能和结构都不同。

(2) 结构单元的连接方式　大分子链是由许多结构单元通过主价键连接起来的链状分子。对于带有取代基R的$CH_2{=}CHR$型烯类单体，如苯乙烯、丙烯等，在聚合反应中生成的聚合物分子，存在头尾连接方式问题，设有取代基R的一端为“头”，另一端为“尾”，即

头-头连接　$—CH_2—\underset{|\atop R}{CH}—\underset{|\atop R}{CH}—CH_2—$

头-尾连接　$—CH_2—\underset{|\atop R}{CH}—CH_2—\underset{|\atop R}{CH}——$

尾-尾连接　$—\underset{|\atop R}{CH}—CH_2—CH_2—\underset{|\atop R}{CH}—$

这种由结构单元的连接方式不同所产生的异构体称为顺序异构体。双烯类单体聚合时，除了头尾连接的问题之外，还存在1,4-加成、1,2-加成及3,4-加成的问题。

(3) 结构单元的空间排列方式

① 几何异构　几何异构是指当分子链中含有不饱和双键时，由于双键不能内旋转而引起的异构现象。共轭二烯烃的1,4-加聚物中含有双键，由于双键不能旋转，如将双键两侧的长链看成取代基，每个双键就有顺式和反式二种异构体。例如天然橡胶是1,4-顺式聚异戊二

烯，它的空间排列规整性不是很好，不易结晶，在室温下是很好的弹性体，古塔波胶是1,4-反式聚异戊二烯，由于它的空间排列的规整性，容易结晶，因而在室温下是弹性很差的塑料。

② 旋光异构　旋光异构是由于不对称碳原子存在于分子中引起的异构现象。每一个不对称碳原子的存在，能构成互为镜像的两种异构体，它们的化学性质相同而旋光性不同，故称为旋光异构体。对于 $CH_2=CHR$ 型烯类单体所形成的聚合物，除了有头尾不同的连接方式外，由于不对称碳原子的存在，每个链节上就有两种旋光异构体，它们在高分子链中有三种异构排列方式。如果把高分子主链拉成平面锯齿形，取代基 R 可排列在平面两侧或一侧。若 R 排列在主链平面的同一侧，全部由一种旋光异构单元连接而成的高分子称为全同立构；若 R 交替排列于大分子主链平面的两侧，即两种旋光异构单元交替连接称为间同立构；取代基 R 无规则排列于主链平面的两侧，即两种旋光异构单元无规连接称为无规立构，见图 4-2。

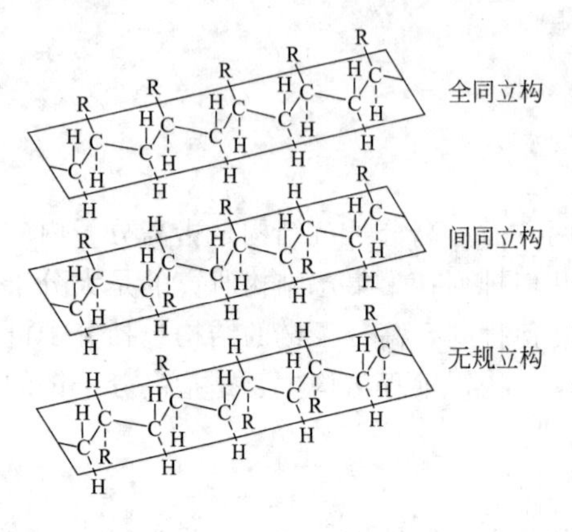

图 4-2　聚合物旋光异构

全同立构和间同立构的高聚物统称为等规立构。大分子的立体规整性对聚合物有很大影响，等规立构的大分子由于取代基在空间的排列规整，大多数能结晶，强度和软化点也较高。

（4）大分子链骨架的几何形状　大分子链骨架的几何形状可分为线型、支链型、网状和梯型等几种类型。线型大分子是整个分子如同一根长链，无支链。支链大分子也称支化大分子，是指分子链上带有一些长短不同的支链。星型大分子、梳型大分子及枝型大分子都可视为支链型大分子的特殊类型。大分子链之间通过化学键相互交联连接起来就形成三维结构的网状大分子。形状类似“梯子”和“双股螺旋”的大分子，分别称为梯型及双螺旋型大分子。

（5）共聚物大分子链的序列结构　由两种或两种以上结构单元构成的共聚物大分子都有一定的序列结构。序列结构就是指各个不同结构单元在大分子中排列的顺序。共聚物按其结构单元键接的方式不同可分为无规共聚物、交替共聚物、嵌段共聚物与接枝共聚物几种类型。同一共聚物，由于链结构单元的排列顺序的差异，导致性能上的变化，如丁二烯与苯乙烯共聚反应的共聚物，当为无规共聚物时是橡胶类物质（丁苯橡胶），当为嵌段共聚物时则为两相结构的热塑性弹性体 SBS（苯乙烯-丁二烯-苯乙烯三嵌段共聚物）。

4.2.1.2　大分子链的远程结构

大分子链的远程结构也称为聚合物的二次结构，它包括分子量的大小和大分子的形态（构象）两方面。

聚合物的分子量具有两个特点：一是其分子量比低分子大几个数量级，二是分子量具有多分散性。分子量对高聚物材料的力学性能以及加工性能有重要影响，聚合物的分子量只有达到一定数值后，才能显示出适用的机械强度；由于聚合反应的复杂性，因而聚合物的分子量不是均一的，只能用统计平均值来表示，例如数均分子量和重均分子量等。

聚合物的构象是由单键的内旋转而引起的分子在空间上表现的不同形态。一般而言，大分子链是由众多的C—C单链（C—N，C—O，Si—O等类单键）构成的。这些单键是由 σ 电子组成的 σ 键，其电子云分布对键轴是对称的，所以同 σ 键连接的两个原子可以相对旋转，这称为分子的内旋转。而双键和叁键，由于 π 电子云存在，则不能内旋转。

如果不考虑取代基对这种旋转的阻碍作用，即假定旋转过程中不发生能量变化，则称为自由内旋转。这时大分子链上每一个单键在空间所能采取的位置与前一个单键位置的关系只受键角的限制，如图 4-3 所示。由图可见，第三个键相对第一个键，其空间位置的任意性已很大。两个键相隔越远，其空间位置的关系越小，可以设想，从第（$i+1$）个键起，其空间位置的取向与第一个键的位置已完全无关。这就是说，整个大分子链可看作是若干个包含 i 个键的段落自由连接而成的，这种段落称为链段，链段的运动是相互独立的。因此，在分子内旋转的作用下，大分子链具有很大的柔曲性，可采取各种可能的形态，每种形态所对应原子及键的空间排列称为构象。构象是由分子内部热运动而产生的，是一种物理结构。

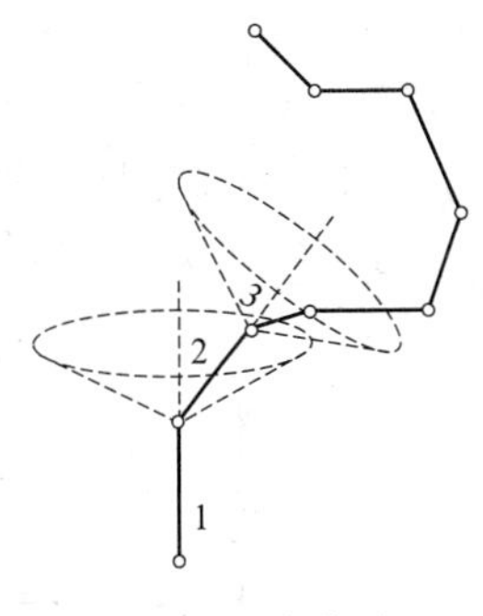

图 4-3　大分子链的内旋转

由于分子的内旋转，在自然状态下，大分子链以卷曲状态存在，这时相应的构象数最多。在外力作用下，大分子链可以伸展开来，构象数减少，当外力除去后，大分子链又回复到原来的卷曲状态，大分子链在这无数个构象之间通过内旋转不断地交换着，使整个分子链时而伸展、时而卷曲，不断改变形态。这就是高聚物呈现柔顺性的内在原因。

我们将高分子链能不断改变其构象的性质称为柔顺性。一个高分子链所能够采取的构象数越多，则表示高分子链越柔顺；相反，一个高分子链所能够采取的构象数越少，则表示高分子链柔顺性越小，或者说刚性越大。大分子链的柔顺性是决定聚合物特性的基本因素。大分子链的柔顺性主要来源于内旋转，而内旋转的难易决定于内旋转位垒的大小。凡是使内旋转位垒增加的因素都使柔性减小。内旋转位垒首先与主链结构有关，键长越长，相邻非键合原子或原子基团间的距离就越大，内旋转位垒就小，链的柔顺性就越大。取代基对大分子链柔顺性的影响取决于取代基的极性、位置和体积。一般来说，取代基的极性越强、体积越大，内旋转位垒就越大，大分子链的柔顺性就越小。

4.2.1.3　聚合物聚集态结构

聚合物聚集态结构也称为三次结构，是指在分子间力作用下大分子相互聚集在一起所形成的组织结构。聚合物聚集态结构取决于组成它的大分子的化学组成、立体结构和分子形态，也强烈依赖于它所处的外界条件。

（1）非晶态结构　聚合物非晶态结构是一个比晶态更为普遍存在的聚集态，不仅有大量完全非晶态的聚合物，而且即使在晶态聚合物中也存在非晶区。非晶态结构包括玻璃态、高弹态（橡胶态）、黏流态（或熔融态）及结晶聚合物中的非晶区。非晶态聚合物的分子排列无长程有序而只有短程有序。

（2）晶态结构　与一般低分子晶体相比，聚合物晶体具有不完善、无完全确定的熔点及结晶速度较慢（有例外，如聚乙烯）的特点。高聚物的结晶形态有多种，它们是在不同的结晶条件下形成的宏观或亚微观晶体。这些结晶形态主要有聚合物的单晶、球晶、树枝状晶体、孪晶、伸直链晶片、串晶及纤维状晶体等。

（3）聚合物取向态结构　链段、整个大分子链以及晶粒在外力场作用下沿一定方向排列的现象称为聚合物的取向，取向是高分子链在一维或二维方向上的有序排列，相应的链段、大分子链及晶粒称为取向单元。按取向方式可分为单轴取向和双轴取向；按取向机理可分为分子取向（链段或大分子取向）和晶粒取向。

（4）聚合物液晶态　液晶聚合物是介于固体结晶和液体之间的中间状态聚合物，其物理状态为液体，而具有与晶体类似的有序性，其分子排列虽然不像固体晶态那样三维有序，但也不是液体那样无序，而是具有一定（一维或二维）的有序性。按分子排列的形式可分为近晶型液晶、向列型液晶及胆甾型液晶。

4.2.2　高分子的物理状态

4.2.2.1　非晶态聚合物的三种力学状态

在恒定应力下，高聚物的温度-形变之间的关系可反映出分子运动与温度变化的关系，见图4-4。当温度变化时，非晶态聚合物存在三种不同的力学状态，即玻璃态、高弹态及黏流态。由玻璃态到高弹态的转变温度，就是玻璃化温度，以 T_g 表示；高弹态到黏流态的转变温度，称为黏流温度，以 T_f 表示。

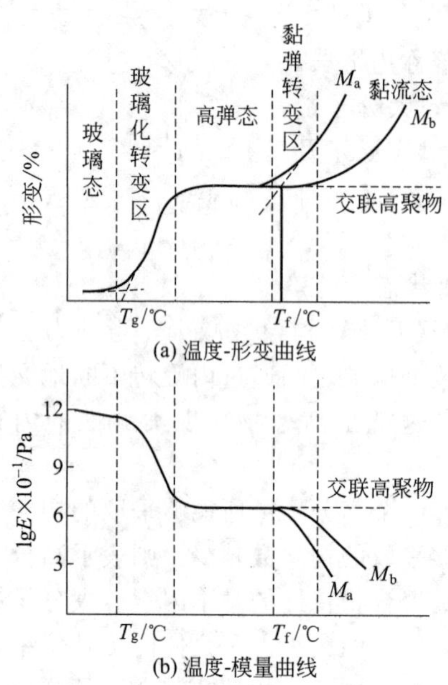

图4-4　非晶态聚合物的热-机械曲线
（M_a、M_b 分子量、$M_a < M_b$）

在玻璃态，由于温度低，分子间的作用能远大于分子的热运动能，链段的热运动不足以克服主链内旋转位垒，此时，不但整个大分子的运动被冻结，甚至链段的运动也被冻结，即分子之间和链段之间的相对位置都被固定着，只有侧基、链节、链长、键角等的局部运动，与其相对应的高聚物则处于坚硬的固体状态，即玻璃态。玻璃态聚合物在施加外力时，由于只有键长和键角等的微小变化，因而聚合物形变很小（1%以下），模量高（$10^9 \sim 10^{10}$ Pa）。当外力除去后，高聚物立刻恢复原状，即形变是可逆的，具有普弹性，质硬而脆。

玻璃态转变区是对温度十分敏感的区域，温度范围约3～5℃。在此温度范围内，链段运动已开始“解冻”，大分子链构象开始改变、进行伸缩，表现有明显的力学松弛行为，具有坚韧的力学特性。

当温度升高到 T_g 与 T_f 之间时，虽然热运动能还不能使整个分子链发生相对位移，但链段运动已充分发展，此时的高聚物处于高弹态，发生的形变为高弹形变。聚合物高弹形变的力学行为表现为弹性模量低（$10^5 \sim 10^6$ Pa），在较小应力下，即可迅速发生很大的形变，除去外力后，形变可迅速恢复。聚合物高弹形变的特点是形变量很大、可逆性和需要松弛时间（即完成形变和恢复原状都需要一定的时间才能完成）。

黏弹性转变区是大分子链开始能进行重心位移的区域，模量降至 10^4 Pa 左右。在此区域，聚合物同时表现黏性流动和弹性形变两个方面。这是松弛现象十分突出的区域。

对于交联聚合物，则不发生黏性流动，只有高弹行为。对线型聚合物，高弹态的温度范围随分子量的增大而增大。分子量过小的聚合物无高弹态。

随着温度的上升，热运动能继续增加，温度达到 T_f 以后，不但分子链中的链段可以自由运动，整个大分子链之间也可以发生相对位移，产生不可逆形变即黏性流动，此时聚合物处于黏流态。分子量越大，T_f 就越高，黏度也越大。黏流态的力学行为表现为，当施加外力后，高聚物一直产生永久形变，当外力除去后，形变不能恢复原状。

交联使高分子链之间以化学键结合，若不破坏化学键，分子间不能产生相对位移，因而交联聚合物无黏流态存在，但如交联度低仍出现玻璃化转变和高弹态。

同一聚合物材料，在某一温度下，由于受力大小和时间的不同，可能呈现不同的力学状态。因此上述的力学状态只具有相对意义。

从非晶态聚合物的热-机械曲线可以看出，处于玻璃态的高聚物适合于作塑料，处于高弹态的高聚物适合于作橡胶，而处于黏流态的高聚物是流动性的树脂。在室温下，塑料处于玻璃态，玻璃化温度是非晶态塑料使用的上限温度，玻璃化温度越高，使用的温度上限越高，即耐热性就越好。塑料使用温度的下限为脆化温度 T_b，即产生极小形变就会破裂的温度。脆化温度越低，塑料的耐寒性就越好。所以，塑料的使用温度范围在 $T_b \sim T_g$ 之间。当高聚物的玻璃化温度低于室温很多，黏流温度又高于室温很多时，则适合于作橡胶制品。玻璃化温度是橡胶使用的下限温度，玻璃化温度越低，耐寒性越好；黏流温度则是橡胶使用的上限温度，黏流温度越高，耐热性越好。所以橡胶的使用温度范围为 $T_g \sim T_f$ 之间。

4.2.2.2　结晶聚合物的力学状态

凡在一定条件下能够结晶的高聚物称为结晶性高聚物。当结晶度高于 40%时，微晶贯穿整个材料，链段运动受到限制，非晶区的 T_g 将不能明显出现，所以 T_g 以上模量下降不大，没有玻璃化转变。T_g 和熔点 T_m 之间不出现高弹态。只有当温度升高到熔融温度 T_m 时，晶区熔融，高分子链热运动加剧，若聚合物分子量很大且 $T_m < T_f$，在 T_m 以上模量迅速下降，在 T_m 与 T_f 之间将出现高弹态。若分子量较低，$T_m > T_f$，则熔融之后即转变为黏流态，如图 4-5 所示。

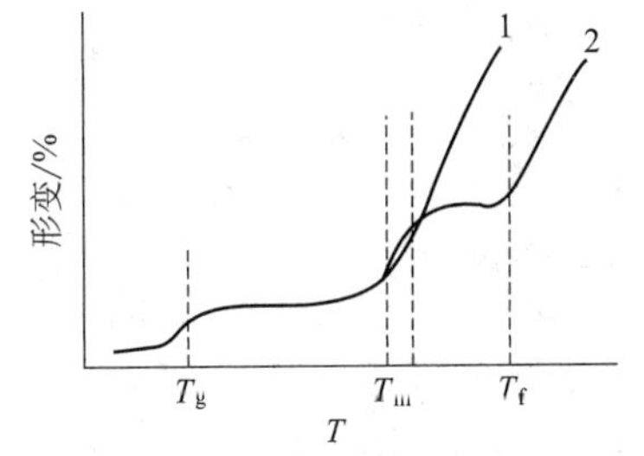

图 4-5　结晶聚合物的温度-形变曲线
1—分子量较低，$T_m > T_f$；
2—分子量较高，$T_m < T_f$

从结晶聚合物的温度-形变曲线可以看出，虽然有些聚合物玻璃化温度低于室温，如聚乙烯、聚丙烯等，但这些聚合物在使用时却是作为塑料使用，这是由于这部分聚合物容易结晶所致。熔点是结晶性塑料使用的上限温度。

4.2.3　高分子基本性能及特点

4.2.3.1　高分子材料的力学性能

（1）强度　在各种外力作用下，高分子材料所表现出的力学性能，如拉伸、压缩、弯曲、抗冲击韧性、耐疲劳强度等是衡量高分子材料的重要指标。

聚合物具有抵抗外力破坏的能力，主要靠分子内的化学键合力和分子间的范德华力和氢键。因而聚合物材料的强度与聚合物结构、原料配比及加工工艺有密切关系，如大分子链的组成、分子量、分子链支化程度、分子间的力、聚合度、结晶度、取向情况及添加配合剂等。一般来说，随着分子量的增大，分子间的范德华作用力增加，分子间不易滑移，其抗张强度、断裂伸长、冲击韧性等都随之提高，但当分子量增加到一定程度后，对强度的影响则不明显；主链中含有芳杂环的聚合物，其强度和模量都比脂肪族主链的高；分子链支化程度增加，使分子间的距离增加，分子间作用力减小，聚合物的拉伸强度降低，冲击强度提高；随着结晶度的增加，聚合物的屈服应力、强度、模量等均提高，而断裂伸长和冲击韧性则相反，结晶使聚合物变硬变脆；增塑剂的加入对聚合物起稀释作用，减少了高分子链之间的作用力，但增塑剂使高分子链段运动能力增强，因而材料的拉伸强度降低，冲击强度提高。常见聚合物的力学性能见表 4-1。

（2）高弹性　处于高弹态的聚合物表现出高弹性能。一般来说，所有线型分子的高聚物都能在一定的范围内进行链段的热运动，而整个分子链不能进行热运动，即为无序的排列。在外力的作用下，这些蜷曲的分子链就会伸展开来，因而产生很大的形变。除去外力后，伸展的大分子链由于链段热运动的结果，又重新回复到蜷曲状态，即表现为回弹力。所以，高聚物的高弹性能是由分子链的柔顺性所决定的。高聚物分子链的柔顺性越好，分子链越长，则其高弹性能越好，这就要求分子的内旋转位垒要小，分子间作用力要弱。

高弹性是高分子材料重要的性能。以高弹性为主要特征的橡胶，是一类重要的高分子材料，它的弹性模量小、形变大。一般材料，如铜、钢等，形变量最大为 1%左右，而橡胶能拉长到原始长度的 100%～1000%。橡胶的弹性模量低，远远小于塑料的弹性模量，约为钢的 $1/10^6$。

表 4-1 常见聚合物的力学性能

塑料名称	简称	拉伸强度/MPa	拉伸模量/MPa	弯曲强度/MPa
低密度聚乙烯	LDPE	8～32	—	6～20
高密度聚乙烯	HDPE	22～38	820～930	24～40
聚丙烯	PP	31～42	1180～1380	40～55
聚氯乙烯	PVC	38～89	2450～4120	65～110
聚苯乙烯	PS	36～52	2740～3460	60～97
ABS树脂	ABS	30～43	650～2840	25～93
聚甲基丙烯酸甲酯	PMMA	48～76	3140	87～117
聚酰胺 6	PA6	70～84	2550	92～97
聚酰胺 66	PA66	74～84	3140～3240	98～108
聚碳酸酯	PC	60～70	2160～2360	96～104
聚甲醛	POM	67～69	2740	85～90
聚四氟乙烯	PTFE	14～34	390	108～137
聚苯醚	PPO	55～81	2450～2750	96～134
聚酰亚胺	PI	74～114	—	98
聚砜	PSF	75～80	2450～2750	106～125

（3）黏弹性　聚合物的黏弹性是指聚合物既有黏性又有弹性的性质，实质上是聚合物的力学松弛行为。黏弹性不是聚合物材料所独有，但其他类型的材料远没有它那样突出。在玻璃化温度以上，非晶态线型聚合物的黏弹性表现最为明显。理想的弹性形变与时间无关。理想的黏性形变随时间的增加线性地发展，两者结合意味着聚合物材料的形变是与时间有关的，介于理想的弹性体和理想的黏流体之间的力学行为。

4.2.3.2　高分子材料的电性能

高聚物的电性能是指聚合物在外加电压或电场作用下的行为极其表现出的各种物理现象，包括在交变电场中的介电性质，在弱电场中的导电性质，在强电场中的击穿现象以及发生在聚合物表面的静电现象。聚合物的电学性质主要由其化学结构所确定，是聚合物本身内部结构的反映。

（1）电阻率　高聚物内部没有自由电子和离子，导电能力很低，一般绝缘性好，大多数高聚物是绝缘体，具有优异的绝缘性能、良好的介电性能，为电器工业中不可缺少的绝缘材料。一般聚乙烯、聚丙烯、聚苯乙烯等非极性高聚物，不会被水润湿，是优良的电绝缘材料。聚氯乙烯、聚酰胺虽然绝缘，但含有极性的氯原子和酰胺基团等，电导性能会受湿度影响，不能作为高压绝缘材料。酚醛树脂等热固性塑料虽有极性基团存在，但交联后形成体型结构，被包围在网型结构内，极性不易显出，所以仍具有较好的绝缘性能。

（2）介电常数　在外电场作用下，分子中电荷分布的变化称为极化。聚合物产生介电现象的原因是分子极化。分子极化包括电子极化、原子极化及取向极化。除此之外，还包括界面极化，界面极化是由于电荷在非均质分界面上聚集而产生的。聚合物材料的介电常数是以上几种因素所产生介电常数分量的总和。某些聚合物的介电常数见表 4-2。

表 4-2 某些聚合物的介电常数

聚合物	ε	聚合物	ε
聚乙烯	2.3	聚苯乙烯	2.5
聚丙烯	2.3	尼龙 66	6.1
聚甲基丙烯酸甲酯	2.8	酚醛树脂	6.0
聚氯乙烯	3.8	氯磺化聚乙烯	8～10
聚氨酯	9	聚四氟乙烯	2.1

(3) 介电强度 当电场强度超过某一临界值时，电介质丧失其绝缘性能称为电击穿。聚合物处于高电压下，每单位厚度能承受到被击穿时的电压称为介电强度，也称为击穿强度。高聚物的击穿有三种形式：电击穿、热击穿和化学击穿。电击穿是在高电压作用下，由于聚合物中微量杂质离解和自由电子的运动而引起的击穿；热击穿是在强电场下，因温度上升导致聚合物的破坏而引起的击穿；化学击穿是在高压下，因聚合物表面或其小孔附近局部空气碰撞电离而引起的击穿。常见高聚物的介电强度见表 4-3。

表 4-3 常见高聚物的介电强度

高聚物	E_b/(MV/m)	高聚物	E_b/(MV/m)
聚乙烯	18～28	环氧树脂	16～20
聚丙烯	20～26	聚乙烯薄膜	40～60
聚甲基丙烯酸甲酯	18～22	聚丙烯薄膜	100～140
聚氯乙烯	14～20	聚苯乙烯薄膜	50～60
聚苯醚	16～20	聚酯薄膜	100～130
聚砜	17～22	聚酰亚胺薄膜	80～110
酚醛树脂	12～16	芳香聚酰胺薄膜	70～90

(4) 静电现象 两种物体互相接触和摩擦时会有电子的转移而使一个物体带正电，另一个带负电，这种现象称为静电现象。聚合物的高电阻率使它有可能积累大量静电荷，产生很高的静电压，造成安全事故。如一些大规模生产用的传送带，往往由于长时间使用而摩擦产生静电，导致起火爆炸。通常采用抗静电剂来提高聚合物的表面电导率，使带电的高聚物表面迅速放电以防止电荷的聚集，消除静电或减少静电的产生。

4.2.3.3 高分子材料的热性能

(1) 耐热性 凡是具有高的熔点或软化点的高分子化合物，其抵抗热变形的能力均大。高聚物的热稳定性和玻璃化温度都取决于高分子链内和链间的原子与分子的结构形态和它们之间的作用力。

① 高聚物的软化 其本质上是链段的运动自由度的增加，所以从结构角度上看，增加阻碍主链原子间转动自由度的因素（如提高分子间作用力，提高链段的刚性）等都将提高聚合物的 T_g。

② 高聚物的热裂解 高聚物热裂解实质上是分子链的断裂，因此，链节上原子或基团间的链结合能的大小，对高聚物的耐热性有很大影响。如引入高键能的原子或基团、引入共轭体系的结构，可提高主链的热稳定性。分子间引力越大，主价键越稳定，所以交联点多的热固性塑料一般耐热性都高。

(2) 热传导 热传导的实质是由大量物质的分子热运动互相撞击，而使能量从物体的高温部分传至低温部分，或由高温物体传给低温物体的过程。主价键结合时热扩散快，是良好的热导体，热导率大；次价键结合时热扩散慢，热导率小。

聚合物材料一般是靠分子间结合的，所以热导率一般都很小，是优良的绝热保温材料。金属的热导率为高分子材料的几百至几千倍，这是由于金属材料主要是靠自由电子的热运动，热导率比聚合物材料大得多。聚合物的热导率一般随温度的增加而增加。结晶聚合物的热导率稍高一些。非晶聚合物的热导率随分子量增大而增加，这是因为热传递沿分子链进行比分子间进行要容易。

(3) 热膨胀 热膨胀是由于温度的变化而引起材料尺寸和外形的变化。材料受热时一般都会膨胀。聚合物的热膨胀比金属和陶瓷大，线膨胀系数一般在 $4\times10^{-5}\sim3\times10^{-4}K^{-1}$ 之间。聚合物的膨胀系数随温度的提高而增大。

4.2.3.4 高分子材料的老化性能

高分子材料在加工、储存和使用过程中，由于受环境（光、热、氧、潮湿、应力、化学侵蚀等）的影响，其性能（强度、弹性、硬度、颜色等）逐渐变坏，以致最后丧失使用价值，这种现象就是老化。老化是一种不可逆的变化，它是高分子材料的主要缺点。

聚合物在光的照射下，分子链的断裂取决于光的波长与聚合物的链能。各种键的离解能为167～586kJ/mol，紫外线的能量为250～580kJ/mol。在可见光的范围内，聚合物一般不被离解，但呈激发状态。因此，在氧存在下，聚合物易发生光氧化过程。例如聚烯烃RH，被激发了的C—H键容易与氧作用。其反应式如下：

$$RH+O_2 \longrightarrow R\cdot + \cdot O—OH$$

$$R\cdot + O_2 \longrightarrow R—O—O\cdot \xrightarrow{RH} R—O_2H+R\cdot$$

此后开始链锁式的自动氧化降解过程。水、微量的金属元素特别是过渡金属及其化合物都能加速光氧化过程。可加入光稳剂延缓或防止聚合物的光氧化过程。

聚合物的热氧（老）化是热和氧综合作用的结果。热加速了聚合物的氧化，而氧化物的分解导致了主链断裂的自动氧化过程。聚合物的化学侵蚀是由于受到化学物质的作用，聚合物键产生化学变化而使性能变劣的现象，如聚酯、聚酰胺的水解等。采取适当的防老化措施，如加入抗氧剂和热稳定剂等，提高材料的耐老化的性能，延缓老化的速率，达到延长使用寿命的目的。

4.2.3.5 高分子材料的燃烧性能

燃烧通常是指在较高温度下物质与空气中的氧剧烈反应并发出热和光的现象。燃烧的本质是强烈的氧化反应，它必须具备可燃物、氧和热源三个必要条件。聚合物的燃烧过程分为加热、分解、燃烧和蔓延等几个阶段。在氧气存在下，当高分子过热时，表面首先熔化并发生热分解，放出可燃性气体，该气体与氧发生强烈反应，产生活性非常大自由基，如OH·、H·及CH_3·等，这些自由基能立即与其他分子反应生成新的自由基，如此连锁反应就是燃烧。燃烧所放出的热量使正在分解的高分子材料进一步分解，产生更多的可燃性气体，在有充足的空气供给下，使燃烧继续维持并传播，火势在很短的时间内就会蔓延成大火。高聚物燃烧时一部分热能为高聚物本身所吸收，用于材料的热降解，而降解产生的可燃挥发性产物又进入气相，作为燃料以维持燃烧。

氧指数是衡量聚合物燃烧难易程度的重要指标。氧指数是在规定条件下，试样在氧气和氮气的混合气流中维持稳定燃烧所需的最低氧气浓度，用混合气流中氧所占的体积百分数表示。氧指数越小越容易燃烧，由于空气中含21%左右的氧，所以氧指数在22以下的属于易燃材料，氧指数在22～27之间的属于难燃材料，具有自熄性，氧指数在27以上属于高难燃材料。部分聚合物的氧指数见表4-4。

表4-4 部分聚合物的氧指数

聚合物	氧指数	聚合物	氧指数
聚乙烯	17.5	聚乙烯醇	22.5
聚丙烯	17.5	聚甲基丙烯酸甲酯	17.3
聚苯乙烯	18.1	聚碳酸酯	26～28
聚氯乙烯	45～49	环氧树脂	19.8
聚酰胺	26.7	氯丁橡胶	26.3
聚四氟乙烯	79.5	硅橡胶	26～39

大多数高聚物属于易燃、可燃材料，在燃烧时热释放速率大，热值高，火焰传播速度快，不易熄灭，有时还产生浓烟和有毒气体，造成对环境的危害，对人们的生命安全形成巨大的威

胁。因此，高聚物的阻燃已成为一个急需解决的问题。

聚合物阻燃的方法，主要分为两大类：第一大类是用化学或物理方法，改变聚合物或原料的组成和结构，达到阻燃的目的。原料分子中起阻燃作用的元素，如溴、氯、磷、锑、硼等元素；或者用化学或辐射交联，使线型聚合物大分子变成具有三度空间网状、体型结构的物质，提高它们的热稳定性和成碳性，从而达到阻燃效果。第二大类方法是在制造塑料材料或制品的加工成型过程中加入阻燃剂、阻燃填料、阻燃增效剂等添加剂；或添加已有一定阻燃性的聚合物，如聚氯乙烯、氯化聚乙烯等，使塑料制品具有阻燃性。这类方法工艺简单，成本较低，是近几十年来的主要方法。

聚合物的阻燃主要通过以下几个途径来实现。

① 凝聚相阻燃机理　阻燃剂能够在固相中延缓或终止聚合物热分解产生的可燃气体和自由基；阻燃剂受热分解，在聚合物表面形成多孔保护炭层，该层具有难燃、隔热及隔氧作用，又能阻止可燃气体进入燃烧气相，达到阻燃目的。

② 气相阻燃机理　在聚合物燃烧过程中，阻燃剂受热分解产生自由基的捕捉剂，从而中止这些高能自由基的链式反应，降低反应热，控制燃烧；阻燃剂在分解时，释放出大量惰性气体，稀释氧气和气态可燃物，阻止燃烧。

③ 冷却机理　金属氧化物（如氢氧化镁、氢氧化铝等）受热分解反应是一个强烈的吸热反应，还放出水蒸气或其他的不燃气体，起到降温、减缓聚合物热分解、稀释可燃气体的作用，达到减缓和中止燃烧的目的。

4.3　常用的高分子材料

4.3.1　塑料

塑料是以聚合物为主要成分，配以一定量的助剂，在一定条件（温度、压力等）下可塑成一定形状并且在常温下保持其形状不变的材料，习惯上也包括塑料的半成品。

根据受热后形态性能表现的不同，可将塑料分为热塑性塑料和热固性塑料两大类。热塑性塑料受热后软化，冷却后又变硬，这种软化和变硬可重复、循环，因此可以反复成型。热塑性塑料占塑料总产量的80%以上，一般有聚氯乙烯、聚乙烯、聚丙烯等。热固性塑料是由单体直接形成网状聚合物或通过交联线型预聚体而形成，一旦形成交联聚合物，受热后不能再回复到可塑状态。主要品种有酚醛树脂、不饱和聚酯树脂、环氧树脂等。

根据用途可将塑料分为通用塑料和工程塑料两大类。通用塑料是指产量大、价格低、应用面广、主要作非结构材料使用的塑料，如聚氯乙烯、聚乙烯、聚丙烯、聚苯乙烯等。工程塑料是指可作为结构材料使用，能经受较宽的温度变化范围和较苛刻的环境条件，具有优异的力学性能、热性能、尺寸稳定性或能满足特殊要求的塑料。工程塑料主要品种有聚酰胺、聚碳酸酯、聚甲醛、聚砜等。近年来，随着科学技术的迅速发展，对高分子材料性能的要求越来越高，工程塑料的应用领域不断开拓、产量逐年增大，使得工程塑料与通用塑料之间的界线变得模糊，难以截然划分了。某些通用塑料，如聚丙烯等，经改性之后也可作为满意的结构材料使用。

塑料是一类重要的高分子材料，具有质轻、电绝缘、耐化学腐蚀、容易成型加工等特点。某些性能是木材、陶瓷及金属所不及的。塑料可用作电绝缘材料、绝热材料。许多塑料的摩擦系数很低，可用作制造轴承、轴瓦、齿轮等部件，且可用水作润滑剂。同时，有些塑料摩擦系数较高，可用于配制制动装置的摩擦零件。塑料可制成各种装饰品，制成各种薄膜型材、配件及产品。塑料性能可调范围宽，具有广泛的应用领域。

塑料的突出缺点是：力学性能比金属差，表面硬度也低，大多数品种易燃，耐热性较差。这些正是当前研究塑料改性的方向和重点。

4.3.1.1 塑料的组成

单一组分的塑料基本上由聚合物组成，不加任何添加剂。但大多数塑料是多组分体系，除聚合物这一基本成分外，还含有添加剂（称高分子助剂）。助剂能改善材料的加工性能及实用性能，并降低成本。各主要组分及其作用介绍如下。

（1）树脂 树脂是塑料中最主要的组分，起着胶黏剂的作用，能将塑料与其他组分胶结成一个整体。尽管添加剂有时能大幅度改进塑料的某些性能，但树脂是决定塑料性能和用途的根本因素。单一组分塑料中含有树脂几乎达100%。在大部分塑料中，树脂的含量约占30%～80%。

（2）增强剂和填充剂 为了提高塑料的机械强度，可以加入增强剂，增强剂主要为纤维状物质，常用的增强材料有玻璃纤维、碳纤维、芳纶纤维等。填充剂也称填料，是塑料的另一个重要组成部分。填料的主要功能是降低成本和收缩率，在一定程度上也有改善某些性能的效果，如增加耐热性、绝缘性能等。常用的填料有碳酸钙、高岭土、玻璃珠、硅灰石、云母、木粉等，填料的用量一般为20%～50%。

（3）增塑剂 凡能增加聚合物的塑性、改善加工性能、赋予制品柔韧性的物质称为增塑剂。对一些玻璃化温度较高的聚合物，为制得室温下的软质制品和改善加工时熔体的流动性能，就需要加入一定量的增塑剂，但增塑剂的加入会降低塑料制品的力学性能及耐热性。增塑剂的作用就在于削弱聚合物分子间的作用力，以降低玻璃化温度和熔融温度。约80%～85%的增塑剂用于PVC塑料制品中，其次则用于纤维素树脂、PVAC、ABS树脂和橡胶中。

增塑剂按作用方式有外增塑作用和内增塑作用之分。起外增塑作用的是低分子量的化合物或聚合物，通常为高沸点、难挥发的液体或低熔点的固体，且绝大多数为酯类有机化合物。当用于PVC塑料时，增塑剂分子上的极性基团与PVC上的氯原子相互吸引，减少了PVC分子间的相互作用，即减少了物理交联点。此外，增塑剂的分子比PVC要小得多，活动较容易，增加了PVC分子链段活动的空间，从而使PVC的T_g下降，塑性增加。这类增塑剂生产较简单，性能较全面，其增塑作用可在较大范围内依加入增塑剂的品种和数量进行调节，因此，使用方便，应用广泛。其缺点是耐久性较差，易挥发、迁移和抽出。常用的有邻苯二甲酸二丁酯、邻苯二甲酸二辛酯、二乙酯、邻苯二甲酸二甲酯等。起内增塑作用的通常为共聚树脂，即在均聚物T_g较高的单体中引入均聚物T_g较低的第二单体，进行共聚，降低高分子化合物的结晶度，增加分子的柔软性，氯乙烯-醋酸乙烯共聚树脂即为典型的一种。

（4）稳定剂 许多塑料在成型加工和制品的使用过程，由于受热、光或氧的作用，过早地发生降解、氧化断链、交联等现象，使材料性能变坏。为了稳定塑料制品质量，延长使用寿命，可以采用下列方法防止材料性能变坏。

① 引入某些带功能性基团的单体产生共聚改性，如将含有抗氧剂基团的单体和其他乙烯基单体共聚。

② 对活泼的端基进行封端、稳定处理，如均聚甲醛的酯化或醚化。

③ 添加稳定剂使高分子材料稳定化。常用的方法是在组分中加入稳定剂。稳定剂包括热稳定剂、紫外线吸收剂、光屏蔽剂等。

热稳定剂主要用于PVC塑料中，是生产PVC塑料最重要的添加剂。PVC是热不稳定性的塑料，其加工温度与分解温度相当接近，只有加入热稳定剂才能实现在高温下的加工成型，制得性能优良的制品。PVC塑料中热稳定剂的消耗量约为树脂产量的2%～4%。热稳定剂有铅盐类、金属皂类、有机锡类、有机锑类、稀土类、复合稳定剂等。铅盐类稳定剂有三碱式硫酸铅、二碱式亚磷酸铅、二碱式苯二甲酸铅、三碱式马来酸铅、硅酸铅、硅胶共沉淀物等。该类稳定剂的特点是热稳定性好，电绝缘性好，有润滑性，价廉，但有毒，不能用于接触食品的制品，不能制造透明制品，耐候性较差，易被硫化物污染。金属皂类有硬脂酸、C_8～C_{16}饱和脂肪酸、油酸等不饱和脂肪酸、蓖麻油酸等。该类稳定剂加工性能好，兼有润滑性，但相容性差，用量多时会喷霜。有机锡类包括十二硫醇二正丁基锡、S,S'-二羟基乙酸异辛酯二正辛基锡、β-巯基丙酸二正辛基锡、硫醇甲基锡或辛基锡等含硫有机锡，以及二月桂酸二丁基锡、马来酸二丁基锡或二正辛基锡、马来酸单丁酯二丁基锡等有机锡羧酸盐。该类稳定剂可取代烯丙基氯原子，捕捉 HCl，与双键加成而起到抗氧化作用，具有良好的耐热性和透明性，有些品种可用于食品包装和饮用水管。有机锑类稳定剂有巯基羧酸酯锑类、硫醇锑类等。该类稳定剂的热稳定性、透明性均优良，初期着色性好，无毒，气味较有机锡小，价格低廉。稀土稳定剂主要有镧系稀土元素的有机复合物。该类稳定剂具有优良的热稳定性，长期耐热性优于铅盐，无毒，透明性、分散性及润滑性好，且价格低廉。可用于食品、医药包装和上水管。

抗氧剂是指可抑制或延缓高分子材料自动氧化速度，延长其使用寿命的物质。在橡胶工业中抗氧剂也被称为防老剂。抗氧剂可被分为两大类。链终止型抗氧剂可与自由基 R·和 ROO·反应，中断自动氧化的链增长，ROO·的消除抑制了 ROOH 的生成和分解，可以认为 ROO·自由基的消除是阻止降解的关键。所以这类抗氧剂又称主抗氧剂。常见的有受阻酚类、仲芳胺类。预防型抗氧剂可除去自由基的来源，抑制或减缓引发反应。这类抗氧剂又称辅助抗氧剂，可分为过氧化物分解剂和金属离子钝化剂。过氧化物分解剂是指能与过氧化物反应并使其转变成稳定的非自由基的物质，常见的有有机亚磷酸酯、硫代二丙酸酯、二硫代氨基甲酸金属盐类等。金属离子钝化剂是指能钝化金属离子，减缓氢过氧化物分解作用的物质，主要为酰胺类及酰肼类。在塑料中抗氧剂的用量为 0.1%～1%。

光稳定剂是指可有效地抑制高分子材料在室外环境使用引起光致降解的一类化合物。其用量为一般为 0.05%～2%。波长为 290～400nm 的紫外光会引起高分子材料的降解。通常，具有饱和结构的高分子材料不能吸收波长大于 250nm 的光，并不会引起降解。而当高分子材料中含有不饱和结构、合成过程中夹杂了残留的微量杂质（如残留的催化剂、氧化产物）及存在结构缺陷时，则会吸收大于 290nm 的光而导致其降解。光稳定剂包括以下几种。光屏蔽剂，能反射和吸收紫外光的物质，可屏蔽紫外光波，减少紫外光的透射能力，从而使制品内部不受紫外线的危害。通常为炭黑、某些无机颜料和填充剂。紫外线吸收剂，能强烈地选择性吸收高能量的紫外线，并进行能量转换，以热能形式或无害的低能辐射将能量释放或消耗的一类物质。这是目前应用最普遍的一类光稳定剂。工业上常用二苯甲酮类和苯并三唑类。猝灭剂，是指通过分子间的能量转移，迅速而有效地将激发态分子猝灭，使转变成热能或转变成荧光或磷光，而辐射散失，回到基态的一类物质，通过这一过程，使其免遭紫外线破坏，从而达到稳定高分子材料的目的。常用猝灭剂有镍的有机化合物。自由基捕捉剂，是指通过捕获自由基，分解过氧化物、传递激发态能量等多种途径，赋予高分子材料高度光稳定性的一类化合物。常见的有受阻胺类光稳定剂。

（5）润滑剂　在塑料成型加工过程中，为了改善塑料的流动性以及防止塑料黏膜，需加入润滑剂，脱模剂、防黏剂、爽滑剂等均属于润滑剂的范畴。润滑剂可分为内润滑剂和外润滑剂两种。内润滑剂溶于塑料内，降低塑料的熔融黏度，在加工时减少内摩擦，增加流动性。外润滑剂是在加工过程中从塑料内部析出表面，形成一层很薄的滑润膜，以减少塑料熔融物与金属模之间的摩擦和粘连，使成型易于进行。常用的润滑剂有石蜡、低分子量聚乙烯、硬脂酸及其盐类等。润滑剂用量一般为 0.5%～1.5%。

（6）偶联剂　偶联剂是一类具有两性结构的物质，其分子结构中含有化学性质不同的两个基团，一个是亲无机物的基团，易与无机物表面起化学反应；另一个是亲有机物的基团，能与聚合物发生化学反应或物理缠结。从而把两种性质不同的材料紧密地结合起来，改善无机物与有机物之间的界面作用，提高材料的性能。常用的偶联剂有硅烷类、钛酸酯类及铝酸酯类。

硅烷偶联剂是一类分子同时含有两种不同化学性质基团的特殊结构的有机硅化合物，它们可用以下通式表示：

$$\mathrm{R{-}SiX_3}$$

式中，R 为有机疏水基团，如乙烯基、氨基、环氧基、甲基丙烯酸酯等；X 是可以进行水解反应的烷氧基，如甲氧基、乙氧基等，X 水解生成 Si—OH 基团，一般的硅烷偶联剂是含有三个可水解的基团。常用的硅烷偶联剂有 A-151、A-174（KH-570）、A-187（KH-560）、A-1100（KH-550）等。硅烷偶联剂既能与无机物中的羟基又能与有机聚合物中的长分子链相互作用，使两种不同性质的材料偶联起来，从而改善材料的性能。硅烷偶联剂与无机填料作用示意见图 4-6。

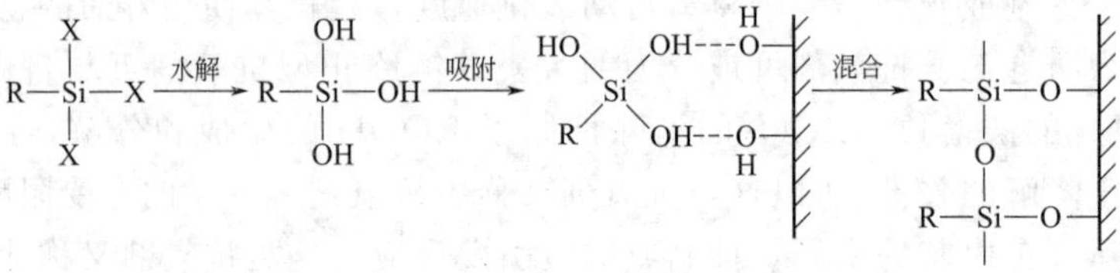

(Ⅰ) (Ⅱ) (Ⅲ) (Ⅳ)

图 4-6 硅烷偶联剂与无机填料的作用

当用硅烷偶联剂改性无机粉体时，硅烷偶联剂分子中 X 部分首先在水中形成反应性活泼的多羟基硅醇，然后与粉体表面的羟基缩合而牢固结合，最终使无机填料表面被硅烷偶联剂所覆盖。偶联剂的另一端有机疏水基 R—，或与聚合物长链缠结，或发生化学反应。

钛酸酯偶联剂分子的结构单元可表示为如下的通式：

$$\left(\mathrm{RO}\right)_m \mathrm{Ti}\left(\mathrm{OX{-}R'{-}Y}\right)_n$$

式中，$1\leqslant m\leqslant 4$；$m+n\leqslant 6$，R 为短碳链烷烃基；R′为长碳链烷烃基；X 为 C、N、P、S 等元素；Y 为羟基、氨基、环氧基、双键等基团。酞酸酯偶联剂有单烷氧基型、单烷氧基焦磷酸酯型、螯合型、配位型。异丙基三油酰基钛酸酯是常用的酞酸酯型偶联剂，具有单烷氧基钛酸酯，一般认为，用单烷氧基钛酸酯对填料进行表面改性时，只有一个异丙氧基是与无机粉体偶联的水解基团，因此可以在无机填料的表面形成单分子层。

铝酸酯偶联剂是继硅烷类和钛酸酯偶联剂之后近年来发展较快的偶联剂之一。最早由福建师范大学高分子研究所合成。具有合成简单、性能优良、价格低廉等特点，容易通过改变相应的酸而得到不同结构和性质的酯，在许多聚合物材料中得以应用。铝酸酯的化学式为：

$$\mathrm{(RO)}_x\mathrm{Al(OCOR^1)}_m\mathrm{(OCOR^2)}_n\mathrm{(OAB)}_y$$

用铝酸酯对无机填料进行表面改性时，铝酸酯中的亲水基团烷氧基（RO—）与无机填料的羟基发生化学反应，并以化学键连接在无机填料表面形成一层偶联剂单分子层；另一部分含有长的碳链基团则可与聚合物分子亲和而进行缠绕，使无机填料表面由亲水性向亲油性过渡。

（7）着色剂　有些工业用和作为装饰用的塑料，要求有一定的色泽和鲜艳美观，因此要加入一定量的着色剂。着色剂能使制品美观，提高耐候、耐老化性能，因实际要求配以不同的颜色。着色剂可分为颜料和染料。染料分子内带有发色基团和助色基团，可溶于有机溶剂；而颜料不溶于水和溶剂中，直接涂于表面产生颜色。

（8）固化剂　在热固性树脂成型时，需加入固化剂，其作用是使聚合物分子交联，形成体型网状的热稳定结构。常用的固化剂有胺类、酸酐类、过氧化物类等。

(9) 抗静电剂 塑料制品在加工和使用过程中由于摩擦而容易带有静电，可添加抗静电剂消除静电现象。抗静电剂按化学结构分主要有阴离子型、阳离子型、两性型和非离子型。阴离子型抗静电剂中分子活性部分主要是阴离子，如烷基磺酸盐、硫酸酯盐、烷基磷酸酯盐等；阳离子型抗静电剂主要包括各种胺盐、季铵盐、烷基咪唑啉等；非离子型抗静电剂本身不带电荷，极性很小，通常具有一个较长的亲油基，与树脂有良好相容性，主要有多元醇、多元醇酯、胺类衍生物等；两性型抗静电剂主要有季铵内盐、两性烷基咪唑啉等。

(10) 阻燃剂 又称难燃剂、耐火剂或防火剂，是能够增强塑料等高分子材料的耐燃烧性能的物质。阻燃剂主要包括卤系阻燃剂、无机阻燃剂、磷系阻燃剂和氮系阻燃剂等。

卤系阻燃剂主要是通过气相阻燃发挥作用，是传统的阻燃剂。它用于很多日用品和工业产品的阻燃，如计算机、电视、家具、绝缘板、床垫等，以提高这类产品的阻燃性。卤系阻燃剂主要以溴系为主，溴系阻燃剂是一类最有效的阻燃剂，目前全球电子电气产品使用的阻燃剂中约有 80% 是溴系阻燃剂，常用的有十溴二苯醚、八溴二苯醚、四溴双酚 A、六溴环十二烷等。卤系阻燃剂具有阻燃效率高、适用范围广、原料来源充足等特点，但其阻燃的高聚物在燃烧时生成较多的烟、腐蚀性气体和有毒气体，且溴系阻燃剂一般与氧化锑并用，这样使得材料的生烟量更高，对环保和人身安全造成巨大威胁。因此，逐步实现阻燃剂的无卤化和环保化，达到低烟、低毒阻燃的目的，是阻燃剂发展的必然趋势。

无机阻燃剂主要有氢氧化镁及氢氧化铝等，它们受热时分解吸热，降低聚合物的温度，从而延缓热分解。它们的优点在于燃烧时不产生有毒气体，既可以阻燃又可抑烟，但必须大量添加才能达到 UL94V-0 级阻燃要求，而大量添加的结果会使组成物的黏度上升，成型加工性、耐水性以及力学性能降低。目前，主要通过超细化、表面活性化，并用复合化、增强纤维化来提高阻燃性能。

磷系阻燃剂受热分解为磷的含氧酸，并促进成炭，其炭层可保护未燃高聚物，使其与火焰及氧气隔开，且抑制挥发性可燃物的生成。磷系阻燃剂有无机磷和有机磷系阻燃剂，前者主要是红磷和磷酸盐，后者主要是磷酸酯和亚磷酸酯等。磷系阻燃剂主要在凝聚相中起作用。磷系阻燃剂与卤系阻燃剂相比，前者的毒性、生烟性及腐蚀性均较低。磷系阻燃剂对含氧聚合物的阻燃效果较好，如聚酯、尼龙、纤维素等。所以，聚合物中含有氧原子或氮原子对于选择磷基阻燃剂很重要。如果一种聚合物中不能有效的成炭，则需要添加高效的成炭剂，然后与磷系阻燃剂复合使用。磷系阻燃剂大多数分解后形成磷酸，进而形成焦磷酸结构并释放出水，在高温下，焦磷酸会转变为偏磷酸，然后磷酸根与残留的碳形成炭保护层，阻止聚合物燃烧。

氮系阻燃剂主要是三嗪类化合物，即三聚氰胺及其盐（氰尿酸盐、磷酸盐、胍盐及双氰胺盐），它们可单独使用，也常作为混合膨胀型阻燃剂的组分。三嗪类阻燃剂主要通过分解吸热及生成不燃气体以稀释可燃物而发挥作用。它们的主要优点是无色、无卤、低毒、低烟，不产生腐蚀气体，价廉，抗紫外照射等。主要缺点是阻燃效率欠佳，与热塑性高聚物的相容性不好，不利于在被阻燃基材分散，使被阻燃物黏度增高。

膨胀型阻燃剂主要为磷-氮协同体系，它通过形成多孔泡沫炭层而在凝聚相起阻燃作用。膨胀型阻燃剂（IFR）主要为磷-氮协同体系，其主要成分为三源。酸源（脱水剂），如聚磷酸铵、磷酸、硼酸、硫酸等各种无机酸或无机酸前驱体；碳源（成炭剂），是形成泡沫炭化层的基础，主要是一些含碳量高的多羟基化合物，如多元醇和它的二聚物、淀粉、脲树脂等；气源（发泡剂），如三聚氰胺、双氰胺，它产生的不燃气体使系统膨胀。对于特定的 IFR/聚合物体系，有时并不需要三个组分同时存在，此时聚合物本身可以充当其中的某一要素。由于具有膨胀产生多孔泡沫层的特性，故可广泛用于木材、塑料等易燃基材的保护，也可用于钢材的保护，防止钢材由于受热和火焰的作用而导致其强度减弱。

（11）其他添加剂　除上述添加助剂外，根据需要还可以添加其他助剂，如增白剂、结晶成核剂、流动性改进剂、防霉剂等。

4.3.1.2　塑料的成型加工

塑料制品通常是由聚合物或聚合物与其他组分的混合物，其生产是利用塑料固有特性，在一定条件下（通常有加热塑化、剪切、混合、配制溶液等），利用各种方法将其成型为具有特定形状和使用价值的物件，并冷却定型、修整和后加工，制成要求的制品。热塑性塑料与热固性塑料的性质和受热后表现不同，因此成型加工方法也不同。迄今成熟的塑料成型加工方法已有数十种，其中最重要的有挤出成型、注射成型、压延成型、吹塑成型及模压成型，它们所加工的制品质量约占全部塑料制品的80%以上。前四种成型方法是热塑性塑料的主要成型加工方法。热固性塑料主要采用模压、铸塑及传递模塑等方法成型。

成型用物料需要进行配制，主要目的是将添加剂与高聚物混合，形成一种均匀的混合物。塑料成型加工用的物料主要是粒料和粉料，粒料是将添加剂与高聚物混合经过塑炼和造粒而得。常用的成型加工方法有下列几种。

（1）挤出成型　挤出成型又称挤压模塑或挤塑，是将原料在料筒内软化后，借助加料筒内螺旋杆的挤压，通过不同型孔或口模连续地挤出不同形状的产品。塑料挤出成型几乎能成型所有的热塑性塑料及少部分热固性塑料。挤出法是热塑性塑料最主要的成型方法，几乎所有的热塑性塑料都可以用于挤出成型，有一半左右的塑料制品是挤出成型的。挤出成型既可以制备如管材、棒材、条、板材、薄膜、电线电缆等；也用于半成品生产，如为压延成型提供塑化的塑料，进行塑料的挤出造粒或进行塑料改性等。

各种挤出制品的生产工艺流程大体相同，一般包括原料的准备、预热、干燥、挤出成型、挤出物的定型与冷却、制品的牵引与卷取（或切割），有些制品成型后还需经过后处理。用于挤出成型的热塑性塑料大多数是粒状或粉状塑料。挤出成型时，首先将挤出机加热到预定的温度，然后开动螺杆，同时加料。根据塑料的挤出工艺性能、挤出机机头口模的结构等特点，调整挤出机料筒各加热段和机头口模的温度及螺杆的转速等工艺参数，以控制料筒内物料的温度和压力分布。热塑性塑料挤出物离开机头口模后仍处在高温熔融状态，具有很大的塑性变形能力，应立即进行定型和冷却。热塑性塑料挤出离开口模后，由于有热收缩和离模膨胀双重效应，使挤出物的截面与口模的断面形状尺寸并不一致。因此在挤出热塑性塑料时，要连续而均匀地将挤出物牵引出，其目的一是帮助挤出物及时离开口模，保持挤出过程的连续性，二是调整挤出型材截面尺寸和性能。牵引的速度要与挤出速度相配合，通常牵引速度略大于挤出速度，这样一方面起到消除由离模膨胀引起的制品尺寸变化，另一方面对制品有一定的拉伸作用。

与其他成型方法相比，挤出成型具有如下优点：①生产操作简单，工艺控制容易，可以连续生产，自动化程度高，生产效率高；②挤出产品均匀、密实，质量高，原料的适应性强；③可以一机多用，产品广泛，可通过改变机头口模，即可成型各种断面形状的产品或半成品；④生产线的占地面积小，且生产环境清洁。

（2）注射成型　是将粒状或粉状的塑料原料加入在注塑机的料筒，塑料在热和机械剪切力的作用下塑化成具有良好流动性的熔体，在较高的压力和较快的速度下进入闭合模具内成型。注射成型是热塑性塑料加工中最普遍采用的方法之一，几乎所有的热塑性塑料及多种热固性塑料都可用此法成型。注射成型制品约占塑料制品总量的20%～30%，工程塑料的80%是经注射成型的。

注射成型过程包括加料、塑化、注射充模、保压、冷却固化和脱模等几个工序。

① 加料塑化　注射成型是一个间歇过程，因此加料应保证定量或定容以保证操作稳定。

对于柱塞式注射机，塑料粒子加入到料筒中，经料筒的外加热逐渐变为熔体，加料和塑化两过程是分开的。而对于移动螺杆式注射机，螺杆在旋转同时往后退，在加料过程中，物料经料筒的外加热及螺杆转动时对塑料产生的摩擦热而逐渐塑化，即加料和塑化同时进行。

② 注射充模　塑化均匀的熔体被柱塞或螺杆推向料筒的前端，经过喷嘴、模具的浇注系统而进入并充满模腔。

③ 保压　充模之后，柱塞或螺杆仍保持施压状态，迫使喷嘴的熔体不断充实模中，使制品不因冷却收缩而缺料，成为完整而致密的制品。当浇注系统的熔体先行冷却硬化，这个现象称为“凝封”，模腔内还未冷却的熔体就不会向喷嘴方向倒流，这时保压可停止，柱塞或螺杆便可退回，同时向料筒加入新料，为下次注射作准备。

④ 冷却　保压结束，同时对模具内制品进行冷却，直到冷至所需的温度为止。

⑤ 脱模　塑料冷却固化到玻璃态或晶态时，则可开模，用人工或机械方法取出制品。

注射成型是高分子材料成型加工中一种重要的方法，它的特点是成型周期短、生产效率高，除了很大的管、棒、板等型材不能用此法生产外，其他各种形状、尺寸的塑料制品都可以用这种方法生产，能一次成型外形复杂、尺寸精确的制品，成型适应性强，制品种类繁多，容易实现生产自动化，因此应用十分广泛。

(3) 压延成型　将已塑化的物料通过一组热辊筒之间使其厚度减薄，从而制得均匀片状制品。塑料的压延成型主要适用于热塑性塑料，其中以非晶型的 PVC 及其共聚物最多，其次是 ABS、EVA 以及改性 PS 等塑料，近年来也有压延 PP、PE 等结晶性塑料。

塑料压延成型一般适用于生产厚度为 0.05～0.5mm 的软质 PVC 薄膜和厚度为 0.3～1.0mm 的硬质 PVC 片材。当制品厚度小于或大于这个范围时，一般不用压延成型，而采用吹塑或挤出等其他方法。压延软质塑料薄膜时，如果以布、纸或玻璃布作为增强材料，将其随同塑料通过压延机的最后一对辊筒，把黏流态的塑料薄膜紧覆在增强材料之上，所得的制品即为人造革或涂层布（纸），这种方法统称为压延涂层法。压延法也可用于塑料与其他材料（如铝箔、涤纶或尼龙薄膜等）贴合制造复合薄膜。压延薄膜制品主要用于农业、工业包装、室内装饰以及各种生活用品等，压延片材制品常用作地板、软硬唱片基材、传送带以及热成型或层压用片材等。所以压延制品在国民经济各个领域应用相当广泛。

压延成型具有生产能力大、可自动化连续生产、产品质量好的特点。但压延成型的设备庞大，精度要求高，辅助设备多，投资较高，维修也较复杂，而且制品宽度受到压延机辊筒长度的限制。

(4) 模压成型　模压成型又称压制成型，是把粉状、片状或粒状塑料放在金属模具中加热软化，在液压机的压力下，充满模具成型。模压成型是制造热固性塑料主要加工成型方法之一，有时也用于热塑性塑料。模压成型的主要特点需要较大的压力，加压的目的是加速热固性塑料的物理化学变化，防止制品出现气泡，保证制品的质量。但对于有些不饱和聚酯树脂的压制成型，因为没有低分子物析出，一般不用加压或仅需加少量的压力即可，这样的压制称为低压成型或接触成型。

适用于模压成型的热固性塑料主要有酚醛塑料、氨基塑料、环氧树脂、有机硅树脂、聚酯树脂、聚酰亚胺等。模压成型制品类型很多，主要有电器制品（如开关、灯头）、机器零部件以及日用制品（如盒、碗）等。

模压成型是间歇操作，工艺成熟，生产控制方便，成型设备和模具较简单，所得制品的内应力小，取向程度低，不易变形，稳定性较好。但其缺点是生产周期长，生产效率低，较难实现生产自动化，因而劳动强度较大，且由于压力传递和传热与固化的关系等因素，不能成型形状复杂和较厚制品。

（5）吹塑成型　吹塑也称中空吹塑，是指借助于气体的压力，将闭合模具内处于熔融状态的塑料型坯吹胀成中空制品的一种成型方法。吹塑技术是从玻璃加工移植而来的。目前，吹塑成型已成为世界上仅次于挤出成型与注射成型的第三大成型方法，也是塑料发展最快的成型方法。用于中空成型的热塑性塑料品种很多，最常用的是PE、PP、PVC和热塑性聚酯等，也有用PA、纤维素塑料和PC等。生产的吹塑制品主要是用作各种液体的包装容器，如各种瓶、壶、桶等。也用作生产工业零部件及汽车配件等。

吹塑工艺按型坯制造方法的不同，可分为注坯吹塑和挤坯吹塑两种。若将所制得的型坯直接在热状态下立即送入吹塑模内吹胀成型，称为热坯吹塑；若不用热的型坯，而是将挤出所制得的管坯和注射所制得的型坯重新加热到类橡胶态后再放入吹塑模内吹胀成型，称为冷坯吹塑。目前工业上以热坯吹塑为多。

（6）浇铸成型法　浇铸成型法又称浇塑法。是从金属的浇铸技术演变而来的一种成型方法。浇铸成型法是把热态的热固性或热塑性树脂注入模型，在常压或低压下加热固化或冷却凝固而成。

浇铸成型一般不施加压力，对设备和模具的强度要求不高，对制品尺寸限制较小，制品中内应力也低。因此，生产投资较少，可制得性能优良的大型制件，但生产周期较长，成型后必须进行机械加工。

4.3.1.3　通用塑料

（1）聚乙烯　聚乙烯（polyethylene，PE），分子式为$\text{+}CH_2-CH_2\text{+}_n$，是乙烯聚合而成的聚合物。聚乙烯为白色不透明或半透明蜡状固体，密度比水小，无毒，无味，柔而韧。易燃烧，火焰上端呈黄色而下端为蓝色，离火后继续燃烧，燃烧时产生熔融滴落。透水率低，对有机蒸气透过率则较大。聚乙烯有优异的化学稳定性，室温下耐盐酸、氢氟酸、磷酸、胺类、氢氧化钠、氢氧化钾等化学物质，浓硝酸及浓硫酸会缓慢侵蚀聚乙烯。聚乙烯具有优异的电绝缘性和介电性能，特别是高频绝缘性极好，不受湿度和频率的影响。

聚乙烯可分为低密度聚乙烯（LDPE）、高密度聚乙烯（HDPE）、中密度聚乙烯（MDPE）、线型低密度聚乙烯（LLDPE）以及超高分子量聚乙烯（UHMWPE）。

LDPE采用高压聚合法合成，它是以乙烯为原料，在150～300MPa压力、180～200℃温度下，以氧气或有机过氧化物等为引发剂，进行自由基聚合反应而制得。由于反应过程中容易发生大分子间和大分子内链转移反应，导致反应产物支化度较大，分子量低，分子量分布宽，因而密度较低（0.91～0.93g/cm^3），结晶度低（55%～65%）。

MDPE采用中压法（Phillips法）合成，它是在压力为1.5～8.0MPa、温度为130～270℃的条件下，以过渡金属氧化物为催化剂，烷烃为熔剂，按配位机理聚合而得。中压法制得的聚乙烯结晶度为90%，密度为（0.93～0.94）g/cm^3。

HDPE采用低压法（Ziegler法）合成。以$Al(C_2H_5)_3+TiCl_4$体系在烷烃（汽油）中的浆状液为催化剂，在压力为1.3MPa、温度为100℃的条件下，进行配位聚合反应制得聚乙烯。HDPE密度为0.94～0.96g/cm^3、结晶度为85%～90%，支化程度很小，聚乙烯大分子是线型的。控制不同的工艺条件也可制得分子量在150万以上的超高分子量聚乙烯。超高分子量PE可作为工程塑料使用。

LLDPE采用低压本体法制备。在沸腾床反应器中采用铬和钛氟化物催化剂附着于硅胶载体上组成的催化体系，以H_2为分子量调节剂，使乙烯与少量（约8%～12%）C_4～C_8 α-烯烃进行共聚反应制得LLDPE。

聚乙烯的用途十分广泛。高压聚乙烯一半以上用于薄膜制品，其次是管材、注射成型制品、电线包覆层等。中、低压聚乙烯则以注射成型制品及中空制品为主。超高分子量聚乙烯由于其优异的综合性能可作为减震，耐磨及传动零件等工程塑料使用。聚乙烯塑料的使用领域主要有电线绝缘、管材、薄膜（农膜、包装薄膜等）、容器、板材等。

（2）聚氯乙烯　聚氯乙烯（polyvinyl chloride，PVC）分子式为 $\text{-}[CH_2\text{—}CH(Cl)]_n\text{-}$，是氯乙烯的均聚物，是仅次于 PE 的第二大吨位塑料品种。PVC 是无色、硬质及低温脆性的材料，其耐热稳定性差，为无定形聚合物，结晶度在 5%以下，软化点为 80℃，于 130℃开始分解变色，并析出氯化氢。PVC 的电绝缘性优良，一般不会燃烧，在火焰上能燃烧并放出 HCl，但离开火焰即自熄，是一种“自熄性”、“难燃性”物质。

聚氯乙烯塑料是一种多组分塑料，根据不同用途的性能要求可加入不同的添加剂，其塑料制品的配方通常包含稳定剂、润滑剂、着色剂、增塑剂等。软质 PVC 制品要加入 30%～50%的增塑剂，硬质 PVC 制品则要加入稳定剂、外润滑剂、加工助剂、填料等。

聚氯乙烯塑料主要应用：软制品，主要是薄膜和人造革。薄膜制品有农膜、包装材料、防雨材料、台布等。硬制品，主要是硬管、瓦楞板、衬里、门窗、墙壁装饰物等。电线、电缆的绝缘层。地板、家具、录音材料等。

（3）聚丙烯　聚丙烯（polypropylene，PP）分子式为 $\text{-}[CH_2\text{—}CH(CH_3)]_n\text{-}$，相对分子质量一般为10～50 万。聚丙烯为白色蜡状材料，外观与聚乙烯相近，但密度比聚乙烯小，其密度为(0.89～0.91)g/cm^3，是较轻的塑料品种，在水中稳定，24h 的吸水率仅为 0.01%。聚丙烯是结晶性聚合物，具有优良的力学性能，其拉伸强度、弹性模量及硬度都优于 HDPE；具有良好的耐热性，熔点为 165～170℃，不受外力作用下 150℃也不变形，其脆化温度为－20～－10℃，所以耐寒性能较差。具有优良的电绝缘性能、较高的介电常数和击穿电压。具有很好的化学稳定性，除能被浓硫酸及浓硝酸侵蚀外，对其他化学试剂都很稳定。但其耐紫外线和耐候性不够理想，所以常加入稳定剂以提高其耐老化性能。

聚丙烯是世界上发展速度最快的塑料品种，其产量仅次于聚乙烯、聚氯乙烯和聚苯乙烯而位居第四位，目前生产的聚丙烯 95%为等规聚丙烯。聚丙烯宜采用注射、挤出、吹塑等方法成型加工，通常不需添加增塑剂，但常应加入稳定剂。聚丙烯由于软化温度高、化学稳定性好且力学性能优良，因此应用十分广泛。主要用于制造薄膜、电绝缘体、容器、包装品等；还可用作机械零件如法兰、接头、汽车零部件、管道等，可用作家用电器如电视机外壳、收录机外壳、洗衣机内衬等；由于其无毒及一定的耐热性，广泛用于医药中的注射器及药品包装等；聚丙烯还可以拉丝成纤维，用于制作地毯及编织袋等。

（4）聚苯乙烯　聚苯乙烯（polystyrene，PS）以苯乙烯单体聚合而成，是一种无色、无臭、无味而有光泽的透明固体，其产量仅次于 PE 和 PVC 而居第三位。

聚苯乙烯是无定形高分子，由于苯环的空间位阻，影响大分子链段的内旋转和柔顺性，脆性大，脆化温度为－30℃，低温易开裂，结晶度低，透明度高达 88%～92%，吸水率低，为0.03%～0.1%。PS 具有优良的电绝缘性能，有高的体积电阻和表面电阻，介电损耗小。它的热变形温度为 60～80℃，耐热低，热导率不随温度而改变，是良好的绝热材料。

聚苯乙烯的成型温度远低于分解温度，熔体黏度低，具有高度透明、易染色、尺寸稳定性好的特点，最宜采用注射成型方法，是一种容易成型加工的塑料品种，聚苯乙烯也可采用挤出、吹塑进行成型加工。聚苯乙烯自黏性好，表面容易上色、印刷和金属化处理。由于聚苯乙烯具有透明、价廉、刚性大、电绝缘性好、印刷性能好等优点，所以广泛应用于工业装饰、照明指示、电绝缘材料以及光学仪器零件、透明模型、玩具、日用品等。另一类重要用途是制备泡沫塑料，聚苯乙烯泡沫塑料是重要的绝热和包装材料，主要用于各种精密仪器、仪表、家用电器的缓冲包装。

（5）ABS 塑料　ABS（acrylonitrile butadiene styrene）的名称来源于丙烯腈、苯乙烯、丁二烯的英文名的第一个字母，ABS 塑料的主体是这三个单体的三元共聚物，是一种坚韧而有刚性的热塑性塑料。苯乙烯使 ABS 有良好的模塑性、光泽和刚性；丙烯腈使 ABS 有良好的耐热、耐化学腐蚀性和表面硬度；丁二烯使 ABS 有良好的抗冲击强度和低温回弹性。三种组分的比例不同，其性能也随着变化。其性能与制备方法、树脂相及橡胶相的组成，接枝情况等密切相关。ABS 使用温度范围是−40～100℃，具有良好的抗冲击强度和表面硬度，有较好的尺寸稳定性、一定的耐化学药品性和良好的电气绝缘性。缺点是耐候性差。

ABS 树脂容易加工，可采用挤出、注射及冷加工的方法进行成型加工，加工尺寸稳定性和表面光泽好，容易涂装、着色，还可以进行喷涂金属、电镀、焊接和粘接等二次加工性能，广泛应用于制造齿轮、泵叶轮、轴承、把手、管道、电机外壳、仪表壳、冰箱衬里、汽车零部件、电气零件、纺织器材、容器、家具等。

4.3.1.4　工程塑料

（1）聚酰胺　聚酰胺（polyamide，PA）俗称尼龙（Nylon），是主链上含有酰胺基团 $\text{-(NH-}\underset{\underset{\text{O}}{\|}}{\text{C}}\text{)-}$ 的聚合物，可由二元酸和二元胺缩聚而得，也可由内酰胺自聚制得。尼龙首先是作为最重要的合成纤维原料而后发展为工程塑料。它是开发最早的工程塑料，产量居于首位，约占工程塑料总产量的三分之一。其中，尼龙 66 是产量最大的品种，其次是尼龙 6，再次是尼龙 610 和尼龙 1010。

尼龙是结晶性聚合物，酰胺基团之间存在牢固的氢键，因而具有良好的力学性能。与金属材料相比，虽然刚性逊于金属，但比抗拉强度高于金属，比抗压强度与金属相近，因此可作代替金属的材料。抗弯强度约为抗张强度的一倍半。尼龙有吸湿性，随着吸湿量的增加，尼龙的屈服强度下降，屈服伸长率增大。其中尼龙 66 的屈服强度较尼龙 6 和 610 大。加入 30%玻璃纤维的尼龙 6 其抗拉强度可提高 2～3 倍。尼龙的抗冲强度比一般塑料高得多，其中以尼龙 6 最好。与抗拉、抗压强度的情况相反，随着水分含量的增大、温度的提高，其抗冲强度提高。尼龙的疲劳强度为抗张强度的 20%～30%。其疲劳强度低于钢但与铸铁和铝合金等金属的材料相近。疲劳强度随分子量增大而提高，随吸水率的增大而下降。尼龙具有优良的耐摩擦性和耐磨耗性，其摩擦系数为 0.1～0.3，约为酚醛塑料的 1/4。尼龙对钢的摩擦系数在油润滑下明显下降，但在水润滑下却比干燥时高。添加二硫化钼、石墨、PE 或聚四氟乙烯粉末可降低摩擦系数和提高耐磨耗性。各种尼龙中，以尼龙 1010 的耐磨耗性最好，约为铜的 8 倍。

由于尼龙具有优异的力学性能、耐磨、100℃左右的使用温度和较好的耐腐蚀性、无润滑摩擦性能，因此广泛地用于制造各种机械、电气部件，如轴承、齿轮、辊轴、滚子、滑轮、涡轮、风扇叶片、高压密封扣卷、垫片、阀座、储油容器、绳索、砂轮黏合剂、接头等。

（2）聚碳酸酯　聚碳酸酯（PC）是分子主链中含有 $\text{-(ORO-}\overset{\overset{\text{O}}{\|}}{\text{C}}\text{)-}$ 基团的线型聚合物。根据 R 基种类的不同，可分为脂肪族、脂环族、芳香族及脂肪族-芳香族聚碳酸酯等多种类型。目前用作工程塑料的聚碳酸酯只有双酚 A 型的芳香族聚碳酸酯。

PC 的玻璃化温度为 145～150℃，脆化温度为−100℃，最高使用温度为 135℃，热变形温度为 115～127℃（马丁耐热）。PC 呈微黄色，刚硬而韧，具有良好的尺寸稳定性、耐蠕变性、耐热性及电绝缘性。缺点是制品容易产生应力开裂，耐溶剂、耐碱性能差，高温易水解，摩擦系数大、无自润滑性，耐磨性和耐疲劳性都较低。

PC 在电气、机械、光学、医药等工业部门都有广泛应用，多用于制造机器的零部件，

105℃的A级绝缘材料，空气调节器壳子，工具箱，安全帽，容器，泵叶轮，齿轮，医疗器械等。

(3) 聚甲醛　聚甲醛（POM）学名聚氧化次甲基，是分子链中含有$\left(\!-CH_2-O-\right)\!$基团的聚合物。聚甲醛是一种高熔点，高结晶热塑性工程塑料，它分为共聚甲醛和均聚甲醛两种。

聚甲醛具有优异的力学性能，是塑料中力学性能最接近金属材料的品种之一，可在100℃下长期使用。其比强度接近金属材料，达50.5MPa，比刚度达2650 MPa，可在许多领域中代替钢、铝、铜及铸铁。POM具有优良的耐磨耗性，蠕变小、电绝缘性好且有自润滑性，尺寸稳定性好，耐水、耐油。其缺点是密度较大，耐酸性和阻燃性不是很好。

聚甲醛可代替有色金属和合金在汽车、机床、化工、电气、仪表中应用，用来制造轴承、凸轮、辊子、齿轮、垫圈、法兰、各种仪表外壳、容器等。特别是适用于某些不允许使用润滑情况下的轴承、齿轮等。由于聚甲醛对钢材的静、动摩擦系数相等，没有滑黏性，更加扩大了其应用范围。

(4) 聚苯醚　聚苯醚（PPO）又称聚亚苯基氧，是分子链中含有基团 $\left(\!-C_6H_2(CH_3)_2-O-\right)\!$ 的聚合物，其产量在工程塑料中居第四位。

聚苯醚虽有一系列优异性能，但其熔融流动性较差，价格较高，限制了其应用。所以目前聚苯醚主要以其改性的产物获得广泛的应用。主要改性产品有与聚苯乙烯的共混改性产物和用苯乙烯接枝的聚苯醚。

聚苯醚具有较高的耐热性，玻璃化温度为210℃，分解温度为350℃，马丁耐热为160℃，脆化温度为－170℃，长期使用温度为120℃，最高熔融温度为257℃。聚苯醚阻燃性好，有自熄性。介电性能优异，电性能十分稳定，电阻率高达$10^{17}\Omega\cdot m$。具有优良的化学稳定性。PPO最宜于在潮湿而有载荷情况下需具有备优良电绝缘性、力学性能和尺寸稳定性的场合，如电器零部件、滤材、阀座、潜水泵零件、医疗器械、蒸煮消毒器具，较高温度下工作的齿轮、轴承、凸轮、机械零件、泵叶轮、水泵零件、化工设备部件、螺钉、紧固件及连接件，也用于制作低发泡材料。

(5) 聚对苯二甲酸丁二醇酯及乙二醇脂　对苯二甲酸丁二醇酯（PBT）是对苯二甲酸与1,4-丁二醇的缩聚物。对苯二甲酸乙二醇酯（PET）是对苯二甲酸与乙二醉的缩聚物。PET以前主要用作纤维，后又用于生产薄膜，近年来经改性更广泛用于生产中空容器“聚酯瓶”。PBT主要是以玻璃纤维增强的产品而应用。PET也是通过玻璃纤维增强来最有成效地提高性能的工程塑料。PBT和PET作为热塑性聚酯已发展成为第五大类工程塑料。增强PBT的突出特点是成型加工性能优异。

(6) 聚酰亚胺（PI）　主链中含有酰亚胺基团$\left(\!-\overset{O}{\overset{\|}{C}}-\overset{|}{N}-\overset{O}{\overset{\|}{C}}-\right)\!$的聚合物，通称聚酰亚胺（PI），可分为三类，不熔性、可熔性及改性聚酰亚胺。具有应用价值的聚酰亚胺是芳杂环类聚合物，它是当前唯一工业化生产的耐高温芳杂环聚合物。聚酰亚胺是当前耐热性最好的工程塑料之一，耐高温达400℃以上，长期使用温度可达260℃以上，具有耐辐射性和良好的力学性能，可制成薄膜、增强塑炼、泡沫塑料、模压制品，还可作特殊条件下工作的精细零件，如耐高温、高真空的自润滑轴承，高温下使用的电器零部件等。

4.3.2　橡胶

橡胶是有机高分子弹性化合物。在很宽的温度范围（－50～150℃）内具有优异的弹性，所以又称为弹性体。橡胶在很小的外力作用下能产生较大形变，除去外力后能恢复原状。作为橡胶，其结构上应该满足以下要求：大分子链具有足够的柔性，玻璃化温度比室温低得多；在使用条件下不结晶或结晶度很小；在使用条件下分子链间无滑动，即无冷流现象。

橡胶按其来源可分为天然橡胶和合成橡胶。天然橡胶主要来源于三叶橡胶树，当这种橡胶树的表皮被割开时，就会流出乳白色的汁液，称为胶乳，胶乳经凝聚、洗涤、成型、干燥即得天然橡胶。合成橡胶是由人工合成方法而制得的，采用不同的原料（单体）可以合成出不同种类的橡胶。合成橡胶按性能和用途又分为通用橡胶和特种橡胶。通用橡胶性能与天然橡胶相近，可部分或全部代替天然橡胶使用，主要用于轮胎制造和一般工业橡胶制品，产量占合成橡胶的50%以上，主要包括丁苯橡胶、异戊橡胶、乙丙橡胶、顺丁橡胶等，其中产量最大的是丁苯橡胶。特种橡胶是指具有特殊性能（如耐高温、耐油、耐臭氧、耐老化等）和特殊用途能适应苛刻条件下使用的合成橡胶，常用的特种橡胶有硅橡胶、各种氟橡胶、聚硫橡胶、氯醇橡胶、丁腈橡胶、聚丙烯酸酯橡胶、聚氨酯橡胶等，主要用于要求某种特性的特殊场合。橡胶按形态分为块状生胶、乳胶、液体橡胶和粉末橡胶。乳胶为橡胶的胶体状水分散体；液体橡胶为橡胶的低聚物，未硫化前一般为黏稠的液体；粉末橡胶是将乳胶加工成粉末状，以利配料和加工制作。

4.3.2.1 橡胶制品的组分

（1）生胶和再生胶　生胶包括天然橡胶和合成橡胶。天然橡胶来源于自然界中含胶植物，其中主要是巴西橡胶树，这种树也称为三叶橡胶树，其次是银菊、橡胶草、杜仲等。从橡胶树上采集的天然胶乳经过一定的化学处理和加工制成浓缩胶乳和干胶，前者直接用于胶乳制品，后者即作为橡胶制品中的生胶。合成橡胶是用人工合成的方法制得的高分子弹性材料，生产合成橡胶的原料主要是石油、天然气、煤以及农林产品。目前合成橡胶的品种已有三四十种之多。

再生胶是指废旧橡胶经过粉碎、加热、机械处理等物理化学过程，使其弹性状态变成具有塑性和黏性的，能够再硫化的橡胶。再生过程中主要反应为“脱硫”，即废旧橡胶在脱硫活化剂、氧、热和机械剪切的综合作用下使硫化橡胶的部分分子链和交联点断裂的过程。再生胶可部分代替生胶使用，以节省生胶、降低成本，改善胶料工艺性能，提高产品耐油、耐老化等性能。

（2）硫化剂　在一定条件下能使橡胶产生交联的物质称为硫化剂。硫化剂也称交联剂，由于天然橡胶最早是采用硫黄交联，所以橡胶的交联过程称为“硫化”。

硫黄是最常用的硫化剂。硫黄一般有硫黄粉、沉降硫黄、胶体硫黄、表面处理硫黄、不溶性硫黄等。硫黄粉是块状硫黄经粉碎、脱酸等处理而得到的粉末状硫黄。沉降硫黄是硫黄与氢氧化钙共热，生成硫化钙化合物，加入稀硫酸使硫黄沉降出来的，其平均粒径为1～5μm，在橡胶中分散极好，用于高级橡胶制品。胶体硫黄又称高分散硫黄，是在分散剂作用下，将粉末硫黄或沉降硫黄用球磨机或胶体磨研磨，制成黏稠状物，再经干燥、粉碎，制成胶体硫黄，其粒径为1～3μm，适用于胶乳制品。表面处理硫黄是在硫黄粒子表面包覆一层油类或聚异丁烯等物质，有利于分散。不溶性硫黄是普通硫黄经聚合得到的高分子硫黄，其用于橡胶时可防止发生喷霜，缩短硫化时间，适用于高温短时间硫化。

除了硫黄外，目前使用的硫化剂还有：含硫化合物、过氧化物、醌类化合物、树脂和金属化合物等。

（3）硫化促进剂　凡能加快硫化速度、缩短硫化时间的物质称为硫化促进剂，简称促进剂。使用促进剂可减少硫化剂用量或降低硫化温度，提高硫化胶的物理机械性能。

硫化促进剂品种很多，通常可分为以下几类。

① 酸性促进剂　本身具有酸性或与硫化氢反应可生成酸性化合物的一类促进剂，主要有

噻唑类、秋兰姆类、二硫代氨基甲酸盐类、黄原酸盐类等。其中噻唑类（如促进剂 M、促进剂 DM 等）为最重要的通用促进剂，属半超速促进剂，适于白色、浅色和透明制品；秋兰姆类（如促进剂 TMTD）为使用量较大的促进剂，适于白色、艳色和透明制品；二硫代氨基甲酸盐类属超速促进剂，其锌盐、钠盐和铵盐可适于白色、透明、艳色和接触食品的制品；黄原酸盐类为超速促进剂，有特殊臭气，但对制品无污染。

② 碱性促进剂 本身为碱性或与硫化氢反应可生成碱类化合物的一类促进剂，主要有胍类、醛氨类、醛胺类等。其中胍类（如促进剂 D）为此类促进剂中用量最大者，属中速促进剂，有污染性，不适于白色或浅色制品，个别品种可用于接触食品的制品；醛氨类和醛胺类一般用作第二类促进剂，与其他促进剂并用。

③ 中性促进剂 本身可离解成碱性和酸性化合物，或与硫化氢反应同时生成酸性和碱性两种化合物的一类促进剂，主要为次磺酰胺类、硫脲类等。其中次磺酰胺类（如促进剂 CZ、促进剂 NOBS 等）是发展最快的品种，属迟效高速促进剂，可用于透明制品，但不适于纯白色和接触食品的制品。

在工业上为增大促进效率，延迟焦烧或改善其他硫化特性和使用性能，提高制品质量，常采用两种或两种以上的促进剂混合使用，以取长补短。上述各类促进剂，依自身特点可适用于不同的胶种。

（4）硫化活性剂 硫化活性剂简称活性剂，又称助促进剂。是用以增加胶料中有机促进剂的活性，充分发挥其效能，以减少促进剂用量或缩短硫化时间的一类物质，几乎所有的促进剂都必须在活性剂存在下，才能充分发挥其促进效能。

活性剂有无机活性剂和有机活性剂。无机活性剂主要为金属氧化物、氢氧化物和碱式碳酸盐等。ZnO 为最重要、最广泛使用的品种，其粒度越细，活化作用越强。碳酸锌与碱式碳酸锌可代替 ZnO，并用于高透明制品。有机活性剂主要为脂肪酸类（如硬脂酸、油酸、月桂酸等），其次为弱的胺类、皂类、多元醇及氨基醇等。不饱和脂肪酸（如油酸、亚麻油酸等）易使制品老化、龟裂、曲挠，不适于高级橡胶制品。一般橡胶配方通常采取氧化锌与硬脂酸并用。

（5）防老剂 橡胶在长期储存或使用过程中，受氧、臭氧、光、热、高能辐射及应力作用，逐渐发黏、变硬、弹性降低的现象称为老化。凡能防止和延缓橡胶老化的化学物质称为防老剂。防老剂可分为化学防老剂和物理防老剂，化学防老剂由于其本身与氧的反应速度比橡胶快，与氧形成稳定的化合物，从而延缓了橡胶的氧化（即老化）。

橡胶防老剂品种很多，常见的有以下种类。

① 胺类防老剂 这类防老剂品种最多，防护效果很好，能有效防止热、氧、疲劳老化。其缺点是有污染性，不宜用于浅色制品。主要的品种有 *N*-苯基-α-萘胺（防老剂 A）、*N*-苯基-β-萘胺（防老剂 D）、6-乙氧基-1,2,4-三甲基-1,2 氢化喹啉（防老剂 AW）、*N*-苯基-*N'*-异丙基对苯二胺（防老剂 4010NA）、2,4,4-三甲基-1,2-氢化喹啉聚合物（防老剂 RD）等。

② 酚类防老剂 也是一类重要的防老剂。主要特点是无污染，不变色，适用于白色或浅色制品。主要缺点是防护效果不如胺类防老剂。

③ 杂环类防老剂 具有中等抗热氧效果，不污染。主要品种有 2-巯基苯并咪唑（防老剂 MB）及其锌盐（防老剂 MBZ）。

④ 反应型防老剂 这类防老剂抗抽出，能长期在橡胶中发挥防护作用。

⑤ 蜡类防老剂 为物理防老剂。加入胶料后，在橡胶表面形成保护膜而抵抗氧的侵入，常用的有石蜡和地蜡等。

（6）补强剂和填充剂 凡能提高橡胶力学性能的物质称补强剂，又称为活性填充剂。填充剂主要是增加制品的容积而降低成本，也称增容剂。补强剂和填充剂无明显的界限，通常一种物质兼有两类的作用，即既补强又增容，但在分类上以起主导作用为依据。

补强剂的补强机理有多种不同的解释，通常认为：具有表面活性的补强剂粒子，与橡胶大分子之间存在物理吸附作用和化学作用，后者可与若干橡胶大分子链形成交联结构。当外力作用于橡胶时，一条分子链受到的应力通过这些交联点迅速传递到其他分子上，由整个分子网络承担；即使某一交联点断裂，其他交联点仍承受应力的作用，从而使橡胶制品的力学性能有很大的改善。补强剂的补强作用与粒径大小、颗粒形状、表面性质及结构性有关。粒径<100nm时，补强作用明显，粒径在100～500nm之间，略有补强作用，粒径过大，只起填充作用。但粒径太细，不易被橡胶浸润，分散困难，影响混炼胶和硫化胶的性能。

橡胶工业中最常用的补强剂为炭黑，其耗量通常为橡胶的50%左右。炭黑的品种有天然气槽黑、混气槽黑、高耐磨炉黑、中超耐磨炉黑、快压出炉黑、通用炉黑、半补强炉黑、热裂法炭黑、乙炔炭黑等。用于橡胶补强的还有白炭黑，其组成为水合二氧化硅（$SiO_2 \cdot nH_2O$）主要用于白色和浅色制品。其他填充剂有碳酸钙、碳酸镁、陶土等。碳酸盐类有重质碳酸钙、轻质碳酸钙和活性碳酸钙等。碳酸镁用于透明和半透明橡胶制品，补强作用效果高于陶土、碳酸钙。

（7）增强材料（骨架材料） 由于橡胶的弹性大、强度低，因此橡胶中有时用纤维材料或金属材料作骨架材料，以增强制品的机械强度，减少变形。用于橡胶制品的增强材料主要有各种纤维、线绳及钢线等。主要用于轮胎、输送带等的制造。

（8）其他配合剂 除上述配合剂外，橡胶工业常用的配合剂还有着色剂、溶剂、发泡剂、隔离剂等。

4.3.2.2 橡胶制品的生产工艺

橡胶制品生产的基本过程包括：塑炼、混炼、压延、压出、成型、硫化。生胶是分子量很高的线型高分子化合物，在常温下大多数处于高弹态，加工时配合剂无法与生胶混合，且无法获得人们所需的各种形状。因而首先要对其进行塑炼，使黏度下降，便于进一步混炼、压延、压出和成型。但塑炼的结果也使胶料的弹性下降，物理机械性能受损，为使橡胶制品保持其优异高弹性和足够的机械强度，成型后的半成品还必须在高温高压下硫化，使分子链形成完整的三维网状体型结构，重新获得橡胶材料优异的性能。

（1）塑炼 塑炼是使生胶由弹性状态转变为可塑状态的工艺过程。生胶塑炼获得可塑性的原因是橡胶大分子链断裂，平均分子量降低。在塑炼过程中导致大分子链断裂的因素是机械破坏作用和热氧化降解作用。经塑炼后可获得适宜的可塑性和流动性，使橡胶与配合剂在混炼过程中易于混合分散均匀，同时有利于胶料进行各种成型操作。

塑炼有机械塑炼法和化学塑炼法。机械塑炼法主要是通过开放式炼胶机、密闭式炼胶机、螺杆式塑炼机等的机械作用使大分子链断链，提高橡胶的可塑性。化学塑炼法是借助某些增塑剂的作用，引发并促进大分子链断裂。在实际生产中这两种方法往往同时使用。

（2）混炼 混炼是按照配方将各种配合剂与可塑度合乎要求的生胶或塑炼胶均匀混合，制成质量均一混炼胶的工艺过程。混炼是橡胶加工中最重要的基本工艺过程之一。制造出的混炼胶要求能保证橡胶制品良好的加工工艺性能和具有良好的力学性能。因此，经过混炼过程得到的混炼胶必须使配合剂完全均匀地分散到橡胶中，保证胶料的组成和各种性能均匀一致；同时要求胶料可塑度适当，以保证后加工操作顺利进行；另外，配合剂不是简单分散在生胶中，而是与胶料在相界面上产生一定的化学和物理结合，甚至在橡胶硫化后仍保持这种结合。

由于生胶黏度很高，要使配合剂渗入生胶中并在其中均匀混合与分散，必须借助于炼胶机的强烈机械作用进行混炼。目前采用的混炼方法是间歇式混炼和连续式混炼。间歇式混炼采用得最多，设备为开炼机和密炼机。开炼机是最早使用的混炼机械，其特点是适应性强，可以混炼各种胶料，但生产效率低，劳动强度大，环境污染严重。密炼机混炼容量大，混炼时间短，生产效率高，自动化程度高，劳动强度低，环境污染小；但混炼温度高，不能用作混炼时对温度敏感的胶料。用密炼机混炼得到的混炼胶形状不规则，使用时需和压片机配合使用。连续式混炼采用螺杆挤出机，将加料、混炼和排胶连续进行，也可使混炼与压延、压出联动，生产效率和自动化程度更高，混炼胶质量稳定，但其称量加料系统复杂，维护技术水平要求较高。

（3）压延　压延是使物料受到延展的工艺过程，是指通过压延机辊筒间对胶料进行延展变薄的作用，制备出具有一定厚度和宽度的胶片或织物涂胶层的工艺过程。橡胶的压延是橡胶半成品的成型过程，所得的半成品必须经过硫化反应后才能最终成为制品。

橡胶的压延工艺包括压片、压型、贴胶、擦胶和贴合等作业。压片是将混炼好的胶料在压延机上制造成具有规定厚度、宽度、表面光滑的胶片，主要用于制造胶管、胶带的内外层胶、轮胎的缓冲胶片，内衬层胶片等。压型是在一个或两个花纹辊筒上，制成表面有花纹并有一定断面形状的半成品，主要制造胶鞋大底、力车胎胎面、胎侧等。贴胶是在帘布的两面贴上薄薄的一层胶，可使帘布层与帘布层、帘布层与胶料必须结合成一整体，而帘线与帘线之间又能相互隔离，不致互相磨损。贴胶起到了既联合又隔离的作用，改善轮胎的物理机械性能。擦胶是利用压延机辊筒转速不同，将胶料擦到纤维纺织物的缝隙中去，提高纺织物与胶料的黏着性。

（4）压出　压出工艺即挤出工艺（习惯上叫橡胶压出），是胶料在压出机（挤出机）机筒和螺杆间的挤压作用下，连续通过一定形状的口型，制成各种复杂断面形状半成品的工艺过程，主要用于制造轮胎胎面胶条、内胎胎筒、胶管、胶带、电线电缆及各种形状的门窗胶条等。此外，压出工艺还可用于对胶料进行过滤、造粒、生胶塑炼以及对密炼机排料的补充混炼和为压延机供应热炼胶等。

橡胶压出工艺过程包括胶料热炼、压出成型、冷却、裁断、称量或卷取。经混炼和冷却停放的胶料首先在开炼机或密炼机中进行热炼，然后以胶条形式通过运输带送至压出机的加料口，并通过喂料机输送至螺杆，胶条受螺杆的挤压通过机头口型而成型。压出的半成品迅速冷却，以防止半成品变形和在存放时产生自流，使半成品进行冷却收缩，稳定其断面尺寸。经过冷却后的半成品，有些半成品（如胎面）需经定长、裁断、称量等步骤，然后接取停放；有些半成品（如胶管、胶条等）冷却后可卷在容器或绕盘上来停放。近年来发展了冷喂料压出工艺，胶料在压出前不必预热，直接在室温条件下以胶条或胶粒的形式加入压出机中。冷喂料省掉了热炼工序，降低了劳动成本，料温控制较好，有利于自动化生产。

（5）成型　橡胶成型工艺是把构成制品的各部件，通过粘贴、压合等方法组合成具有一定形状的整体的过程。不同类型的橡胶制品，其成型工艺也不同。全胶类制品，如各种模型制品，成型工艺较简单，即将压延或压出的胶片或胶条切割成一定形状，放入模型中经硫化便可得制品。而含有纺织物或金属骨架材料的制品，如胶管、胶带、轮胎、胶鞋等，则必须借助一定的模具，通过粘贴或压合方法将各零件组合而成型。

（6）硫化　硫化是胶料在一定条件下，橡胶大分子由线型结构转变为网状结构的交联过程，其目的是改善胶料的物理机械性能和其他性能。在硫化前，橡胶分子是呈卷曲状的线型结构，其分子链具有运动的独立性，大分子之间是以范德华力相互作用的，当受到外力作用时，大分子链段易发生位移，在性能上表现出较大的变形，可塑性大，强度不高，具有可溶性。硫化后，橡胶大分子被交联成网状结构，大分子链之间有主价键力的作用，使大分子链的相对运动受到一定的限制，在外力作用下，不易发生较大的位移，变形减小，强度增大，失去可溶性，只能有限膨胀。

硫化是橡胶生产加工中最后一步工艺过程。制品的硫化过程是在一定温度、时间、压力的条件下发生和完成的，这些条件称为硫化条件或硫化三要素。硫化的方法很多，按其使用的硫化条件不同，可分为冷硫化、室温硫化和热硫化三种。按采用的不同硫化介质可分为直接硫化（直接蒸汽硫化和直接热水硫化）、间接硫化［也称间接蒸汽硫化和混气硫化（采用蒸汽和空气两种介质）］。按使用的硫化设备有硫化罐硫化、平板硫化机硫化、个体硫化机硫化、注压硫化等。

4.3.2.3 主要橡胶的特点及用途

主要橡胶的特点及用途见表 4-5。

表 4-5 主要橡胶的特点及用途

名称	特点	用途
天然橡胶	弹性高、机械强度好，且具有很好的耐寒性、气密性好；耐油性差，耐臭氧老化性和耐热氧化性差	轮胎、工业制品及日常生活用品
丁苯橡胶	耐磨性、耐热性、耐油性和耐老化性均比天然橡胶好；弹性、耐寒性、耐撕裂性和黏着性能均比天然橡胶差	轮胎、工业制品
氯丁橡胶	耐油、耐溶剂、耐老化性好，气密性好，黏着性好，电绝缘差、耐寒性差	耐油制品、密封制品、胶黏剂等
丁腈橡胶	耐油性、耐热性、耐磨性好，电绝缘差、耐寒性差	各种耐油橡胶制品

4.3.3 纤维

纤维是指长度比其直径大很多倍，并具有一定柔韧性的纤细物质。供纺织用的纤维直径为几微米到几十微米，长度超过 25mm。

4.3.3.1 纤维的分类

纤维可分为两大类：一类是天然纤维，如棉花、羊毛、蚕丝和麻等；另一类是化学纤维，即天然或合成高分子化合物经化学加工而制得的纤维。化学纤维又分为两类：一类是人造纤维，如再生蛋白质纤维，再生纤维素纤维、纤维素酯纤维；另一类是合成纤维，如聚酰胺纤维、聚酯纤维、聚丙烯腈纤维等。

4.3.3.2 纤维主要性能指标

（1）纤维细度　纤维细度是指纤维、长丝、纱线的粗细程度。纤维的细度介于 2～150μm，最细的为蚕丝、石棉和化学纤维。较粗的为木棉、兽毛等。常用纺织纤维细度为20～30μm。纤维的细度常以支数和纤度表示。单位重量的纤维所具有的长度为支数，如 1g 的纤维长 100m，称 100 支。对同一种纤维而言，支数越高，表示纤维越细。一定长度的纤维所具有的质量称为纤度。纤度的单位是 tex，是 1000m 长纤维的质量克数。纤维越细，纤度越小。

（2）断裂强度　单位纤度的纤维在连续增加的负荷作用下，被拉伸断裂时所承受的最大力称断裂强度，单位为 N/tex。

（3）断裂伸长率　断裂伸长率（也称延伸率或延伸度）是指纤维或试样在拉伸至断裂时长度比原来长度增加的百分数。

（4）弹性模量　纤维的弹性模量是指每单位截面积的纤维延伸原来的 1%所需的负荷，单位是 N/tex。弹性模量大的纤维尺寸稳定性好，不易变形，制成的织物抗皱性好，相反弹性模量小的纤维制成的织物容易变形。

（5）回弹率　将纤维拉伸产生一定伸长，然后撤去负荷，经松弛一定时间后（30s 或 60s），测定纤维弹性回缩后的剩余伸长。可回复的弹性伸长与总伸长之比称为回弹率。

除上述性能指标外，还有反映纤维的各种实用性能，如吸湿性、耐热性、燃烧性、耐磨性、染色性等。

4.3.3.3　纤维的分子结构与性能关系

纤维的性质既取决于原来高聚物的性质，也取决于经加工后的纤维结构。

（1）分子结构

① 具有线型的可伸展大分子链。这种大分子链能够沿纤维轴方向有序排列，因而使纤维具有较高的拉伸强度，延伸度及其他物理性能。

② 具有适当的分子量，分子量分布较窄，支链较短，侧基小。分子量过低，强度和弹性不好；分子量过高，纺丝的黏度过大，对纺丝和后加工不利。

③ 分子中有极性基团存在，使大分子间的相互作用增大，可提高纤维的强度和熔点，并对纤维的吸水性、吸湿性等产生很大影响。

④ 高分子链立体结构具有一定的规整性。为了制得具有最佳综合性的纤维，成纤高聚物应具有形成半结晶结构的能力。高聚物中无定形区决定了纤维的弹性、染色性，对各种物质的吸收性等重要性能。

（2）形态结构

① 纤维的多重原纤结构和表面形态　纤维由线型大分子链排列、堆砌组合而成，其间有许多丝状结构（原纤结构）通过分子间的作用力相互结合而构成整根纤维单丝。原纤结构又由各级微观结构组成，称多重原纤结构。原纤的最小单元称基原纤，一般是由几条线型长链分子互相平行地结合而成的分子束，再由若干根基原纤平行排列而成的大分子束称为微原纤，若干根微原纤基体平行排列结合组成原纤，若干根基本平行排列的原纤可堆砌成较粗大的大原纤，其直径可达 1～3μm，由大原纤堆砌而成纤维。

化学纤维的表面形态取决于纤维品种、成型方法和纺丝工艺条件。一般来说，化学纤维比天然纤维具有连续光滑和较规整的表面形态，这种表面形态对光线的反射比较均匀，纤维表面具有明显的光泽。

② 纤维的横截面形状和皮芯结构　在合成纤维成型过程中，一般采用圆孔形孔眼喷丝板，因此形成的纤维通常是实芯，圆形或接近圆形。纤维横截面对其性能有很大影响，如棉花是天然卷曲的空心纤维，具有良好的保暖性和吸湿性；蚕丝的横截面是三角形的，具有柔和的光泽和舒适的手感。圆形纤维表面光滑、抱合力差、光泽不好。为改善合成纤维的弹性、手感、光泽、吸湿、染色、回弹等性质，人们制造了各种异形纤维、空心纤维及复合纤维等新型化学纤维，这些纤维具有天然纤维的结构形态，性能得到很大改善。

在通常情况下，均聚物纤维中均有皮芯结构生成。这是由于湿纺中凝固液在纺丝液细流内外分布不均匀，使细流内部和周边的高聚物以不同的机理进行相分离和固化，从而导致纤维沿径向有结构的差异。外表有一层极薄的皮膜，皮膜内部是纤维的皮层，里边是芯层。皮层中一般含有较小的微晶，并具有较高的取向度。芯层结构较疏松，微晶尺寸也较大。纤维的皮芯结构对吸附性能、染色性、强度及断裂伸长率等影响很大。

③ 纤维中的孔洞　在微原纤和原纤等结构中均存在着缝隙和孔洞，这是在纺丝过程中形成的。纤维中的微孔、缝隙往往是造成纤维不均匀、强度不高的重要原因。但近年来出现的多孔聚丙烯纤维、多孔聚酯纤维等，都是含有大量微孔的纤维，这类纤维具有较高的保水性及吸湿性。

4.3.3.4　主要的合成纤维

合成纤维是利用石油、煤、天然气及农副产品为原料，经过化学提炼出有机化合物分子，通过聚合成高分子化合物，再经熔融或溶解成纺丝溶液，在一定压力下喷成纤维。合成纤维品种繁多，其中最主要的是聚酯纤维、聚酰胺纤维、聚丙烯腈纤维三大类，这三大类纤维的产量占合成纤维总产量的 90％以上。

（1）聚酰胺纤维　聚酰胺纤维是指分子主链含有酰胺键的一类合成纤维。聚酰胺纤维是最早投入工业化生产的合成纤维，我国商品名称为绵纶，国外商品名有尼龙、耐纶、卡普隆等。聚酰胺品种很多，我国主要生产尼龙 6，尼龙 66 和尼龙 1010 等。

聚酰胺纤维是合成纤维中性能优良，用途广泛的品种之一。耐磨性在纺织纤维中最高；耐疲劳性接近于涤纶，高于其他化学纤维；有良好的吸湿性，可以用酸性染料和其他染料直接染色；除聚丙烯和聚乙烯外，它是所有纤维中最轻的；而且还具有耐腐蚀、不发霉、染色性好等特点。其缺点是弹性模量小，耐热性及耐光性较差，在聚合物中添加耐光剂和热稳定剂可以改善耐光和耐热性能。

聚酰胺纤维可以纯纺和混纺作各种衣料及针织品，特别适用于制造单丝、复丝弹力丝袜，耐磨又耐穿。还可以用作绳索、渔网、运输带、降落伞、重型汽车和飞机轮胎的帘子线。

(2) 聚酯纤维　聚酯纤维是大分子主链中含有酯基的一类纤维，是由二元酸及其衍生物（酰卤、酸酐、酯等）和二元醇经缩聚而得。聚酯纤维由于性能优良，用途广泛，是合成纤维中发展最快的品种，其产量居第一位，品种很多，工业化大量生产的聚酯纤维是用聚对苯二甲酸乙二醇酯制成的。我国聚酯纤维的商品名称为涤纶，俗称的确良。

聚酯纤维有优良的耐皱性、弹性和尺寸稳定性，有良好的电绝缘性能，耐日光，耐摩擦，易洗易干，不霉不蛀，有较好的耐化学试剂性能，能耐弱酸及弱碱。在室温下，有一定的耐稀强酸的能力，耐强碱性较差。但聚酯纤维也有染色性差、吸水性低，织物易起球等特点。

聚酯纤维具有许多优良的纺织性能和服用性能，可以纯纺织造，也可与棉、毛、丝、麻等天然纤维和其他化学纤维混纺交织，制成花色繁多、坚牢挺刮、易洗易干、免烫和洗等可穿性能良好的仿毛、仿棉、仿丝、仿麻织物。在工业上可作轮胎帘子线、运输带、绝缘材料、渔网、绳索、人造血管等。

(3) 聚丙烯腈纤维　聚丙烯腈纤维是以丙烯腈为原料聚合成的聚丙烯腈经纺制成的合成纤维，通常是指用 85%以上的丙烯腈与第二和第三单体的共聚物，经湿法纺丝或干法纺丝制得的合成纤维。丙烯腈含量在 35%～85%之间的共聚物纺丝制得的纤维称为改性聚丙烯腈纤维。聚丙烯腈纤维又称腈纶、奥纶或人造羊毛。聚丙烯腈纤维自 1950 年投入生产以来，发展速度一直很快，目前产量仅次于聚酯纤维和聚酰胺纤维，其世界产量居合成纤维第三位。

聚丙烯腈长纤维像蚕丝，短纤维像羊毛。相对密度为 1.14～1.17，较羊毛轻，保暖性和弹性较好，耐光、耐气候性优良，吸湿性小，化学稳定性和耐腐蚀性也较高，其织品具有毛感或接近毛织品，有较好的保型性，易洗快干，不发霉，不怕微生物和虫蛀等。其缺点是不易染色、不耐碱、性脆、易起毛、不耐摩擦且不耐脏。

聚丙烯腈制品有纺织品和针织品。聚丙烯腈纤维可与羊毛混纺成毛线，或织成毛毯、地毯等，还可与棉、人造纤维、其他合成纤维混纺，织成各种衣料和室内用品。聚丙烯腈纤维还适用于制作军用帆布、窗帘、帐篷等。

4.3.4 胶黏剂

胶黏剂又称黏合剂，是一种能把各种材料紧密地结合在一起的物质。

4.3.4.1 胶黏剂的分类及组成

(1) 分类　根据胶黏剂的基本组分可将胶黏剂分为无机和有机两大类，其中有机胶黏剂又分为天然和合成两类，目前应用的胶黏剂主要是合成胶黏剂，分类见图 4-7。

根据固化形式分类可分为溶剂型、反应型和热熔型。溶剂型是由热塑性聚合物加溶剂配合而成，其固化是溶剂的挥发或溶剂被胶物自身吸收，在胶接端面形成胶接膜而发挥胶接作用。反应型是含有活性基团的基体聚合物，当加入固化剂后发生化学反应，从而产生胶接作用。热熔型是属于以热塑性聚合物为基本组成的无溶剂型固态胶黏剂，通过加热熔融胶接，随后冷却固化而发挥胶接作用。

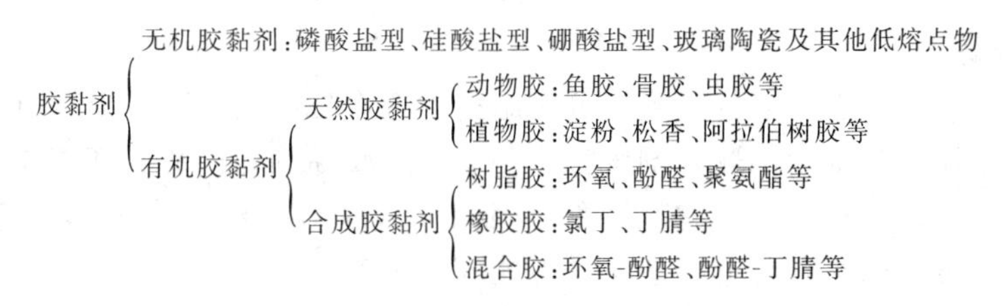

图 4-7　胶黏剂分类

（2）组成　胶黏剂一般是以聚合物为基本组分的多组分体系。除基本组分聚合物外，还包括其他配合剂（一种或几种）。如用于提高韧性的增塑剂或增韧剂，用以使胶黏剂固化的固化剂，填料、溶剂、稳定剂、偶联剂、色料等。

4.3.4.2　胶接及其机理

靠胶黏剂将物体连接起来的方法称为胶接。良好的胶接必须首先使胶黏剂要能很好地润湿被粘物表面，然后胶黏剂与被粘物之间要有较强的相互结合力，这种结合力来源的本质就是胶接机理。

（1）胶黏剂对被粘物表面的浸润　液态胶黏剂向被粘物表面扩散，逐渐润湿被粘物表面并渗入表面微孔中，取代并解吸被粘物表面吸附的气体，使被粘物表面间的点接触变为与胶黏剂之间的面接触。施加压力和提高温度，有利于此过程的进行。

当液体在固体表面上形成液滴，达平衡时在气、液、固三相交界处，气-液界面和固-液界面之间的夹角称为接触角，用 θ 表示，接触角 θ 的大小可反应胶黏剂对固体的浸润程度，见图 4-8。图中 γ_{SL}、γ_L、γ_S 分别为固液界面、液体和固体表面张力。

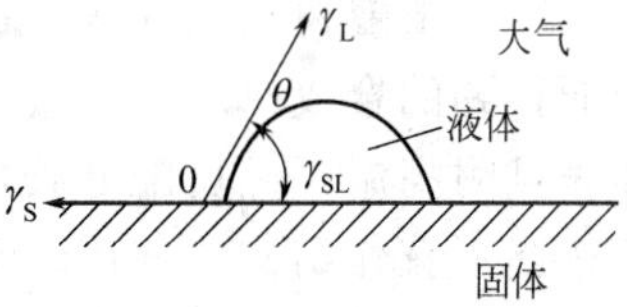

γ_L　大气　θ　液体　0　γ_{SL}　γ_S　固体

图 4-8　液体与固体表面的接触角

达到平衡时，$\gamma_S = \gamma_{SL} + \gamma_L \cos\theta$

则
$$\cos\theta = \frac{\gamma_S - \gamma_{SL}}{\gamma_L}$$

当 $\cos\theta = 1$，$\theta = 0°$，则完全浸润；当 $0 < \cos\theta < 1$，$\theta < 90°$，则液体能在固体表面浸润；当 $\cos\theta < 0$，$\theta > 90°$，则液体不能在固体表面浸润。大多数金属和一般无机物表面张力都很大，称为高能表面，而有机高分子表面张力较小，玻璃、陶瓷介于两者之间。胶黏剂的表面张力越小，浸润性能越好。被粘物表面张力越大，越利于胶黏剂对被粘物的浸润。除此之外，为了达到良好的浸润，必须对被粘物的表面进行一定的清洗和处理。

（2）胶接机理　产生吸附作用形成次价键或主价键，黏合剂本身经物理或化学的变化由液体变为固体，使胶接作用固定下来。胶接主要靠两个物体之间强大的黏合力作用。胶黏剂与被粘物之间的结合力，大致有以下几种。①由于吸附以及相互扩散而形成的次价结合。②由于化学吸附或表面化学反应而形成的化学键。③配价键，如金属原子与胶黏剂分子中的 N、O 等原子所生成的配价键。④被粘物表面与胶黏剂由于带有异种电荷而产生的静电吸引力。⑤由于胶黏剂分子渗进被粘物表面微孔中以及凸凹不平而形成的机械啮合力。

黏合力的大小由内聚力和黏附力所决定。内聚力是胶黏剂本身分子之间的作用力，黏附力是胶黏剂与被粘物之间的作用力。两物体粘接的牢固程度，不是内聚力和黏附力之和，而是决定于两个力中最小的一个。在外力作用下胶接接头的破坏有四种基本情况：胶黏剂本身被破坏，称为内聚破坏；被粘物的破坏，称为材料破坏；胶层与被粘物分离，称为黏附破坏；既有在胶层内部的破坏，又有胶黏界面上的破坏，称为混合破坏。一般来说，当被粘物强度较大而胶接又较好时，胶黏剂本身破坏和混合破坏是主要的破坏形式。由此可见，胶黏剂本身的内聚力及黏附力的大小是决定胶接强度的关键因素。

4.3.4.3 常见胶黏剂

（1）环氧树脂胶黏剂　环氧树脂是指分子结构中含有二个或二个以上环氧基团的有机高分子化合物，以环氧树脂为基料的胶黏剂统称为环氧树脂胶黏剂，简称为环氧胶。环氧树脂胶黏剂是当前应用最广泛的胶种之一，它对大部分材料如金属、木材、玻璃、陶瓷、塑料、橡胶、纤维、皮革等都有良好的黏合能力，故有“万能胶”之称。

环氧树脂品种繁多，主要有两类，一类是缩水甘油基型环氧树脂，包括常用的双酚A型环氧树脂、环氧化酚醛、缩水甘油基酯环氧树脂等；另一类是环氧化烯烃，如环氧化聚丁二烯等。其中用得最多的是双酚A型环氧树脂，它是由双酚A与环氧氯丙烷在碱催化下缩聚而得到的线型聚合物。

用作胶黏剂的环氧树脂相对分子质量一般为300～7000，黏度为4～15Pa·s。环氧树脂胶黏剂是由环氧树脂、固化剂、各种添加剂组成。固化剂有有机胺类固化剂、改性胺类固化剂、有机酸酐类固化剂，如乙二胺、二乙烯三胺、三乙烯四胺、三乙醇胺、顺丁烯二酸酐等。添加剂主要有增韧剂、增塑剂、稀释剂（如丙酮、苯乙烯等)、填料等。

在环氧树脂结构中含有羟基、醚基和活泼的环氧基。羟基和醚基具有强极性，使环氧树脂分子与相邻界面产生电磁吸力。环氧基可以和含活泼氢的物质起反应形成化学键，因而黏合强度特别高，与金属的胶接强度可达2×10^{7}Pa以上，且环氧树脂固化收缩率小，稳定性高，能在室温或高温下固化。

（2）酚醛树脂胶黏剂　酚醛树脂是酚类和醛类的缩聚产物，一般常指苯酚和甲醛经缩聚反应而得到的合成树脂。酚醛树脂胶是用量最大的品种之一，由于含有极性羟基，因而粘接力强，且耐高温，优良配方胶可以在300℃以下使用，其缺点是脆性大、剥离强度差，所以纯酚醛树脂不宜作结构胶使用，只用于胶黏木材、胶合板、纤维板和其他含羟基的材料。

可采用某些柔性聚合物，如橡胶、聚乙烯醇缩醛等来提高酚醛树脂胶黏剂的韧性和剥离强度，从而制得一系列性能优异的改性酚醛树脂胶黏剂，主要有酚醛-丁腈胶黏剂和酚醛-缩醛胶黏剂，前者可在－60～150℃使用，广泛用于汽车部件、飞机部件、机器部件等结构件的胶接，也可用于金属、陶瓷、玻璃、塑料等材料的胶接；后者有较好的胶接强度和耐热性，主要用于胶接金属、陶瓷、玻璃等，也用于制造玻璃纤维层压板。

（3）丙烯酸酯类胶黏剂　丙烯酸酯类胶黏剂是以各种类型的丙烯酸酯为基材配成的化学反应型胶黏剂，其特点是固化迅速、强度较高、使用方便，适用于粘接多种材料。丙烯酸酯类胶黏剂品种很多，主要有α-氰基丙烯酸酯胶黏剂、厌氧胶、第二代丙烯酸酯胶黏剂等。

① α-氰基丙烯酸酯胶黏剂　α-氰基丙烯酸酯胶黏剂的胶接原理是α-氰基丙烯酸酯单体通过阴离子聚合反应而固化的，基本组分是α-氰基丙烯酸酯类单体，其他组分是稳定剂、增塑剂、增稠剂等。α-氰基丙烯酸酯具有透明性好、固化速度大、使用方便、气密性好的优点，广泛应用于胶接金属、玻璃、宝石、橡皮、硬质塑料等。其缺点是不耐水、性脆、耐温性差，有一定气味等。

② 厌氧胶　又称绝氧胶、嫌气胶，是一种新型密封胶黏剂，它储存时与空气接触，一直保持液态，不固化，但一旦与空气隔绝就很快固化而起到粘接或密封作用，因此称为厌氧胶。厌氧胶是由丙烯酸酯类单体、引发剂、促进剂、稳定剂、增塑剂和其他助剂组成的。丙烯酸类单体是厌氧胶的主要成分，约占90%以上，包括丙烯酸和甲基丙烯酸的双酯或某些特殊的丙烯酸酯（甲基丙烯酸羟丙酯)。引发剂为过氧化物，常用的有异丙苯过氧化氢，加入量为5%左右。促进剂在引发剂引发聚合时加速固化，而在储存时不起反应，常用的有N,N-二甲基苯胺、三乙胺等氨基有机物。稳定剂是为长期储存而加入的，常用的有对苯二酚和对苯二醌，加入量约为0.01%。加入增稠剂是为了调节黏度，增加韧性和提高强度。其他助剂包括增塑剂

和触变剂等。厌氧胶的固化是自由基聚合反应，但又不同于一般的自由基反应。厌氧胶的基本组分在引发剂分解成自由基时，容易吸收氧与另一个自由基相结合，生成稳定的过氧化物，从而在短时间内消耗初始自由基，失去链增长的能力。当绝氧后，引发剂又使过氧化物分解产生自由基引发聚合，实现交联固化。厌氧胶主要应用于螺栓紧固防松、密封防漏、固定轴承以及各种机器零件的胶接。

③ 第二代丙烯酸酯胶黏剂　第二代丙烯酸酯胶黏剂是 20 世纪 70 年代中期问世的反应型双包装胶黏剂，是由丙烯酸酯类单体或低聚物、引发剂、弹性体、促进剂等组成。组分分装，可将单体、弹性体、引发剂装在一起，促进剂另装。当这两包组分混合后即发生固化反应，使单体与弹性体产生接枝聚合，从而得到很高的胶接强度。第二代丙烯酸酯胶黏剂具有室温快速固化、胶接强度大、胶接范围广泛等优点，可用于胶接钢、铝、青铜等金属；ABS、PVC、玻璃钢、PMMA 等塑料以及橡胶、木材、玻璃、混凝土等，特别适用于异种材料的胶接。

4.3.5　涂料

涂料是指涂覆于物体表面，在一定的条件下能形成薄膜而起保护、装饰或其他特殊功能的一类材料。早期的涂料大多以植物油或天然树脂为主要原料，因而称作油漆。随着石油化工和合成树脂工业的发展，主要原料已大部分为合成树脂改性或取代，涂料所包括的范围已远远超过油漆原来狭义的范畴。涂料具有以下功能：提高物体表面的防腐能力；防止或减轻物体表面直接受到摩擦和冲击；增加物体表面的美观，提高装饰性。

4.3.5.1　涂料的组成和分类

涂料为多组分体系，由成膜物质和颜料、溶剂、催干剂、增塑剂，填充剂等组成。作为成膜物质必须与物体表面和颜料具有良好的结合力（附着力）。原则上各种天然的和合成的聚合物都可作为成膜物质。与塑料、纤维、橡胶等所用的聚合物相比，涂料用聚合物的平均分子量一般较低。成膜物质可分为转化型（反应性）及非转化型（非反应性）两种类型。植物油或具有反应活性的低聚物、单体等所构成的成膜物质称为反应性成膜物质，将它涂布于物体表面后，在一定条件下进行聚合或缩聚反应从而形成坚韧的膜层。如植物油、天然树脂、环氧树脂、醇酸树脂等。非反应性成膜物质是由溶解或分散于液体介质中的线型聚合物构成，涂布后，由于液体介质的挥发而形成聚合物膜层，如氯丁橡胶、乙烯基聚合物、丙烯酸树脂等。

一般按成膜物质中所包含的树脂类型进行分类，分为油性涂料和合成树脂类漆。油性涂料即油基树脂漆，这是一种低档漆，包括油脂类漆、天然树脂类漆、沥青漆等；合成树脂类漆属于高档漆，包括酚醛树脂漆、醇酸树脂漆、氨基树脂漆、纤维素漆、乙烯树脂漆、丙烯酸酯树脂漆、聚酯树脂漆、环氧树脂漆等。

4.3.5.2　常用涂料

（1）醇酸树脂涂料　醇酸树脂涂料是目前涂料中产量最多的一种合成树脂涂料，由于采用油的种类不同，醇酸树脂可分为两类。一种是干性油醇酸树脂，用不饱和脂肪酸制成的，能直接固化成膜；另一种是不干性油醇酸树脂，用饱和脂肪酸制成，不能直接作涂料用，需与其他树脂混合使用。醇酸树脂涂料具有较好的光泽和较高的机械强度，能在常温中干燥，户外耐久性很好，保光性强，平整、坚韧，和金属表面有很好的附着力，广泛用于金属和木材表面的涂饰。

（2）酚醛树脂涂料　用作涂料的酚醛树脂主要有两种类型，松香改性酚醛树脂和油溶性酚醛树脂。酚醛树脂涂料的耐水性、耐酸性、光泽都比较好，漆膜附着力强、坚硬。酚醛树脂涂料主要用于建筑工程、机车、车辆、机械设备及室内、外要求不高的一般性涂装。酚醛清漆用于涂饰木器可显示出木器的底色及花纹，也可用于黏合层压制品。

（3）环氧树脂涂料　由于环氧树脂具有对金属表面极好的黏附力和优良的耐化学腐蚀性，

因此它除用作胶黏剂外还是一类重要的涂料品种。环氧树脂漆可根据固化剂的类型分为：胺固化型漆、合成树脂固化型漆、脂肪酸固化型漆等。环氧树脂也可制成无溶剂漆和粉末涂料。环氧树脂漆性能优异，广泛应用于汽车工业、造船工业、化工及电气工业等。

(4) 氨基树脂涂料　涂料中使用的氨基树脂有三聚氰胺甲醛树脂、脲醛树脂、烃基三聚氰胺甲醛树脂以及各种改性的和共聚的氨基树脂。氨基树脂也可与醇酸树脂、丙烯酸树脂、环氧树脂、有机硅树脂等并用制得改性的氨基树脂漆。氨基醇酸漆是应用最广的一种工业用漆。其涂膜色浅光亮，这是其他树脂所不及的。加入颜料后，颜色鲜艳，保光性强、坚硬、户外耐久性优于醇酸涂料，具有优良的附着力、耐水、耐汽油、耐机油和耐磨等。主要用于要求装饰性能好的工业制品，如汽车、缝纫机、自行车、仪器、仪表等金属表面。

(5) 丙烯酸酯涂料　丙烯酸酯漆分热塑性及热固性两类。热塑性丙烯酸酯漆广泛应用于织物、木器及金属制件，加入荧光颜料可制成发光漆，在航空工业及建筑工业中有广泛应用。热固性丙烯酸酯漆固化后性能更好，在要求高装饰性能的轻工产品如缝纫机、洗衣机、电冰箱、仪表等方面应用十分广泛。

(6) 粉末涂料　粉末涂料为固体粉末状的涂料，全部组分都是固体，采用喷涂、静电喷涂等工艺施工，再经加热熔化成膜。最早出现的粉末涂料有聚乙烯、聚氯乙烯和尼龙粉末涂料等。

粉末涂料分为两类。一是热塑性涂料，另一类是热固性涂料。一般而言任何热塑性树脂均可制成粉末涂料，现常用的有聚乙烯、尼龙、聚苯硫醚、线型聚酯等。热固性粉末涂料应用最广泛的是环氧树脂粉末涂料，主要用于管道内外壁防腐方面。新近发展的热固性粉末涂料有聚酯-聚氨酯粉末涂料、聚丙烯酸酯粉末涂料，不饱和聚酯涂料及新型复合粉末涂料等。

4.4　功能高分子

功能高分子是指具有特定的功能作用，可作功能材料使用的高分子化合物。功能高分子最早的品种是20世纪30年代开发的离子交换树脂，随着高分子工业的发展及现代科学技术的需求，特别是电子和信息、生物工程、航空航天、能源等尖端技术对高功能材料的迫切要求，功能高分子材料的研究和应用取得了长足地进步，如今已发展了很多品种。按其功能性和应用特点进行分类（见表4-6）。

表4-6　功能高分子的分类及应用

功能特性		种类	应用
化学	反应型	高分子试剂、高分子催化剂	高分子反应、农药、医用、化工
	吸附分离功能	吸附树脂、离子交换树脂、吸水树脂	水净化、分离、稀有金属提取、水处理
光	光传导	塑料光纤	通信、显示、医疗器械
	透光	接触眼镜片、阳光选择膜	医疗、农用薄膜
	偏光	液晶高分子	显示、连接器
	光化学反应	光刻胶、感光树脂	印刷、微细加工
	光色	光致变色高分子、发光高分子	显示、记录
电	导电	高分子半导体、高分子超导体	电极、电池材料
		导电塑料(纤维、橡胶、涂料、黏合剂)	抗静电、电磁屏蔽和隐身材料
		透明导电薄膜、高分子聚电解质	透明电极、固体电解质材料
	光电	光电导高分子、电致变色高分子	电子照相、光电池
	介电	高分子驻极体	释电材料
	热电	热电高分子	显示、测量
磁	导磁	塑料磁石、磁性橡胶、光磁材料	显示、记录、储存、药物定向输送

续表

功能特性		种 类	应 用
热	热变形	热收缩塑料、形状记忆高分子	医疗、玩具
	绝热	耐烧蚀材料	火箭、宇宙飞船
	热光	热释光塑料	测量
声	吸音	吸音防震材料	建筑
	声电	声电换能材料、超声波发振材料	音响设备
机械	传质	分离膜、高分子减阻剂	化工、输油
	力电	压电高分子、压敏导电橡胶	开关材料、机器人触感材料
生物	身体适应性	医用高分子	外科材料、人工脏器
	药性	高分子医药	医疗、计划生育、治癌
	仿生	仿生高分子、智能高分子	生物医学工程

4.4.1　离子交换树脂

4.4.1.1　离子交换树脂的结构

离子交换树脂又称为离子交换与吸附树脂，是由交联结构的高分子骨架与可电离的基团两个部分组成的不溶性高分子电解质。常用的离子交换树脂多为球状珠粒，其粒径为0.3～1.2mm。它能与液相中带相同电荷的离子进行交换反应，并且此交换反应是可逆的，当条件改变，用适当的电解质（如酸或碱等）又可恢复其原来的状态而供再次使用，这称为离子交换树脂的再生。以强酸型离子交换树脂 R—SO_3H 为例（R 为树脂母体），存在如下的可逆反应。

$$R—SO_3H + Na^+ \rightleftharpoons R—SO_3Na^+ + H^+$$

在过量 Na^+ 存在时，反应向右进行，H 型树脂可完全转化成钠型，此为除去溶液中 Na^+ 的原理。当 H^+ 过量（即加入酸）时，反应则向左进行，此即强酸型离子交换树脂再生原理。

4.4.1.2　离子交换树脂的分类

离子交换树脂品种繁多，一般根据离子交换树脂上所带交换功能基的特性分为以下类型。

（1）强酸性阳离子交换树脂　强酸性阳离子交换树脂含有的强酸性基团，容易在溶液中离解出 H^+ 而呈强酸性。应用最广泛的品种是以交联聚苯乙烯为骨架、交换基团为—SO_3H 的树脂。阳离子交换树脂离解后，基体所含的负电基团，如 SO_3^-，能与溶液中的其他阳离子吸附结合，使树脂中 H^+ 与溶液中的阳离子互相交换。强酸性离子交换树脂的离解能力很强，在碱性、中性甚至酸性溶液中均能离解产生离子交换作用。

（2）弱酸性阳离子交换树脂　弱酸性阳离子交换树脂含有的弱酸性基团，如羧基—COOH，能在水中离解出 H^+ 而呈酸性。树脂离解后余下的负电基团，如 R—COO^-，能与溶液中的其他阳离子吸附结合，从而产生阳离子交换作用。这种树脂的酸性即离解性较弱，在低 pH 下难以离解和进行离子交换，只能在碱性、中性或微酸性溶液中起作用。

（3）强碱性阴离子交换树脂　阴离子交换树脂能在水中离解出 OH^- 而呈强碱性。这种树脂的正电基团能与溶液中的阴离子吸附结合，从而产生阴离子交换作用。强碱性阴离子交换树脂是一类在骨架上含有季铵基的聚合物，主要有—$N^+(CH_3)_3$，称为强碱Ⅰ型，—$N^+(CH_3)_2CH_2CH_2OH$基团，称为强碱Ⅱ型。强碱性阴离子交换树脂的离解能力很强，在酸性、中性甚至碱性溶液中均能离解产生离子交换作用。

（4）弱碱性阴离子交换树脂　弱碱性阴离子交换树脂是一类在骨架上含有弱碱性基团，如伯氨基、仲氨基或叔氨基，它们在水中能离解出 OH^- 而呈弱碱性。这类树脂碱性弱，离子交换能力弱，只能在中性和酸性条件下使用，且只能交换强酸的阴离子，对硅酸等弱酸没有吸附交换能力。

（5）两性离子交换树脂　两性树脂是阳离子交换基团和阴离子交换基团连接在同一高分子

骨架上构成的离子交换树脂。这类树脂中的两种基团彼此接近，可以互相结合，遇到溶液中的离子可同时与阴、阳两种离子进行离子交换。

4.4.1.3 离子交换树脂的应用

（1）水处理 水处理用离子交换树脂的需求量很大，约占离子交换树脂产量的90%，用于水中的各种阴阳离子的去除。水处理包括水质的软化、水的脱盐和高纯水的制备等。水的软化就是降低水的硬度，即将水中 Ca^{2+}、Mg^{2+} 等离子通过钠型阳离子交换树脂的交换反应除去，这个过程仅使硬度降低，而总含盐量不变。

$$RSO_3Na + Ca^{2+}(Mg^{2+}) \rightleftharpoons (RSO_3)_2Ca^{+} + 2Na^{+}$$

去除或减少水中强电解质的水称为脱盐水。将几乎所有的电解质全部去除，还将不解离的胶体、气体及有机物去除到更低水平，使含盐量达0.1mg/L以下，电阻率在（10×10^6）Ω·cm以上，称为高纯水。

（2）食品工业 离子交换树脂在食品工业中的消耗量仅次于水处理。可用于制糖、调味品、酿酒、乳品等食品加工。如离子交换树脂用于制糖的脱色、精制，用于调节乳品的组成、增加乳液的稳定性、延长存放时间等。

（3）冶金工业 用于重金属、轻金属、稀土金属、贵金属和过渡金属、铀、钍等超铀元素等的分离、提纯和回收。

（4）环境保护 在环境保护方面，离子交换树脂已引起广泛关注，可用于废水、废气的浓缩、处理、分离、回收及分析检测。如去除电镀废液中的金属离子，回收电影制片废液里的有用物质等。

（5）化学工业 在化学工业普遍用于多种无机、有机化合物的分离、提纯、浓缩和回收等。如离子交换树脂用作化学反应的催化剂，可明显提高催化效率，产品容易分离，反应器不会被腐蚀，不污染环境，反应容易控制、且离子交换树脂可反复使用等。

4.4.2 高吸水性树脂

4.4.2.1 高吸水性树脂的特点

高吸水性树脂是一种含有强亲水性基团并具有一定交联度的功能性高分子材料。通常的吸水性材料，如海绵、吸水纸、脱脂棉等，其吸水作用是依靠毛细管吸收原理而进行，是物理吸附，吸水量最大也只能达到自身质量的20倍左右，且在受挤压后吸附的水易被挤出。高吸水性树脂是一类高分子电解质，其结构含有亲水性强的羧基、羰基、羧酸根、亚氨基等极性基团，通过这些基团形成弱的化学键而完成吸水作用，吸水量可在几分钟甚至几秒内达自身质量的几百倍甚至上千倍，保水能力强，能经受一定的挤压作用。

4.4.2.2 高吸水性树脂的吸水机制

高吸水性树脂都具有天然的或合成的高分子电解质的三维交联结构。首先，由于树脂中亲水基团与水形成氢键，产生相互作用，水进入树脂使其溶胀，但交联构成的三维结构又阻止树脂的溶解；此后，吸水后高分子中电解质电离形成离子相互排斥而导致分子扩展，同时产生的由外向内的浓度差又使得更多的水进入树脂，使树脂三维结构扩展，但是交联结构又阻止扩展的继续；最后，扩展和阻止扩展的力达到平衡，水不再进入树脂内，而吸附的水也被保持在树脂内构成了含有大量水的凝胶状物质。

4.4.2.3 高吸水性树脂的应用

高吸水性树脂是低交联度亲水性的三维空间网络结构，能吸收成百上千倍的水，吸水后呈凝胶状，且该凝胶具有很好的保水性能，故而它首先被用于个人卫生用品。全世界每年生产的高分子吸水树脂，约95%用于制造个人卫生用品，例如妇女卫生巾、儿童尿不湿等。

利用高吸水树脂的吸水、保水性能，向土壤中加入少量的吸水树脂，可使土壤在较长的时间里有足够的水分供植物吸收，从而提高农作物的产量。特别是在植树造林、荒山改造沙漠绿化中，可利用高分子吸水树脂来保持土壤水分，提高植物发芽率和成活率。

高吸水性树脂吸水后形成的凝胶比较柔软，对生物组织没有机械刺激作用，在三维构造的微小空间中含大量的水，该凝胶与生物组织十分相近，且凝胶具有优良的溶质透过性、组织适应性和抗血液凝固性，同时还可用高分子材料增强其机械强度，这些特性为其作为医用材料的研究奠定了基础。用高分子吸水树脂凝胶可制作柔软隐形眼镜、抗血栓材料、人造皮肤等。用高分子吸水树脂作控制药剂释放速度的载体，不仅其生物适应性好，还能通过调节药剂的含水率而改变药剂的释放速度，使药剂基本维持定值，可避免随时间推移而药剂的释放速度逐渐降低。

4.4.3　感光性高分子

感光性高分子又称为感光性树脂，是指具有感光性质的高分子物质。高分子的感光现象是指高分子吸收了光能量后，分子内或分子间产生的化学或结构的变化，如交联、降解、重排等。吸收光的过程并不一定由高分子本身完成，也可能是借助于其他感光性低分子物（光敏剂），当光敏剂吸收光能后再引发高分子化学和结构的变化。

4.4.3.1　感光性树脂的构成

（1）感光性化合物加高分子型　感光性化合物加高分子型是感光性化合物与高分子混合而成的感光高分子。一般组成中还有溶剂和染料、增塑剂等添加剂。常用的感光性化合物有重铬酸盐类、芳香族重氮化合物、芳香族叠氮化合物、有机卤素化合物等。

（2）带有感光基团的高分子型　严格讲，感光性高分子就是带有感光基团的高分子化合物。作为感光材料使用时，一般还加有光敏剂、溶剂、增塑剂等添加物。其合成的方法是带有感光基的乙烯类单体，经自由基或离子型聚合，或含有感光基的单体缩聚而成。常见的是高分子侧链的化学改性，常用低廉的聚合物 PVA 为骨架，引入感光基团。带有感光基团的高分子主要品种有聚乙烯肉桂酸酯及其他带有肉桂酰基的高分子，具有重氮和叠氮基的高分子等。

（3）光聚合组成型　作为感光材料用的光聚合组成体系是多组分的，一般包括单体、聚合物或预聚物、光聚合引发剂、热聚合抑制剂、增塑剂、色料等。

4.4.3.2　感光性树脂的用途

感光性高分子已广泛用于印刷工业的各种制版材料，包括 PS 胶印版、感光树脂凸版、凹版及丝网印刷版等。

目前，感光性高分子作为光致抗蚀材料最重要的和最有前途的应用是制造大规模成电路，工业上称为光刻胶。在光的作用下，光刻胶发生化学反应（交联或降解），使溶解度降低（负性光刻胶）或提高（正性光刻胶）。负性光刻胶曝光后产生交联而变成不溶，洗去未曝光的可溶部分后，不溶部分能经受下道工艺的刻蚀。正性光刻胶正相反，曝光部分变得可溶。

感光高分子除根据其照相功能而作为光致抗蚀剂之外，还可利用感光高分子的光导电、光固化功能而获得重要应用，例如光电导摄影材料、光信息记录材料、光-能转换材料等。

4.4.4　导电高分子

导电高分子材料可以分为结构型和复合型两大类。结构型导电高分子材料是高分子本身的结构具有一定的导电性能，或者经过一定的掺杂处理后具有导电功能的材料。复合型导电高分子材料是由高分子基质与具有导电性能的材料通过各种复合方法形成的导电材料，复合材料中聚合物本身没有导电性能，起导电作用的是聚合物中添加的导电物质。

结构型导电高分子又称为本征型导电高分子，一般为带有共轭双键的结晶性高聚物。其导电机理主要是通过高聚物分子中的电子 π 域（结构中带有共轭双键，π 键电子作为载流子）引入导电性基团或者掺杂一些其他物质通过电荷变换形成导电性。常见的结构型导电高分子有聚乙炔、聚对苯撑又称聚对亚苯、聚吡咯、聚苯硫醚、聚噻吩、聚苯撑乙烯撑又称聚苯乙炔、聚苯胺等。但这些本征型的导电聚合物由于其结构的限制，导电能力是极其有限的，一般在100S/cm以下，所以经常在聚合物中掺杂一定的物质以提高聚合物的导电性能。聚乙炔类共轭聚合物电导率不高，当掺杂Cl_2、Br_2或I_2等，其电导率能增加6～7个数量级。

复合型导电高分子材料中高分子基质有塑料、橡胶等。而导电填料有炭黑、碳纤维、金属粉、金属镀层的玻璃片和纤维以及金属氟化物等。

导电高分子材料质量轻、成型性好，易于合成和进行材料设计，原料来源广，具有其广阔的应用前景。可作为电极材料、防腐涂料、高分子传感器、隐身材料、光电子器件、气体分离膜、船舶的防污涂料等。在微波焊接和电路板的印刷等方面也具有一定的应用。

第5章　矿物材料

5.1　概述

社会发展程度的标志之一是非金属矿产值及消费量超过金属矿产。改革开放以来，我国非金属矿产业发展迅速，20世纪90年代初，我国非金属矿产值及消费量就超过了金属矿产。与此同时，非金属矿及制品的深加工及应用研究也不断发展和深入，并逐步形成了“矿物材料学”这一新兴边缘学科。

5.1.1　矿物材料概念

矿物材料（mineral and rock materials）是20世纪80年代由地质学工作者提出的新概念。经过十多年的发展，矿物材料学已很快成为一门相对独立的学科。

矿物材料是指以矿物为主要或重要组分的材料。有广义矿物材料与狭义矿物材料之分。

狭义矿物材料指可直接利用其物理、化学性能的天然矿物岩石，或以天然矿物岩石为主要原料加工、制备而成，而且组成、结构、性能和使用效能与天然矿物岩石原料存在直接继承关系的材料。狭义矿物材料应包括两类：一类是可直接利用物理、化学性能的天然矿物岩石，如天然石材、天然矿物晶体、天然宝玉石等；另一类是以天然矿物岩石为主要原料加工、制备而成，而且组成、结构、性能和使用效能与天然矿物岩石原料存在直接继承关系的材料，包括天然矿物岩石粉体及各种改性的天然矿物岩石材料（如表面改性天然矿物岩石填料、有机插层和无机插层黏土矿物、煅烧高岭石等）。狭义矿物材料不包括天然矿物岩石充填的橡胶、塑料或涂料，因为这些材料不是以天然矿物岩石为主要原料；也不包括水泥、玻璃、陶瓷、耐火材料等，因为它们虽然以天然矿物岩石为主要原料，但材料的组成、结构、性能和使用效能与天然矿物岩石原料不存在直接继承关系。

广义矿物材料是以矿物岩石为主要原料加工、制备的材料。广义矿物材料除包括以上定义的狭义矿物材料外，还包括水泥、以矿物岩石为主要原料制备的陶瓷、以矿物岩石为主要原料制备的玻璃、以矿物岩石为主要原料制备的耐火材料、以矿物岩石为主要原料制备的人工晶体、以矿物岩石为主要原料制备的人工矿物岩石材料（如以石墨为主要原料制备的金刚石）以及由工业固体废弃物制备的材料等。但不包括以非矿物岩石为主要原料加工、制备的材料，如以CH_4等为碳源制备的金刚石薄膜等。

我们认为矿物材料是指一类经过加工处理后能被直接利用其物化性能的矿物以及它们的制品。因岩石是由一种或多种矿物（有时为玻璃物质）组成的集合体，所以矿物材料包括矿物材料和岩石材料两部分。

矿物材料是在工农业生产和日常生活中具有应用价值的天然矿物及其制成品和仿制品。其含义包括四个方面：①能被直接利用或稍经加工处理（如破碎、选矿、切割、改性等）即可利用的天然矿物、岩石；②以天然的非金属矿物为主要原料，通过物理化学反应（如焙烧、熔融、烧结、胶结等）制成的成品或半成品材料；③人工合成的矿物；④这些材料的直接利用目标主要是其自身具有物理或化学性质，而不局限于其中的个别化学元素。显然，矿物材料属于无机非金属材料范畴，但涉及范围却十分广泛。

5.1.2 矿物材料学的特点

矿物材料科学是一门应用学科，它以矿产资源的有效利用为目的，从矿物学和岩石学角度出发，利用天然矿物、岩石及其深加工产物研制和开发新型无机非金属材料，改造传统材料；其研究对象包括与矿物应用有关的所有无机非金属材料。研究内容不仅包括制品及其原料的成分、结构、性能和制备工艺，也包括这些制品及其原料与人类、环境的相互协调关系。

矿物材料科学是研究非金属矿物与岩石的深加工及其制品（材料）的一门新兴应用科学。与传统的硅酸盐材料、耐火材料、无机化工、化肥工业等的主要区别如下。

① 上述各传统工业部门主要是以未经加工或只需经过初加工的矿物或岩石为原料，它们对原料矿产的品质要求相对较低，即使是一些高档产品，也主要是以选择优质的原料矿产为基础。除特殊需要外（如特种陶瓷、特种玻璃或高级耐火材料），一般不要求对原料矿物进行深加工或改性。

② 传统工业部门的另一特点是用量（产量）大，品种类型相对较少，且使用范围较窄，主要以建筑材料、工程材料、冶金耐火材料等为主。矿物岩石材料主要是指应用于对矿产原料要求进行深加工及精细加工的工业部门的矿物材料，其应用范围十分广泛，几乎所有工业、国防与民用部门都离不开矿物材料。就具体一个矿种的某一类产品而言，其产量可能要比上述传统工业部门低，但所利用的矿种与产品品种繁多，性能应用广泛，技术含量层次丰富，因而综合效益是难以用产量来衡量的。

③ 许多部门一般不是把矿物岩石材料作为一种原料来再加工，而是要求提供一类已具有特定功能的材料，直接使用，或者再经过与其他材料复合后使用。这些矿物材料的加工深度、目的功能的技术与质量水平，在很大程度上影响着这些应用部门的产品质量、工艺技术水平和经济效益。这种影响从局部来看不易被认识，只是从宏观的角度来认识才会发现它的重要性。从某种意义上讲，矿物岩石材料工业的发展水平，是衡量一个国家材料科学技术水平的试金石。

④ 从材料分类体系上看，传统的矿物材料主要是属于结构材料，而新型的矿物岩石材料是更多地利用其结构力学功能之外的其他方面性质的功能材料，因此在应用领域上有更丰富的内容。

⑤ 从材料加工科学的学科体系上看，多数传统的矿物材料工业是以矿物的热加工为基础的，矿物热性能及热物理化学方法是其基本手段。矿物岩石材料不仅使用热加工手段，而且更多地要使用或结合使用表面化学的、化学的、机械的，以及其他特殊的加工方法。因此，它要求矿物材料工作者对原料矿物特征及其他非矿物材料的性能有更全面与深入的认识，对各类加工技术与工艺手段有更广泛系统的知识，对各类应用部门的要求有较充分的了解。矿物岩石材料是一门综合性很强的新型学科。

⑥ 矿物岩石材料具有十分丰富的潜在开发前景。在已被发现的4000多种矿物中，已被利用的仅百余种，其中应用较多的30～40种矿物中仍有很多新性能与新功能尚未被认识和开发。随着认识的深化及加工技术的发展，矿物岩石材料将会在未来的材料科学中占有十分重要的地位。矿物岩石材料综合开发的新时代已经来到，下一个世纪将是更高层次的“新石器时代”。

矿物岩石材料这一概念虽然在材料科学界尚存争议，但它的提出对活跃学术气氛，拓展传统地质学为国民经济服务的领域，促进地质科学和材料科学两大学科的相互交叉渗透，填补学科之间的空白，推动非金属矿产资源的利用和新型材料的开发，无疑有着重要的意义。

5.1.3　矿物材料分类

矿物材料属于无机非金属材料范畴，但它仍有自己的特点；目前，一般按矿种，材料结构及用途来划分。

（1）根据矿物材料状态　根据矿物岩石材料状态分为单晶材料、多晶材料、非晶材料、复合材料和分散材料五类，见表 5-1。

表 5-1　矿物岩石材料状态分类（据徐惠忠等，1991）

类名(别名)	定　义	实　例
单晶材料（晶体材料）	天然矿物或岩石及其加工产物从气相、溶液、熔浆状态通过晶体生成而形成的单晶体及其加工产物	天然晶体、人工晶体、晶体元器件、磨料等
多晶材料（陶瓷材料）	天然矿物或岩石及其加工产物通过固相反应或熔浆共结形成的具有晶界的固体材料	陶瓷制品、耐火材料、铸石、天然石材等
非晶材料（玻璃材料）	天然矿物或岩石经过熔配及快速冷凝而制成的具有无规则网络结构的材料	玻璃及玻璃制品、岩棉、光导纤维等
复合材料（胶结材料）	天然矿物或岩石及其加工产物被各种无机、有机或金属胶结或涂覆而制成的多相材料	混凝土制品、有机基或金属基复合材料等
分散材料（粉尘材料）	天然矿物岩石经磨细或胶体化或制成的具有巨大内、外表面积的粉状或胶体状材料	各种矿物填料、泥浆、吸附净化剂等

（2）根据矿物材料的定义，以及矿物原料的来源和加工特点进行分类　矿物材料划分为四个大类：天然矿物材料；人工矿物材料；改性（含改型）矿物材料；复合矿物材料。

天然矿物材料是指将天然矿物或岩石原料经物理加工后，没有改变矿物岩石原料的成分和结构，而制成的具有一定性能和用途的矿物材料。如宝石、玉石、大理石、花岗石、重钙粉、石英粉、石棉、作为矿物中药的石膏、阳起石、滑石等、作为矿物肥料的蛙石、蛇纹石、海绿石等。

人工矿物材料是指从天然矿物和岩石本身的物理化学性质出发，将天然矿物岩石原料或与天然矿物理想成分相当的化工产品经物理或化学加工后，而制成的具有一定性能和用途的矿物材料。如人造红宝石、人造水晶、煅烧高岭土、轻质碳酸钙、铸石、沸石等。

改性（含改型）矿物材料是指将天然或人造矿物或岩石原料经物理或化学加工后，矿物岩石的性能产生了定向性的变化，但矿物岩石主体的成分和结构没有产生明显变化，而制成的具有一定性能和用途的矿物材料。如活性白土、有机蒙脱石、珠光云母粉、改性碳酸钙、膨胀珍珠岩、膨胀蛭石、膨胀石墨、石墨乳、涂覆石棉等。

复合矿物材料是指将天然矿物材料、人工矿物材料、改性矿物材料与少量有机材料任两种以上经物理加工后而制成的具有一定性能和用途的矿物材料。如石棉刹车片、绝缘云母纸、人造大理石、蒙脱石/有机物纳米复合材料、石棉纳米电缆与半导体量子线等。

（3）根据矿物材料的用途分类　根据矿物材料工业用途进行分类见表 5-2。

5.1.4　矿物材料的现状与发展趋势

从原始时代开始，人类就是在广泛利用矿物岩石材料（如石器、陶器）的基础上开始发展的，以后金属材料逐步代替原始的矿物岩石材料，从而产生现代工业与文明。但随着科学技术的进步，目前在一些发达的国家里矿物岩石材料的开发速度与产值已超过金属资源。在未来世界中，矿物岩石材料将占有极为重要的地位，人类将重新返回到大量利用非金属矿物等矿物岩石材料的时代中去，从而进入一个新的“石器时代”。矿物岩石材料对社会的意义及其发展趋势可从以下三个方面显现出来。

表 5-2 按工业用途矿物材料分类

用 途	工业矿物	工业岩石
化工原料	岩盐、芒硝 天然碱 明矾石 自然硫 黄铁矿 方解石	
光学工业原料	光学石膏 光学萤石 光学石英 冰洲石	
电气和电子工业材料	石墨 电气石 白云母	
农药农肥原料	磷灰石 钾盐 芒硝 石膏	磷块岩
研磨和宝石原料	金刚石 刚玉 石榴子石 蓝晶石	
工业填料、过滤剂、吸收剂和载体材料	滑石、沸石 蓝石棉 水镁石 三水铝石	高岭土、膨润土 硅藻土、漂白土 海泡石黏土
染料		白垩、红土
绝热、隔音、绝缘和轻质材料	石墨、石棉 蛭石	珍珠岩、硅藻土 浮石与火山岩 石膏岩
铸石材料		辉绿岩、玄武岩 粗面岩、安山岩
建筑石材、集料、轻骨料、砖瓦材料		大理石 花岗石 砂和卵石 膨胀页岩和黏土 砖瓦页岩和黏土
水泥和黏合原料		灰岩(包括大理岩) 黏土和页岩、砂岩 凝灰岩和火山灰、沸石岩、石膏岩
玻璃原料	长石	石英砂和石英岩 霞石正长岩 硬硼钙石
陶瓷原料	叶蜡石 长石 硅灰石 透辉石	高岭土 绢英岩 细晶岩 霞石正长岩
耐火材料和铸造材料	石墨、菱镁矿 叶蜡石、红柱石 蓝晶石、蓝线石 硅线石	白云岩 石英岩 铝土矿 黏土 砂
熔剂和冶金原料	萤石 长石 硼砂	灰岩 白云岩
钻探工业材料	重晶石	膨润土 坡缕石黏土 海泡石黏土

其一是产值的快速增长。在 1945 年以前，世界上金属原料的开发速度还大于非金属矿物，但 20 世纪 50 年代开始，情况发生变化。1950 年世界非金属矿物的产量已比金属矿产高出 20%，到 1980 年已超过 50%～60%。在发达国家，目前非金属矿物的总产值一般要比金属矿物原料的产值高出一倍。近 20 年来，美国非金属矿物的消费量平均增长率为 5.6%，而金属矿物原料仅为 1.6%。我国属于发展中国家，近 35 年来非金属矿物的产量飞速增长，其增长速度远远大于世界各国的平均增长速度。

其二是与非金属矿物有关的某些工业在国民经济发展过程中往往具有超前的特性。矿物岩石材料作为各工业部门的原材料，其中大多数与一些基础工业及生产消费品的工业有关。根据世界各国经济建设的经验，与此有关的不少工业往往在国民经济的发展过程中具有超前的特性。超前发展是指其发展速度要高于国民经济总的发展速度，可以用超前系数（又称弹性系数）即该工业产量递增率与全国总产值递增率之比来表示。一般经济发展越快，超前速度越高。以水泥生产为例，在发达国家经济快速发展的 1952～1962 年间，其超前系数美国为 1.60，前苏联为 1.48～1.74，日本为 1.38～2.02，前联邦德国为 1.18～1.38，法国为 1.17～1.27。我国当前每万元基本建设投资平均消耗水泥 5.5t，而按实际年产量只能满足 40%。这种超前特性，一方面体现这些工业在国民经济发展中的重要意义，说明它们常常是整个国民经济快速发展的前提与基础；另一方面则指出在经济腾飞过程中，对矿物岩石材料的需求量会大大高于平均的发展水平，需要提前做好充分的资源准备。

其三是矿物岩石材料与当代的技术革命有密切关系。与矿物岩石材料直接有关的新材料技术是第三次技术革命的支柱与基础。在这种情况下较多的新矿种、新矿床类型正在不断进入工业利用的领域。新的技术革命正在世界范围内兴起，而且将会由此而产生经济发展的快速增长和社会重大变革。新技术革命的标志是微型电子计算机、新能源、新材料、遗传工程、光电技术、激光技术、海洋工程和宇航工程等新技术的广泛开发利用，而新材料又是新技术革命的核心之一，是其他技术的基础。目前材料科学正在迅速发展，材料种类和品种正在迅速增加，世界范围内已注册的各种新材料达 25 万余种。这些材料可以分为金属材料、非金属材料、半导体材料、复合材料和合成材料，其中除金属材料以外，几乎多少都与矿物岩石材料有关，与目前最引人注目的一些新材料如精细陶瓷、光导纤维、激光材料、复合材料则关系更为密切。新型的工业陶瓷材料仍将是由资源丰富的黏土制成，但它们一改以往陶瓷易碎、较重、有惰性的弊病而保持陶瓷稳定的化学性能、耐热性能和绝缘性能，是一种在工业、医学和科学研究中大有发展前途的新材料。新型工业陶瓷用途广泛，发展迅速，可以分为高温结构材料、透光材料、电子材料、耐磨材料、生物陶瓷等多种种类。它们可以作为涡轮发动机的叶片，可以像金刚石一样坚硬耐磨而用来制造理想的刀具与轴承，可以作为固体润滑材料、高亮度钠灯的灯管，可以因具有电学、力学和热学的特性而作为无线电和电子工业的材料和器材。具有耐热、耐蚀、耐磨性的精细陶瓷将是宇航、航空、原子能、代用能源开发等尖端工程及医学、生物学和电子工业不可缺少的材料。有些科学家认为人类工业材料史上有三次革命：第一次是石器时代，第二次是塑胶时代，第三次便是新型工业陶瓷时代。此外，随着技术革命的发展，在一般工业中，新的节能和优质增产的非金属矿物代替传统原料的趋向也有所增强，如硅灰石、透闪石、钙长石在陶瓷工业中的应用，硬硼钙石在玻璃工业中的应用，海泡石、坡缕石和累托石黏土在工业中的应用等。另外，传统的工业矿物原料的范围也在不断扩大，如绢英岩在陶瓷工业和霞石正长岩在玻璃和陶瓷工业中的应用，天然轻骨料和隔声、隔热、防火、防震轻质材料在建筑材料工业中的应用。所以，可以说矿物岩石材料的开发是工业技术革命的基础。

5.2　矿物材料的加工

自然界里的矿物首先经过地质勘察，确定其成分和工业经济价值后才能进行开采，然后就其应用要求再进行矿物加工。在开发利用非金属矿产资源的途径中，最简单的是直接利用，例如沙、石、黏土的建筑利用。经过选矿加工的产品则提高了资源的利用层次及经济价值，但是其本质上仍是一种原料，即制取某种材料的原料或原材料。

众所周知，金属矿产是通过冶炼，提炼其中有用的金属元素；可燃矿产是通过热化学反应提取其中的热能及有机化学组分。因此，这两类矿产的利用手段几乎都是以改变矿物原料的化学结构来达到目的的。但是，对非金属矿产来说，绝大部分是利用其固有的技术物理特征，或利用其加工以后形成的技术物理特性和界面化学性能。为了利用这些矿物原料，需要将它们加工成具有某些功能，可供人类直接利用的非金属材料，即矿物岩石材料，属于无机非金属材料范畴。无机非金属材料和金属材料以及有机高分子材料一起，组成了材料工业的三大支柱。

矿物岩石材料的加工大体包括矿物的初加工、深加工及制品加工等三个阶段。

5.2.1　初加工

初加工，是指传统的矿物机械加工——选矿。包括矿物或岩石的破碎、磨矿、分级以及有用矿物的富集（图 5-1）。初加工的任务是：为材料工业部门提供从颗粒粒级上或有用矿物品位上都合格的原料矿物。因此它属于矿物原料工业的范围。

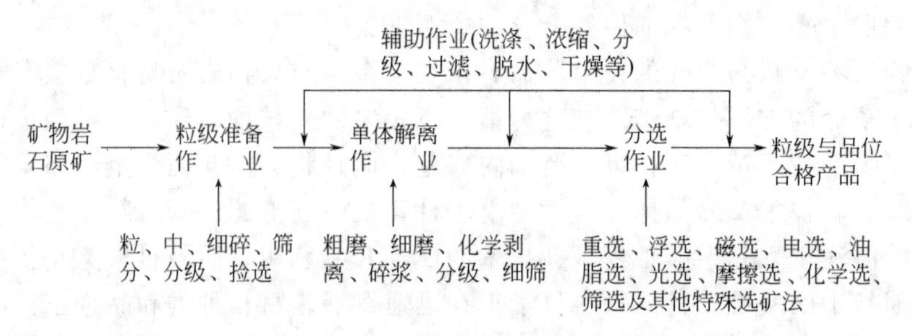

图 5-1 矿物材料初加工工艺流程

5.2.2 深加工

深加工是指将原料矿物（或岩石）按所需利用或进一步发挥的技术物理及界面特性要求，再进行精细加工。经深加工的矿物产品已不再是一种原料，而是具有某些优异性能、可供直接利用的材料。经深加工的矿物材料一般都保持了原料矿物的单一材料性与固体分散相的特征，其矿物构造与化学成分也不发生根本的改变。但是其所被利用的技术物理特性与界面化学性能要有一个质的飞跃，也经常会发生局部的晶层构造的变异与表面化学性能的改变，并且也常会伴随有物理形态上的变化。这些变化使得深加工产品已不同于初加工产品，其固有的天然矿物性能已发生质的改变。例如：各类超细或高纯矿物产品，膨胀石墨、膨胀珍珠岩、涂布级高岭土、煅烧高岭土、活性白土、胶体级黏土材料、岩棉、钻石等。

常见的深加工方法（图 5-2）有：精细（或化学）提纯、超细粉碎、超细分级、晶体磨削、剥片、雕琢、抛光、表面处理、热处理、化学处理、高温烧成、高温焙烧膨胀、熔融与拉丝成型等。通常将其归纳为超细（干法与湿法等）、提纯（重选、磁选、电选、浮选、化学选、光电选、摩擦选等）、改性（煅烧改性、结构化学改性、化学表面改性及激光表面改性、电子束辐射改性、离子注入改性和离子束沉积改性、物理气相沉积改性、化学气相沉积改性、等离子体化学气相沉积改性等）。超细提纯实质是界面剥离（分离），而表面改性实质是解决表面兼容性以利于材料复合，从而研制出新材料。

5.2.3 矿物材料深加工技术发展趋势

矿物材料深加工未来/发展趋势有：高纯化——提高材料的纯度，以使矿物性能得以更好地发挥，如高纯石英粉、高纯石墨等；纳米化——获得纳米效应提高复合材料的强度、凝胶性能等，如纳米蒙脱石、纳米碳酸钙、高性能泥浆等；功能化——获得光电、电磁、热电等效应，如抗菌材料（锐钛矿型 TiO_2）、热电压电材料（电气石晶体和粉体）等，高技术化——矿物材料摆脱传统材料领域，向高技术新材料领域渗透，如光纤材料、芯片包埋材料、屏蔽材料等。主要包括以下几个方面的内容。

（1）超微细技术　超微细技术和超细矿物产品已广泛应用，目前国外更重视对微米级和纳米级超细材料性质的研究，例如对纳米材料的胶体性质、表面化学特性、表面电性及渗透性等方面的研究。现有超细技术的主要手段是机械粉碎、筛分，未来的超细粉碎技术则注重物理化学和波谱技术。

（2）矿物层间阳离子交换技术　通过阳离子交换技术，可以生产具有不同功能的膨润土新材料，如凝胶剂、增塑剂、乳化剂、快离子导体材料以及生物功能材料等都已广泛应用于不同工业部门。

（3）矿物有机覆盖技术　许多黏土矿物表面和层间有吸附或复合有机分子的特征，形成黏土有机复合体材料。用不同的有机分子覆盖生产的许多不同功能的黏土有机复合材料已广泛应用于精细化工、生物功能材料、医药、电子、航空、原子能、环保、化工、轻工等领域。

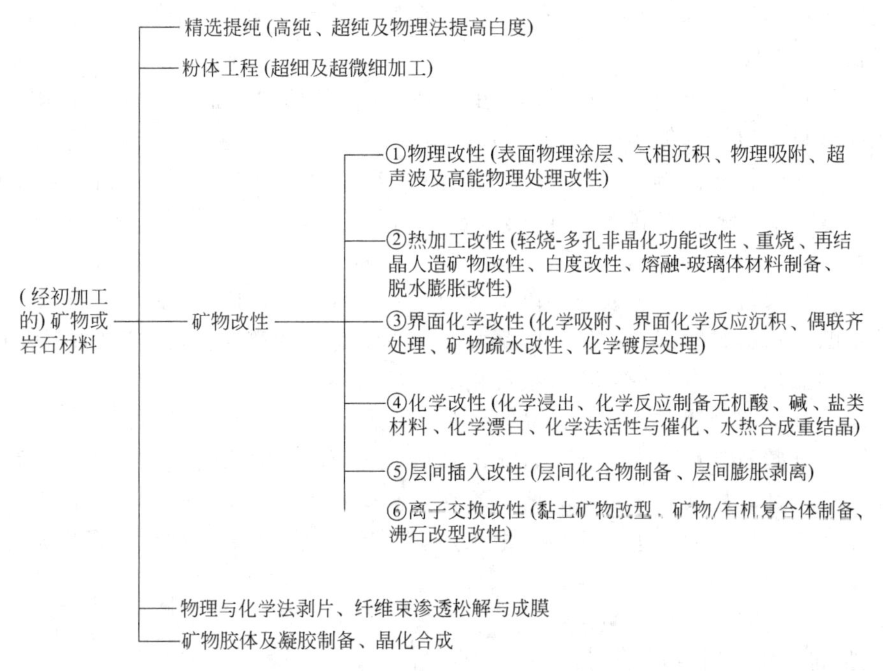

图 5-2　矿物岩石材料深加工方法类型

(4) 微孔结构和微孔技术　矿物本身的微孔结构已得到广泛地应用，如用沸石、硅藻土生产的过滤剂、吸附剂、催化剂、充填剂、保温隔热材料等。目前，更重视用人工方法生产微孔材料，如人工改造的微孔黏土材料不断地用于脱色剂、染色剂、吸附剂、净化剂、生物材料、医药、除臭剂、干燥剂、催化剂、过滤剂以及保温材料等领域。

(5) 扩大双电层结构技术　黏土胶粒在水介质中能形成双层结构。双电层结构的性态对黏土矿物的胶体性质影响很大。通过扩大双电层结构技术，可以明显地改善黏土矿物的胶粒扩散性能，提高其吸附性。据此人们用人工改型膨润土加工成了高性能的凝胶剂、黏结剂和增塑剂等。相反通过压缩双电层结构技术，就会破坏黏土的胶体性能而发生聚沉，由此人们利用黏土胶黏作捕获剂，达到净化的目的。

(6) 矿物的脱色和染色技术　矿物脱色技术已得到广泛应用，如膨润土制成活性白土后用作脱色剂用于食用油和矿物油类的脱色。染色技术的应用仅有十几年的历史。染色技术原理是当某些物质，如某些有机物被吸附于黏土矿物表面时，它能吸收水分子离解所释放出来的氢离子，结合生成新的有机化合物，而呈现不同颜色。利用染色技术矿物学家研制了大量新材料，目前广泛使用的各种无碳复写纸就是其中一种。

(7) 改变矿物的比重和密度技术　目前人们已经有能力在不破坏原来矿物基本结构和性质的前提下来改变矿物的比重和密度，从而获得预定某种性质的材料。如采用有机分子覆盖技术就可改变原来黏土矿物的比重，从而制得高悬浮性钻井泥浆。

(8) 矿物材料表面偶联和交联技术　用橡胶或塑料的矿物填料经过偶联剂处理后，产品的抗折、抗拉和抗压等性能明显地改善，生产出性能优良的增塑剂材料。

(9) 黏土生物材料研制技术　采用黏土生物材料研制技术可生产各种具有不同养分的肥效增效剂、矿物饲料、种子包衣、长效杀虫剂等。

(10) 人工合成矿物材料技术　随着科学技术的发展和技术装备的不断完善，人工合成矿物材料质量日趋完善，种类日益繁多，人工合成金刚石、云母等已大量替代天然金刚石、云母。人工合成皂石已经实现工业化生产，它主要用于精细化工行业，是化妆品理想的载体。

非金属矿物深加工技术总的趋势是多样化、系列化、标准化和功能化。

5.2.4 矿物材料制品

矿物岩石材料制品是指利用经过初加工的，或者已经过深加工的矿物或岩石作为主要原材料，与其他原材料（包括其他无机或有机高分子材料）相结合，通过各种工艺手段制成各类形态的结构材料或功能材料。例如：纤维-水泥制品、云母-环氧树脂制品、石棉-填料-酚醛树脂摩擦材料、石棉-橡胶密封材料，碳-石墨轴承、石墨乳润滑剂、金刚石钻头、云母绝缘纸（板）、岩棉毡（管、板）、泡沫石棉毡、微孔硅酸钙制品等。

矿物岩石材料通常是由两种或两种以上的原材料复合而成，因此可以列入人工合成材料或复合材料的范畴。从材料形态看，它一般都具有物理形态上的整体性与成型性；从用途看，作为一种材料，制品均是具有某种可被直接利用的功能材料。

在某些条件下，非金属矿初加工产品与深加工产品，或深加工产品与制品并不一定有严格的区别。例如：高碳石墨可看作是化学选矿的精矿，也可看作是常规选矿精矿经化学提纯后的深加工产品，而柔性石墨及其纸制品，既可看作是高碳石墨的深加工产品，又可看作是一种新型密封材料制品。因此，习惯上有时也常把深加工产品与制品两者并列，或者都笼统地称为非金属矿材料。

5.3 单晶矿物材料及应用

在单晶矿物材料中，主要介绍金刚石、石墨、刚玉、石英等矿物材料的晶体结构，物理化学性能、应用领域。

5.3.1 金刚石

金刚石是原子晶体，化学成分是纯碳（C），与石墨同是碳的同质多象变体。在矿物化学组成中，总含有 Si、Mg、Al、Ca、Mn、Ni 等元素，并常含有 Na、B、Cu、Fe、Co、Cr、Ti、N 等杂质元素，以及碳水化合物。天然金刚石是在高温高压的条件下由岩浆中的碳结晶而形成的。

金刚石是重要的工业原料，在国防、电子、航天工业发展中占有重要地位。对金刚石的需用量，通常标志着一个国家的工业化水平。工业上使用的磨料级金刚石主要由人造金刚石代替。几乎所有的宝石级金刚石都是天然产出的。

（1）金刚石的结构与形态　金刚石晶体属于立方晶系。金刚石的晶体形态分为单晶体、连生体和多晶体。单晶体可再划分为立方体、八面体、立方-八面体、菱形十二面体以及由这些单形晶体形态组成的聚形晶体形态（图 5-3）。人造金刚石单体呈平面状，具有清晰的晶棱及顶角。

在自然界中，金刚石单晶体大多呈曲面状（又称浑圆状），其晶棱和顶角不清晰，晶面上常有阶梯或不平的“浮雕刻象”，八面体的晶面上有时出现三角形坑穴，它的顶角朝着八面体的晶棱，立方体的晶面则有漏斗状凹陷，而菱形十二面体的晶面上常有深暗的线纹。除此曾出现过一些特殊的晶体形态，这说明生长过程的复杂性。除了完整的晶形外，还出现不规则的形状、碎片状等不完整的晶体，连生体是金刚石晶体常常有规律地沿（111）面及（100）面连生在一起或相互穿插而形成的。自然产出的金刚石单晶大小不一，直径由小于 1mm 到数毫米，也有少数大颗粒产出，如世界著明的宝石金刚石“库利南”、“高贵无比”和“莱索托布朗”的重量都在 600 克拉以上。我国发现的一颗最大的金刚石“常林钻石”重 158.7860 克拉。晶体形态和完整性以及颗粒的大小在决定其使用价值和范围方面有重要意义。

（2）金刚石分类　根据金刚石的氮杂质含量和热、电、光学性质的差异，可将金刚石分为

Ⅰ型和Ⅱ型两类，并进一步细分为Ⅰa、Ⅰb、Ⅱa、Ⅱb 四个亚类。Ⅰ型金刚石，特别是Ⅰa 亚型，为常见的普通金刚石，约占天然金刚石总量的 98%。Ⅰ型金刚石均含有一定数量的氮，具有较好的导热性、不良导电性和较好的晶型。Ⅱ型金刚石极为罕见，含极少或几乎不含氮，具良好的导热性和曲面晶体的特点。Ⅱb 亚型金刚石具半导电性。由于Ⅱ型金刚石的性能优异，因此多用于空间技术和尖端工业。

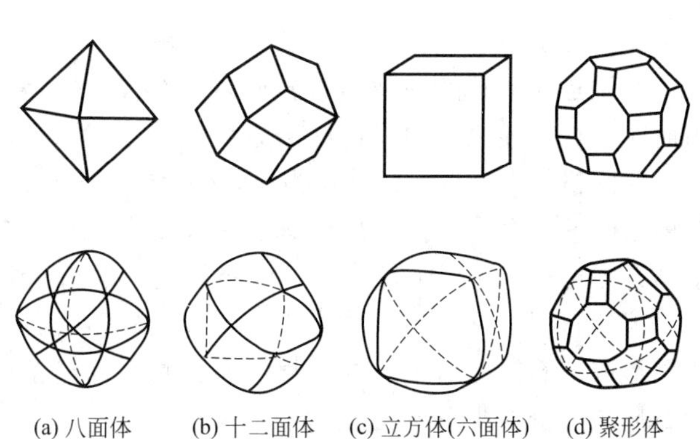

图 5-3 金刚石平面和曲面单晶

(3) 金刚石物理化学性质 金刚石一般多呈不同程度的黄、褐、灰、绿、蓝、乳白和紫色等；纯净者透明，含杂质的半透明或不透明；在阴极射线、X 射线和紫外线下，会发出不同的绿色、天蓝、紫色、黄绿色等色的荧光；在日光曝晒后至暗室内发淡青蓝色磷光，高折射率，一般为 2.40～2.48，色散性强。金刚石是自然界最硬的物质，莫氏硬度为 10。金刚石具有极强的抗磨性，摩擦系数小，其抗磨能力为刚玉的 90 倍。金刚石虽然坚硬，但具有脆性，在冲击作用下易破碎。金刚石具有很高的热导率，其大小与含氮量有关。含氮量低的金刚石的热导率为铜的 4～5 倍，适于作散热组件。金刚石热膨胀系数小。金刚石化学性质稳定，具有耐酸性和耐碱性，高温下不与浓 HF、HCl、HNO_3 作用，只在 Na_2CO_3、$NaNO_3$、KNO_3 的熔融体中，或与 $K_2Cr_2O_7$ 和 H_2SO_4 的混合物一起煮沸时，表面会稍有氧化；在 O、CO、CO_2、H、Cl、H_2O、CH_4 的高温气体中腐蚀。金刚石还具有非磁性、亲油疏水性和摩擦生电性等。唯Ⅱb 型金刚石具良好的半导体性能。

(4) 金刚石的应用 金刚石广泛用于冶金、机械、石油、煤炭、仪器仪表、电子工业及空间技术方面，为国民经济和科技发展起了重要作用。随着现代工业和科技发展以及人民生活水平的提高，金刚石应用范围还将不断扩大。主要应用归纳如下。

① 拉丝模 用于制作拉丝模的金刚石的规格一般为 0.1～1.0 克拉/粒，应具有完整的各种单形和聚形，或略欠完整的各种单形和聚形；色泽呈透明或半透明，也可呈白、淡黄、浅黄褐色等；不允许有裂纹和包裹体等缺陷；表面可以有轻微刻蚀。用金刚石拉丝模拉制的各种金属细纤维表面光滑、细度均匀。

② 勘探钻头 用于制作钻头的表镶金刚石的颗粒大小为 10～100 克拉/粒，晶体完整或略欠完整的各种晶体形状，以近球形的为好；允许有少量裂纹和包裹体；表面光滑程度和颜色可以不限。金刚石可以钻探最硬的岩石，减少更换磨损钻头的次数，提高钻进速度和钻孔质量。

③ 砂轮刀 用于制作砂轮刀的金刚石，要求每粒单晶至少有四个结晶角或两个棱角（任何晶型）；允许有不影响工作的包裹体和裂纹；表面光滑程度、颜色和透明度可以不限。金刚石砂轮刀是加工精密磨床的重要刀具，所加工的工件具有镜面光洁。

④ 首饰钻 用于制作首饰钻的金刚石的规格为 0.6 克拉/粒。要求有结晶完整的各种单形及聚形的单晶；完全透明或半透明，颜色为白、蓝、红、深咖啡、绿、棕、乳白等色；无裂纹、包裹体和气泡等任何缺陷，或少量裂纹（包裹体）。

⑤ 硬度计压头钻 用于制作硬度计压头的金刚石的规格为 0.2～0.3 克拉/粒。要求完整的八面体或与菱形十二面体的聚形；透明或半透明，颜色黑、白、淡黄、棕、黄等色；无裂纹、包裹体或允许有极微小的包裹体。主要用于测定材料的硬度。

5.3.2 石墨

石墨是元素碳的一种同素异形体，石墨晶体是由大量碳原子组成的六角形网格层面规则堆积而成，每个碳原子的周边联结着另外三个碳原子，排列方式呈蜂巢式的多个六边形。在同一六角形网格层面中 C—C 键长为 1.42×10^{-10} m，相邻的层间距离为 3.354×10^{-10} m，所以层与层之间的结合力比同一层内碳原子间结合力小得多。在同一网格层面中 C—C 共价键的碳原子结合力可达 502.416kJ/mol，而层与层间的结合力只有 83.736kJ/mol。

天然石墨通常产于变质岩中，是煤或碳质岩石（或沉积物）受到区域变质作用或岩浆侵入作用形成。石墨也可由石油、煤、有机物在高温条件下经碳化、石墨化处理而人工生成。我国的石墨矿产资源十分丰富。

（1）石墨的结构与形态　石墨的晶体结构为层状结构（图 5-4）。C 原子在平面上呈三角形配位与另外三个碳原子相连，并构成六方网层，层内为共价键和金属键，层与层之间为分子键。层内极坚强地结合，层间极弱联结构成了石墨结构的突出特点，从而决定了石墨许多特殊的性能。由于石墨的层状结构特点，决定了石墨晶体的形态常呈片状、鳞片状出现。

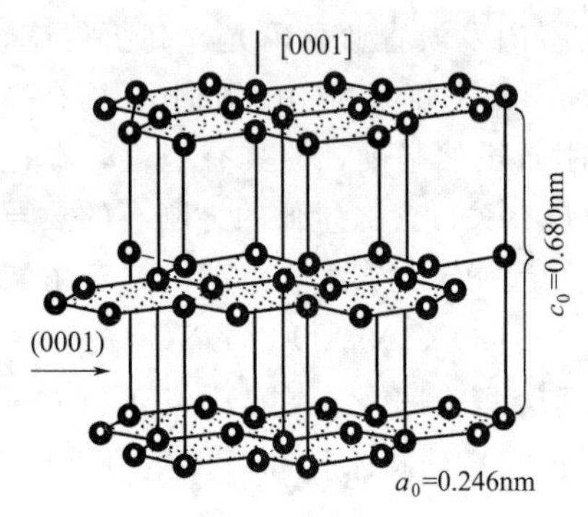

图 5-4　石墨的晶体结构

（2）石墨的物理化学性能　巨大的层间距及弱键导致了石墨的片状形态和 {0001} 极完全解理、低硬度 1～2（垂直解理为 3～5），润滑、可塑、低密度（2.1～2.3g/cm^3）；晶格的金属性使石墨呈金属色（铁黑-钢灰）、金属光泽、不透明、良导性和导热性；成分和坚强的结构层使石墨具有化学稳定性和耐高温等。石墨主要工艺性能如下。

① 耐高温性　石墨是碳的高温变体。它是目前已知的最耐高温的材料之一。它的熔点高达 3850℃，于 4500℃才气化。7000℃的超高温电弧下加热 10s，石墨的质量损失仅为 0.8%，刚玉为 6.9%～13.7%，而极耐高温的金属为 12.9%。在 2500℃时石墨的强度反而比室温时提高一倍。

② 导电和导热性能　石墨的导电性约为一般非金属的 100 倍，碳素钢的 2 倍，铝的 3～3.5 倍。若将石墨定向排列，加温、加压而制成定向石墨，其顺导电性约为反向导电性的 1000 倍，据此可制成各种半导体材料和高温电性材料。石墨的导热性能超过了钢、铁、铝，具异常导热性，即热导率随温度的升高而降低，在极高的温度下则趋于绝热。

③ 稳定性　石墨在常温下表现良好的化学稳定性，它不受任何强酸、强碱和有机溶剂的腐蚀。但在 500℃时开始氧化，700℃时水蒸气可对其产生侵蚀，900℃时 CO_2 也能对其产生侵蚀作用。

石墨的热稳定性也好，膨胀系数小（1.2×10^{-6}℃$^{-1}$），故在高温下能经受温度的剧烈变化而不破坏，其体积变化也不大，不会产生裂纹。

④ 润滑性　石墨具有良好的润滑性能，其摩擦系数在润滑介质中小于 0.1。鳞片越大，摩擦系数越小，润滑性能越好。

⑤ 可塑性　石墨可展成薄至 0.2 μm 的透光透气薄片，而高强度石墨甚至连金刚石刀具都难以加工。

⑥ 吸热性和散热性　石墨有良好的吸热性能，每公斤可以吸收$(2.96～9.21)\times10^7$J 的热量，而金属材料每公斤的吸热量为 4.061×10^7J；石墨的散热性能则几乎与金属一样好。

⑦ 涂覆性　石墨可涂抹固体，形成薄膜，当其颗粒小到 5～10μm 时黏附力更强。此外，石墨在原子反应堆中还有良好的中子减速性能。

(3) 石墨的类型 石墨分类方法很多，常用的有如下几种。

工业和国际贸易上常按结晶形态将石墨分为晶质石墨和隐晶质石墨两大类。在晶质石墨中又可按其构造分为块状晶质石墨和鳞片状石墨；在隐晶质石墨中又可分为土状石墨和微晶质石墨。

按用途分为如下几种。

① 鳞片状石墨 晶体呈鳞片状、薄叶片状的晶质石墨。鳞片直径最大为4～5mm，片厚0.02～0.05mm，鳞片越大，经济价值越高。鳞片状石墨的固定碳含量较高、质地较纯，属优质石墨。其润滑性、可塑性、耐热和导电性能均比其他石墨好。主要作为提取高纯度石墨制品的原料。

② 无定形石墨 又称微晶质石墨，多由煤变质而成。晶体直径小于1μm。无定形石墨按颗粒粗细分为无定形石墨粉和无定形石墨粒两种。无定形石墨主要用于铸造涂料、电极糊原料及焊条配料等。

③ 高碳石墨 固定碳含量大于94%。鳞片状石墨多属此类。

④ 普通石墨 固定碳含量小于94%。其中又分中碳和低碳两类。

⑤ 胶体石墨 粒径在10μm以下的石墨颗粒，分散在水剂、油剂等介质中所形成的分散体系。主要用于机械润滑。

⑥ 电碳石墨 分电碳用鳞片状石墨和电碳用土状石墨两类。主要用于制造发电机、电动机的电刷及各种电极等。

⑦ 坩埚石墨 是制造冶炼金属、陶瓷、玻璃的高温容器的耐火材料。

⑧ 高纯石墨 固定碳含量为99.9%～99.99%的石墨。用于原子反应堆减速剂和防射线材料；也可用于单晶硅组件、可控硅烧结工艺的耐高温、导电、导热等材料；也是合成金刚石的主要原料和制造石墨坩埚以代替铂金坩埚用于化学试剂的熔炼。

(4) 石墨的应用

① 冶金工业是石墨的最大消费领域。主要用于石墨坩埚、铸造模面和耐火砖，也用来作炼钢的增碳剂。其中前两者各约占石墨总用量的1/3。

石墨坩埚的生产需用大鳞片石墨，传统应用品级为100目、含碳量90%。石墨在坩埚中的含量达45%。改用碳化硅石墨坩埚制品以后，只需30%（含碳80%）的鳞片状石墨即可达到要求，鳞片的粒级也可降低。石墨坩埚用来炼钢、熔炼有色金属和合金，有耐高温、使用寿命长等优点。

在铸造工艺中，利用石墨的涂覆性、耐火性、润滑性和化学稳定性作铸模的涂料，可使铸模耐高温、耐腐蚀、磨面光滑、铸件易脱模。

在高温电炉和高炉的耐火材料中加入石墨形式的碳，可明显地加强其抗热冲击性和抗腐蚀性。20世纪60年代美国首创石墨砖。以后陆续制成碳镁砖、碳铝砖等用于高温电炉和高炉，如英国使用含碳15%～20%的碳镁砖使炉龄增至500炉，而日本使用含碳20%～25%的耐火砖使炉龄提高到1000炉。现在大多数钢铁生产都倾向于以此类耐火材料代替陶瓷土耐火材料。

② 在机械工业中，一般润滑油不能适应高速、高温和高压的要求，而石墨作润滑剂可在－200～2000℃的温度和极高速度的条件下使用。石墨润滑剂可为水剂胶体、油剂胶体或粉剂。水剂胶体润滑剂用于难熔金属钨、钼的拉丝与压延；油剂胶体润滑剂用于玻璃器皿制造和航空、轮船等高速运转机械的润滑。

③ 电气工业中石墨主要用于制作电极、电刷、电池及电影机、探照灯发光用的电炭棒与焊接发热用的炭精棒、电炉用的炭管等。

④ 化学工业中用石墨作热交换器、反应槽、燃烧塔部件及各种类型的石墨耐腐蚀的管材、

阀门、砌块等。

⑤ 建筑材料工业中，石墨大量用于制造耐火制品，如碳素砖、镁碳砖等。

⑥ 核工业中，石墨用作原子反应堆的减速剂，可以吸收中子以控制核裂变。

⑦ 航天航空工业用高强度石墨制作火箭导弹、航空飞机、发动机的喷嘴及导电材料等。

⑧ 轻工业中，石墨用来制造铅笔、颜料、抛光剂及防垢防锈材料等。

当前，石墨已在高速、高温、耐磨、防腐、节能、超小型等高科技领域中得到应用。石墨正逐步取代某些金属材料和有机材料。随着科技进步，石墨这种传统的工业矿物必将引起更多领域的青睐，得到更广泛地应用。

5.3.3 刚玉

(1) 概述　刚玉的化学成分为 Al_2O_3，常含微量杂质；形态呈柱状或板状；通常为白色或无色，因含不同的杂质可呈现红（含 Cr）、蓝（含 Fe，Ti）、绿（含 Co，Ni，V）、黄（含 Ni）、黑（Fe^{3+}）等色。刚玉的莫氏硬度为 9，仅次于金刚石；研磨硬度为 833；是石英的 8.33 倍，耐磨性能好；耐高温，熔点高达 2030～2050℃；导热性能好，热导率在室温下为 41.81W/(m·K)，接近于金属材料。刚玉的绝缘性能好，化学性质稳定，常温下不受酸碱腐蚀。

(2) 应用　①用作高级磨料。由于刚玉的硬度高、耐磨性好，加工成一定粒度后用来制作砂轮、砂布、砂带、研磨膏、抛光粉等。②用作各种精密仪器、手表和其他精密机械的轴承材料和耐磨部件。也可用于制作测绘仪器的绘图笔尖，自动记录仪的记录笔尖、制作奶粉用的喷嘴等。有使用寿命长、性能稳定等优点。③含 Cr 离子 0.05%左右的刚玉（红宝石或人造红宝石）是重要的激光晶体材料。④无色透明的刚玉晶体对红外线透过率大，可以用作红外接收、卫星、导弹、空间技术、仪器仪表等的窗口材料。

5.3.4 石英

(1) 概述　石英的化学成分是 SiO_2，石英晶体呈六方柱状，集合体可呈柱状、粒状或致密块状等产出。由石英构成的岩石有石英砂岩、石英岩、石英脉、髓石等。石英为无色或白色，透明，玻璃光泽，密度中等（2.649kg/m³），莫氏硬度 7，熔点 1713℃。单晶体具有压电性，又称压电水晶。

在自然界有 8 种同质多象变体。在常压下各变体的转变温度为：

$$\alpha\text{-石英} \xrightleftharpoons{573℃} \beta\text{-石英} \xrightleftharpoons{870℃} \beta\text{-磷石英} \xrightarrow{1470℃} \beta\text{-方石英}(1723℃熔融)$$

在低温范围内鳞石英和方石英的转变为：

$$\alpha\text{-鳞石英} \xrightleftharpoons{117\sim163℃} \beta\text{-鳞石英}; \qquad \alpha\text{-方石英} \xrightleftharpoons{200\sim270℃} \beta\text{-方石英}$$

此外，还有柯石英和斯石英，它们都是在高压条件下形成的 SiO_2 变体。通常所说的石英是指 α-石英。

人们常将化学成分为 $SiO_2 \cdot nH_2O$ 的非晶质矿物称为蛋白石。也有人认为蛋白石是由极微小的低温方石英晶粒所组成。成分中的吸附水含量不定。常含有 Fe，Cu，Mg 等混入物。

(2) 应用

① 水晶——指透明的石英晶体　根据其特性和工业用途分为四类：压电水晶是无缺陷、具压电性的石英晶体，广泛地应用于电子技术和超声波技术中，是制造谐振器、滤波器、压电传感器等的基本原料。光学水晶是纯净透明的石英晶体，用于制造折射仪、光谱仪、摄谱仪等仪器光学部件。熔烁水晶用于生产特种、透明的石英玻璃。工艺水晶用于制作各种工艺珠宝饰品。

② 硅质原料（石英砂、石英砂岩、石英岩、脉石英等）　硅质原料广泛用于冶金、化工、

建材、磨料、耐火材料等部门。其中玻璃工业消费最大，铸造工业其次。

a. 玻璃工业中，石英砂是制造玻璃的主要原料。其工业要求见表 5-3。

表 5-3　玻璃工业中对硅质原料的工业要求

化学成分/%	SiO_2	Al_2O_3	Fe_2O_3	TiO_2	Cr_2O_3	备注
Ⅰ级品	＞99	＜0.5	＜0.05			用于特种技术玻璃
Ⅱ级品	＞98	＜1.0	＜0.10	＜0.05	＜0.001	用于工业技术玻璃
Ⅲ级品	＞96	＜2.0	＜0.20			用于一般平板玻璃
Ⅳ级品	＞90	＜4.0	0.50～1.00			用于有色玻璃

b. 铸造工业中，石英砂主要用于配制铸钢件用的型砂。由于其耐火度高达 1713 ℃，能经受长期高温，故适用于大型铸件。其工业要求见表 5-4。

表 5-4　铸造石英砂工业要求

品级	SiO_2/%	含泥量/%	有害杂质/%		
			K_2O+Na_2O	$CaO+MgO$	Fe_2O_3
1	＞97	＜2	＜0.5	＜1.0	＜0.75
2	＞96	＜2	＜1.5		＜1.00
3	＞94	＜2	＜2.0		＜1.50
4	＞90	＜2	—		—

某些矿山企业规定粒度要求 0.1～0.36mm 颗粒的百分含量分别应＞40（一级品和二级品）、＞30（三级品）。

c. 耐火材料工业中，硅质原料用来制硅砖。硅砖广泛用于冶金、玻璃、炼焦业的砌炉材料。

d. 冶金工业中，用硅质原料作熔剂，制硅铝和硅铁。

e. 其他，如化学工业中，利用其耐酸性，作硫酸塔的充填物；过滤砂用于自来水过滤及磨料用砂、陶瓷釉药用砂、水泥用砂等。

5.3.5　高岭石

（1）概述　高岭石是层状结构硅酸盐，其晶体化学式为 $Al_4[Si_4O_{20}](OH)_8$。高岭石纯者为白色，因含杂质可染成其他不同颜色。电子显微镜下，呈板状、片状晶体，通常鳞片大小为 0.2～5.0μm，厚度为 0.05～2.00μm。个别结晶有序度高的高岭石鳞片可达 0.1～5.0mm。高岭石干燥时具吸水性，湿态具可塑性，但加水不膨胀。

主要矿物成分为高岭石组成的黏土称为高岭土。可塑性是高岭土在陶瓷坯体中成型的基础，也是重要的工业指标。高岭土具烧结性，是制造陶瓷产品所必须具备的性质。高岭土具有较高的耐火度，因此，属耐火黏土。此外，高岭石还具有较好的电绝缘性和较强的化学稳定性。与有机分子相互作用后可形成高岭石-有机分子嵌合复合体。

（2）应用　高岭土由于具有多种优良的物化性能，自古以来就被应用于陶瓷工业，发展到今天它已成为从人类日常生活到尖端技术领域不可缺少的廉价矿物原料。

① 在陶瓷工业中的应用　我国高岭土在陶瓷工业中的消耗量约占其产量的 50%以上，居各工业部门之首。高岭土在制瓷中的作用主要有两个方面：其一是制作瓷的配料；其二是在瓷坯成型过程中作为其他矿物配料（如石英、长石等）的黏结剂。因此，陶瓷工业对高岭土的要求首先是它的化学成分，即高岭土纯度要高，Fe_2O_3、FeO、TiO_2、SO_3 等有害组分要极低；其次是黏结性和可塑性。一般说来，高岭石结晶好、颗粒粗，其可塑性和黏结性低。但经剥片后其性能则改变。

② 在造纸工业中的应用　从国外高岭土的消费结构来看，造纸工业用量已远超出陶瓷工

业的用量。主要用于制造各种印刷纸、硬板纸、新闻纸等。由于高岭土粒度小，剥片后具良好的片状、鳞片状形态，片径/厚度比值大，化学性质稳定等，因此，被用作造纸填料和纸张涂层、提高纸张光泽度、充填纸张纤维之间空隙、提高不透明度、增加平滑度及纸张密度等。高岭土比纸浆便宜，能有效地降低造纸费用。高岭石对纸中其他成分不起反应，能较好地保留在纸张纤维中间，适于大量使用。造纸工业对高岭土的要求主要是组分以及杂质含量。一般说来，用于造纸的高岭土须经特殊选矿工艺选出粒度$<2\mu m$的部分，或是经过超细磨对其进行加工才能达到粒度要求。另外，高岭土中长石、石英含量越低，带色杂质（如有机质、Fe_2O_3等）越少，则质量越好。对用作铜板纸的涂布级片状高岭石的质量要求较高，除晶粒呈片状外，还要求白度大于85.85%以上，粒度为$2\mu m$，$Fe_2O_3<0.5\%$。

③ 在橡胶工业中的应用　在橡胶工业中，高岭土被用作填料和补强剂，可明显改善橡胶的拉伸强度、抗折强度、耐磨性、耐腐蚀性、刚性（弹性）等性能。高岭土作为橡胶制品的填料或补强剂，对锰的含量有着十分严格的要求（0.007%～0.0045%），因为锰会使橡胶加速老化。此外，对高岭石的吸附性和酸碱性及粒度也有一定要求。

④ 在塑料工业中的应用　高岭土作为塑料的填充剂，能使塑料制品具有较平滑的表面、更美观的外表、尺寸稳定、改善绝缘性能和耐磨性能、耐化学腐蚀性变强、坚固、均一及延缓硬化等优点。

⑤ 合成分子筛及其应用　以高岭土为主要矿物原料，经一定工艺处理可人工合成4A型沸石分子筛。

⑥ 在冶金工业中的应用　高岭土具有高的耐火度，可用作冶金工业及玻璃工业的耐火材料，制作各种高温作业的砌体，如各种形状的耐火砖、高镁铝砖、绝缘砖、硅质砖、各种熔炼炉和热风炉的炉衬砖等。

⑦ 在其他部门的应用　高岭土是玻璃纤维工业的主要原料之一。在黏合剂工业上，可用来制作油灰、嵌封料及密封料的填料。高岭石化学性质稳定、覆盖能力强、流变性好、白度高，是涂料工业的重要矿物原料。在农业上，被用作肥料、农药或杀虫剂的增量剂、稀释剂。随着高科技的发展，用途不断拓宽。例如，用以制造高温结构瓷用于原子反应堆、喷气飞机和火箭燃料室喷嘴的耐高温部件；还可用高岭土制造有压敏、热敏、气敏、光敏、磁敏等性能及具有记忆能力、快离子传导能力的功能陶瓷等。在轻工业上，还可用以制造香粉、胭脂、牙粉、各种药膏、软膏等；还可用作生产肥皂、铅笔芯、颜料等制品的填料。

此外，利用优质高岭土还可以制造各种高级光学玻璃、有机玻璃、水晶等的熔炼坩埚及拔制玻璃纤维的各种拉丝坩埚，以代替价格昂贵的铂、镍等贵金属坩埚。

5.3.6 蒙脱石

蒙脱石的化学成分式为$Na_2Al_2[Si_4O_{10}](OH)_2 \cdot nH_2O$。蒙脱石矿物属于具有2∶1型结构的铝硅酸盐矿物，即结构的单位晶层为两片Si—O四面体芯片，中间夹一片Al—O八面体芯片，芯片之间以氧联结。在蒙脱石的晶体结构中，铝氧八面体芯片的单元晶胞中，当阳离子的位置由三价的铝填充时，六个阳离子的位置剩下两个空位，所以蒙脱石属二八面体型黏土矿物（图5-5）。

在蒙脱石晶格中普遍存在异价类质同象置换，即四面体中的Si^{4+}被Al^{3+}置换，八面体中的Al^{3+}被Mg^{2+}或Fe^{2+}等低价阳离子置换，但阳离子置换主要发生在八面体中。这种低价阳离子置换高价阳离子的数量一般不超过15%，即每个单位晶胞约有0.66个剩余负电荷，相当于每100g蒙脱石具有80～150mmol的负电荷，也就是蒙脱石颗粒每平方厘米的表面上的电荷密度约为3.5×10^4静电单位（约为$11.7\mu L$）。这种由于蒙脱石结构层中的阳离子异价类质同象置换产生的负电荷，称为永久负电荷。蒙脱石的永久性负电荷占负电荷的95%。显然蒙脱石层间永久负电荷量值大小只取决于晶格中类质同象置换的多少，是一个常数值。

产生蒙脱石结构单元层负电荷的另一个因素是蒙脱石端面的八面体芯片和四面体芯片中存在的部分未公用的氧原子，以及晶体边缘裸露的Al—OH、Fe—OH、Si—OH等羟值，在碱性条件下离解将产生负电荷，这类随介质pH值变化而变化的负电荷称为可变负电荷。为了保持电中性，在单元晶层之间吸附了Na^+、K^+、Ca^{2+}、Mg^{2+}等水化阳离子。由于铝氧八面体产生的负电荷距分布于单元晶层间的阳离子较远，对这些阳离子的束缚力较弱，使这些阳离子具有可交换性。

蒙脱石晶体中具有可交换性阳离子是其重要的晶体化学性质，钙基膨润土改性为钠基膨润土，制取活性白土、柱撑蒙脱石等都是利用蒙脱石的这一基本性质。

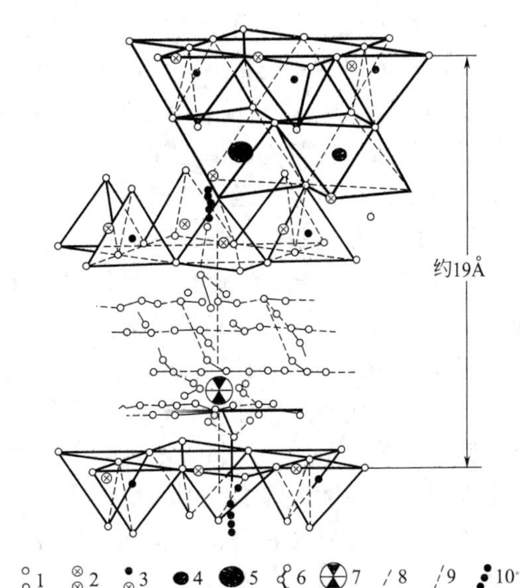

图5-5 蒙脱石的晶体结构图
（据埃里什.M.B等，1980）
1—氧；2—羟基；3—硅；4—Al、Fe^{3+}；
5—镁；6—水分子；7—层间阳离子；
8—电价键；9—氢分子键；10—氢羟基键

蒙脱石作为吸附过滤材料主要利用其阳离子交换性和吸附性：蒙脱石在pH＝7的水介质中的阳离子交换容量为70～140mol/100g。蒙脱石的晶体结构特点和其微细的颗粒，决定了它具有优良的吸附性。

蒙脱石多呈白色，有时为浅灰、粉红、浅绿等。电子显微镜下呈鳞片状、片条状，集合体为云雾状、球状、海绵状等。以蒙脱石为主矿物成分的黏土称膨润土。由于蒙脱石的特殊性能，膨润土在国民经济中有着广泛的用途。

蒙脱石质软而有滑感，加水后体积膨胀达数倍，并变成糊状物。钠蒙脱石膨胀倍数达20～30倍，钙蒙脱石为几倍至十几倍。蒙脱石具有优良的分散悬浮性和造浆性，在水介质中能分散成胶体状态。钠蒙脱石遇水膨胀分散后可形成永久性的悬浮液；这种悬浮液具有一定的黏滞性、触变性和润滑性。钙蒙脱石在水中虽可迅速分散，但一般会很快絮凝沉积。

蒙脱石具有良好的可塑性和黏结性。成型后发生变形所需的外力较其他黏土矿物小。蒙脱石的黏结性也较其他黏土矿物好。

蒙脱石黏土具有优良物化性能以及催化性、触变性和润滑性等性能。因而可作为黏结剂、悬浮剂、增强剂、增塑剂、增稠剂、触变剂、絮凝剂、稳定剂、净化脱色剂、充填剂、催化剂、载体、填料等，广泛用于冶金、机械铸造、钻探、石油化工、轻工、农林牧、建筑业等方面。

① 作吸附过滤材料　天然产出的蒙脱石黏土一般均需要采用湿法选矿提纯。天然蒙脱石黏土经酸活化处理及热处理后，吸附性强、无毒无味，大量用于动植物油的精炼、脱色，可以吸附食用油中的黄曲霉毒素、色素和杂质并从食用油中过滤除去。还可用于石油产品的脱色、净化处理及各种工业废水、生活废水的净化处理等。此外，蒙脱石黏土也可用于一些放射性废渣的固定处理以及工业废气的吸附与回收。

② 作黏结剂　钠蒙脱石黏土是铁矿球团的黏合剂，用于炼铁可节省熔剂和焦炭各10%～15%，提高高炉生产能力40%～50%。

用钠蒙脱石黏土作铸造型砂的黏结剂，可增强抗夹砂的能力，可解决砂型易塌的问题。用其配制的型砂，湿、干和热态的抗压、抗拉强度综合性能好，能提高铸件的质量和成品率，降低生产费用。近年来，由于使用高压无箱造型法生产砂型，对型砂黏结剂的性能要求也相继提高。因而铸造用钠蒙脱石黏土的需用量也逐年增长。

③ 作悬浮剂　以蒙脱石黏土制成的悬浮液可用于钻井泥浆、阻燃物、药物的悬浮介质及煤的悬浮分离等。蒙脱石黏土泥浆，尤其是钠蒙脱石泥浆具有失水量小、泥饼薄、含砂少、密度低、黏度好、稳定性强、造壁能力好、钻具回转阻力小等优点，从而提高钻井效率，降低成本。用蒙脱石黏土制成的悬浮液灭火是它的新应用领域。灭火时由于蒙脱石黏土悬浮液具有较高的黏度，覆盖力强，不燃烧，喷射到燃烧物上可覆盖其表面、隔绝空气，且水分蒸发作用可使温度迅速降低，从而起到迅速灭火的作用。

④ 作稠化剂　当利用有机分子取代蒙脱石的可交换性阳离子时，可得到一种抗极压性和抗水性强、胶体稳定性好的有机蒙脱石复合物，可用作稠化剂。这种有机蒙脱石复合物是制造润滑脂、橡胶、塑料、涂料等不可缺少的原料。例如，用其制成的润滑脂使用温度很宽，由负几十度到100多度的温度范围内均可使用，且抗极压性、抗水性和胶体稳定性均好，使用寿命长，可用作大型喷气客机、歼击机、坦克及冶金工业高温设备等高温、高负荷摩擦部件的润滑剂。

⑤ 作吸附剂和净化剂　蒙脱石无毒、无味、吸附性强，可用于食用油的精制、脱色、除毒。蒙脱石黏土经活化处理后可作吸附剂（主要为物理吸附），可将黄曲霉素这类致癌物质和杂质、色素及气味等从食用油中滤去。

工业上也利用蒙脱石对有色、有机物的吸附能力来净化汽油、煤油、特殊矿物油、石蜡和凡士林等。蒙脱石在污水处理中起捕收剂的作用，能吸附大量的悬浮物。经特殊处理后可用于含油废水、含菌废水等酸性、中性及弱碱比废水的净化。

⑥ 作填料　在造纸工业中用蒙脱石黏土作填料可使纸张洁白、柔软；用其处理纸浆可脱色、增白。

由于蒙脱石可吸附衣物和洗涤水中的污物和细菌，同时，也可用于洗衣粉生产。

在涂料生产中，用蒙脱石黏土填料可起增稠剂和改善平整性的作用；可优化涂料的性能。这类涂料具有色泽不分层、涂刷性好、附着力强、遮盖力强、耐水性好、耐洗刷、成本低等优点。

蒙脱石用作饲料添加剂具有重要意义。例如，在肉鸡饲料中添加2%～3%的蒙脱石，鸡平均增重6%～7%；用于蛋鸡饲养，产蛋率平均提高13.8%，蛋重平均提高5.47%，蛋料比提高12.18%。

⑦ 作工业用粮的代用品　利用蒙脱石的良好黏结性，可代替工业用淀粉用于生产糨糊、纱线上浆等方面。除可降低成本，节约工业用粮外，用蒙脱石黏土浆纱还具有经纱平整、不起毛、洁净、上浆后不发臭等优点。同时，蒙脱石黏土也可代替淀粉作印花糊料，也包括榨丝、人造丝、乔其纱等的印花糊料。

⑧ 其他　在农业上可利用蒙脱石改良土壤，作农药、化肥的载体或稀释剂。例如将适量蒙脱石黏土撒入干旱的沙土，能吸收、储存水分，并防止肥料流失，从而可提高农作物产量。利用蒙脱石的吸附性能可使肥效、药效缓慢释放，发挥长效作用，提高肥料、农药的使用效益。

用蒙脱石黏土制作陶瓷可一次烧成，从而简化了生产工艺，降低了成本，且成品白度高、质量好。此外，也可用作釉料和搪瓷原料。

经改性后的交联蒙脱石可以制备具有裂化性能的分子筛，用于石油工业中。用锂蒙脱石还可制作快离子导体。

5.3.7 硅灰石

（1）概述 我国是世界上硅灰石储量（约 1.5 亿吨，居世界之首）、生产量（硅灰石年产量 23 万吨，占世界总量 42 万吨的 54.7%）和出口量（12 万吨，占世界贸易总量 22 万吨的 54.5%）大国，有相当优质的资源优势。硅灰石是一种钙的偏硅酸盐矿物。

硅灰石属硅灰石属单链硅酸盐矿物，三斜晶系（图 5-6、图 5-7）。其晶体化学式为 $Ca_3[Si_3O_9]$，化学组成为 CaO 48.25%，SiO_2 51.75%。纯硅灰石多为亮白色，有时带浅灰或浅红白色，透明或半透明。当有杂质时可染成褐色或灰色、黑色（含碳或铁锰）。玻璃光泽，解理面上为珍珠光泽。单晶体沿（001）或（100）延展成板状或片状。自然界多呈放射状、纤维状、羽毛状或块状集合体，以纤维状最常见。硅灰石纤维的长径比一般为（7～8）：1。我国自然产出的硅灰石长径比可达 20：1～30：1。

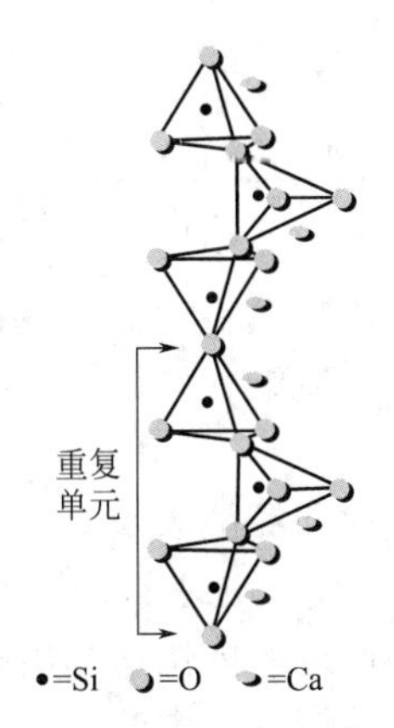

图 5-6 硅灰石晶体结构单元示意图

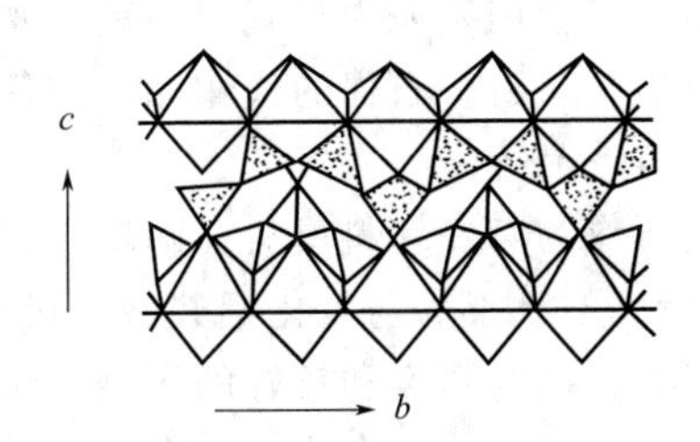

图 5-7 硅灰石晶体结构示意图

硅灰石密度为 2.87～3.09g/cm^3，硬度 4.5～5，性脆，易研磨成细颗粒。白色硅灰石有很好的反光性能，纯度为 99%，粒度小于 325 目的矿样，其反光率为 92%～96%。含锰硅灰石在紫外光照射下发荧光，有的发磷光。硅灰石熔点为 1540℃，若有杂质则熔点大大降低，一般在 900℃时较稳定。硅灰石膨胀系数较低，膨胀变化也较小，而且为线性均匀膨胀。硅灰石具有优良的绝缘性能，高抗热性能，α-硅灰石电阻较大，数值为 $(1.6\sim1.7)\times10^{14}\Omega\cdot cm$。硅灰石有较好的化学稳定性能，在 25℃的中性水中溶解度为 0.0095g/100ml。耐弱酸、耐强碱，在浓 HCl 中发生分散，形成絮状物。

（2）超细针状硅灰石制备 由于硅灰石微粉在复合材料方面应用的广度和深度在很大程度上受制于它的长径比，因此提高其长径比是进一步扩大其应用，提高充填有硅灰石的复合材料性能的关键。近些年，国内外一些研究者在如何通过特定粉碎手段获得长径比尽可能高的超细针状硅灰石粉方面作了一些探索，也作了大量的对比性试验。目前，用于硅灰石针状粉超细粉碎加工的设备主要有机械冲击式粉碎机、气流磨、搅拌磨、雷蒙磨、振动磨等，其工作原理和超细效果见表 5-5。

（3）应用 硅灰石是链状硅酸盐矿物，结晶习性为一向无限延长。故而颗粒常呈针状、纤维状。一般晶体长 20～40mm，破碎磨细后极易劈开，乃至颗粒在 0.01mm 以下仍呈针状。硅灰石的这种链状结晶习性和针状结构特征，在各种有机、无机复合材料中使产品具有特殊工艺特征，并显示其增强效果。硅灰石化学成分中不含挥发性组分，在生产过程中，无气体逸出，利于提高产品质量。硅灰石的热膨胀系数低，在室温至 800℃的温度区间内热膨胀系数一般为$(6.50\sim6.71)\times10^{-6}℃^{-1}$，且呈线性膨胀。因而可以增强复合材料或其他产品的热稳定性。

表 5-5 硅灰石针状超细粉碎常用设备

设备类型	工作原理	粉碎粒度/μm	长径比范围	优缺点
冲击式粉碎机	高速转子将物料分散到粉碎腔周边，同时受到冲击作用，并在定子和转子的间隙处受到离心惯性力和摩擦力的挤压、剪切而破碎	产品一定的细度(10～30)	较高的长径比(5～8)	效率高，处理量大，但长径比较小，且质量不稳定
气流磨	气流的高速运动使物料颗粒之间、颗粒与器壁之间产生强烈的冲击碰撞和摩擦剪切而使物料粉碎	2～5	较高的长径比(12～20)	高长径比，超细粒度，耗能较高
搅拌磨	研磨体连同物料靠插入筒体中的悬吊式螺旋提升至顶点，且受旋转螺旋的离心力作用抛向筒体壁而使物料破碎	平均细度可达 4.5	平均长径6～8	能耗小，效率高
振动磨	筒体高频振动使筒内研磨介质对物料进行剧烈碰撞、研磨而导致物料逐渐产生裂纹至破碎	细度 90%小于 20	长径比大于 8 的占 50%以上	粉碎细度不够，长径比较小
球磨	磨球之间相互碰撞、冲击及剪切，磨球与罐壁之间，相互碰撞、研磨使物料粉碎	平均细度为 10～13 之间	长径比在 3.5～5 之间	效率较低，长径比较小

目前，硅灰石作为具有优异性能的矿物填料，应用于广泛的工业领域，生产多种材料和产品。它的主要应用领域为陶瓷、涂料、塑料和橡胶复合材料的矿物填料，低介质损耗的绝缘材料，陶瓷泡沫材料、石棉的代用品、建筑用复合材料、间壁板、造纸、电焊条、冶金工业用保护渣、模铸产品等。

硅灰石作为陶瓷坯料填料在陶瓷工作中有着显著的工艺特性和经济效果，硅灰石在低温下(1060～1149℃)很易与氧化铝共熔，可以减少热膨胀，减少开裂；硅灰石的针状晶型，使釉面砖砖坯有较高的强度和较好的压型质量；硅灰石颗粒为水分通过坯体快速逸出提供通道，加快干燥速度；硅灰石不含化学结合水或碳酸盐，减少陶瓷材料熔烧过程中的排气，避免成品的开裂和分层；在陶瓷釉面砖烧制中，使用硅灰石降低温度 100～200℃，烧成周期缩短到 1～2h，具有明显的节能效果。

硅灰石以其亮白色、针状颗粒形态、低的吸水率和吸油等特性而成为涂料的理想原料。近年来，硅灰石作为增强材料性能的矿物填充料，广泛应用于塑料复合材料的生产中，它几乎改善了所有聚合物材料的性质，提高其机械强度，介电常数和黏度，降低吸水率。以硅灰石为基料生产碳冶金保护渣，对杂质有强的吸附能力，改善钢锭表面质量。在生产陶瓷磨料和磨轮中，使用硅灰石可以提高熔解速度，增加抗热冲击能力。随着人们对硅灰石矿物性质、工艺性能认识的不断深化，随着工艺技术的不断发展，硅灰石的工业应用领域在不断扩大。

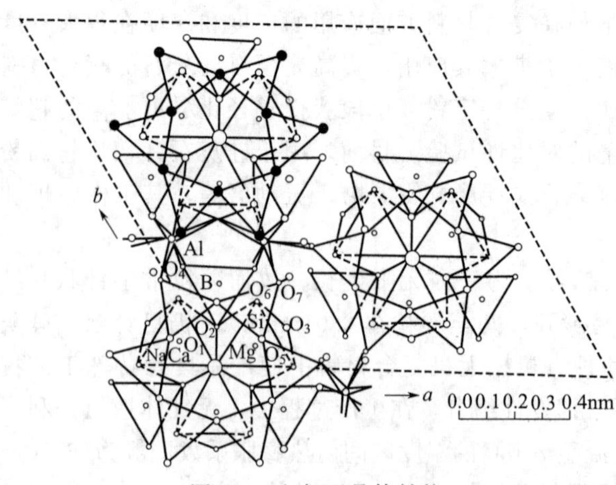

图 5-8 电气石晶体结构

5.3.8 电气石

(1) 概述 电气石是电气石族矿物的通称，该族矿物是一种以含硼为特征的结构十分复杂的硅酸盐矿物。化学通式 $XY_3Z_6[Si_6O_{18}][BO_3]_3W_4$。X 位置主要是 Na、Ca 和微量 K。电气石晶体结构属三方晶系，对称型为 $L^3 3p$，C_{3V}^5-R3m 群，$a_0 = b_0 = 1.584 \sim 1.603nm$，$c_0 = 0.709 \sim 0.722nm$。电气石为极性矿物，三重对称轴为 c 轴。垂直 c 轴无对称轴和对称面，也没有对称中心。电气石晶体结构见图 5-8。

晶体呈柱状，晶体两端晶面不同，因为晶体无对称中心。柱面上常出现纵纹，横断面呈球面三角形（图 5-9），从几何的角度来看三方柱的表面能是比较大的，发育为球面三方柱会降低表面能，但球面三方柱必导致部分高指数晶面的发育。双晶（101）或（401）发育，但较少见。集合体呈棒状、放射状、束针状，也成致密块状或隐晶质块状。

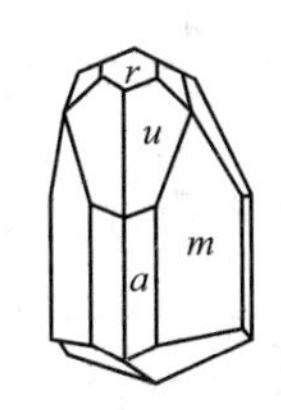

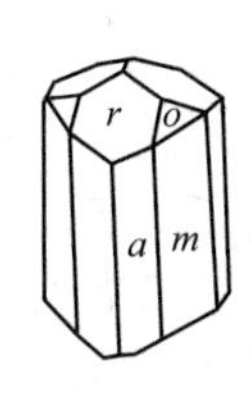

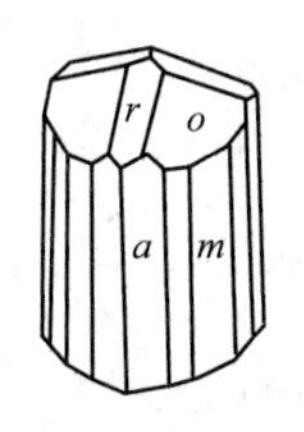

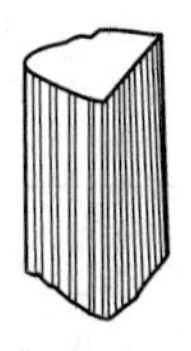

图 5-9　电气石的晶体

电气石颜色随成分不同而异：富含 Fe 的电气石呈黑色；富含 Li、Mn 和 Cs 的电气石呈玫瑰色，也呈淡蓝色；富含 Mg 的电气石常呈褐色和黄色；富含 Cr 的电气石呈深绿色。此外，电气石常具有色带现象，垂直 c 轴由中心往外形成水平色带，或 c 轴两端颜色不同。具有玻璃光泽；无解理；硬度 7～7.5；相对密度 3.03～3.25，随着成分中 Fe、Mn 含量的增加，相对密度也随着增大。不仅具有压电性，并且还具有热释电性。

主要物理性质有压电性、热电性、自发极化以及红外辐射性能。

（2）电气石用途　电气石可用于红外探测、制冷业。色泽鲜艳、清澈透明者可作宝石原料（俗称碧玺）的电气石含有各种天然矿物质，其中有许多与人类必需的矿物质相同。借着微弱电流的作用，矿物质容易被吸收，是极佳的矿物质来源。

电气石的其他作用：电气石根据用途不同，有电气石粉、超细电气石粉、纳米电气石粉。适用行业涉及环境保护、卷烟、涂料、纺织、化妆品、净化水质、净化空气、防电磁辐射、保健品等。

电气石能吸收涂料、胶体等产品所发出的异味。用于建筑装潢粉刷内墙，可吸附涂料、胶体所发出的异味。在涂料中加入少量的超细电气石粉，刷在内墙和天花板上，不但可以迅速吸除异味，还能长期吸除烟味。

电气石粉用于纺织行业，可作环保炭布；超细电气石粉制成超细纤维，可制成防磁、防潮、保暖棉被、棉垫、防电磁辐射衬衫、背心、鞋垫等。

将电气石粉制成各种颜色、形状电气石陶粒，用于净化矿化容器中，既美观，又保健，可以除去自来水的氯气，从而改变水的酸度，同时也可过滤水中的各种有害元素，释放多种对人体有益的微量元素。

5.4　矿物材料的开发及应用

5.4.1　环境矿物材料

天然矿物是一类资源丰富、价格低廉、对能源消耗最少、与环境协调性最佳的材料。一些天然矿物还具有净化环境和修复环境的功能，是理想的环境材料。

5.4.1.1　环境矿物材料基本性能

环境矿物材料由于其特有的成分及结构特征而具有中和、吸附、过滤、分离、离子交换、隔音等优异的物理化学性能（表 5-6），对环境污染物的治理具有独特的功效。同时，它的储量丰富，加工处理工艺相对简单，价格低廉。

表 5-6 部分环境矿物物理化学性能

功 能	环境矿物及其作用	治理范围
中和	石灰石、菱镁矿、水镁石等碱性矿物用于中和可溶于水的气体，这些有害气体多为酸酐	大气污染
吸附	沸石、坡缕石、海泡石、蒙脱石、高岭石、白云石、硅藻土等多孔物质制作吸附剂吸附如NOX、SOX、H_2S等有毒有害气体	
过滤	石英、尖晶石、石榴石、海泡石、坡缕石、膨胀珍珠岩、硅藻土及多孔SiO_2、膨胀蛭石、麦饭石等用于化工和生活用水过滤	水污染
控制 pH 值	白云石、石灰石、方镁石、水镁石、蛇纹石、钾长石、石英等用于清除水中过多的H^+或OH^-	
净化	明矾石、三水铝石、高岭石、蒙脱石、沸石、电气石等用于清除废水中NH_3-N、$H_2PO_4^-$、HPO_4^{2-}、PO_4^{3-}和重金属离子Hg^{2+}、Cd^{2+}、Pb^{2+}、Cr^{3+}、As^{3+}、Ni^{2+}等	
过滤	石棉用作过滤清除放射性气体及尘埃	放射性污染
离子交换	沸石、坡缕石、海泡石、蒙脱石等用作阳离子交换剂净化被放射性污染的水体	
吸附固化	沸石、坡缕石、海泡石、蒙脱石、硼砂、磷灰石等对放射性物质永久性吸附固化	
隔音	沸石、浮石、蛭石、珍珠岩等轻质多孔非金属矿产可生产用于保温隔热、隔音的建筑材料	噪 声

5.4.1.2 环境矿物材料的应用

(1) 不定形污染物的治理 沸石、蒙脱石、坡缕石、海泡石、硅藻土、高岭石、石墨、石英、石灰石、石棉等，用于不定形污染物（有毒有害气体、液体、放射性、噪声等）的处理特别有效。如沸石，因其晶体中存在着特殊的孔道结构而具有良好的吸附、离子交换等性能，在污水及废气治理、改良水质、净化空气等方面效果显著。

改造水质：用天然斜发沸石作离子交换吸附剂，经硫酸钾铝再生处理，可降低高氟水中的氟含量，使其达到饮用标准。

废水、污水处理：用丝光沸石或斜发沸石对污水中的氨态氮（NH_3-N）进行选择性吸附。氨态氮饱和后的沸石，可在0.1%～0.2%$Ca(OH)_2$溶液中处理20～30min，然后加热到80℃可使其再生，重复使用。

废气处理：丝光沸石、斜发沸石除具有良好的吸附性能，还有较强的耐酸、耐高温性能，可用其除去工业废气中的H_2S、SO_2等。

回收废水中的有用物质：天然沸石经改性为Na型或氨型后，对Pb^{2+}、Zn^{2+}、Cd^{2+}等的交换能力提高。对于矿山、冶炼、化工等行业的含重金属阳离子的废水，可在治理的同时回收金属。

清洁空气、除臭：用沸石制取空气净化剂、冰箱除臭剂，以及养殖场里用于排除动物排泄物所产生的氨、NO_2、SO_2、CH_4等有害气体。

(2) 固体污染物的治理 固体污染物主要是指工业生产和城市居民日常生活排放的废弃物，包括各类炉渣、煤矸石、粉煤灰、赤泥、尾矿，以及生活垃圾等。这些废弃物的矿物组成绝大部分是非金属矿物，对于此类污染物的治理主要是使其二次资源化。

例如煤矸石，其成分与黏土相似，可用以生产砖瓦、水泥、轻骨料、砌筑砂浆；含碳量很低的煤矸石可用于生产陶瓷、耐火材料等。近期的研究表明，用煤矸石、高岭石、膨润土等为主要原料，可人工合成沸石，代替传统洗涤剂中的三聚磷酸钠，可大大减少洗涤废水中残余磷对环境造成的污染，这将是洗涤产业发展的趋势。

开采温石棉排放的大量尾矿，矿物成分主要是蛇纹石，可用以提取轻质氧化镁、多孔二氧化硅以及制作镁质农肥等。用其作主要原料进行烧制镁质陶瓷的实验研究表明，对尾矿作必要的提纯并煅烧除去其中的纤维物质，按尾矿57%、长石7%、石英20%、结合土6%比例制坯，1250～1260℃温度下烧成，实验成品质量可与滑石瓷媲美。

硅卡岩型铁矿尾矿富含辉石族矿物及石英、斜长石等，经简单的分离处理可作为优质的建筑陶瓷原料，使其最大限度地资源化。更为可取的是，有些“废物”还可直接用于治理其他污染物。如铬渣中含有的六价铬被称为五大剧毒之一，极易造成环境污染，用煤矸石可对其进行还原治理。煤矸石中的固定碳可作为六价铬的还原剂，而其中所含的硫和挥发分可形成良好的还原环境，铝、硅、铁等酸性氧化物又能在熔烧过程中作燃料，为解毒后的三价铬创造了生成稳定矿物的条件，遏制六价铬的形成。解毒后的煤矸石铬渣可制成煤矸石铬砖、轻质骨料，还可制作水泥的混合料等。

近年来，矿物材料在环境保护方面的应用相当广泛，除了在污水处理、大气吸附、过滤脱色等方面的应用水平不断提高外，在生态建材（如具有保温、隔热、吸音、调光等功能的建材）、杀菌、消毒剂、矿山尾矿综合利用等方面都有新的应用技术和产品。

5.4.1.3　环境矿物材料的深加工

很多矿物材料具有吸附性和阳离子交换性，但自然产出者由于多种因素的影响其上述性能并不十分优异。因此，在实际使用中应重视对其使用目的、对象进行改型、改性、复合等深加工，重点研究它们在上述过程中吸附性和阳离子交换性的变化，这对于有效开发、拓宽非金属矿产在环保方面的应用，提高效益具有重要意义。

例如：坡缕石黏土原矿对 NH_3 的吸附量为 20.5mg/g 土，乙二胺为 29.3mg/g 土；当在坡缕石黏土中加入一定量的磷酸、硫酸铝、硫酸锌等对其改性后制成的吸附剂对 NH_3、乙二胺等的吸附量则大大增加。膨润土通过酸活化处理后，对有机色素的吸附能力（脱色力）则大大提高。膨润土与十六烷基溴化铵，或与硫酸铝制成的复合吸附剂对煤气洗涤废水的吸附处理效果较单独用膨润土好得多；天然丝光沸石用稀无机酸改型为 H 型丝光沸石后，对气体的吸附速度则变得很快；用过量钠盐溶液浸渍天然沸石使其成为 Na 型沸石，对气体的吸附容量则会增大。

5.4.1.4　吸附过滤环境矿物材料

吸附过滤矿物材料，由于其资源丰富、加工处理工艺相对简单、价格低廉、吸附过滤性能好而被广泛用于工农业生产及环境治理与保护等方面。在食品工业，它们广泛用于啤酒、饮料、糖液的过滤、澄清、净化以及食用油脂（动植物油）的去毒、脱色、漂白处理。石油及化工方面用于石油产品的脱色净化、废机油的净化回收利用以及化工原料、化学试剂的过滤、分离提纯。另外，还用于工业用水及生活用水的软化净化处理等。

随着经济的高速发展，环境污染也越来越严重，对吸附过滤矿物材料的需求量将越来越大。本节重点介绍坡缕石、海泡石、硅藻土以及沸石作为吸附过滤矿物材料的应用。

5.4.1.4.1　坡缕石、海泡石吸附过滤环境矿物材料

（1）坡缕石、海泡石及其性能　坡缕石和海泡石晶体结构类似，都属于链-层状过渡型结构，在晶体结构中平行 c 轴方向有较大的信道（坡缕石为 0.37nm×0.64nm，海泡石为 0.37nm×1.06nm），其中被沸石水充填。加热至 200℃左右脱去沸石水后，加上矿物颗粒非常细小、比表面积很大（坡缕石为 195～315m²/g，海泡石为 240m²/g），具有强的吸附性，尤其是对极性分子的吸附容量大，并且具有选择吸附性。在 50℃左右失去结晶水后，进而失去胶体性能。

（2）坡缕石、海泡石作吸附过滤材料的加工处理　自然界产出的坡缕石黏土和海泡石黏土，都不同程度地含有石英、蛋白石、碳酸盐等杂质矿物，所含杂质的种类和数量都会不同程度地影响其吸附性。因此，为了改善、提高天然坡缕石黏土、海泡石黏土的吸附过滤性，一般都要根据其所接触的介质种类进行相应地加工处理。其处理方法包括提纯、表面改性、热处理等。

① 提纯　主要采用提纯方法在水中进行湿法选矿。湿法选矿可以有效地除去黏土中的石英、蛋白石、碳酸盐等非黏土杂质矿物。

② 表面改性处理　对用于吸附过滤的坡缕石、海泡石的表面改性，主要根据所吸附过滤的介质的性质（酸性、碱性等）不同而采用相应的改性处理方法。如作为冰箱除臭剂、动物养殖场的除臭剂，则需加入磷酸、氯化铝、硫酸铝等无机酸和无机酸性盐使其呈现出酸性，增大其化学吸附容量。因为冰箱和动物养殖场的臭气主要是氨类和有机胺类碱性气体。如用于化工厂排放的 SO_2、HCl、N_2、CO_2 等酸性气体的吸附，则需加入 Na_2CO_3、$Ca(OH)_2$ 等碱性物质对其改性，以增大其对酸性气体的吸附量。

用于液体（动植物油、矿物油、各种废水）介质的脱色净化处理，则需将其加工成活性白土。活性白土采用的是湿法酸活化法。将坡缕石、海泡石黏土按一定比例加入到水和无机酸（硫酸、盐酸等）中，制成悬浮液，用蒸汽加热，搅拌，让其活化一定时间后，用水洗涤，使其游离酸含量<0.2%，脱水；105℃下干燥，粉碎至 200 目（>95%），即得活性白土。可直接用于油类介质的脱色、过滤、净化。若用于废水处理，则需在 350℃以下进行热处理，脱去结晶水，失去胶体性能，将有易于从水介质中快速沉淀而分离。

③ 热处理　坡缕石和海泡石作为干燥剂或废水处理剂，除了要对其进行表面改性外，还需对其在 350℃左右进行热处理，使其失去沸石水和结晶水，增大比表面积，从而增大对气体的吸附容量。

（3）坡缕石、海泡石吸附过滤材料的用途　坡缕石、海泡石经不同的方法处理后，是一种廉价而有效的吸附过滤材料，广泛用于以下几个方面：①作干燥剂用于某些环境和气体的脱水干燥；②用于动植物油的去毒、脱色、净化处理；③用于石油及石油产品的脱色、净化、稳定化处理；④环保方面用于“三废”处理，工业及生活有害气体的吸附与回收，生活中排放的含重金属离子的电镀废水的净化，各种印染、酿造、造纸等废水的净化以及生活废水的净化处理；⑤化工方面作催化剂和催化剂载体。此外，在农牧业、医药上用作农药、化肥、医药产品的载体、分散剂和吸附剂等。

5.4.1.4.2　*硅藻土吸附过滤材料*

（1）硅藻土及其性能　硅藻土是一种生物成因的硅质沉积岩，主要由古代硅藻及其他微体生物的硅质遗骸组成。组成硅藻土的主要矿物是生物成因的蛋白石。具工业价值的硅藻土，其硅藻含量一般在 70%以上。纯净干燥的土状硅藻土相对密度仅为 0.4～0.9g/cm^3，疏松多孔，孔体积为 0.43～0.87m^2/g，孔径多为 50～800nm，孔隙率达到 75.35%，热导率为 0.12 W/(m·K)（50℃时）、0.11 W/(m·K)（350℃时）、0.17 W/(m·K)（550℃时）；抗压强度≥0.7 MPa；比表面积大，对液体吸附能力强，一般能吸附自身质量 1.5～4 倍的液体。硅藻土对声、热、电的传导性极差，可用作天然保温材料，也可制成轻质砖作保温材料，也可用作过滤剂或助滤剂。硅藻土的化学成分，尤其是 SiO_2 含量和其他杂质的含量，对硅藻土质量有重要影响，对优质保温材料用硅藻土的要求：

$$SiO_2>75\%,\ Al_2O_3+Fe_2O_3<10CaO<4\%,\ 有机物<4\%。$$

（2）硅藻土作吸附过滤材料的加工处理　硅藻土作过滤剂的加工方法主要采用焙烧法和熔剂煅烧法。焙烧法是将破碎、干燥的硅藻土矿粉，送入回转窑在<1200℃下焙烧成熟料，再粉碎、分级、调整粒级分布，得到产品。在焙烧过程中，有机物全部烧失，硅藻上结构发生收缩并硬化，部分硅藻碎片烧结，微量铁在焙烧过程中被氧化，焙烧品为淡赤褐色、皮肤色。在焙烧品加入一定量的碱金属或碱土金属盐类，如食盐、硼砂、硝酸钠等助熔剂后再煅烧、粉碎、分级及粒度调配所得产品为熔剂煅烧产品，产品为白色。不同种类硅藻土过滤剂的物理性能见表 5-7。

表 5-7 不同种类硅藻土过滤剂的物理性能

种类		干燥品	焙烧品	助熔焙烧品
色泽		灰白色	橘黄色～红褐色	白度≥80%
粒径分布/μm	最大粒径	37～97	28～68	29～69
	最小粒径	0.02～2	0.01～1	0.01～1
	中位径	8～28	8～16	8～16
比表面/(m^2/g)		16～58	19～58	1～58
水分≤%		6		
堆密度/(g/ml)		0.32～0.48		
吸水/%		180～460		

(3) 硅藻土过滤剂的用途　硅藻土过滤剂主要用途是分离流体中悬浮固体，如药物、酒类、糖液、果汁、食用油、工业用油、化学试剂、涂料的过滤及城市工业用水、游泳池用水的过滤净化。

硅藻土过滤剂价格低于膨胀珍珠岩价格，但过滤的清澈度差；若两者结合使用则可发挥各自的优点，混合比例（质量）为1∶1。另外，用硅藻土和膨胀珍珠岩过滤剂再加上纤维素浆液，经离子改良剂处理、真空黏结、压制成型、干燥等工序后制成的复合滤纸，可用来过滤亚微米杂质。这种滤纸在一定压力和温度下进行灭菌消毒，经热水冲洗，不仅适应于过滤亚微米级颗粒的污染液，还特别适于过滤含亚微米级杂质的食用液和药物液体。

5.4.1.4.3 沸石类吸附过滤材料

(1) 沸石及其性质　沸石是一类具特殊架状结构的硅酸盐矿物的统称。沸石可分为人工合成沸石和天然沸石。目前人工合成沸石已有一百多种。A型沸石等属于人工合成沸石。天然产出的沸石目前已发现四十多种，使用较广泛的只有斜发沸石、丝光沸石、片沸石、钙十字沸石、毛沸石、菱沸石等数种。

沸石的一般化学式可表达为：$M_{x/n}[Al_xSi_yO_{2(x+y)}]\cdot mH_2O$

其中M为Na^+，K^+，Ca^{2+}，Mg^{2+}，Sr^{2+}，Ba^{2+}；n为M组阳离子电价；x为Al^{3+}的数目，等于M组阳离子的总价数；

$y:x=1\sim5$；m为沸石水数目，视沸石种别和水化状态不同而异。

沸石的晶体结构中，基本结构单元是硅氧四面体［SiO_4］，其中Si^{4+}可以部分地被Al^{3+}置换以形成铝氧四面体［AlO_4］。硅氧四面体在平面上通过桥氧连接形成各种封闭的环，如四元环、五元环、六元环、十二元环等（图5-10）。众多的硅氧四面体联结形成的环再通过桥氧在三维空间连接，则形成各种形状规则的多面体，即构成沸石的孔穴或笼。如立方体笼、六角柱笼、α笼（截角立方八面体），β笼（截角八面体）、γ笼、八面沸石笼等。这些笼或环，在三维空间以不同的方式连接组合，又形成沸石的一维孔道体系（如方沸石）、二维孔道体系（如丝光沸石）、三维孔道体系（如八面沸石）。所构成的沸石的骨架结构非常空旷，具有许多排列整齐的晶孔和孔道，M组金属阳离子就存在其中；这些金属阳离子是由于骨架中部分的Si^{4+}被Al^{3+}取代后，为了平衡多余的负电荷而进入沸石中的。此外，沸石的各种孔道和孔穴中还充满了大量的“沸石水”，当加热沸石时，这些水将逸出，留下空旷的孔道和孔穴，使沸石具有许多特殊的性质。

① 高效吸附性　由于沸石晶体结构内部具有大小均匀、相互沟通的孔道和孔穴，而且它们的孔径都比较小，一般只有几纳米，脱水后的沸石，对气体分子有液化趋势。因此，沸石对气体分子吸附量大。

② 分子筛性质　沸石中的孔道和孔穴，具有分子筛的性质，即只有那些直径比孔穴小的分子才能通过孔道而被吸附；而直径大于孔道的分子，则不被吸附。

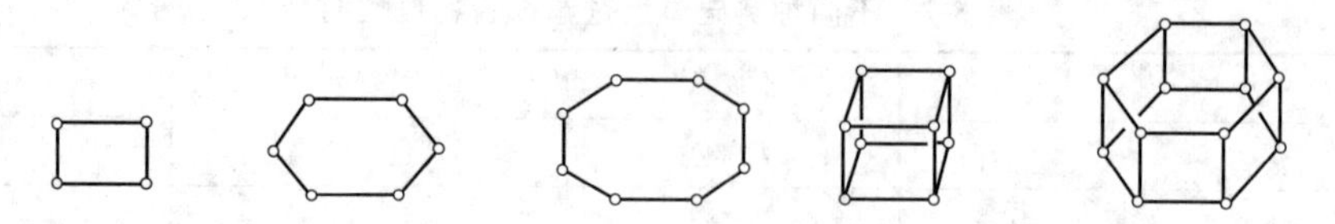

图 5-10 硅氧四面体在平面上通过桥氧连接形成各种封闭的环

③ 阳离子交换性质 沸石的阳离子交换容量主要与沸石结构中的 Si/Al 比的大小、孔穴大小、阳离子位置以及进行交换的阳离子的性质有关。通过离子交换，可以调节沸石晶体内的电场、表面酸性、有效孔径大小，改变沸石的性质，调节沸石的吸附催化性能。例如，将钠 A 型沸石（有效孔径为 0.4nm）交换为钾 A 型沸石（有效孔径为 0.3nm），吸氧能力基本消失；交换为钙 A 型沸石（有效孔径为 0.5nm），则能吸附丙烷分子（丙烷 $d=0.49$nm）。

④ 催化性能 由于沸石结构中存在酸性位置、孔道体系，具有阳离子交换性，耐高温、耐酸和抗中毒性，所以沸石是良好的催化剂和催化剂载体。

（2）沸石吸附过滤材料的应用 沸石作为吸附过滤材料，目前已应用于从尖端科学技术到一般工农业生产部门的许多领域。在宇宙飞船和潜艇中，用以脱去工作人员呼出的 CO_2，以保持适应于人生存的环境。吸附了 CO_2 的沸石可以用简单的办法再生利用。在气体制纯中，沸石用作氧、氮等气体的吸附分离剂，还可作为天然气或其他有毒气体的吸附储存载体。在“三废”处理中，可以吸附除去 SO_2、CO、NH_3 等气体，用于除去废水中的放射性元素、重金属离子和氨态氮、铵离子及磷酸根离子等。沸石可以吸附放射性元素（Cs^{137}、Sr^{90}）并回收使用，也可以通过熔化沸石将其长期保存。沸石还可用于海水淡化、从海水中提取钾、硬水软化等。沸石还可在石油精炼中及一些化学反应中用作催化剂和催化剂载体。

5.4.2 保温、隔热、轻质矿物材料

保温隔热矿物材料是节能工程的基本材料之一。对保温材料一般要求是常温下的热导率小于 0.1163W/(m·K)。而对于轻质矿物岩石材料来说，容量是重要参数。热导率受制品容重、杂质含量和平均温度差等影响。热导率随温度升高而增大，其关系式可近似地表示为：

$$热导率(\lambda)=0.03489+0.000256t$$

式中，t 为摄氏温度。

保温材料按矿物原料的自身特征及加工工艺特征，可分为天然矿物材料、天然岩石材料和矿岩制品等三类。下面着重介绍膨胀珍珠岩、膨胀蛭石等几种常见的保温、隔热、轻质矿物岩石材料。

5.4.2.1 膨胀珍珠岩

膨胀珍珠岩是酸性火山玻璃质熔岩（即珍珠岩、松脂岩、黑耀岩）经过破碎、筛分至一定粒度再经预热，并经瞬时高温焙烧膨胀而制成的一种白色颗粒状的优质绝热材料。珍珠岩、黑耀岩、松脂岩都具优良热膨胀性能，膨胀后呈多孔结构，容重一般为 40～300kg/m³，热导率低，常温下为 0.035～0.052W/(m·K)，适用温度范围约为 800℃，化学稳定性好，均可作隔热、保温、吸音、过滤材料。

对保温珍珠岩的一般工业要求是：膨胀倍数 $K\geqslant15$；膨胀珍珠岩表观密度≤80 kg/m³；SiO_2 含量 70%左右，H_2O 为 4%～6%，$Fe_2O_3+FeO<1\%$者，为优质品。全玻璃质结构，珍珠结构发育，没有或只有轻微的去玻璃化作用，偶见微晶。

在酸性熔岩喷出地表时，由于与空气温度相差悬殊，岩浆骤冷而具有很大黏度，使大量水蒸气未能逸散而存于玻璃质中形成珍珠岩。焙烧时，珍珠岩突然受热升温达到软化点温度，玻璃质结构内的水汽化，产生很大压力，使黏稠的玻璃质体积迅速膨胀，当它冷却到其软化点以

下时，便凝成具空腔孔径不等的蜂窝状物质，即膨胀珍珠岩。

膨胀珍珠岩的生产工艺包括破碎、预热、焙烧三个阶段。破碎是为了获得合理的粒度，通常粒度在 0.15～0.60mm 之间为宜，颗粒过大过小都会影响膨胀效果。预热主要是为了除去附着在珍珠岩裂隙中的水；此外，通过预热还可调节珍珠岩中的水，以达到最佳的膨胀条件，避免膨胀珍珠岩粉化。焙烧是生产膨胀珍珠岩的关键。不同产地的珍珠岩其焙烧温度条件不同，一般在 1160～1250℃范围之间。

(1) 膨胀珍珠岩的性能　膨胀珍珠岩是白色颗粒状物料。颗粒结构呈蜂窝状，具有轻质、绝热、吸音、无毒、不燃烧、无臭味等特性。

① 容重小的产品，一般热导率也小。

② 热导率　膨胀珍珠岩在不同温度条件下具有很小的热导率（表 5-8）。

表 5-8　水泥膨胀珍珠岩制品热导率与容重关系

粉料容重/(kgf/m^3)	用料体积比		烘干抗压强度/(kgf/cm^2)	烘干容重/(kg/m^3)	热面温度/℃	冷面温度/℃	平均温度/℃	热导率/[W/(m·K)]
	水泥	膨胀珍珠岩						
80	1	10	5.9	317	145 334 548	50 113 187	97.5 223.5 367.5	0.058 0.090 0.115
100	1	10	7.2	334	185 328 540	64 107 176	124.5 217.5 358	0.063 0.094 0.119
120	1	10	8.7	373	170 342 558	65 121 199	117.5 231.5 378.5	0.067 0.089 0.423
140	1	10	8.8	401	174 339.7 568	64 124.3 210	119 232 389	0.069 0.098 0.131

③ 耐火度和安全使用温度　膨胀珍珠岩的耐火度为 1280～1360℃。这个温度不能作为产品的安全使用温度。膨胀珍珠岩作为保温材料使用，主要是因为它的颗粒呈多孔结构。如果这种空隙受到破坏，绝热性能也将随着失去。膨胀珍珠岩的安全使用温度一般为 800℃。当温度至 900℃时，颗粒收缩率达 50%。

④ 吸水性、吸湿性　膨胀珍珠岩具有很大的吸水性，因而引起许多不良的后果，如强度下降、绝热性能降低等。膨胀珍珠岩的吸水量可达本身重量的 2～9 倍，容重越小，吸水性越强。经过防水处理后，膨胀珍珠岩的吸水性可大大降低。对于保温材料，尤其是保冷材料，吸湿性越小越好。水的热导率为空气的 24 倍，在低温冻结时热导率增加更多，而冰的热导率又是水的 4 倍。所以，吸湿性是保温材料的重要性能之一。膨胀珍珠岩的吸湿率很小，因而具有良好的保温、保冷性能。

⑤ 其他性能如下。

a. 耐酸碱性　膨胀珍珠岩是以酸性玻璃质熔岩为原料制成的产品，其化学成分中含 70%左右的二氧化硅，因此，它的耐酸性较强，耐碱性较差。

b. 吸音性能　膨胀珍珠岩颗粒表面粗糙，内部结构多孔，当声波传至表面经微孔进入内部时，激发了孔内空气分子振动，由于摩擦阻力和黏滞阻力的存在，使声能变为热能，从而达到吸音效果。

c. 电绝缘性能　膨胀珍珠岩属于绝缘材料。其电阻系数 $\rho=1.95\times10^{8}\sim2.3\times10^{10}\Omega\cdot cm$。

(2) 膨胀珍珠岩及其制品的应用　膨胀珍珠岩不仅体轻、绝热、无臭、无毒，且耐火、耐腐蚀、化学稳定性好，在建筑、动力、化工、铸造、采矿和农业等国民经济部门得到广泛应用。

① 膨胀珍珠岩在建筑业上的应用　膨胀珍珠岩在建筑业上的用量约占世界膨胀珍珠岩总产量的60%以上。膨胀珍珠岩在建筑业上主要用途有如下几种：做墙体、屋面、吊顶等围护结构的散填保温隔热材料；配制轻骨料混凝土，预制各种轻质混凝土构件；以膨胀珍珠岩为骨料，用各种有机和无机胶黏剂制成绝热吸音的膨胀珍珠岩制品；以膨胀珍珠岩作骨料，可配制轻质混凝土，用于浇注或预制各种体轻、绝热性能好的墙板、楼板和屋面等建筑围护构件。这种建筑件比普通混凝土构件质量减少25%以上，而热阻值却提高几倍，甚至十几倍，使建筑物的各项功能有较大改善。

② 膨胀珍珠岩制品在节能中的作用

a. 在热力管道保温方面：设备和管道保温不佳或不保温，散热损失是惊人的。

b. 在工业窑炉保温工程中的应用：我国的工业能耗占全部能耗的65%。降低炉窑散热损失和改善其燃烧条件，是两项比较有效的节能措施。对窑炉砌体采用轻质浇注料作隔热壁，采用珍珠岩作保温材料，可大大降低砌体散热和散热损失。

③ 珍珠岩作铁水保温集渣覆盖剂　把粒状珍珠岩原矿砂用于铸造生产上，开辟了珍珠岩应用的新领域。珍珠岩保温集渣覆盖剂取代稻草灰应用于铸造生产具有下列优点：a. 保温性能好，在一般情况下可使铁水降温速度减少20%～30%；b. 集渣性能好，便于扒渣，有利于铁水净化；c. 有助于球化稳定，减弱镁光，提高球化效果；d. 减少环境污染、改善劳动条件；e. 经济效果好，可使成本降低30%；f. 使用简便，易于大量推广。

④ 用珍珠岩为主要原料熔制玻璃制品　珍珠岩是天然玻璃质熔岩，我国储量丰富，开采方便，加工容易。它不仅含有碱金属氧化物（Na_2O、K_2O），还含有玻璃中必需的氧化硅（SiO_2）和氧化铝（Al_2O_3）等主要成分。用珍珠岩作玻璃的原料，可节约纯碱用量近一半，同时可替用砂子、砂岩等制作玻璃的原料。珍珠岩比硅石配料成本降低40%左右，使玻璃工业原料品种减少，原料处理过程简化，也减少原料处理设备，为玻璃工业开辟了新的原料途径，其产品质量都已达到部颁标准，配方的熔化温度为1350～1360℃，澄清温度为1360～1400℃，这就可达到熔化玻璃少用碱的目的。用珍珠岩玻璃配方熔制的玻璃产品，其化学稳定性好，不呈碱性反应，特别是机械强度高。

⑤ 憎水珍珠岩作炸药密度调节剂　含水炸药成为当代工业炸药中技术最先进而又博得各国普遍重视的主流品种。憎水珍珠岩材料又是含水炸药中不可缺少的密度调节剂。

总之，珍珠岩材料具有一系列的优异性能，它在节约能源中逐渐引起人们的重视。今后，随着生产的发展，膨胀珍珠岩产量及品种的不断增加，其应用范围将日益广泛，因而它是一种很有发展前途的新材料。

5.4.2.2　膨胀蛭石

蛭石是黑云母或金云母类矿物经热液蚀变或风化作用改造的产物，是一种成分复杂的含铁、镁、含水硅、铝水的铝硅酸盐矿物。其硬度1～1.5，密度2.4～2.7g/cm^3，熔点1320～1400℃。蛭石在较低温度下即可开始膨胀，在200～3000℃时急剧膨胀，在850～1100 ℃时达膨胀最大值。最大膨胀倍数一般为10～25倍。蛭石膨胀后的产物称膨胀蛭石。膨胀蛭石的热导率和容重明显减小，并且有隔热、保温、防火、隔音、轻质等功能。当音频为512 Hz时，其吸音系数为0.53～0.73。膨胀蛭石的重量吸水率可达到350%～370%。

工业上对蛭石的物理性能有如下基本要求。水化作用完全的优质蛭石的密度平均为2.5 g/cm^3，焙烧后容重一般为0.06～0.2t/m^3；热导率低，一般为0.047～0.081 W/(m·K)；膨胀率2～25倍；耐热温度1000～1100℃；熔点1370～1400℃；吸声系数，音频100～4000 Hz

时，为0.06～0.60；烧失量<10%（干燥蛭石）。

膨胀蛭石生产工艺分三个工序：预热、煅烧、冷却。

预热是将蛭石原料烘干。蛭石具有较强的吸附性，所含吸附水对蛭石的膨胀性能有一定的影响。煅烧是生产膨胀蛭石最关键的工序之一。因为蛭石的膨胀就是在这个工序中发生的。煅烧工艺搞不好，或者造成蛭石原料膨胀不良，或者导致生产的膨胀蛭石强度过低。膨胀不良的直接后果是生产的膨胀蛭石容重过大，隔热性能降低。强度低的膨胀蛭石，在充填使用时，易在充填层中产生因大块蛭石碎为小粒而造成空隙率降低，从而影响隔热效果；在制作制品时，对制品的强度也会产生不良的影响。冷却是将煅烧膨胀后的膨胀蛭石降温，以避免膨胀蛭石长时间处在高温条件下所造成的强度降低。

膨胀蛭石的生产工艺流程一般为：

矿石——→破碎——→筛分——→风选——→蛭石精矿——→预热——→煅烧——→冷却——→膨胀蛭石

(1) 膨胀蛭石的性能　膨胀蛭石的容重一般为80～200kg/m^{3}之间。容重不同对膨胀蛭石的性能影响较大，通常膨胀蛭石的容重越小，其质量越好；容重增大，质量变差。

① 隔热性能和耐火性　隔热性能用热导率来表示，两者呈负相关关系。膨胀蛭石的热导率一般为0.046～0.070 W/(m·K)。膨胀蛭石不燃烧，无烟雾，熔点一般为1370～1400℃，在1000℃左右的高温条件下使用，其性能不会改变。若与其他材料配成耐火混凝土，使用温度可提高到1450～1500℃左右。

② 隔音性　膨胀蛭石层片间有空气间隔层。当声波传入时，层间空气发生振动，使部分音能转变为热能，从而产生良好的吸音、隔音效果。当声波频率为512 Hz时，膨胀蛭石的吸音系数为0.53～0.73。膨胀蛭石的隔音效果与容重及比表面密切相关。材料的孔隙率越大，其吸音、隔音性能就越好。

③ 耐冻性　蛭石能经受多次冻融交替作用而不破坏，同时，其强度性能无明显下降。膨胀蛭石能在－30℃的低温下保持体积密度和强度不变，也不发生任何变形。

④ 吸湿性　膨胀蛭石在相对湿度为95%～100%的环境下，经过20h，其吸水率约为1.1%。

⑤ 吸水性　吸水率与其容重成反比（在达到饱和吸水率以前），与在水中浸泡时间成正比。在浸泡1h时，其质量吸水率为265%，体积吸水率为40.6%。

⑥ 强度　膨胀蛭石的强度尚未见到具体数值报道。但是采用测定膨胀珍珠岩的筒耐压强度测定法，可以容易测得它在一定压入深度下的耐压强度，在压深40mm时，其强度值在1kgf/cm^{2}左右。

⑦ 电绝缘性　电阻率一般为(7～12)×10^{4}Ω·m，电阻值较低，绝缘性不好。

⑧ 耐腐蚀性　膨胀蛭石耐碱不耐酸。

⑨ 膨胀蛭石属无机物质，无异味，不会腐烂变质，对被保温或防火物体无腐蚀。

(2) 膨胀蛭石的应用　大部分应用于建筑行业，主要作为轻质、保温、隔热、吸音、节能、防震等材料使用。由于膨胀蛭石的制品种类较多，生产和应用材料各异，因而性能也有差别，膨胀蛭石散料作充填物应用时，虽然热导率较低，但其强度也较低，而且不能防水，因此，其应用受到很大限制。当使用高强胶结材料将膨胀蛭石黏结在一起时，所得到的制品强度大，能承受更大的载荷；若使用防水胶黏剂将膨胀蛭石黏结在一起时，所得制品就有防水性能。人们可根据不同的使用要求，合理选择不同的制品，达到其使用功能。

膨胀蛭石所具有的细小隔层空间或空洞使其热导率和容重均大大减小，具有良好的隔音、隔热、绝缘、阻燃性能。同时膨胀蛭石的化学性质稳定，有抗菌功能。因此，膨胀蛭石可用作轻质、保温、隔热、吸音、隔音、防火等材料。

① 在轻质材料方面　膨胀蛭石的密度很小，一般在 100～190kg/m^3 之间。因此，可被用作轻质混凝土骨料、轻质墙粉粒料、轻质砂浆等；也被制成屋顶板、砖块、墙体等应用于高层建筑上。

② 在保温、隔热、吸音材料方面用膨胀蛭石混以其他黏结材料或增强材料的制成品，如蛭石水泥砖、板、壳等，作温室的墙壁及输油、输汽（气）、输水管道的保温层，高层建筑钢架的包裹材料等可以保温、隔热或防冻。膨胀蛭石板用以制作录音室、公用电话室、剧场、影院等建筑物的内壁，可达到吸音、隔音的目的。膨胀蛭石灰浆涂抹这些建筑物的内壁也能达到相似的效果。以膨胀蛭石制成的砖或板材装修屋顶或天花板，或用松散的膨胀蛭石作为绝热夹层，夏天可使室内凉爽，冬天减小散热，并具有抗震、抗裂、防火等性能。也可用作冷藏库、仓库、图书馆、档案室及高要求办公室的建筑材料。

③ 在节能材料方面　膨胀蛭石对于节能和提高产品质量具有重要的意义。除用于上述保温隔热目的外，在工业上对于输水、输气、输油管道的保温也是非常重要的。在浇铸钢锭时，采用膨胀蛭石对钢水液面保温，可使钢材合格度提高 20%，钢的总费用减小 10%～39%。巴西一直利用模铸的膨胀蛭石砌块和板材对钢、铝、玻璃和陶瓷进行保温，这些膨胀蛭石产品允许隔热达 1000 K 以上。因此，可以广泛地用作窑炉的隔热保温或用作耐火砖的外层，以达到节能目的。

④ 其他方面　膨胀蛭石也被广泛地用在其他工业上。例如，用作冷却器及冰箱的绝热材料、包装运输中的衬垫防震材料、润滑材料等。此外，近几年在畜牧渔业方面也发展很快，例如用作饲料添加剂，并能起到净化产品、环境和减少疾病的作用。在环保方面，膨胀蛭石用于处理废水及吸附海、河、湖水中漂浮的油污等。在农业上，膨胀蛭石用于改良土壤，以减少土壤密度，增加透气性等。

第6章 复合材料

6.1 概述

随着现代科学技术的迅猛发展，特别是航天、航空、能源、建筑、交通工程和军事技术的发展，对材料的性能提出了越来越高的要求。这种情况下，单一的材料，如金属材料、聚合物材料和陶瓷材料已不能完全满足这种性能多样化的要求，于是各种高性能复合材料应运而生。

复合材料是具有优异综合性能的新型材料，是20世纪中发展最迅速的新材料之一。它的各种性能和功能可以根据需要进行设计，通过选择合适的基体和增强体，合适的组成配比，排列分布，充分发挥组成材料性能的优势，获得单一材料——金属、聚合物、陶瓷等材料难以达到的综合性能，如高比强度、高比模量、耐腐蚀、隔热、耐磨等，为复合材料制品提供了很大的设计自由度。

复合材料已在航天、航空、交通运输、基础建设中发挥了巨大的作用，成为这些领域产品性能提高和升级换代的关键材料。复合材料比一般的钢材、高分子材料的比强度、比模量要高出15倍。用复合材料做成的构件，质量轻、强度高、刚性大，是一种理想的结构件。复合材料产品制造工艺多数是最终成型，制造出的产品，不需进行机械加工，生产效率高，制造成本低。复合材料在轨道交通中有广泛地应用，对减轻车厢重量，降低噪声、振动，提高安全性、舒适性，减少维修等均有重要作用。

6.1.1 复合材料概念

复合材料是由有机高分子、无机非金属或金属等几类不同材料通过材料设计和复合工艺复合而成的新型材料。即将两种或两种以上的不同材料，用适当的方法复合成一种新材料。各种材料组分的性能互相补充。与一般材料的简单混合有本质的区别，既能保留原组成材料的主要特性，又通过复合效应获得原组分所不具备的优越性能，其性能比单一材料更优越。

复合材料是多相材料，主要包括基体相和增强相。基体相在复合材料中是一种连续相材料，它把改善性能的增强相材料固结成一体，并起传递应力或功能的作用。增强相是以独立的形态分布于整个连续相中的分散相，起承受应力（结构复合材料）和显示功能（功能复合材料）的作用。复合材料既能保持原组成材料的重要特色，又通过复合效应使各组分的性能互相补充，获得原组分不具备的许多优良性能。

6.1.2 复合材料的命名与分类

6.1.2.1 复合材料命名

复合材料可根据增强材料与基体材料的名称来命名，主要有三种命名方式。

（1）基体与增强材料并用命名　将增强材料的名称放在前面，基体材料的名称放在后面，再加上“复合材料”。例如，碳纤维与环氧树脂组成的复合材料，可命名为“碳纤维环氧树脂复合材料”。为了书写简便，也可仅写增强材料和基体材料的缩写名称，中间加一斜线隔开，后面再加“复合材料”。例如，碳纤维和环氧树脂构成的复合材料，也可写成“碳/环氧复合材料”。

(2) 强调基体材料时以基体为主命名　例如树脂基复合材料，金属基复合材料等。

(3) 强调增强材料时则以增强材料为主命名　如玻璃纤维增强复合材料，碳纤维增强复合材料等。

此外，玻璃纤维增强塑料在我国也称为“玻璃钢”，这是一类出现得最早，目前仍使用最广泛的一类复合材料。

6.1.2.2　复合材料分类

随着复合材料种类的不断增加，为了更好地研究和使用复合材料，需要对复合材料进行分类。复合材料分类方法很多，常用的分类方法有以下几种。

(1) 根据基体材料类型分类　金属基复合材料，聚合物基复合材料，无机非金属基复合材料。

(2) 根据增强纤维类型分类　复合材料的构成材料之一为纤维者称为纤维复合材料，因纤维多有增强作用，所以也称为纤维增强复合材料。它在复合材料中的种类最多，应用也最广。纤维复合材料的分类见图 6-1。

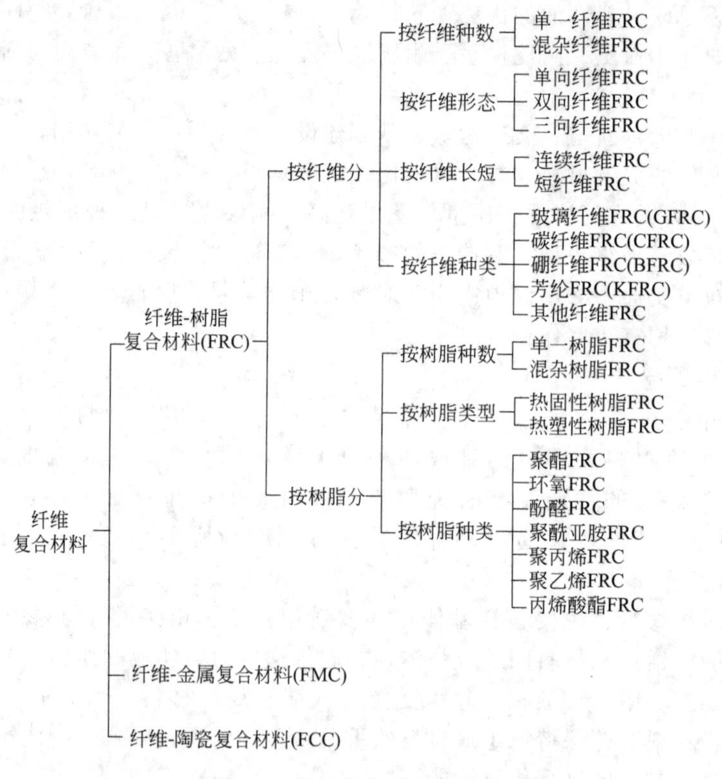

图 6-1　纤维复合材料的分类

(3) 根据增强物的外形分类　粒子复合材料，纤维复合材料，层状复合材料。凡以各种粒子填料为分散质的是粒子复合材料，若分布均匀，是各向同性的；以纤维为增强剂得到的是纤维增强复合材料，纤维的铺排方式可以是各向同性也可以各向异性；层状复合材料如胶合板，由交替的薄板层合而成，因而是各向异性的。

(4) 根据材料作用分类　结构复合材料，功能复合材料。前者主要用于工程结构和机械结构，主要利用材料的力学性能；后者具有某种特殊的物理性能或化学性能等，作为功能材料使用。目前应用最广的是结构复合材料。图 6-2 为这种分类方法的示意图。

6.1.3　复合材料性能特点

由复合材料分类可知，复合材料种类繁多。尽管不同种类复合材料具有不同的性能特点，然而复合材料也有一些共同的基本性能。

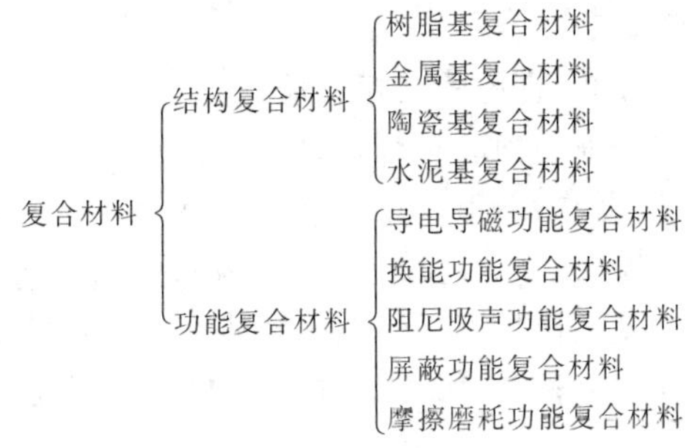

图 6-2　复合材料的分类

6.1.3.1　比强度和比模量高

比强度是材料的抗拉强度与密度之比，比模量是材料的弹性模量与密度之比。对比常用金属材料与复合材料的性能（表 6-1）可知，复合材料的比强度和比模量普遍高于常用金属材料的，采用不同材料制造强度和刚度相同的构件时，选用复合材料比选用金属材料，可使物体轻、小巧，这一点在航天、航空领域具有重要意义。如美国的波音飞机上，大量采用石墨纤维增强复合材料制造构件，比采用金属材料质量减轻达 20%～38%。

表 6-1　常用金属材料与复合材料的性能对比

材　料	密度 $\rho/(g/cm^3)$	抗拉强度 σ_b/MPa	弹性模量 E/GPa	比强度 σ_b/ρ	比弹性强度 E/ρ
碳纤维/环氧	1.6	1800	128	1125	80
芳纶/环氧	1.4	1500	80	1071	57
硼纤维/环氧	2.1	1600	220	762	105
碳化硅/环氧	2.0	1500	130	750	65
石墨纤维/铝	2.2	800	231	364	105
钢	7.8	1400	210	179	27
铝合金	2.8	500	77	179	28
钛合金	4.5	1000	110	222	24

6.1.3.2　抗疲劳与断裂安全性能好

与金属材料相比，复合材料对缺口、应力集中的敏感性小，特别是纤维增强的树脂基复合材料，基体良好的强韧性降低了裂纹扩展速度，大量的增强纤维对裂纹又有阻隔作用，使裂纹尖端变钝或改变方向（图 6-3），所以具有较高的疲劳强度（图 6-4）。

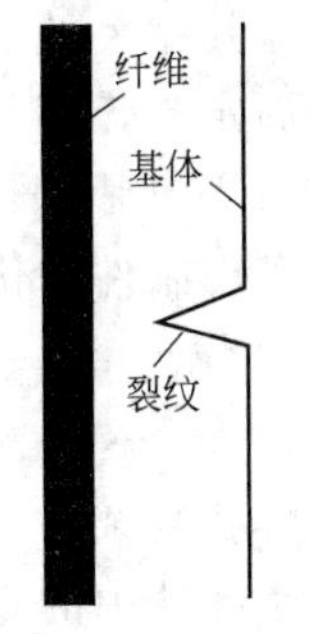

(a) 基体中初始裂纹

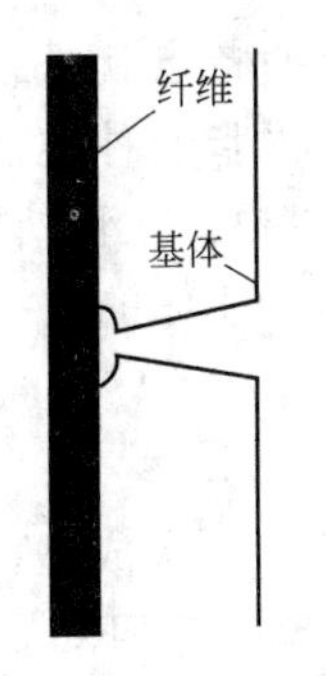

(b) 裂纹扩展受阻于增强纤维

图 6-3　纤维增强复合材料中疲劳裂纹扩展过程示意图

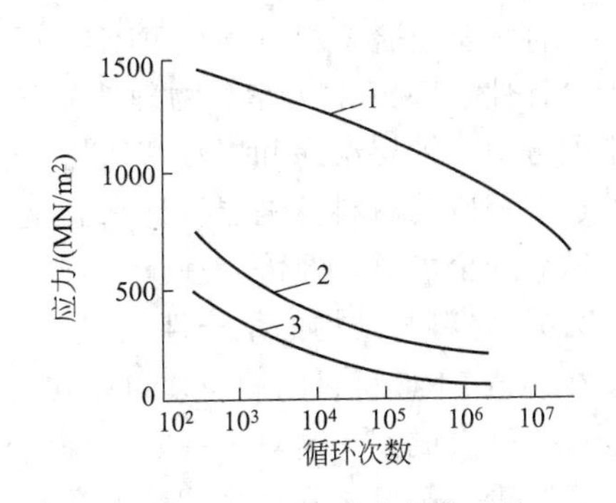

图 6-4　三种材料疲劳性能比较

1—碳纤维复合材料；2—玻璃钢；3—铝合金

纤维增强复合材料中存在大量相对独立的纤维，借助塑韧性基体结合成一个整体，当复合材料构件由于过载或其他原因而部分纤维断裂时，载荷会重新分配到未断裂的增强纤维上，避免结构在很短的时间内突然破坏，从而使构件丧失承载能力的过程延长，故具有良好的断裂安全性。

6.1.3.3 良好的减振性能

纤维增强的复合材料具有良好的减振性能，原因之一是这类复合材料的自振频率高，在一般工作状态下很难达到这样的高频率，因此这种材料制成的构件在工作状态不易发生共振现象。原因之二是大量的纤维与基体界面有吸收振动能量的作用，阻尼特性好，振动会很快衰减。复合材料良好的减振性能，使它在精密控制和精密检测的仪器、仪表方面得到广泛应用。图 6-5 为钢、碳纤维增强复合材料的振动衰减特性比较。

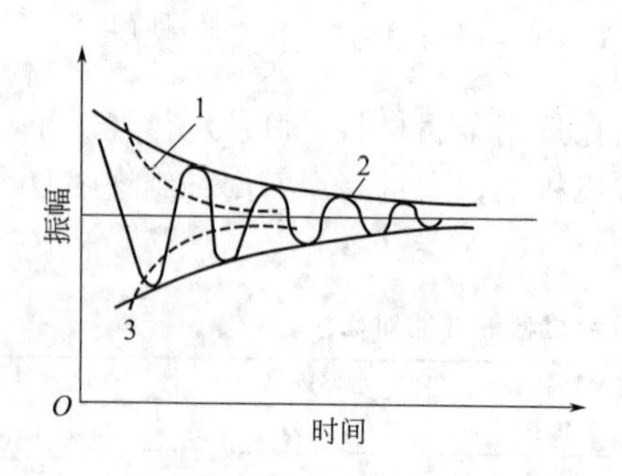

图 6-5 钢、碳纤维增强复合材料的振动衰减特性比较

1—碳纤维增强复合材料；2—钢；3—铝合金

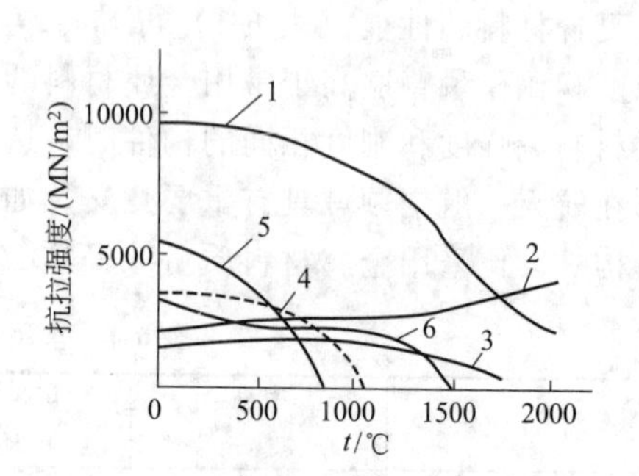

图 6-6 几种纤维的高温强度

1—Al_2O_3 晶须；2—碳纤维；3—SiC 纤维；4—硼纤维；5—玻璃纤维；6—钨纤维

6.1.3.4 良好的高温性能

复合材料中增强材料的熔点都较高，其中增强纤维的熔点一般都在 2000℃以上，而且在高温条件下仍然保持较高的高温强度，如图 6-6 所示，故用它们增强的复合材料具有较高的高温强度和弹性模量。如今高性能树脂基复合材料的使用温度已达 200～300℃，金属基复合材料耐热温度为 300～500℃，而陶瓷基复合材料的有效承载温度可达 1 000℃以上。上述复合材料中的树脂基复合材料和金属基复合材料的使用温度远远高于单一的基体材料，例如，铝合金在 400℃时，其强度大幅度下降，仅为室温下的 6%～10%，弹性模量几乎为零，而用碳纤维或硼纤维增强铝，400℃的强度和弹性模量几乎与室温下相同。

6.1.3.5 各向异性及性能可设计性

聚合物基复合材料（简称 FRC）还有一个突出的特点就是各向异性，与其相关的是性能的可设计性，FRC 的力学、物理性能除了由纤维、树脂的种类及体积含量而定外，还与纤维的排列方向、铺层次序和层数密切相关。因此，可以根据工程结构的载荷分布及使用条件的不同，选取相应的材料及铺层设计来满足既定的要求。FRC 的这一特点可以实现制件的优化设计，做到安全可靠、经济合理。

6.1.3.6 材料与结构的统一性

在制造 FRC 材料的同时，也就获得了制件。可以一次成型，即使结构形状复杂的大型制件也可以一次成型。这对于一般工程塑料是难以实现的。FRC 的这一特点使部件中的零件数目明显减少，避免接头过多，显著降低了应力集中。同时，相应减轻了部件质量，减少了制造工序和加工量，大量节省了原材料，缩略了加工周期，降低了成本。

聚合物基复合材料也存在着一些缺点和问题，如材料工艺的稳定性差、材料性能的分散性大、长期耐高温与环境老化不好等。此外，抗冲击性能差、横向强度和剪切强度都不够好。随着这些问题的研究解决，必将推动复合材料的发展。

6.1.4　复合材料现状与发展趋势

6.1.4.1　复合材料现状

人类使用复合材料已经有几千年的历史，但是以合成材料作为基体、纤维作为增强材料制成的复合材料是 20 世纪 40 年代发展起来的一种新材料。1940 年美国首次使用玻璃纤维增强不饱和聚酯树脂（简称玻璃钢），以手糊成型工艺制造军用雷达罩和远程飞机油箱，玻璃钢是复合材料的典型代表，也是应用最为广泛的复合材料。随着科学技术的发展玻璃纤维及其制品已不能满足某些特殊场合的需求，如瞬间高温、高强度、高模量、特殊腐蚀介质等，人们在 1960～1970 年间研制了许多新型纤维与晶须，如碳纤维、硼纤维、芳纶纤维、碳化硅纤维、氧化铝纤维以及碳化硅晶须、氧化铅晶须。用这些纤维（晶须）增强的树脂基复合材料，以其密度低、强度高、弹性模量高、线膨胀系数小、耐多种介质腐蚀的特点被广泛应用于航天、航空、汽车制造和建筑领域。随着对材料性能要求的日益苛刻，上述复合材料在刚度和耐热性能方面往往难以满足需要，如纤维增强的树脂基复合材料长期使用温度一般低于 350℃，为适应高技术发展的要求，近些年来正在迅速开发研究适于高温工作的纤维（晶须）、颗粒增强的金属基和陶瓷基复合材料。

目前研制成功的适于 400～1 200℃温度下使用的，由各种高性能增强体增强的金属基复合材料，与树脂基复合材料相比，不仅具有较高的耐高温性能、不燃烧性、不吸湿和耐老化特性，而且具有高的导热性和抗辐射等功能。复合材料所用的基体也从铝、镁金属发展到钛、铜、锌、铅、铁基金属和金属间化合物。这类纤维或颗粒增强的金属基复合材料已用来制造航天飞机、汽车上的多种结构件，同时还开发了用于电子、仪表、光学仪器上的功能材料。

陶瓷材料具有高强度、高硬度、耐高温及耐腐蚀等特点，但脆性大、可靠性低，限制了这类材料的更广泛使用。克服上述弱点的有效途径之一，是用纤维增韧而又不降低其强度，使其在高温（可达 1200～1900℃）作用下仍保持良好的综合性能。陶瓷基复合材料所用的增强体有多种陶瓷纤维、晶须和颗粒。目前陶瓷基复合材料已用于航天、航空、能源等领域的构件，并用于制造刀具和发动机部件等，国外已将长纤维增强的陶瓷基复合材料用于高速列车的制动件，并且显示出传统制动件所无法比拟的优异的抗磨损特性，取得了满意的使用效果。

6.1.4.2　复合材料发展趋势

现在的复合材料从开发、制造到应用已经发展成为一个较为完整的体系。以下几个方面是复合材料今后的发展方向。

（1）降低成本　与传统材料（金属材料、无机非金属材料、高分子材料）相比，使用复合材料的绝对量是非常小的，阻碍复合材料发展的主要障碍是其成本大大高于传统材料。由于复合材料的性能优于传统材料，如能降低复合材料的成本，其应用前景是非常广阔的。

降低复合材料的成本可以从以下几个方面着手。

① 原材料　原材料成本高是复合材料价格高的主要原因。因此今后的发展方向是尽量降低现有原材料的成本，以及开发新的低成本原材料。

② 成型工艺　复合材料的成型工艺还存在着生产周期长、生产效率低等问题，有些成型工艺还需要许多的劳动力，这些因素都提高了复合材料的成本。因此为了降低复合材料的生产成本，提高复合材料的机械化、自动化程度，开发高效率的成型工艺是发展的方向。

③ 设计　复合材料具有较好的可设计性，复合材料实际包括原材料设计、成型工艺设计和结构设计，通过复合材料合理设计可以降低其成本。

（2）复合材料的研制　高性能复合材料是指具有高强度、高模量、耐高温等特性的复合材料。随着人类向太空发展，航空航天业对高性能复合材料的需求量越来越大，而且也会提出更高的性能要求，如更高的强度要求、更高的耐高温要求等，因此高性能复合材料的进一步研究和开发是复合材料今后的发展方向之一。

(3) 功能复合材料　功能复合材料是指具有导电、超导、微波、摩擦、吸声、阻尼、烧蚀等功能的复合材料。功能复合材料具有非常广的应用领域，这些应用领域对功能复合材料不断有新的性能要求，而且许多功能复合材料的性能是其他材料难以达到的，如透波材料、烧蚀材料等。功能复合材料是复合材料的一个重要发展方向。

(4) 智能复合材料　智能复合材料是指具有感知、识别及处理能力的复合材料。在技术上通过传感器、驱动器、控制器来实现复合材料的上述功能，传感器感受复合材料结构的变化信息，例如材料受到损伤的信息，并将这些信息传递给控制器，控制器根据所获得的信息产生决策，然后发出控制驱动器动作的信号。例如，当用智能复合材料制造的飞机部件发生损伤时，可由埋入的传感器在线检测到该损伤，通过控制器决策后，控制埋入的形状记忆合金动作，在损伤周围产生压应力，从而防止损伤的继续发展，大大提高了飞机的安全性能。

(5) 仿生复合材料　仿生复合材料是参考生命系统的结构规律而设计制造的复合材料。由于复合材料的结构的多样性和复杂性，因此，复合材料的结构设计在实践上十分困难。然而自然界的生物材料经过亿万年的自然选择与进化，形成大量天然合理的复合结构，这些复合结构都可以作为仿生设计的参考。

复合材料可分为三个步骤：仿生分析、仿生设计和仿生制备。已有的复合材料仿生设计实例有：仿竹复合材料的优化设计；仿动物骨骼的哑铃型增强材料；复合材料内部损伤的越合等。

复合材料仿生的发展方向是要向更深层次发展，即从宏观观测到微观分析，然后再回到宏观设计、制造，而且复合材料的仿生除了结构仿生外，还应进行功能仿生、智能仿生和环境适应仿生的研究和开发。

(6) 环保型复合材料　从环境保护的角度考虑，要求废弃的复合材料可以回收利用，以节约资源和减少污染，但是目前的复合材料大多注重材料性能和加工工艺，而在回收利用上存在与环境的不协调的问题。因此开发、使用与环境相协调的复合材料，是复合材料今后的发展方向之一。

随着人类对复合材料功能的高需求，以及复合材料的可设计性的发展，未来复合材料的发展趋势有以下几个特点。

(1) 宏观复合向微观复合发展　目前使用的复合材料是以纤维、晶须和颗粒等尺寸较大的增强材料与基体材料复合而成的宏观复合材料，近期已研究出尺寸比一般增强材料尺寸小得多的增强组元与新型微观复合材料。微观复合材料包括：微纤增强复合材料（原位复合材料或自增强复合材料）、纳米复合材料和分子复合材料。

微纤增强复合材料是指复合材料在加工过程中内部析出的细微增强相与基体相构成的原位复合材料，也称自增强复合材料。树脂基原位复合材料在加工时形成的增强相，基本上是以分子构成的微纤形式存在，而金属基和陶瓷基复合材料的增强相是析出的形状各异的晶体。

纳米复合材料是极具潜力的新型复合材料，因为其中增强材料尺寸小到纳米数量级，必然具有巨大界面能，其内部的微结构也会因尺寸小而发生变化，这些因素将会导致复合材料性能的改善，如纳米级陶瓷基复合材料（晶内纳米复合、晶间纳米复合），在性能上有了很大改善，SiC-TiC 纳米复合陶瓷的断裂韧度可达 $16MPa \cdot m^{1/2}$，Al_2O_3-SiC 纳米复合陶瓷在 1100℃仍保持 1500MPa 的强度。目前纳米复合材料仅限于陶瓷基。

分子复合材料已在树脂基复合材料上实现，即用刚性棒状高分子在分子水平上与柔性树脂复合，例如用聚芳酰胺的刚性分子与柔性聚酰胺复合可以构成性能很好的分子复合材料。

(2) 多元混杂复合和超混杂复合方向发展　多元混杂复合材料是复合材料发展的一个重要

方向，实践证明，混杂复合是获得高性能复合材料有效而经济的方法，因为混杂复合可兼具两种或多种材料的特点，在性能方面可起到互相弥补的作用，由此扩大了材料设计的自由度。另外，由于可以采用价格昂贵的高性能增强纤维（如碳纤维）与一般性能的廉价纤维（如玻璃纤维）混杂使用，可望收到较好的经济效果。例如使用 50%的碳纤维与玻璃纤维混杂，即可获得 100%碳纤维的效果。目前混杂复合的方向已趋于多样化，就增强材料而论，在混杂的纤维增强材料中又加入颗粒增强材料；基体也不是单一材料作基体，而是混杂了属性不同的材料，使基体也成为混合体。

近来出现的以铝板和纤维增塑材料交替层叠的材料，称为超混杂复合材料，在此基础又发展出铝-碳纤维/环氧树脂、铝-玻璃纤维/氧树脂等超混杂复合材料。这类材料的特点是耐疲劳性能极好。

(3) 以结构复合材料为主，向结构复合材料与功能复合材料并重的方向发展　当前的复合材料领域基本是结构复合材料为主的局面，这一态势已逐步被迅速发展的功能复合材料所改变，向着两者并重的方向发展。在材料科学工作者的努力下，具有优良物理特性、化学特性的功能复合材料不断被研制开发出来。在电学方面有导电、超导、离子导电、屏蔽和吸收电磁波、压电等功能复合材料；在磁学方面有永磁、软磁、压磁、磁致伸缩等功能复合材料；在光学方面有光波选择吸收、变频、抗激光、光导等功能复合材料；在声学方面有吸声、吸声纳、声共振等功能复合材料；在机械学方面有振动阻尼、自润滑、抗磨损、高摩擦等功能复合材料；在化学方面有选择分离、选择吸收等功能复合材料。由此可见功能复合材料涉及面极为广泛，是在高新领域具有重要使用价值的新型材料。

应该强调指出的是功能复合材料的最大特点是设计的自由度比一般均质功能材料大得多，功能复合材料可以任意改变复合度（复合材料中各组分体积或质量分数）、连接类型（各组分在三维空间的连接形式）和对称性，使其性能达到最佳优化值。以压电功能复合材料为例，锆钛酸铅和钛酸铅都是高性能压电陶瓷，但由于它们本身介电常数太大而降低了压电系数 g_h（表示内应力与所产生电场，或者应变与所引起的电位移之间的关系的数值）。如果用不同体积分数的锆钛酸铅、钛酸铅与塑料、橡胶制成功能复合材料，其压电系数 g_h 可大幅度提高，同时也解决了由于原料的脆性大而带来的加工困难的问题。

功能复合材料正在向多功能方向发展，使材料不仅是结构材料，承受一定载荷，而且还具有某种或多种综合功能，例如先进军用飞机的隐身蒙皮就是一种多功能复合材料，它既是轻质高强度的结构，又具有吸收雷达波和红外线的功能。

(4) 被动复合材料向主动复合材料发展　目前使用的人工材料基本上属于被动材料，即在外界环境作用下材料只能被动承受这种作用或被动作出相应反应。正在致力于研究的是具有主动性的材料，它的初级形式为机敏材料，具有感觉、处理和执行功能，以及自诊断、自适应和自修补作用。其高级形式称为智能材料，它能够根据作用大小和环境作出优化反应，起到自决策作用。这类材料基本上把起传感器作用的敏感材料、起执行支持作用的材料和起驱动器作用的材料复合在一起成为机敏（智能）复合材料，然后与外接电路装置构成机敏（智能）系统。如把压电材料（作为敏感元件）、形状记忆合金线材（作为驱动元件）与支持基体一起复合成机敏复合材料，加上外部电子装置构成一套减振阻尼系统。此系统一旦受到振动力作用，敏感元件立即作出反应，将检测情况输入电路，由电路反馈到形状记忆合金使其变形，由于形状记忆合金受到周围基体粘接力的约束，造成整体振动形态的改变而产生阻尼作用。

(5) 常规设计向仿生设计方向发展　生物材料绝大多数是复合材料，生物材料在自然界适者生存，不适者淘汰的长期演变过程中逐渐形成了优化的组成和结构形态，在复合材料设计时，生物材料可为我们提供很好的设计思路。现代直升机的旋翼结构为：内层是硬泡沫塑料，中层是玻璃纤维增强的复合材料，外层是刚度、强度高的碳纤维复合材料。这就是仿照骨骼的结构设计的，骨骼中心为硬质泡沫组织，中层为质地较柔韧的骨纤维与骨质素的复合体，而外层是质地坚硬的骨纤维含量高的骨表面组织。仿生不仅可以丰富我们的设计思路，还可参照生物体的功能机制设计出新的功能复合材料。

6.2 复合材料的复合原理与增强机理

复合材料是多相材料，主要包括基体相和增强相。基体相是一种连续相材料，它把改善性能的增强相材料固结成一体，并起传递应力的作用。增强相是以独立的形态分布于整个连续相中的分散相，起承受应力（结构复合材料）和显示功能（功能复合材料）的作用。由于复合材料选用增强相的形态和性能的不同，致使增强相与基体相的作用和复合原理不同。

6.2.1 复合原理

复合材料的复合原理根据增强体几何形状和尺寸主要有两种形式：颗粒、纤维（晶须）。

6.2.1.1 颗粒增强复合材料的复合原理

颗粒增强复合材料的密度可以利用混合定律表达为与式(6-1）相同的形式，即

$$\rho_c=\rho_p\varphi_p+\rho_m\varphi_m \tag{6-1}$$

式中，角标 p 代表颗粒增强材料（下同）。

对刚性纯颗粒（尺寸为微米量级）增强的复合材料，其弹性模量随纯颗粒体分数的增加而提高，也可由混合定律来预测，已推导出的这种复合材料弹性模量的上限数值和下限数值的关系表达式分别为

上限值：

$$E_c=E_p\varphi_p+E_m\varphi_m \tag{6-2}$$

下限值：

$$E_c=\frac{E_pE_m}{E_p\varphi_m+E_m\varphi_p} \tag{6-3}$$

对这类复合材料的强度等性能，还很难用混合定律描述，这是由于复合材料的强度不仅与增强颗粒，基体的数量和性能有关，还与颗粒的大小及其在基体中的分布状态，两者间的结合力大小等许多因素有关。因此依据基体材料的品种，颗粒材料的大小、形状、分布、数量，和界面结合情况，人们提出各种可能的复合理论，这也是目前复合材料复合理论研究的热点之一。

6.2.1.2 纤维增强复合材料的复合原理

纤维增强复合材料的性能不但取决于基体和增强体的性能和相对数量，也取决于两者的结合状态，同时还与纤维在基体中的排列方式有关，是一个非常复杂的问题。下面仅就连续单向纤维增强的复合材料的复合原理进行介绍。

（1）外载荷与纤维方向一致　假设复合材料中基体是连续的、均匀的，纤维的性质和直径都是均匀的，并且平行连续排列，同时纤维与基体间为理想结合，在界面上不发生滑移，则在外载荷作用下纤维与基体处于等应变状态，即

$$\varepsilon_c=\varepsilon_f+\varepsilon_m \tag{6-4}$$

式中，角标 c、f、m 分别代表复合材料、增强纤维和基体（以下同）。

那么作用在复合材料上的总力是纤维和基体受力的总和，即

$$F_c=F_f+F_m \tag{6-5}$$

如果复合材料在外载荷作用下处于弹性变形状态，复合材料的载荷与变形符合虎克定律，则纤

维和基体承受的应力分别为

$$\sigma_f = E_f \varepsilon_f$$

$$\sigma_m = E_m \sigma_m \tag{6-6}$$

应力 σ_f 和 σ_m 分别作用在纤维的整个横截面 A_f 和基体整个横截面 A_m 上。因而纤维和基体所承受的载荷 F_f 和 F_m 分别为

$$F_f = \sigma_f A_f = E_f \varepsilon_f A_f$$

$$F_m = \sigma_m A_m = E_m \varepsilon_m A_m \tag{6-7}$$

总载荷作用于复合材料整个横截面 A_c 上，因而

$$F_c = \sigma_c A_c = \sigma_f A_f = \sigma_m A_m$$

$$\sigma_c = \sigma_f \frac{A_f}{A_c} + \sigma_m \frac{A_m}{A_c} \tag{6-8}$$

纤维和基体的体积分数（φ_f、φ_m）可用面积分数表示（各截面处纤维横截面面积相等，基体横截面面积相等），即

$$\varphi_f = \frac{A_f}{A_c} \quad \varphi_m = \frac{A_m}{A_c}$$

所以

$$\sigma_c = \sigma_f \varphi_f + \sigma_m \varphi_m \tag{6-9}$$

式(6-9) 被称为复合材料的混合定律。σ_c 与 φ_f 的关系见图 6-7。该图是包覆 SiC 的硼纤维增强铝复合材料的抗拉强度和弹性模量与纤维体积分数之间关系的示意图。由图可知复合材料中纤维含量越高，抗拉强度、弹性模量越大。

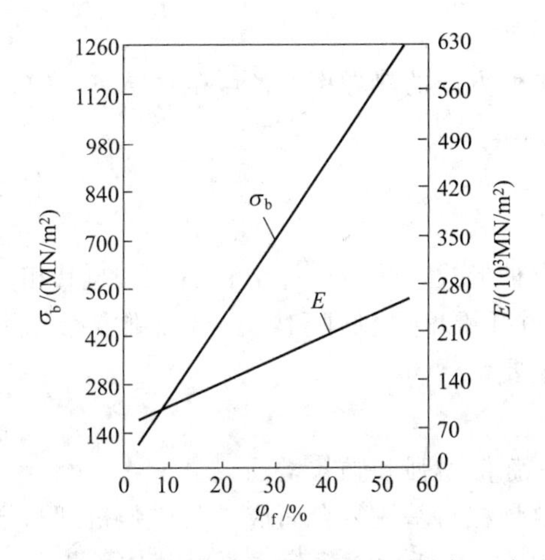

图 6-7　硼纤维增强铝复合材料的抗拉强度和弹性模量与纤维体积分数的关系

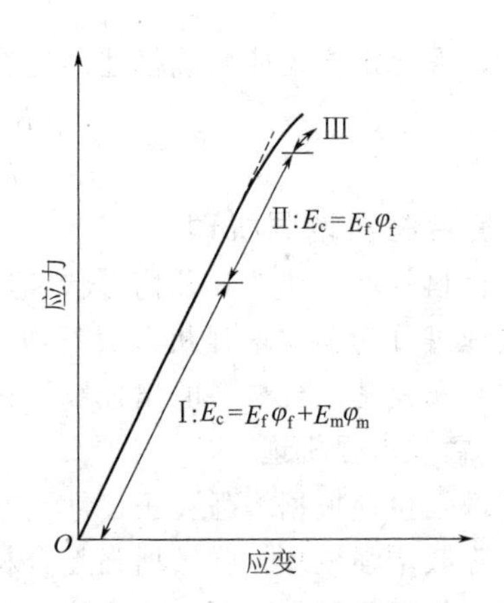

图 6-8　单向连续纤维增强复合材料应力-应变曲线

复合材料弹性模量的混合定律可由式(6-9) 推出，因为有式(6-4) 的关系，分别用 ε_c、ε_f、ε_m 除以式(6-9) 中各项，有

$$\frac{\sigma_c}{\varepsilon_c} = \frac{\sigma_f}{\varepsilon_f}\varphi_f + \frac{\sigma_m}{\varepsilon_m}\varphi_m$$

$$E_c = E_f \varphi_f + E_m \varphi_m \tag{6-10}$$

式(6-10) 即反映了图 6-8 单向连续纤维增强复合材料的应力-应变曲线中弹性变形阶段（Ⅰ阶段）复合材料的弹性模量所遵循的规律。

外载荷很大、基体材料发生塑性变形时，复合材料不再遵循虎克定律，其应力-应变曲线

也不再保持线性关系，处于图 6-8 中的Ⅱ阶段，此时基体对复合材料刚度的贡献较小，弹性模量可近似表示为

$$E_c = E_f + \varphi_f \tag{6-11}$$

（2）外载荷纤维方向垂直　如果外载荷垂直于单相连续纤维增强复合材料的纤维方向，则复合材料、纤维和基体处于等应力状态，即

$$\varepsilon_c = \varepsilon_f = \varepsilon_m \tag{6-12}$$

而各组元的应变量不等，复合材料中应变量等于各组元应变量与体积分数乘积之和。即

$$\varepsilon_c = \varepsilon_f \varphi_f + \varepsilon_m \varphi_m \tag{6-13}$$

由式(6-13）有

$$\frac{\sigma_c}{E_c} = \frac{\sigma_f}{E_f}\varphi_f + \frac{\sigma_m}{E_m}\varphi_m$$

代入式(6-12）有

$$\frac{1}{E_c} = \frac{\varphi_f}{E_f} + \frac{\varphi_m}{E_m} \tag{6-14}$$

单向连续纤维增强复合材料只是纤维增强材料排列最简单、最理想的情况，因此要准确预测纤维以小正交、无规则、交叉等方式排列的复合材料的力学性能是一件十分复杂和困难的工作，目前正在开展这方面的研究工作，以使纤维增强复合材料的复合理论逐步完善。

（3）混合定律在纤维增强复合材料物理性能方面的应用　利用混合定律可以对纤维增强复合材料的某些物理量进行计算，例如复合材料的密度存在下列关系式：

$$\rho_c = \rho_f \varphi_f + \rho_m \varphi_m \tag{6-15}$$

此外，混合定律还能精确描述沿复合材料纤维排列方向的热导率（K）和磁导率（k），即

$$K_c = K_f \varphi_f + K_m \varphi_m \tag{6-16}$$

$$k_c = k_f \varphi_f + k_m \varphi_m \tag{6-17}$$

6.2.2　复合材料增强机理

复合材料的增强体按其几何形状和尺寸主要有三种形式：颗粒、纤维和晶须。与其相对应的增强机理可分为颗粒增强机理、纤维增强机理、短纤维增强机理和颗粒与纤维混杂增强机理。晶须对陶瓷基复合材料的增强和增韧作用非常重要。

6.2.2.1　颗粒增强机理

颗粒增强机理根据增强粒子尺寸大小分为两类：弥散增强和颗粒增强。

（1）弥散增强机理　弥散增强复合材料是由弥散颗粒与基体复合而成。其增强机理与金属材料析出强化机理相似，可用位错绕过理论解释。如图 6-9 所示，载荷主要由基体承担，弥散微粒阻碍基体的位错运动。微粒阻碍基体位错运动能力越大，增强效果越大。在剪切力 τ_i 的作用下，位错的曲率半径为：

$$R = \frac{G_m b}{2\tau_i} \tag{6-18}$$

式中，G_m 为基体剪切模量；b 为柏氏矢量。若微粒之间的距离为 D_f，当剪切应力大到使位错的曲率半径 $R = D_f/2$ 时，基体发生位错运动，复合材料产生塑性形变，此时剪切应力即为复合材料的屈服强度，即

$$\tau_c = \frac{G_m b}{D_r} \tag{6-19}$$

假设基体的理论断裂应力为 $G_m/30$，基体的屈服强度为 $G_m/100$，它们分别为发生位错运

动所需剪应力的上下限。带入上面公式得到微粒间距的上下限分别为 0.3μm 和 0.01μm。当微粒间距在 0.01～0.3μm 之间时，微粒具有增强作用。若微粒直径为 d_p，体积分数为 V_p，微粒弥散且均匀分布。根据体视学，有如下关系：

$$D_f=\sqrt{\frac{2d_p^2}{3V_p}}(1-V_p) \tag{6-20}$$

$$\tau_c=\frac{G_m b}{\sqrt{\frac{2d_p^2}{3V_p}}(1-V_p)} \tag{6-21}$$

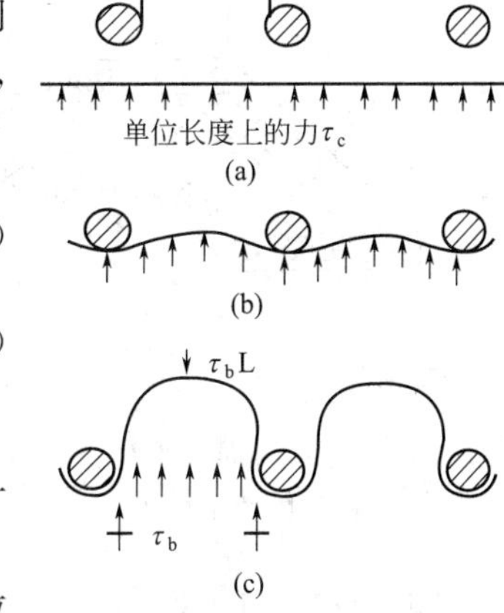

图 6-9　弥散增强原理图

显然，微粒尺寸越小，体积分数越高，强化效果越好。一般 V_p 为 0.01～0.15，d_p 为 0.001～ 0.1μm。

(2) 颗粒增强机理　颗粒增强复合材料是由尺寸较大（粒径大于 1μm）的坚硬颗粒与基体复合而成，其增强机理与弥散机理有区别。在颗粒增强机理复合材料中，虽然载荷主要由基体承担，但颗粒也承受载荷并约束基体的变形，颗粒组织基体位错运动的能力越大，增强效果越好。在外载荷的作用下，基体内位错滑移在基体与颗粒界面上受到阻滞，并在颗粒上产生应力集中，其值为：

$$\sigma_i=n\sigma \tag{6-22}$$

根据位错理论，应力集中因子为：

$$n=\frac{\sigma D_f}{G_m b} \tag{6-23}$$

代入上式得：

$$\sigma_i=\frac{\sigma D_f}{G_m b} \tag{6-24}$$

如果 $\sigma_i=\sigma_p$时，颗粒开始破坏产生裂纹，引起复合材料变形，令 $\sigma_p=\frac{G_p}{c}$，则有：

$$\sigma_p=\frac{G_p}{c}=\frac{\sigma^2 D_f}{G_m b} \tag{6-25}$$

式中，σ_p 为颗粒强度；c 为常数。由此得出颗粒增强复合材料的屈服强度为：

$$\sigma_y=\sqrt{\frac{G_m G_p b}{D_f c}} \tag{6-26}$$

将体视学关系式代入得到：

$$\sigma_y=\sqrt{\frac{\sqrt{3}G_m G_p b\ \sqrt{V_p}}{\sqrt{2}d(1-V_p)c}} \tag{6-27}$$

显然颗粒尺寸越小，体积分数越高，颗粒对复合材料的增强效果越好。一般在颗粒增强复合材料中，颗粒直径为 1～50μm，颗粒间距为 1～25μm，颗粒体积分数为 5%～50%。

6.2.2.2　单向排列连续纤维增强机理

在对高性能纤维复合材料结构进行设计时，使用最多的是层板理论。在层板理论中，纤维复合材料被认为是单向层片按照一定的顺序叠放起来，保证了层板具有所要求的性能。已知层片中主应力方向的弹性和强度参数，就可以预测层板的相应行为。

复合材料性能与组分性能、组分分布以及组分间的物理、化学作用有关。复合材料性能可以通过实验测量确定，实验测量的方法比较简单直接。理论和实验的方法可以用于预测复合材料中系统变量的影响，但是这种方法对零件设计并不十分可靠，同时也存在许多问题，特别是

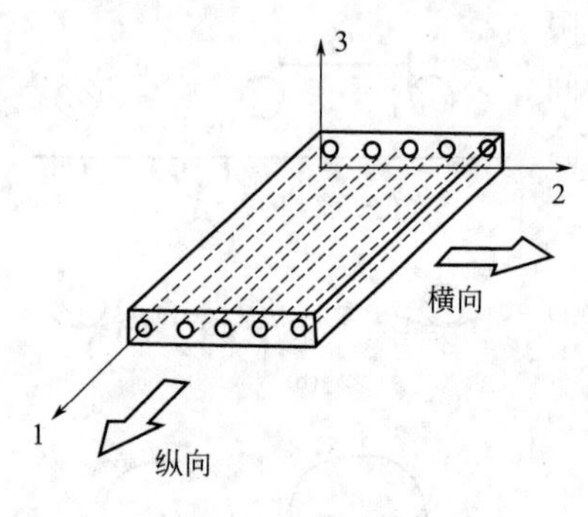

图 6-10 单向纤维复合材料中的单层板

在单向复合材料的横向性能方面更为明显。然而，数学模型在研究某些单向复合材料纵向性能方面却是相当精确的。

单向纤维复合材料中的单层板如图 6-10 所示。平行于纤维方向称为“纵向”，垂直于纤维方向称为“横向”。

连续纤维增强复合材料层板受纤维方向的拉伸应力作用，假设纤维性能和直径是均匀的、连续的并全部相互平行，纤维与基体之间的结合是良好的，在界面无相对滑动发生；忽略纤维基体之间的热膨胀系数、泊松比以及弹性变形差所引起的附加应力，整个材料的纵向应变可以认为是相同的。即复合材料、纤维和基体具有相同的应变。

$$\varepsilon_c=\varepsilon_f=\varepsilon_m \tag{6-12}$$

考虑到在纤维方向的外加载荷由纤维和基体共同承担，应有：

$$\sigma_c A_c=\sigma_f A_f+\sigma_m A_m \tag{6-28}$$

式中，A 表示复合材料中相应组分的横截面积，上式可以转化为：

$$\sigma_c=\sigma_f A_f/A_c+\sigma_m A_m/A_c \tag{6-29}$$

对于平行纤维复合材料，体积分数等于面积分数，即

$$\sigma_c=\sigma_f V_f+\sigma_m V_m \tag{6-30}$$

复合材料、纤维、基体的应变相同，对应变求导数，得：

$$\frac{d\sigma_c}{d\varepsilon}=\frac{d\sigma_f}{d\varepsilon}V_f+\frac{d\sigma_m}{d\varepsilon}V_m \tag{6-31}$$

式中，$d\sigma/d\varepsilon$ 表示在给定应变时相应应力-应变曲线的斜率。如果材料的应力-应变曲线是线性的，则斜率是常数，可以用相应的弹性模量代入，得：

$$E_c=E_f V_f=E_m V_m \tag{6-32}$$

上述三个公式表明纤维、基体对复合材料平均性能的贡献正比于它们各自的体积分数，这种关系成为“混合法则”，也可推广到多组分复合材料体系。

6.2.2.3 短纤维增强机理

作用于复合材料的载荷并不直接作用于纤维，而是作用于基体材料并通过纤维端部与端部附近的纤维表面将载荷传递给纤维。当纤维长度超过应力传递所发生的长度时，端头效应可以忽略，纤维可以被认为是连续的，但对于短纤维复合材料，端头效应不可忽略，同时复合材料的性能是纤维长度的函数。

经常引用的应力传递理论是剪切滞后分析。沿纤维长度应力的分布可以通过纤维的微元平衡方式加以考虑，如图 6-11 所示。纤维长度微元的 dz 在平衡时，要求

$$\pi r^2\sigma_f+2\pi r dz\tau=\pi r^2(\sigma_f+d\sigma_f)$$

即

$$\frac{d\sigma_f}{dz}=\frac{2\tau}{r} \tag{6-33}$$

式中，σ_f 是纤维轴向应力；τ 是作用于柱状纤维与基体界面的剪切应力；r 是纤维半径。从公式可以看出，对于半径为 r 的纤维，纤维应力的增加率正比于界面剪切应力。积分得到距端部处横截面上的应力为：

$$\sigma_f=\sigma_{f0}+\frac{2}{r}\int_0^x \tau dz \tag{6-34}$$

式中，σ_{f0} 是纤维端部应力。由于高应力集中的结果，与纤维端部相邻的基体发生屈服或纤维端部与基体分离，因此在许多分析中可以忽略这个量。只要已知剪切应力沿纤维长度的变

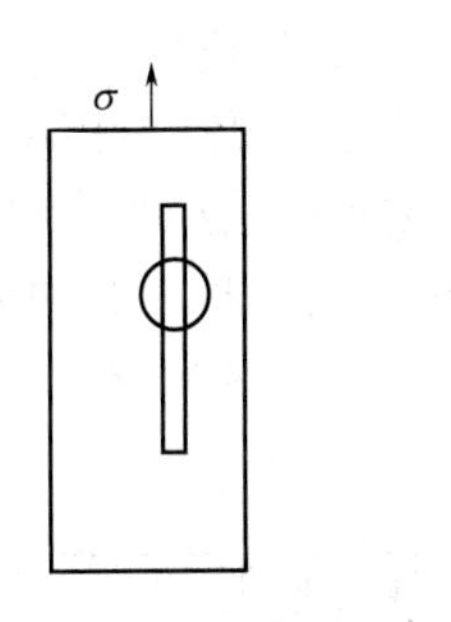

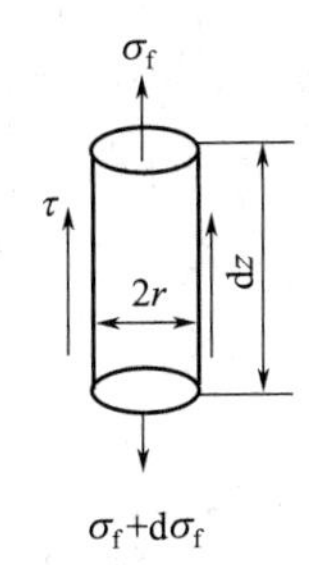

图 6-11　纤维长度微元上力的平衡

图 6-12　理想塑性基体的剪切应力-应变曲线

化，就可以求出右边的积分值。但实际上剪切应力事先是不知道的，并且剪切应力是完全解的一部分。因此，为了得到解析解，就必须对纤维相邻材料的变形和纤维端部情况作一些假设。例如，可以假设纤维中部的界面剪切应力和纤维端部的正应力为零，经常假设纤维周围的基本材料是完全塑性的，有如图 6-12 所示的应力-应变关系。这样，沿纤维长度的界面剪切应力可以认为是常数，并等于基体剪切屈服应力 σ_y。忽略 σ_{f0}，积分得：

$$\sigma_f=\frac{2\tau_y z}{r} \tag{6-35}$$

对于短纤维，最大应力发生在纤维中部（$z=1/2$），则有：

$$(\sigma_f)_{max}=\frac{\tau_y}{l} \tag{6-36}$$

式中，l 是纤维长度。纤维承载能力存在一极限值，虽然上式无法确定，这个极值就是相应应力作用于连续纤维复合材料时连续纤维的应力。

$$(\sigma_f)_{max}=\sigma_c\frac{E_f}{E_c} \tag{6-37}$$

式中，σ_c 是作用于复合材料的外加应力；E_c 可以通过混合法则求出。将能达到最大纤维应力$(\sigma_f)_{max}$的最短纤维长度定义为传长度 l_f。载荷基从基体向纤维的传递就发生在纤维的 l_f 上。由下式定义：

$$\frac{l_f}{d}=\frac{(\sigma_f)_{max}}{2\tau_y}=\frac{\tau_c E_f}{2E_c\tau_y} \tag{6-38}$$

式中，d 是纤维直径。可以看出，载荷传递长度 l_f 是外加应力的函数。l_c 被定义为与外加应力无关的临界纤维长度，即可以达到的纤维允许应力（纤维强度）$\sigma_f u$ 的最小纤维强长度：

$$\frac{l_c}{d}=\frac{\sigma_f u}{2\tau_y} \tag{6-39}$$

式中，l_c 是载荷传递长度的最大值，也称为"临界纤维长度"，它是一个重要的参量，将影响复合材料的性能。

6.2.3　复合材料的增韧机理

6.2.3.1　纤维增韧

为了克服陶瓷脆性大的弱点，可以在陶瓷基体中加入纤维而制成陶瓷复合材料。由于定向、取向或无序排布的纤维的加入，使陶瓷基复合材料韧度显著提高，即纤维增韧。

（1）单向排布长纤维增韧　单向排布纤维增韧陶瓷基复合材料具有各向异性，沿纤维长度方向上的纵向性能大大高于横向性能。这种纤维的定向排布是根据实际工件的使用要求确定的，即主要使用其纵向性能。如 C_f/Si_3N_4 复合材料平行于纤维方向的显微结构见图 6-13，其受力作用产生的垂直于纤维的裂纹扩展示意图见图 6-14。当裂纹扩展遇到纤维时，裂纹运动受阻，欲使裂纹继续扩展必须提高外加应力。随着外加应力的提高，陶瓷基体与纤维界面解离，由于纤维强度高于基体的强度，开始产生纤维自基体中拔出，拔出的长度达到某一临界值（具体数值取决于界面结合强度和纤维本身的强度）时，纤维发生断裂。裂纹扩展必须克服由于纤维的加入而产生的拔出功和纤维的断裂功。

图 6-13 C_f/Si_3N_4 复合材料平行于纤维方向的显微结构

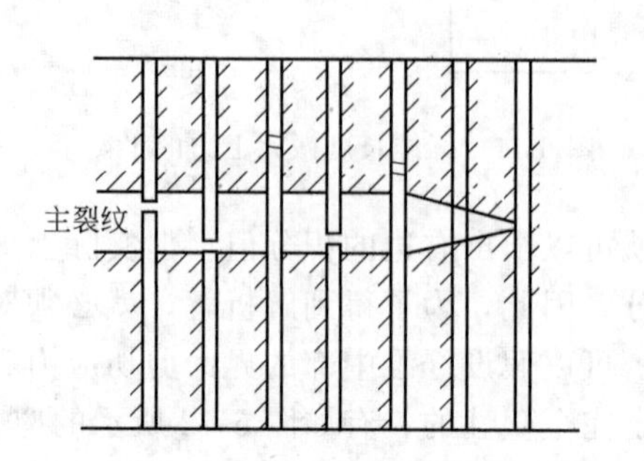

图 6-14 C_f/Si_3N_4 复合材料中裂纹垂直于纤维方向扩展示意图

实际上，在断裂过程中纤维的断裂并非发生在同一裂纹平面，在裂纹的发展过程中会出现裂纹转向。裂纹转向结果，由于裂纹扩展路径曲折而使裂纹表面积增加，又会使裂纹扩展阻力增加，从而使韧度进一步提高。

综上所述，在单向排布长纤维陶瓷基复合材料中韧度的提高来自三个方面的贡献，即纤维拔出、纤维断裂及裂纹转向。

（2）多维多向排布长纤维增韧　单向排列纤维增韧陶瓷只是在纤维排列方向上的纵向性能优越，而横向性能显著低于纵向性能，所以只适用于单向应力的场合。但许多陶瓷构件则要求在二维及三维方向上均要有高性能，于是便产生了多向排布纤维增韧陶瓷基复合材料。

这种复合材料中纤维排布的方式有两种。一种是将纤维编织成纤维布如图 6-15 所示。这种材料在纤维排布平面的二维方向上性能优越，而在垂直于纤维排布的方向上性能较差。一般应用于要求二维方向上均有较高性能的构件上，如蒙皮类防热部件等。另一种是纤维分层单向排布，层间纤维成一定角度，如垂直或 45°角等如图 6-16 所示。前一种复合材料一般用于平板构件或曲率半径较大的壳体构件，后一种复合材料可以根据构件的形状用纤维浸浆缠绕的方法制成所需形状的壳层状构件。

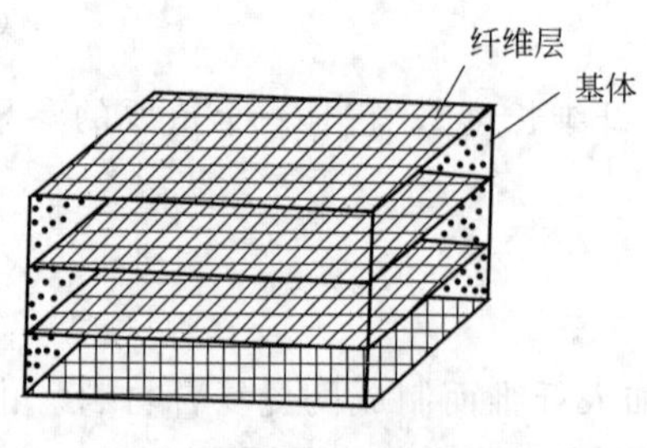

图 6-15 纤维布层压复合材料示意图

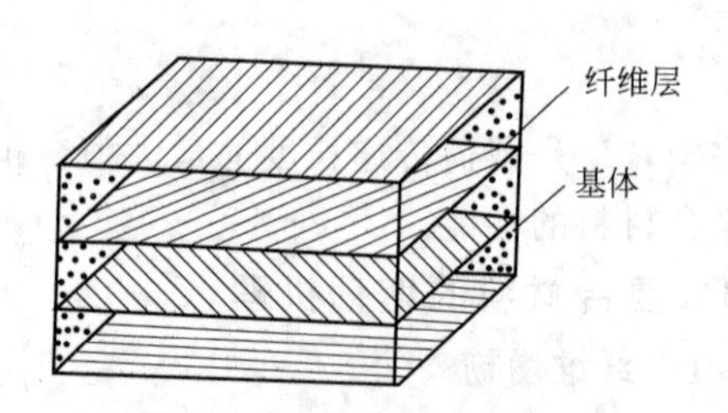

图 6-16 多层纤维按不同角度层压（或缠绕）复合材料示意图

二维多向纤维增韧陶瓷基复合材料的韧化机理与单向复合材料一样，也主要是靠纤维的断裂、纤维的拔出与裂纹转向使其韧度及强度比基体材料大幅度提高。

(3) 短纤维、晶须增韧　长纤维增韧陶瓷基复合材料固然有其优越的性能，但制备工艺复杂，工艺技术难度大，特别是纤维很难在基体中均匀分布。因此才发展了短纤维、晶须及颗粒增韧陶瓷基复合材料。

短纤维增韧陶瓷基复合材料的制备工艺较长纤维复合材料的简便得多，只需将长纤维剪（切）短（$<3mm$），然后分散并与基体粉料混合均匀，再用热压烧结的方法制得高性能复合材料。这种短纤维增强体在与原料粉料混合时，取向是随机的，但在受压成形时，短纤维将沿压力方向转动，在最终制成的复合材料中，短纤维沿加压择优取向，因而产生性能上的各向异性。沿加压面方向的性能优于垂直加压面方向上的性能。若将带有短纤维的混合粉料制成具有一定流动性的浆料，在带有微孔的模具中进行冷却挤压，可使短纤维实现定向排列，若纤维的质量分数适当时，复合材料的断裂功显著提高，即断裂韧性提高，而且当纤维取向（定向）排布时，可在高纤维体积分数时获得更高的断裂功，即断裂韧性更高，而无序分布时峰值减小，断裂韧性较低。其原因在于短纤维增韧机理与长纤维相同，即韧性提高来自三方面贡献：纤维拔出、纤维断裂及裂纹转向。但是当纤维取向（定向）排布时，在断裂面中纤维拔出的数量及纤维断裂的数量多，裂纹在扩展过程中受到的阻隔作用大，断裂转向多，裂纹更加曲折，消耗的断裂功多，断裂韧性高；而短纤维无序分布时，在断裂面上纤维拔出的数量、纤维断裂的数量少，裂纹在扩展过程中受到的阻隔作用小，裂纹转向少，裂纹的曲折程度下降，因而消耗的断裂功少，断裂韧性低。

晶须增韧陶瓷基复合材料的增韧机理大体与纤维增韧陶瓷基复合材料的相同，即主要靠晶须的拔出桥连与裂纹转向机制对韧性提高产生突出贡献。研究结果表明，界面强度直接影响拔出桥连机制，界面强度过高，晶须与基体同时断裂，限制了晶须的拔出，因而减小了晶须拔出机制对韧度的贡献。界面强度过低，则使晶须拔出功减小，对韧性不利，因此，界面强度应有一个最佳值。

6.2.3.2　颗粒增韧

颗粒增韧陶瓷基复合材料的韧化机理主要有相变增韧、裂纹转向与分叉增韧等。

(1) 相变增韧　相变增韧是发展最早的一种增韧机理。氧化锆增韧陶瓷就是利用 ZrO_2 马氏体相变达到增韧目的的。氧化锆在一定温度和应力场作用下，亚稳定四方氧化锆（$t\text{-}ZrO_2$）颗粒转变为单斜相变氧化锆（$m\text{-}ZrO_2$）。伴随着这种相变有 3%～5%的体积膨胀，因而产生压缩应力，从而抵消外加应力，阻止裂纹扩展，达到增韧目的。

(2) 裂纹转向与分叉增韧　裂纹在陶瓷材料中不断扩展，裂纹前沿遇到高强度的颗粒的阻碍，使扩展方向发生偏转和分叉，从而减小了裂纹尖端的应力强度因子，增加了材料的断裂韧度，达到了增韧目的。裂纹转向与分叉增韧不像相变增韧那样受温度的限制，因而是适合高温结构陶瓷增韧的方法。

6.2.4　复合材料界面

复合材料是由两种或者两种以上不同物理、化学性质的以微观或宏观的形式复合而组成的多相材料。复合材料中增强体与基体接触构成的界面，是一层具有一定厚度（纳米以上）、结构随基体和增强体而异的、与基体有明显差别的断相——界面相（界面层）。它是增强相和基体相连接的“纽带”，也是应力及其他信息传递的桥梁。界面是复合材料极为重要的微结构，其结构与性能直接影响复合材料的性能。

21 世纪对材料的要求是多样化的，复合材料的研制开发将有很大地发展，而复合材料整体性能的优劣与复合材料界面结构和性能关系密切。因此，深入研究界面的形成过程、界面层性质、界面结合强度、应力传递行为对宏观力学性能的影响规律，从而有效进行控制界面，是获取高性能复合材料的关键。

6.2.4.1 树脂基复合材料的界面

（1）界面的形成 树脂基复合材料界面的形成分为两个阶段：第一阶段是基体与增强纤维的接触与浸润过程，第二阶段是树脂的固化过程，在此过程中树脂通过物理或化学的变化而固化，形成固定的界面层。

界面层的性质大致包括结合力、区域（或厚度）和微观结构等几方面。界面结合力存在于两相之间，并由此产生复合效果和界面强度。界面结合力可分为宏观结合力和微观结合力两种，前者主要指材料的几何因素，如表面凸凹不平、表面裂纹和孔隙等所产生的机械铰合力；后者包括化学键和次价键，化学键结合是最强的结合，通过化学反应产生。

界面及其附近区域的性能、结构都不同于组分本身。界面层是由纤维与基体之间的界面以及纤维和基体的表面薄层构成的，基体表面薄层的厚度约为增强纤维的数十倍，它在界面层中所占的比例对复合材料的力学性能有很大影响。

界面层使纤维与基体形成一个整体，并通过它传递应力，若纤维与基体的相容性不好，界面不完整，则应力的传递面只是纤维总面积的一部分。因此，为使复合材料内部能够均匀地传递应力以显示其优异性能，要求复合材料在制造过程中形成完整的界面层。

（2）界面作用机理 界面对复合材料特别是对其力学性能起着极为重要的作用。界面作用机理是指界面发挥作用的微观机理，目前这方面已有许多理论，但都未达到完善程度。

① 界面浸润理论 1963年Zisman首先提出了这个理论，主要论点是增强纤维被液体树脂良好浸润是极其重要的，浸润不良会在界面上产生间隙，易产生应力集中而使复合材料发生开裂，完全浸润可使基体与增强纤维的结合强度大于基体的强度，复合材料才能显示其优越的性能。

近年来，科技工作者在浸润理论的研究、实践中取得大量成果。例如玻璃纤维与缺乏活性基因的聚烯烃（如聚丙烯、聚乙烯等）之间浸润性差，复合时难于形成有效的界面结合，为获得力学性能较好的玻璃纤维增强聚烯烃复合材料，必须对纤维和基体改性，提高两者之间的浸润性，改善两相之间的界面黏结。为此在玻璃纤维与聚烯烃基体之间引入接枝极性基团的改性聚烯烃，一方面基体聚烯烃与改性聚烯烃分子链结构相似，具有较好的亲和性和相容性；另一方面改性聚烯烃通过极性基团与玻璃纤维表面的Si—OH形成化学键结合，从而提高复合界面的浸润性，改善界面传递应力的能力。此外开发了一种用稀盐酸和硫酸对玻璃纤维表面进行刻蚀，改善树脂与玻璃纤维之间的浸润性的技术。

② 化学键理论 化学键理论的主要论点是处理增强纤维表面的偶联剂既含有能与增强纤维起化学作用的官能团，又含有能与树脂基体起化学作用的官能团，由此在界面上形成共价键结合，如能满足这一要求则在理论上可获得最大的界面结合能。例如使用乙级三氯硅烷和烯丙基烷氧基硅烷作为偶联剂于玻璃纤维增强的不饱和聚酯树脂复合材料中，由于实现了界面的化学键结合，显著改善了树脂、玻璃纤维之间的界面黏结状态。无偶联剂存在时，如果基体与纤维表面可以发生化学反应，两相之间也能形成牢固界面。这种理论的实质即强调增加界面的化学作用是改进复合材料性能的关键。但是化学键理论不能解释为什么有的处理剂官能团不能与树脂反应却仍有较好的处理效果。

③ 物理吸附理论 这种理论可作为化学键理论的一种补充。这种理论认为，增强纤维与树脂基体之间的结合属于机械铰合和基于次价键作用的物理吸附。这种理论对上述化学键理论不能解释的问题给予了较好的解释。在这种理论的指导下科技工作者对增强纤维表面进行了大量实验研究工作，例如对碳纤维进行电化学氧化表面处理后，表面被一定程度地刻蚀，粗糙度比处理前要大，增大了界面的黏结面积，同时增加了碳纤维与树脂基体之间的机械铰合力，这

种机械铰合成为增加碳纤维和树脂界面黏结力的主要贡献因素之一。

④ 变形层理论　如果纤维与基体的线膨胀系数相差较大，复合材料固化成型后在界面上会产生残余应力，这将损伤界面和影响复合材料性能。另外，在载荷作用下，界面上会出现应力集中，若界面化学键破坏，产生微裂纹，将导致复合材料性能变差。将增强纤维表面进行处理，在界面上形成一层塑性层，就可以起到松弛和减小界面应力的作用，这种理论称为变形层理论。中外科学家的工作证实了这一理论的正确性。J. A. Nairn 提出，基体和纤维之间引入柔性界面层，可以降低基体固化过程中残余应力形成的开始温度，从而降低残余热应力。界面柔性层的存在，还可以通过变形来消除部分残余应力。还有人介绍在玻璃纤维/聚丙烯体系中引入柔性橡胶层，可使材料的耐冷热循环性能得以明显提高。

⑤ 减弱界面局部应力作用理论　该理论认为，基体和增强纤维之间的处理剂提供了一种具有“自越能力”的化学键。在载荷作用下，它处于不断形成与断裂的动态平衡状态。低分子物质（主要是水）的应力浸蚀会使界面化学键断裂，而在应力作用下处理剂能沿增强纤维表面滑移，使已断裂的化学键重新结合，与此同时，应力得以松弛，减缓了界面的应力集中。

除上述理论之外，还有尚需实验验证的拘束层理论和扩散层理论等。

6.2.4.2　金属基复合材料的界面

在金属基复合材料中往往由于基体和增强材料发生相互作用生成化合物，基体与增强材料相互扩散而形成扩散层以及增强材料表面涂层，使界面的成分、结构变得非常复杂。近 20 年来人们对界面在金属基复合材料中的重要性认识越来越深刻，进行了比较系统的研究，取得了可喜的进展。

（1）界面的类型　纤维增强的金属基复合材料界面要比树脂基复合材料复杂得多。表 6-2 列出纤维增强金属基复合材料界面的类型。其中Ⅰ类界面上不存在反应物和扩散层，除原组成成分外，不含其他物质；Ⅱ类界面是由原组成成分构成的溶解扩散型界面；Ⅲ类界面则含有亚微级左右的界面反应物质（界面反应层）。

表 6-2　纤维增强金属基复合材料界面类型

类型Ⅰ	类型Ⅱ	类型Ⅲ
纤维与基体互不反应也不溶解	纤维与基体不反应但相互溶解	纤维与基体相互反应形成界面反应层
钨丝/铜 Al_2O_3 纤维/铜 Al_2O_3 纤维/银 硼纤维(表面涂 BN)/铝 不锈钢丝/铝 SiC 纤维(CVD)/铝 硼纤维/铝 硼纤维/镁	镀铬的钨丝/铜 碳纤维/镍 钨丝/镍 合金共晶体丝/同一合金	钨丝/铜-钛合金 碳纤维/铝(>580℃) Al_2O_3 纤维/Ti B 纤维/Ti B 纤维/Ti-Al SiC 纤维/Ti SiC 纤维/Al

（2）界面的结合　纤维增强复合材料的界面结合有以下几种形式。

① 机械结合　机械结合是指借助增强纤维表面凸凹不平的形态而产生的机械铰合。以及借助基体收缩应力裹紧纤维产生的摩擦阻力结合，这种结合与扩散和化学作用无关，纯属机械作用，结合强度的大小与纤维表面的粗糙程度有很大关系。例如用经过表面刻蚀处理的纤维制成的金属基复合材料，其结合强度比用表面光滑的纤维制成的复合材料的结合强度约高 2～3 倍。

② 溶解和浸润结合　这种结合与表 6-2 的Ⅱ类界面对应。纤维与基体的相互作用力是短程的，作用范围只有若干原子间距大小。由于纤维表面常存在氧化膜，阻碍液态金属的浸润，这就需要对纤维表面进行处理，如利用超声波法破坏纤维表面氧化膜，使得纤维与金属基体发

生浸润或互溶以提高界面结合力。当然，液态金属对纤维的浸润性也与温度有关。如液态铝在较低温度下不能浸润碳纤维，在1000℃以上，液态铝可浸润碳纤维。

③ 反应结合　反应结合与表6-2中的Ⅲ类界面对应，其特征是在纤维和基体之间形成新的化合物层，即界面反应层。界面反应层往往不是单一的化合物，如硼纤维增强钛铝合金，界面反应层内便有多种反应产物。一般情况下，随反应程度增加，界面结合强度也增加，但由于界面反应产物多为脆性物质，所以当界面层达到一定厚度时，界面上的残余应力可使界面破坏，反而降低界面结合强度。此外某些纤维表面吸附空气发生氧化也能形成某种形式的反应结合。例如用硼纤维增强铝时，首先使硼纤维与氧作用生成 BO_2，由于铝的还原性很强，与 BO_2 接触时可使 BO_2 还原从而生成 Al_2O_3，形成氧化结合。但有时氧化作用也会降低纤维强度而无益于界面结合，这时就应当尽量避免发生氧化反应。

④ 混合结合　这种结合是最重要最普遍的结合形式，因为在实际复合材料中经常同时存在几种结合形式，尤其在Ⅰ类界面的复合材料中比较普遍。例如硼纤维增强铝材时，如果制造温度低，硼纤维表面氧化膜不被破坏，则形成机械结合，材料若在500℃进行热处理，可以发现在机械结合的界面上出现了 AlB_2，表面热处理过程中界面上发生化学反应形成了反应结合。

6.2.4.3 陶瓷基复合材料的界面

在陶瓷基复合材料中，增强材料与基体之间的结合也是采取机械结合、溶解和浸润结合、反应结合和混合结合的方式。陶瓷基复合材料中界面的特性同样对材料的性能起着举足轻重的作用。

（1）改变增强材料表面的性质　改变增强材料表面性质是用化学手段控制界面的方法。例如，在SiC晶须表面形成富碳结构的方法，在纤维表面以化学气相沉积（CVD）方法或物理气相沉积（PVD）方法施以BN或碳的涂层等。采用这种方法的目的都是防止强化材料与基体间的反应，从而获得最佳界面力学特性。改变增强材料表面性质的另一个目的是改变纤维与基体间的结合力。如对SiC晶须表面采用化学方法处理后，XPS（X射线光电子能谱分析）分析表明，晶须表面有些地方存在 SiO_2，有些地方不存在 SiO_2，利用这种表面性质的差别可以增加结合力，相反将表面 SiO_2 完全去除，减弱结合力也是可能的。

（2）向基体内添加特定的元素　在用烧结法制造陶瓷基复合材料的过程中，为了有助于烧结，往往在基体中添加一些特定元素。为了使纤维与基体之间发生适度反应以控制界面，也可添加一些元素。在SiC纤维强化玻璃陶瓷（LAS）中，如果采用通常的PAS成分的基体，晶化处理时会在界面上产生裂纹，而添加很少量的Nb时，热处理过程中会发生反应，在界面形成数微米的NbC相，获得最佳界面，提高了韧度，改变了脆裂性能。

关于纤维与基体间的反应，已经进行了不少研究。但是以改善界面状态为目的向基体中添加元素还是一项比较新的课题。

（3）在增强材料表面施以涂层　涂层技术是实施界面控制的有效方法之一，可分为CVD法、PVD法、喷镀和喷射等。以玻璃、陶瓷作为基体时，使用的涂层材料有C、BN、Si、B等多种，玻璃作为基体时，还可以使用铝等金属材料。涂层技术是采用不同方法，在增强材料表面形成覆盖层，以保护增强材料不受化学浸蚀，阻碍增强材料与基体间的化学扩散和界面的化学反应，提高界面的剪切强度。

6.3 增强材料

复合材料中的分散相也即增强材料，增强材料不仅能提高复合材料的强度和弹性模量，而且能降低收缩率，提高热变形温度，并在热、电、磁等方面赋予复合材料新的性能。

复合材料按增强剂形状可分为粒子、纤维及层状等类型。粒子增强材料有碳酸钙、炭黑、玻璃微珠等，这些粒子填料的主要功能是不仅能使复合材料制品价格降低，而且更重要的是能显著改善制品的力学性能、热学性能、耐老化性能、电性能等。纤维增强材料是作用最明显、应用最广泛的一类增强材料，主要有玻璃纤维、碳纤维、芳纶纤维等。纤维状材料的拉伸强度和拉伸弹性模量比同一类材料要大几个数量级。用纤维材料对基体材料进行增强可得到高强度、高模量的复合材料。常见增强纤维的性能见表 6-3。

表 6-3　常见增强纤维的性能

纤　维	密度 /(g·cm^{-3})	软化点 /℃	抗拉强度 /MPa	比强度 /10^6cm	弹性模量 /GPa	比模量 /10^7cm
E 玻璃纤维	2.54	700	3450	13.7	72	29
S 玻璃纤维	2.50	840	4820	19.7	85	35
石英玻璃	2.10	1660	6000	20	74	3.3
碳纤维(普通)	1.70	3650	2000	11.8	200	11.3
碳纤维(高强)	1.75	3650	3000	17.1	220	12.5
碳纤维(高模)	1.90	3650	2500	13.1	450	23.6
Al_2O_3 纤维	3.15	2040	2100	6.6	180	3.5
ZrO_2 纤维	4.81	3650	2100	4.3	350	7.1
硼纤维(钨芯)	2.62	2300	2800	11.0	390	15
Kevlar-29	1.54	—	3600	24	74	4.8
Kevlar-49	1.54	—	3900	25	127	8.3
Al_2O_3 晶须	3.96	2040	21000	53	430	11
SiC 晶须	3.18	2690	21000	66	490	19
Si_3N_4 晶须	3.18	1960	14000	44	380	12

6.3.1　玻璃纤维

玻璃纤维是由熔融的玻璃经快速拉伸、冷却所形成的纤维。主要成分是 SiO_2 和 Al_2O_3。玻璃纤维工业始于 20 世纪 30 年代，60 年代后随着增强塑料工业的发展以及池窑拉丝的出现，玻璃纤维工业得到了迅速发展。目前，树脂基复合材料也即通常所说的增强热固性塑料及热塑性塑料工业已成为了连续玻璃纤维的最大用户。玻璃纤维是增强纤维中应用最早、用量最大、价格最便宜的一种。尽管近年来高级复合材料有了长足发展，但其所用的三种主要增强纤维，即碳（石墨）纤维、Kevlar 纤维及高强玻璃纤维（S、S_2、R 和 T）三者的总和尚不足玻璃纤维增强材料的 1%。可以预见，在今后相当长的时期内，玻璃纤维仍是复合材料中主要使用的增强材料。

玻璃纤维按化学成分及使用特性可分为下列类型。

① E-玻璃纤维　也称无碱纤维。含金属氧化物在 0.8%以下，电绝缘性、强度和耐老化性能优良，是应用最广泛的玻璃钢增强材料；缺点是模量较低。

② 中碱玻璃　含碱量 12%左右。电绝缘性差、力学性能、耐酸、耐碱性能都比无碱玻璃纤维差，价格低，可用作对电性能及强度要求不高的产品。

③ A-玻璃纤维　也称高碱玻璃纤维，含碱量高于 12%，耐老化性能差，价格更便宜，可用作低级玻璃钢增强材料。

除了以上的普通玻璃纤维外，随着科学技术的发展及应用的需要，产生了一批具有特殊性能的玻璃纤维，它们赋予复合材料特殊的功能，用量虽不大，但却起了很大的作用。

① 高强度高弹性模量玻璃纤维　高强度、高模量玻璃纤维在世界已形成一定的规模生产，西方把高强度高模量玻璃纤维、碳纤维、Kevlar 纤维列为制作高级复合材料三大高级纤维。高强度高模量玻璃纤维主要应用于飞机、卫星、导弹、火箭等军工领域，在民品上也得到一定

的应用，各国生产的高强度高模量玻璃纤维的主要性能见表6-4。

表6-4 各国生产的高强度高模量玻璃纤维的主要性能

	美国S-2	日本T	法国R	俄罗斯BMn	中国HS_2
新生态单丝强度/MPa	4580	4655	4400	4500～5000	4020
拉伸弹性模量/MPa	85600	84300	83800	95000	83400
密度/(g/cm^3)	2.49	2.49	2.55	2.56	2.54

② 高硅氧玻璃纤维　具有像石英玻璃纤维那样的耐高温性，可在1000～1200℃温度下长期使用，短期可达1350℃。它的生产成本远低于石英纤维，为石英纤维的1/6～1/2，因此已被用作耐高温材料代替石英玻璃纤维。

③ 低介电玻璃纤维　具有优异的介电性能，低的密度，用它增强环氧、酚醛等的复合材料具有优异的介电特性，主要应用于雷达天线罩，隐身材料及计算机等。

④ 空心和异型截面玻璃纤维　前者可减轻纤维和复合材料的质量，增强刚度和耐压强度；后者是为了改变光滑圆柱形纤维，增加纤维在复合材料中与树脂的抱合力，提高复合材料的强度和刚度。

⑤ 抗碱玻璃纤维　普通的玻璃纤维用于增强水泥时，耐碱性差，抗碱玻璃纤维能克服此缺点。

此外，还有耐高温、低密度、介电性能好的石英玻璃纤维，耐辐射玻璃纤维、氮氧玻璃纤维等。

玻璃纤维可制成各种制品用于复合材料，这些制品包括玻璃纤维无捻粗纱、短切纤维毡、无捻粗纱布、玻璃纤维细布、单向丝物等。

6.3.2 碳纤维

碳纤维是有机纤维在惰性气氛中经高温碳化而成的纤维化碳化合物。它是一种“比人发细、比铝轻、比钢强”的新型特种纤维。由碳纤维和合成树脂制成的复合材料的比模量比钢和铝合金高5倍。比强度也高3～4倍，可制成比铝轻、比钢强度高的结构材料来代替金属结构材料。主要应用于航空和航天工业。在汽车工业、体育用品和一般民用工业也得到了应用。

碳纤维的生产原料分为三种：聚丙烯腈（PAN）纤维、沥青纤维和黏胶纤维。目前以前两种原料为主，不同原料制碳纤维的性能见表6-5。

表6-5 不同原料制碳纤维的性能

性　能	聚丙烯腈碳纤维	沥青碳纤维	人造碳纤维
抗拉强度/GPa	2.5～3.1	1.6	2.1～2.8
拉伸弹性模量/GPa	207～345	379	414～552
密度/(g/cm^3)	1.8	1.7	2.0
延伸率/%	0.6～1.2	1	

碳纤维有高性能碳纤维和低性能碳纤维，高性能碳纤维中有高强度碳纤维（HS）、超高强度碳纤维（VHS）、高模量碳纤维（HM）及中模量碳纤维（MM）等，低性能碳纤维有耐火纤维、碳质纤维、石墨纤维等，各种碳纤维的力学性能见表6-6。

表6-6 各种碳纤维的力学性能

性　能	高强度碳纤维	超高强度碳纤维	高模量碳纤维	中模量碳纤维	低模量碳纤维	耐火碳纤维	石墨碳纤维
拉伸弹性模量/GPa	200～250	200～350	300～400	180～200	150	4	100
拉伸强度/GPa	2.0～2.75	>2.76	>1.7	2.7～3.0	2.8	0.27	1.0

碳纤维的密度在 1.5～2.0g/cm³ 之间，除与原丝结构有关外，主要决定于碳纤维制备过程中碳化处理的温度。一般经过高温（3000℃）石墨化处理后，密度可达 2.0g/cm³。

碳纤维的热膨胀系数具有各向异性。平行于纤维方向是负值［（$-0.72\sim-0.90$）$\times 10^{-6}℃^{-1}$］，垂直于纤维方向是正值［（32～22）$\times 10^{-6}℃^{-1}$］。碳纤维的热导率也有方向性，平行于纤维轴方向热导率为 0.04cal/（S·cm·℃），垂直于纤维轴方向的热导率为 0.002cal/（S·cm·℃）。热导率随温度升高而下降。

碳纤维的导电性很好，经高温处理的碳纤维或经特殊的工艺方法处理的纤维，具有较高的导电率和磁导率，可用作电磁屏蔽材料。经低温处理或某些生铁处理可使碳纤维具有吸波性，可作为吸波材料，以达到隐身的目的。如著名的 B-2 隐形轰炸机 40％的部件如机翼蒙皮等均采用了碳纤维增强的复合材料。

碳纤维的化学性能与碳很相似。它除能被强氧化剂氧化外，对一般酸碱是惰性的。在无氧情况下，碳纤维具有突出的耐热性，高于 1500℃时强度才开始下降。碳纤维还有良好的耐低温性能，在－180℃低温下仍很柔软。此外，它还具有耐油、吸收有毒气体和减速中子等特性。

碳纤维的不足之处是抗氧化能力差，怕打结。

6.3.3　硼纤维

通常所指的硼纤维是一种复合材料，常见的有两种，一种是硼沉积在细钨丝上，另一种是硼沉积在涂碳和涂钨的石英纤维上。硼纤维的直径约 100μm。化学反应式如下：

$$2BCl_3 + 3H_2 \xlongequal{} 2B + 6HCl$$

硼纤维具有较高的强度、模量，其弹性模量比玻璃纤维高出 4 倍，强度超过钢的强度。硼纤维还具有耐高温的特点。主要用于航天航空工业。例如硼纤维增强钛合金复合材料已作为结构材料用于 B-1 洲际战略轰炸机，F-14 和 F-15 等军用飞机中。

6.3.4　碳化硅纤维

碳化硅纤维在形态上有晶须、异芯纤维和先驱体纤维三种，近年来发展较快、用途较为广泛的是先驱体法碳化硅纤维。

先驱体法制备碳化硅纤维是以聚碳硅烷（PCS）作为先驱体，聚碳硅烷经熔融纺丝、不熔化处理、以及 1200℃以上的高温热解，即得到高性能的 β-SiC 纤维。

碳化硅纤维是由均匀分散的微晶构成，凝聚力很大，应力能沿着致密的粒子界面分散，因而具有优异的力学性能，其抗拉强度为 2500～3000MPa，弹性模量为 180～200GPa；密度为 2.55g/cm³，具有良好的化学稳定性；与金属反应程度低；线膨胀系数小（约为 $3.1\times 10^{-6}℃^{-1}$）；碳化硅还具有良好的耐辐射性能和吸波性能，有可能成为高强度、耐高温、耐辐射的多功能隐身材料。

6.3.5　芳纶纤维

芳纶纤维是芳香族聚酰胺类纤维的通称，国外商品牌号叫凯芙拉（Kevlar）纤维，我国命名为芳纶纤维。其价格比碳纤维便宜，是一种很有发展前途的增强材料。

凯芙拉纤维共有三种品种：Kevlar、Kevlar-29（简称 K-29）、Kevlar-49（简称 K-49）。Kevlar 主要用于增强塑料、制造轮胎、三角皮带、同步带等。Kevlar-29 主要用于绳索、电缆、涂漆织物、带和带状物、防弹板、防弹头盔等。Kevlar-49 主要用作航空、航天、国防、造船等部门应用的各类复合材料的增强材料。

凯芙拉纤维由于具有芳环链结构，使其刚性很大，模量为钢丝的 5 倍。强度可达 3.9GPa，高于经过拉伸的钢丝。密度仅为钢丝的 1/5，比碳纤维轻 15％，比玻璃纤维轻 45％。

凯芙拉纤维具有良好的热稳定性，在高达 180℃温度下，仍能很好地保持它的性能。由于其分子间没有交联，所以它不像交联聚合物那样脆，韧性好，即使在－196℃低温，仍不脆和不失去拉伸强度。热膨胀系数低，在0～100℃温度下，约为$2\times10^{-6}℃^{-1}$。

除强酸与强碱外，芳纶几乎不受有机溶剂、油类的影响。芳纶的湿强度几乎与干强度相等。

芳纶的缺点是抗压强度低。在太阳光和紫外线照射下性能将退化，因此，必须加保护层以防紫外光对芳纶骨架的损害。

6.4 聚合物基复合材料

以聚合物为基体的复合材料统称为聚合物基复合材料。聚合物基复合材料是复合材料中研究最早、发展最快的一类复合材料，自20世纪初产生了酚醛树脂基复合材料到现在，聚合物基复合材料已形成从原材料、成型工艺、机械设备、产品种类及性能检测等较完整的工业体系。尤其现在，树脂基复合材料发展速度很快，性能不断提高，应用领域日益扩大，在现代复合材料中占有重要地位。

树脂基复合材料按增强纤维的种类可分为：玻璃纤维增强聚合物基复合材料；碳纤维增强聚合物基复合材料；芳纶增强聚合物基复合材料；硼纤维增强聚合物基复合材料及其他纤维增强聚合物基复合材料。如按基体的性能可分为：通用型聚合物基复合材料；耐化学腐蚀型聚合物基复合材料；阻燃型聚合物基复合材料；耐高温型聚合物基复合材料等。按聚合物基体的结构形式来分可分为热固性树脂基复合材料和热塑性树脂基复合材料。

热固性树脂基体的优点是使用温度高、不易发生蠕变、耐腐蚀性好、强度高、减震性好；缺点是成型要求固化时间长、后加工麻烦、不易修理，因而成本较高。

热塑性树脂基体的优点是可以再生使用，加工周期短，因而可提高工效、节约能源；缺点是热塑性复合材料耐温性和尺寸稳定性不如热固性复合材料。近年来，合成一些耐高温性好的热塑性树脂，可制得耐温性及韧性均优于环氧树脂的复合材料。

6.4.1 聚合物复合材料基体

（1）不饱和聚酯树脂　不饱和聚酯树脂是指具有线型结构的、可溶的、分子量不高，而主链上同时具有重复酯键及不饱和双键的一类有机高分子化合物。不饱和聚酯有顺丁烯二酸酐型（顺酐型）、丙烯酸型、丙烯酯型、二酚基丙烷型、乙烯基酯型。顺酐型不饱和聚酯是由不饱和的顺丁烯二酸酐或反丁烯二酸酐与饱和二元酸及多元醇经缩聚而成，其品种繁多，是不饱和聚酯树脂中最重要的一类。

不饱和聚酯树脂主链上具有重复酯键及不饱和双键，可用苯乙烯、二乙烯基苯类作固化剂，在过氧化物引发剂作用下，进行固化，而形成三向网状结构的大分子，采用氧化还原引发剂，可使不饱和聚酯树脂在室温、常压下固化，有利于复合材料的加工成型。

不饱和聚酯树脂是玻璃纤维增强塑料应用最普遍用量最大的一类树脂。其优点为：固化迅速，且能在常温下固化，无挥发性副产物；黏度低，浸渍性好；介电性、抗电弧性优良；耐腐蚀性好。缺点是固化收缩较大，固化不当时，由固化放热收缩就会产生裂纹。

（2）环氧树脂　环氧树脂是指分子中含有两个或两个以上环氧基团的一类有机高分子化合物。

复合材料工业上使用量最大的环氧树脂品种是缩水甘油醚型环氧树脂，而其中又以由二酚基丙烷（简称双酚A）与环氧氯丙烷缩聚而成的二酚基丙烷型环氧树脂（简称双酚A型环氧树脂）为主。

环氧树脂作为复合材料的基体材料，用量仅次于不饱和聚酯树脂。环氧树脂具有以下特点：固化方便、具有突出的尺寸稳定性和耐久性；黏附力强；固化过程中收缩性较低；具有较高的机械强度；电性能好，是一种具有高介电性能、耐表面漏电、耐电弧的优良绝缘材料；热稳定性好；具有优良的耐酸性、耐碱性和耐溶剂性。由于环氧树脂及固化后的体系具有一系列可贵的性能，它们可用作黏合剂、涂料、浇铸塑料和纤维增强复合材料的基体树脂等，广泛用于机械、电机、化工、航空、航天、船舶、汽车、建筑等工业部门。

（3）酚醛树脂　酚与醛按一定的比例在酸性或碱催化剂作用下相互缩聚的产物称为酚醛树脂。这种树脂在加热条件下，即可转变成不溶的三向网状结构。

酚醛树脂是最早的一类热固性树脂，它原料易得，合成方便，价格便宜；电绝缘性好；具有良好的机械强度和耐热性能，尤其具有突出的瞬时耐高温烧蚀性能。主要缺点是酚醛树脂在固化过程中有低分子物产生，需施加较大的成型压力，应用于大型制件时受到一定的限制。

酚醛树脂主要用于玻璃纤维增强塑料、黏合剂、涂料及热塑性塑料改性添加剂等。其中最重要的用途之一是酚醛树脂复合材料作为瞬时耐高温和烧蚀的结构材料用于宇航工业，如空间飞行器、导弹、火箭等。

（4）热塑性树脂　热塑性树脂复合材料中的热塑性树脂基体是指具有线型或支链型结构的一类有机高分子化合物，它是一类受热软化（或熔化），冷却变硬且此过程可以反复进行的树脂。

纤维增强热塑性塑料（FRTP）是 20 世纪 60 年代发展起来的一类高性能复合材料。此后，FRTP 在国外得到了深入研究和广泛应用。而 20 世纪 80 年代则成为 FRTP 的黄金时代。由于 FRTP 形状稳定性好，耐热，强度高，易加工成型，且成本低廉，已广泛用于宇宙、航空、汽车、电子电气等领域。

6.4.2　聚合物基复合材料的成型方法

（1）手糊成型法　该方法是用手工工具将布或纤维毡浸上树脂胶液，铺糊在敞开模具上，经固化和脱模即可获得制品。该方法设备简单、投资少、制品尺寸和形状不受限制，但生产效率低，产品质量不易控制，且劳动条件差。适宜于小批量、大尺寸、品种变化多的制品生产。一般用来成型汽车壳体、船身、储槽、卫生间、机身蒙皮、火箭外壳、隔音板等。

（2）喷射成型　该工艺是利用喷枪将短切纤维及胶液同时喷到模具上而制得复合材料制品。喷射成型比手糊成型效率高，可成型较为复杂形状的制品，但它需要专用的喷射机，施工中材料浪费大。一般用来成型小船、屋顶、浴缸、强度不高的缸体和管道、管子衬里等制品。

（3）树脂传递（树脂压注）模塑法　树脂传递模塑法（resin transfer moulding）简称 RTM 法，它是将液态树脂注入到事先铺有增强材料的闭合模中，在闭合模中浸渍增强材料而获得复合材料制品的方法。采用 RTM 成型的制品与手糊法和喷射法成型的制品相比，具有高的外观质量，精密的外形尺寸，较高的生产效率，较低的劳动强度和较好的生产环境。RTM 可以用来成型座椅、汽车部件、设备罩壳、中等容器等。一般情况下，大的交通部件都采用 RTM 工艺。

（4）模压成型工艺　模压成型工艺是将一定量的模压料放入金属对模中，在一定的温度和压力作用下，固化成型制品的一种方法。模压成型方法是复合材料重要的成型方法，在各种成型工艺中所占比例仅次于手糊/喷射和连续成型，居第三位。模压成型工艺有较高的生产效率，制品尺寸准确，表面光洁，多数结构复杂的制品可一次成型，制品外观及尺寸的重复性好，容易实现机械化和自动化等优点。

模压成型种类很多，如纤维料模压料、预成型坯模压、片状模塑料（SMC）模压等。纤维料模压是将预混或者预浸的纤维模压料装在金属模具中加热加压成型制品，其中高强度短纤维预混料模压成型是我国广泛使用的方法。预成型坯模压是先将短切纤维制成与制品形状和尺寸相似的预成型坯，然后将其放入模具中倒入树脂混合物，在一定温度压力下成型。适用于制造大型、高强、异形、深度较大、壁厚均匀的制品。SMC模压法是将SMC片材按制品尺寸、形状、厚度等要求裁剪下料，然后将多层片材叠合后放入模具中加热加压成型制品。此法适于大面积制品成型，目前在汽车工业、浴缸制造等方面得到了迅速发展。

(5) 缠绕成型法　将浸渍过树脂的连续纤维或布带缠绕到一定形状的芯模上，达到一定厚度后，通过固化脱膜得到制品。缠绕成型法可使材料的比强度高，生产率高，可靠性好，而材料成本降低。缠绕成型适宜于承受一定内压的中空型容器，如固体火箭发动机壳体、各种管道和贮罐、压力容器等。

(6) 挤出成型工艺　挤出成型工艺是生产热塑性复合材料制品的主要方法之一，其工艺过程是先将树脂和增强纤维制成粒料，然后再将粒料加入挤出机内，经塑化、挤出、冷却定型而成制品。其优点是能加工绝大多数热塑性复合材料及部分热固性复合材料，生产过程连续，自动化程度高，工艺易掌握。挤出成型工艺广泛用于生产各种增强塑料管、棒材、异形断面型材等。

6.4.3 聚合物基复合材料的性能

(1) 比强度高　玻璃纤维增强塑料（FRP）复合材料有较高的比强度，FRP的密度在1.4～2.2g/cm^{3}之间，为钢的1/5～1/4之间，而强度与一般碳素钢相近，因而比强度高。金属材料和聚合物基复合材料的性能比较见表6-7。

表6-7　金属材料和聚合物基复合材料的性能比较

材　　料	密度/(g/cm^3)	抗张强度/10^3MPa	弹性模量/10^5MPa	比强度/10^5cm	比模量/10^5cm
钢	7.8	1.03	2.1	0.13	0.27
铝合金	2.8	0.47	0.75	0.17	0.26
钛合金	4.5	0.96	1.14	0.21	0.25
玻璃纤维复合材料	2.0	1.06	0.4	0.53	0.20
碳纤维Ⅱ/环氧复合材料	1.45	1.50	1.4	1.03	0.97
碳纤维Ⅰ/环氧复合材料	1.6	1.07	2.4	0.67	1.5
有机纤维/环氧复合材料	1.4	1.4	0.8	1.0	0.57
硼纤维/环氧复合材料	2.1	1.38	2.1	0.66	1.0
硼纤维/铝复合材料	2.65	1.0	2.0	0.38	0.57

(2) 耐疲劳性能好　金属材料的疲劳破坏常常是没有明显预兆的突发性破坏，而聚合物基复合材料中纤维与基体的界面能阻止材料受力所致裂纹的扩展。因此，其疲劳破坏总是从纤维的薄弱环节开始逐渐扩展到结合面上，破坏前有明显的预兆。大多数金属材料的疲劳强度极限是其抗张强度的30%～50%，而碳纤维/聚酯复合材料的疲劳强度极限可为其抗张强度的70%～80%。

(3) 减振性好　受力结构的自振频率除与结构本身形状有关外，还与结构材料比模量的平方根成正比。复合材料比模量高，故具有高的自振频率。同时，复合材料界面具有吸振能力，使材料的振动阻尼很高。

(4) FRP的电性能　FRP的电性能介于纤维的电性能与树脂的电性能之间。并且随着树脂品种、玻璃纤维表面处理剂类型以及环境温度和湿度的变化而不同。

(5) FRP的热性能　在室温下，FRP的热导率低，可作隔热材料使用。FRP的热膨胀系数一般在（4～36）$\times10^{-6}$℃$^{-1}$范围内，金属材料的一般在（11～29）$\times10^{-6}$℃$^{-1}$之间，二者相近，在一定温度范围内，FRP具有较好的热稳定性和尺寸稳定性。但FRP的热变形温度和耐热温度极限较低，一般FRP的热变形温度在160～200℃之间，耐热极限大多不超过250℃。

(6) FRP的老化性能　FRP在长期的使用和储存过程中，由于各种物理和化学因素的作用而发生的物化性能的下降或变差的现象叫劣化或老化。

一般地，FRP 具有优良的耐化学腐蚀性。但 FRP 在户外使用时，受紫外光和氧作用，树脂发生光氧化、光降解、交联，生成氧化产物发生分子链断裂。外观表现为变黄、发脆，致使透光 FRP 的透光率大幅度下降。而且，在风沙大的地方，风砂对 FRP 产生机械磨损，导致表面光泽度下降、表面层脱落、纤维外露等。可以采取一些措施，如添加紫外线吸收剂，进行 FRP 表面处理等，防止 FRP 在环境中的老化。

（7）有很好的加工工艺性　复合材料可采用手糊成型、模压成型、缠绕成型、注射成型和拉挤成型等各种方法制成各种形状的产品。

6.4.4　聚合物基复合材料的应用

聚合物基复合材料作为一种新型的工程材料，由于它具有比较突出的优良性能且生产成本低，在化工、建筑、航空航天、交通运输、机械电气等领域得到广泛应用，对促进国民经济建设和国防建设的发展起了重要作用（见表 6-8）。

表 6-8　聚合物基复合材料的应用

航空航天	飞机及零件	飞机机身、发动机壳体、发动机风扇叶片、螺旋桨、雷达罩、防弹油箱、机门、坐椅、行李架、隔板、地板等
	卫星、飞行器导弹零部件	火箭发动机壳体、固体发动机喉衬和出口锥、导弹端头、卫星及飞行器上的天线、天线支架、太阳电池、框架、微波滤器等
交通运输	火车	铁路客车上水箱、客车车厢、车门、车窗、餐车洗菜池、洗脸池、管道、坐椅架、天花板、刹车片等，冷藏车的车身、地板、冰箱盖等，铁路集装箱
	汽车	汽车顶篷、前围、后围、侧边、车门、引擎罩、驾驶室、仪表盘、地板、乘客座椅、行李架、油箱、水箱、排气筒等，冷藏车的车箱、地板、车门等
	其他车辆	自行车的钢圈、三角架、保险叉、后架、手把等，摩托车的车身、挡泥板、保险叉、挡风罩、侧座箱等
船舶		潜水艇减阻器、声纳罩、导流罩、舱口盖、桅杆、浮标等，扫雷艇、巡逻艇、救生艇、渔船、游艇等
建筑	结构及围护材料	横架、梁、柱、基础、承重墙板、楼层板、波形板、夹层结构，各种不同材料复合板
	采光材料	透明波形板、半透明夹层板、整体和组装式采光罩
	门窗装饰材料	门窗构件、吊顶、墙裙、建筑浮雕、雕塑
	卫生洁具	浴盆、便盆、洗面盆，各种整体式或组装式卫生间及配件
	采暖通风材料	通风橱、空调管道、排空管、防腐风机等
化工		各种化工管道、阀门、泵、储槽、塔器等
电气		各种开关装置、电缆输运管道、高频绝缘子、印刷电路板、雷达罩等
文体用品		登山滑雪鞋、越野滑雪鞋、网球拍、高尔夫球棒、钓鱼竿、羽毛球拍、滑雪板、赛车、赛艇、划桨、垒球棒等

6.5　金属基复合材料

6.5.1　概述

金属基复合材料的最初发展是在 20 世纪 60 年代，但由于制备技术等各种因素的限制当时并未引起注意。进入 20 世纪 70 年代后期以来，随着现代科学技术的飞速发展，人们对材料的要求越来越高。在结构材料方面，不但要求强度高，还要求其质量要轻，在航空航天领域尤其如此。金属基复合材料正是为了满足上述要求而诞生的。与传统的金属材料相比，它具有较高的比强度与比刚度，而与树脂基复合材料相比，它又具有优良的导电性与耐热性，与陶瓷材料相比，它又具有高韧性和高冲击性能。这些优良的性能决定了它从诞生之日起就成了新材料家庭中的重要一员，它已经在一些领域里得到应用并且其应用领域正在逐渐扩大。

按照增强材料的种类，金属基复合材料可分为连续纤维增强，非连续增强体增强和不同金属板和积层复合三类。连续纤维或长纤维增强金属基复合材料是以高性能的纤维为增强体，金属或它们的合金为基体制成的复合材料；非连续增强体增强复合材料是由金属或合金与短纤维、晶须、颗粒复合而成的复合材料；积层复合材料是由两层或多层不同层板组成的材料。

一般说来，所有金属材料均可用作复合材料基体，到目前已研究的复合材料基体有铝、镁、钛、铜、铅、锌、镍及其合金，其中铝合金与各种纤维的复合体系几乎都被研究过。

常用于金属基复合材料的纤维有硼纤维、碳（石墨）纤维、碳化硅纤维、氧化铝纤维，以及钨丝、钼丝、铍丝、不锈钢丝等金属丝。晶须主要有碳化硅（SiC）、氧化铝（Al_2O_3）。用作金属基复合材料的增强颗粒主要有碳化硅和氧化铝颗粒。

6.5.2 金属基复合材料性能

金属基复合材料的性能取决于所选用金属或合金基体和增强物的特性、含量、分布等。通过优化组合可以获得既具有金属特性，又具有高比强度、高比模量、耐热、耐磨等的综合性能。综合归纳，金属基复合材料有以下性能特点。

（1）高比强度、高比模量 由于在金属基体中加入了适量的高强度、高模量、低密度的纤维、晶须、颗粒等增强物，明显提高了复合材料的比强度和比模量，特别是高性能连续纤维——硼纤维、碳（石墨）纤维、碳化硅纤维等增强物，具有很高的强度和模量。

（2）导热、导电性能 金属基复合材料中金属基体占有很高的体积百分比，一般在60%以上，因此仍保持金属所具有的良好导热和导电性。良好的导热性可以有效地传热，减少构件受热后产生的温度梯度，迅速散热，这对尺寸稳定性要求高的构件和高集成度的电子器件尤为重要。良好的导电性可以防止飞行器构件产生静电聚集。

（3）热膨胀系数小、尺寸稳定性好 金属基复合材料中所用的增强物碳纤维、碳化硅纤维、晶须、颗粒、硼纤维等均具有很小的热膨胀系数，又具有很高的模量，特别是高模量、超高模量的石墨纤维具有负的热膨胀系数。加入相当含量的增强物不仅可以大幅度地提高材料的强度和模量，也可以使其热膨胀系数明显下降，并可通过调整增强物的含量获得不同的热膨胀系数，以满足各种工况要求。

（4）良好的高温性能 由于金属基体的高温性能比聚合物高很多，增强纤维、晶须、颗粒在高温下又都具有很高的高温强度和模量。因此金属基复合材料具有比金属基体更高的高温性能，特别是连续纤维增强金属基复合材料，在复合材料中纤维起着主要承载作用，纤维强度在高温下基本不下降，纤维增强金属基复合材料的高温性能可保持到接近金属熔点，并比金属基体的高温性能高许多。

（5）耐磨性好 金属基复合材料，尤其是陶瓷纤维、晶须、颗粒增强金属基复合材料具有很好的耐磨性。这是因为在基体金属中加入了大量的陶瓷增强物，特别是细小的陶瓷颗粒。陶瓷材料具有硬度高、耐磨、化学性能稳定的优点，用它们来增强金属不仅提高了材料的强度和刚度，也提高了复合材料的硬度和耐磨性。

（6）良好的疲劳性能和断裂韧性 金属基复合材料的疲劳性能和断裂韧性取决于纤维等增强物与金属基体的界面结合状态，增强物在金属基体中的分布以及金属、增强物体本身的特性，特别是界面状态，最佳的界面结合状态既可有效地传递载荷，又能阻止裂纹的扩展，提高材料的断裂韧性。

（7）不吸潮、不老化、气密性好 与聚合物相比，金属基性质稳定、组织致密，不存在老化、分解、吸潮等问题，也不会发生性能的自然退化，这比聚合物基复合材料优越，在空间使用不会分解出低分子物质污染仪器和环境，有明显的优越性。

6.5.3　金属基复合材料的种类

（1）铝基复合材料　这是在金属基复合材料中应用得最广的一种。由于铝合金基体为面心立方结构，因此具有良好的塑性和韧性，再加上它所具有的易加工性、工程可靠性及价格低廉等优点，为其在工程上应用创造了有利的条件。

在制造铝基复合材料时通常并不是使用纯铝而是用各种铝合金。这主要是由于与纯铝相比铝合金具有更好的综合性能，至于选择何种铝合金作基体则往往根据实际中对复合材料的性能需要来决定。

常见的金属基复合材料为硼铝复合材料。金属基复合材料对增强纤维的主要要求是比模量高、比强度高、性能重复性好、价格低以及易于制造成复合材料。玻璃纤维强度较高价格低廉，但它的模量低易与铝起反应。氧化铝纤维的比模量和比强度较低且价格昂贵。碳化硅纤维与铝的反应比硼小，并已作为硼纤维的涂层使用，但其密度比硼高 30%，且强度较低。高模量石墨纤维似乎很有吸引力，但它以纱线形式出现却是一个严重缺点。

硼纤维是用化学气相沉积法由钨底丝上用氢还原三氯化硼制成的。将钨丝电阻加热到1100～1300℃并连续拉过反应器以获得一定厚度的硼沉积层，这样便在钨丝上沉积了颗粒状的无定形硼。目前大量供应的纤维有 100μm 和 140μm 两种直径，有的纤维带有 2μm 厚的碳化硅涂层，其目的是为了改进纤维的抗氧化性能。140μm 硼纤维的室温密度为 $2.55g/cm^3$。由于硼纤维的表面具有高的残余压缩应力，因此纤维易操作处理，并对表面磨损和腐蚀不敏感，这是硼纤维的一项很有意义的特性。

硼纤维选择铝合金作为基体是由于铝合金具有良好的综合性能。良好的综合性能是指良好的结合性能，较高的断裂韧性，较强的阻止在纤维断裂或劈裂处的裂纹扩展能力；较强的抗腐蚀性，较高的强度等。对于高温下使用的复合材料，还要求基体具有较好的抗蠕变性和抗氧化性。此外，基体应能熔焊或钎焊，而对于某些应用还要求基体能采用复合蠕变成型技术。

（2）镍基复合材料　金属基复合材料最有前途的应用之一是作燃气涡轮发动机的叶片。这类零件在高温和接近现有合金所能承受的最高应力下工作，因此成了复合材料研究的一个主攻方向。

近些年对金属基复合材料所作的大部分工作都是根据和铝合金基体的复合系进行的，因为这种基体制造比较容易，而且制造和使用温度较低，可减少与纤维反应程度。但对于像燃气轮机零件这类用途，必须采用更加耐热的镍、钴、铁基材料。由于制作和使用温度较高，制造复合材料的难度和纤维与基体之间反应的可能性都增加了。同时，对这类用途还要求在高温下具有足够强度和稳定性的增强纤维，符合这些要求的纤维有氧化物、碳化物、硼化物和难熔金属。

由于高温合金大多数都是镍基的，因此在研制高温复合材料时，镍也是优先考虑的基体。材料大多数都是用纯镍或简单镍铬合金作为基体的。而增强物则以单晶氧化铝（α-Al_2O_3 蓝宝石）为主，它的突出优点是，高弹性模量、低密度、纤维形态的高强度、高熔点、良好的高温强度和抗氧化性。

由于镍的高温性能优良，因此镍基复合材料主要是用于制造高温下工作的零部件。

（3）钛基复合材料　钛比任何其他的结构材料具有更高的比强度。此外，钛在中温时比铝合金能更好地保持其强度。因此，对飞机结构来说，当速度从亚音速提高到超音速时，钛比铝合金显示出了更大的优越性。

硼纤维最初的一种应用是增强钛合金。所以对钛感兴趣主要是基于以下两点原因：钛基复合材料的使用温度超过塑料基体的温度极限，同时在一般的结构材料中钛合金的比强度最高。但由于活性的钛与硼发生严重的反应使得早期在这方面的研究没能取得成功。随着铝基复合材料的发展，钛曾一度受到了冷落，但随着相容性问题的逐渐解决，钛基复合材料又逐渐受到重视。钛基复合材料的主要优点是：工作温度较高；不需要交叉叠层就可获得较高的非轴向强度；高的抗腐蚀性和抗损伤性；较小的残余应力以及强度和模量的各向异性较小等，但同时，它也有一些缺点，包括密度较高，制造困难和成本高。成本和制造上的困难是钛基复合材料应用的主要障碍。其成本高主要是由下列因素造成的，纤维或增强物的成本较高、基体一般需加工成箔材，制造工艺较为复杂。可以相信，钛基复合材料对于解决采用高性能材料在先进系统的很多问题上有极大的潜力，但成本问题是妨碍它们应用的主要障碍。由于制造工艺对成本的影响比原材料更大，今后将主要在这方面进行研究。

6.6 无机非金属基复合材料

6.6.1 陶瓷基复合材料

陶瓷材料具有耐热、抗氧化、耐磨耗、耐化学腐蚀等突出的优点。但韧性差、难于加工的缺点使其应用受到限制。在陶瓷材料中加入纤维增强，能大幅度提高强度，改善脆性，并提高使用温度。

6.6.1.1 纤维增强陶瓷复合材料的制备

(1) 浆液渗透与混合　浆液渗透与混合是一种传统的陶瓷制备工艺，也适合陶瓷基复合材料。该技术是将纤维预制成型（如作成带状），通过含有基体材料的浆液混合物浸渍、收集、干燥，作成所需形状再热压成型。该法多用于制造几何形状不太复杂的零件。

(2) 溶胶-凝胶和聚合物裂解法　此法也称为先驱体法。此种方法是将增强纤维排列或编织成一定形状的预型体，然后将它浸渍在熔化的聚合物或有机溶胶中，经凝胶化、干燥后烧结，即得到陶瓷基复合材料。此法的优点是复合体均匀性好，较易渗透和成型。与其他陶瓷加工技术相比，烧结温度可降低。缺点是复合体收缩大，残留的微气孔多，影响材料性能。

(3) CVI和CVD法　CVI即化学气相渗透技术，是由化学气相沉积法（CVD）和反应烧结法推广而来的。此法是将纤维预制件骨架置于密闭的反应室内，通过反应气体，在高温（1200℃左右）下，反应气体在纤维预制件骨架上热解（或反应）成陶瓷基体。此法的优点是不要烧结过程，可以制备复杂形状的制件，并可沉积多种材料的基体。缺点是加工设备复杂，加工温度高，充填时间长、孔隙多。

(4) 直接熔融氧化法（Lanxide）法　该法是将陶瓷纤维预制成型件置于熔融金属的上面，通过选择合适的金属种类与成分及炉体温度和气氛，使浸渍至纤维织物中的金属与气氛发生反应形成陶瓷基体沉积于纤维表面，形成含有少量残余金属的致密的陶瓷基体。

6.6.1.2 陶瓷基复合材料的基本性能

陶瓷材料强度高、硬度大、耐高温、抗氧化、高温下抗磨损性好、耐化学腐蚀性优良，热膨胀系数和密度较小，这些优异的性能是一般常用金属材料、高分子材料及其复合材料所不具备的。但陶瓷材料抗弯强度不高，断裂韧性低，限制了其作为结构材料使用。当用高强度、高模量的纤维或晶须增强后，其高温强度和韧性可大幅度提高。

陶瓷的最大缺点是韧性差，其破坏主要是龟裂扩展而破坏，可用破坏韧性值 K_{1c} 来衡量。破坏韧性值就是对材料龟裂的阻抗。

破坏韧性值 K_{1c} 由材料的模量和破坏时吸收的能量决定，即：

$$K_{1c}=\sqrt{Er} \tag{6-40}$$

其中
$$r=r_0+r_1+r_2+r_3 \tag{6-41}$$

式中，E 为杨氏模量；r 为破坏能；r_0 为表面能；r_1 为塑性变形能；r_2 为龟裂倾向能；r_3 为龟裂分枝能。用纤维增强陶瓷时，$E_{纤维}>E_{基体}$，纤维主要承受力，且纤维使基体的龟裂难于扩展。当 $\sigma_{纤维}>\sigma_{基体}$ 时，裂缝沿着纤维偏折。这些都有利于 K_{1c} 提高。例如，Al_2O_3 陶瓷的断裂韧性值为 5.5MPa·$m^{1/2}$，而且 SiC 纤维增强 Al_2O_3 陶瓷后，断裂韧性为 8.8MPa·$m^{1/2}$。ZrO_2 陶瓷的断裂韧性为 5.0MPa·$m^{1/2}$，用 SiC 纤维增强后可达 22.0MPa·$m^{1/2}$。

用纤维增强陶瓷的主要目的是提高陶瓷的韧性，韧性除与纤维及基体有关外，纤维与基体的结合强度、基体的孔隙率、工艺参数也有明显影响。纤维与基体间的结合强度过大将使韧性降低，基体中的孔隙率能改变复合材料的破坏模式，孔隙率越大，韧性越差。

陶瓷基复合材料的拉伸和弯曲性能与纤维的长度、取向和含量、纤维与基体的强度和弹性模量、它们的热膨胀系数的匹配程度、基体的孔隙率和纤维的损伤程度密切相关。无规排列短纤维-陶瓷复合材料的拉伸和弯曲性能经常低于基体材料，这是因无规排列纤维的应力集中的影响以及热膨胀系数不匹配造成的。将短纤维定向可以提高该方向上的性能。用定向的连续纤维可以明显提高强度，因为提高了增强效果，降低了应力集中。

6.6.1.3　陶瓷基复合材料的应用

陶瓷基复合材料的最高使用温度主要取决于基体特性，其工作温度按下列基体材料依次提高：玻璃、玻璃陶瓷、氧化物陶瓷、非氧化物陶瓷、碳素材料，最高工作温度达 1900℃。

陶瓷基复合材料主要应用于刀具、滑动构件、航空航天构件、发动机制动件、能源构件等。在航空航天领域，有陶瓷基复合材料制作的导弹的头锥、火箭的喷管、航天飞机的结构件等也收到了良好的效果。现在普遍使用的燃气轮机高温部件还是镍基合金和钴基合金，它可使汽轮机的进口温度高达 1400℃，但这些合金的耐高温极限受到了其熔点的限制，因此采用陶瓷材料来代替高温合金已成了目前研究的一个重点内容。

6.6.2　碳/碳复合材料

碳/碳复合材料是指以碳纤维（或石墨纤维）为增强纤维，以碳（或石墨）为基体的复合材料。石墨因其具有耐高温、抗热震、导热性好、弹性模量高、化学惰性以及强度随温度升高而增加等性能，是一种优异的、适用于惰性气氛和烧蚀环境的高温材料，但韧性差，对裂纹敏感。碳/碳复合材料除能保持碳（石墨）原来的优良性能外，还克服了它的缺点，大大提高了韧性和强度，降低了热膨胀系数。

（1）碳/碳复合材料的制备　碳纤维用聚合物（酚醛树脂、环氧树脂或沥青等）浸渍，固化成型后进行热裂解（无氧条件下），形成多孔的预成型制品，再经多次液体浸渍或化学气相沉积（CVD）工艺，达到所需制件的质量。

碳纤维是 C/C 复合材料的骨架，对复合材料的各项性能，如强度、刚度等起着重要的作用。酚醛树脂由于耐热性高，抗蠕变性能好，尺寸稳定，广泛用作 C/C 复合材料的基体。酚醛树脂由于裂解后含碳量高，常作为制备 C/C 复合材料中的再浸渍用树脂。沥青也常用作 C/C 复合材料的基体。它的软化点和黏度均较低，裂解后含碳量高。在碳化过程中存在类似液晶的球状中间结构，这对 C/C 复合材料的制备和性能是很重要的。

（2）碳/碳复合材料的特征　C/C 复合材料的研制始于 20 世纪 50 年代，早期用作烧蚀防热材料，目前主要用作高温结构材料。它的强度和刚度都相当高，而且能承受极高的加热速度。当温度升高时（如从 1000℃升至 2000℃），强度不但不下降反而呈上升趋势，高温力学性能比低温还好。即使温度升到 2500℃，其强度也不降低，这是目前任何树脂基、金属基和陶瓷基复合材料无法比拟的。C/C 复合材料的高比强、高比模、优异的尺寸稳定性、耐烧蚀、耐磨、抗粒子云浸蚀、抗核爆及抗 X 射线冲击等性能有可能使其成为优良的结构/功能材料。

C/C 复合材料又一特点是化学稳定性好。因为碳元素是耐腐蚀性最好的材料之一，它对酸、碱、盐溶液及有机溶剂都是惰性的，因而可在化工等行业得到应用。

C/C 复合材料最致命的弱点是高温（>350℃）氧化，限制了其应用。70 年代初期，人们开始着手进行 C/C 抗氧化的研究，研究结果表明，采用硅基陶瓷涂层（SiC、Si_3N_4）基本能解决 1600℃以下 C/C 的氧化防护问题，但要在更高温度下使用需要开辟新材料和新途径。

(3) C/C 复合材料的应用　碳/碳复合材料质量轻，性能优异，可以根据需要进行设计，具有广阔的应用前景，但价格较贵，在高温下长期使用容易氧化，因此，目前的应用还局限于航天及一些特殊的场合。

C/C 复合材料可用作航天领域中重返大气层的导弹外壳、火箭及超音速飞行器的鼻锥（需经受 2200℃高温）及其他部位的防热材料，或作为飞机刹车片的能量吸收材料。用 C/C 复合材料制备的航天飞机高温部件，表面温度已超过 1260℃。在超过陶瓷耐热极限的机体端部和机翼前缘部分，使用 SiC 涂层的 C/C 复合材料，正在发挥其特有的作用。美国 NASA 在第二代航天飞机中，首先确定采用了 C/C 复合材料作为主要结构材料的计划。第二代航天飞机对 C/C 复合材料设计要求很严格，要求把以前航天飞机在 1300℃时飞行 100 次的使用寿命，提高到 1530℃时 500 次的使用寿命。前苏联研制的“暴风雪”号航天飞机具有 3600 块石英瓦和 C/C 复合材料防护瓦，保证了高温绝热。

C/C 复合材料由于化学稳定性好，在化学工业可用作各种反应容器，替代石墨作热交换管，还可用作与高温腐蚀性气体相接触的喷气发动机的进气部件及火箭推进器系统。

由于 C/C 复合材料与人体组织生理上相容，弹性模量和密度可以设计得与人骨一样，并且强度高，因此，可用来接断骨、作膝关节和髋关节等。

6.6.3　无机胶凝复合材料

无机胶凝材料是用量最大的建筑材料，广泛地用于工业与民用建筑、水利工程、地下工程、国防建筑工程等，在国家建设中占有极其重要的地位。但无机胶凝材料在应用中的最大问题是其固有的脆性破坏，由于抗拉强度小，石膏制品的抗拉强度仅为抗压强度的 1/5～1/4，水泥及混凝土的抗拉强度只有其抗压强度的 1/20～1/10，制品及构件在受拉应力系统或冲击载荷情况下，容易产生应力开裂，这在大型（大体积）建筑施工和受力构件的应用上尤为明显。而采用纤维增强可以解决无机胶凝材料由于应力开裂导致的脆性破坏问题。目前在国民经济建设中应用最广泛的是玻璃纤维增强水泥、钢纤维增强混凝土和纤维增强石膏。

(1) 玻璃纤维增强水泥（GRC）　玻璃纤维用于增强水泥首先要解决的问题是水泥泥浆对玻璃纤维（GF）的碱性侵蚀。GF 由于耐碱性差，其［SiO_2］网络骨架容易遭受碱性介质的腐蚀破坏，致使强度大大降低。在最初的研究中，关于水泥基体的种类首先选择了低碱度的高铝水泥。但由于高铝水泥在潮湿环境中养护时，其反应产物的化学结构会发生变化，致使水泥浆的孔隙率增大，强度和刚度降低。因而致力于耐碱 CF 的研究和开发，以便不受普遍使用的高碱性普通硅酸盐水泥的腐蚀。

目前普通硅酸盐水泥作为结构材料最具优势，而且采用火山灰质材料、粉煤灰或细砂来代替部分水泥用量，具有显著的效果，不但大大提高了基体的体积稳定性，同时由于砂或粉煤灰可以吸收硅酸盐水泥水化时释放出来的 $Ca(OH)_2$，生成水化硅酸钙，减少了 GF 的碱性侵蚀，从而提高了 GF 的增强效果和复合材料的基本性能。

用于增强水泥基体的 GF 的种类主要有 A 玻璃、E 玻璃和氧化锆玻璃，氧化锆玻璃比前两者具有更好的抗碱性腐蚀能力。

为了提高 GF 的耐碱性，开展了大量研究工作。1968 年首先研制出含有 ZrO_2 的新型耐碱 GF，随即投入工业化生产。与此同时，采用各种树脂作为普通 GF 涂层的试验也在进行，并取得了明显的效果。

与水泥相比，GF 增强水泥基复合材料具有下列特点：能生产薄板，在未硬化时可弯曲及模制；形状复杂的制品能用喷射法生产或将预拌材料压制、注塑或挤出成型来制得；初期有较高的抗挠强度及抗冲强度，便于制品或构件的制造及在非承重状态下的运输及安装。

GRC 的最初应用是制备覆面墙板，该墙板质量轻，强度高，并且能够作成夹层结构，并嵌入轻质的保温或隔热内芯，因而在高层建筑中具有特殊的优势。GRC 还可用于制造水箱、浴盆、排水沟、篱笆桩、门窗框和防火门等。在水上工程及海上应用方面，用 GRC 制造的板桩，用于水道扩岸工程。在两层 10mm 厚的玻纤水泥外壳中间填充聚酯硬泡沫塑料制造的船体也已获得成功。

（2）钢纤维增强混凝土　纤维混凝土是以水泥砂浆或普通混凝土为基体，掺入各种纤维材料制成的。目前国内外采用的纤维材料有钢纤维、玻璃纤维、石棉纤维、碳纤维以及合成纤维等。在纤维混凝土中，由于纤维是均匀分布在各个方向上，能随各方面的应力，阻碍裂纹的发展，从而大大提高了混凝土的韧性、抗裂性、抗冲击性。在各类纤维混凝土中，钢纤维对抑制混凝土裂纹的形成和扩展，提高混凝土的抗拉及抗弯强度，增强韧性、效果更好。当钢纤维的体积掺量为 2%，抗拉强度为素混凝土的 1.6～1.8 倍，抗弯强度为 2.0～2.2 倍，抗冲击能力为 5～10 倍。

钢纤维对混凝土的最大贡献是它的止裂作用，主要表现为：①在挠曲载荷作用下，提高了材料形成可见裂缝时的承载能力；②抑制混凝土的收缩开裂或限制公路面层开裂；③阻止疲劳载荷作用下的裂纹扩展；④防止冲击载荷作用下的开裂。

钢纤维混凝土主要应用于现浇混凝土和预制构件。现浇混凝土有路面的罩面层、工业地面、耐火工程、加固矿井及隧道等护坡。预制构件包括混凝土管、预制结构板等。

（3）纤维增强石膏　石膏是由单一矿物组成的气硬性无机胶凝材料，其最大的不足是脆性大、强度低、抗水差。用玻璃纤维增强的石膏可提高其性能，得到很好的使用效果。

目前用于 GF 增强石膏的两种石膏基体是：α 半水石膏（也称高强石膏），拌合料需水少，因此密度和强度较高；另一种为 β 半水石膏，即常用的建筑石膏（也称巴黎石膏）。

玻璃纤维增强石膏的两个突出的性能为：抗冲击强度和耐火性。抗冲击强度约为相同纤维体积的石膏的 2 倍。耐火性能好的原因，一方面是因为有 18% 的水与石膏结晶化合；另一方面是由于 GF 增强的结果。

玻璃纤维石膏现已形成应用规模的主要是纤维石膏板，用于学校隔墙系统、楼板构件以及油库、仓库、电站缆道的防火隔层等。

6.7　功能复合材料

复合材料最初的研究目标是不改变材料的密度的条件下，提高材料的强度，因此复合材料研究初期，人们往往把它单纯看作结构材料。然而随着复合材料研究的不断深入，人们发现复合材料还具有多种功能，于是功能复合材料也就应运而生。

功能复合材料是指具有除力学性能以外其他物理性能的复合材料。它是将具有不同功能的材料进行复合，它除了保留了组成复合材料的单一材料的功能外，还由于是多元组成，同时存在着界面，因此，就会产生许多新的功能（见表 6-9）。

表 6-9 复合材料具有的功能

类别	功能实例	应用实例	类别	功能实例	应用实例
电气功能	导电性 超导特性	Fe-Al复合导线、导电涂料 Nb-Ti-Cu复合超导线	力学功能	高耐磨特性 衰减特性	SiC/Al，Al_2O_3/Al耐磨活塞 钢/树脂/钢减振板
磁学功能	导磁特性 低噪声特性	铁氧体复合材料 铁粉/树脂隔音材料	放射线功能	耐放射性	Zr-Sn-Fe-Cr-Ni复合管
光学功能	光磁记录	软磁盘、CD唱片	电磁功能	电磁吸收 电磁反射	铁氧体/塑料电磁吸收板 铁氧体/塑料电磁反射板
热学功能	耐热性 耐热特性	C/Cu电极，定向凝固叶片 TBC处理高温部件	化学功能	气敏特性	ZrO_2/Y_2O_3复合碳势探头
			生物功能	组织相容性	人造骨、假牙

6.7.1 树脂基功能复合材料

（1）导电复合材料　在聚合物基体中，加入高导电的金属与碳素粒子、微细纤维通过一定的成型方式而制备出导电复合材料，加入聚合物基体中的这些添加材料可分为两类——增强剂和填料。增强剂是一种纤维质材料，它或者是本身导电，或者通过表面处理来获得导电率。这类增强材料用的较多的是碳纤维，其中聚丙烯腈碳纤维制成的复合材料比沥青基碳纤维增强复合材料具有更加优良的导电性能和更高的强度。导电复合材料中使用较多的填料为炭黑，它具有小粒度、高石墨结构、高表面孔隙度和低挥发量等特点，其加入量为5%～20%。金属粉末也常用作填料，其加入量为30%～40%。选择不同材质、不同含量的增强剂和填料，可获得不同导电特性的复合材料。

（2）透光复合材料　美国维斯特·考阿斯特公司最早成功地研制了无碱玻璃纤维增强不饱和聚酯型透光复合材料。根据温度、建筑采光、化工防腐等各种应用的需要，制成的透光复合材料有耐光学腐蚀的、自熄的、耐热的（120℃）、透紫外光的、透红外光的以及特别耐老化的特性。但总的来说，不饱和聚酯型透光复合材料透紫外光能力差、耐光老化性不好。为此，美国、日本等又先后开发研制了有碱玻璃纤维增强丙烯酸型透光复合材料，其光学特性、力学性能都比不饱和聚酯型的透光复合材料有明显改进。

（3）隐身复合材料　雷达涂覆型吸波材料包括涂料（主要为铁氧体）和贴片（板）（为橡胶、塑料和陶瓷）。日本研制的一种宽频高效吸波涂料是由电阻抗变换层和低阻抗谐振层组成的双层结构，其中变换层是铁氧体和树脂的混合物，谐振层则是铁氧体、导电短纤维与树脂构成的复合材料。红外隐身材料主要集中于红外涂层材料，现有两类涂料。一种是通过材料本身（例如使用能进行相变的钒、镍等氧化物或能发生可逆光化学反应的材料）或某些结构和工艺，使吸收的能量在涂层内部不断消耗或转换而不引起明显的升温；另一类涂料是在吸收红外能量后，使吸收后释放出来的红外辐射向长波转移，并处于探测系统的效应波段外，达到隐身目的。

（4）压电复合材料　将无机压电材料颗粒与聚合物材料复合后，可制得具有一定压电性的复合材料，如将钛酸锆与聚偏二氟乙烯或聚甲醛复合而得到材料，电压复合材料虽然压电性不十分突出，但其柔软、易成型，尤其是可制成膜状材料，大大拓宽了压电材料的用途。最重要的是由于其压电性及其他性能的可设计性，因而可以同时实现多功能，这是普通压电材料所无法比拟的。

6.7.2 金属基功能复合材料

（1）导电用复合材料　作为导电材料最具有代表的是铜材，然而为满足电气产品的高容量、高性能的需要，有时要求它具有较高的耐热性，为此人们首先想到的是在铜中加入合金元素（如Ag、Zr、Cr、Cd、Ti等）的方法，可是采用此方法总是或多或少地使合金的导电能力下降，由此固溶强化及加工硬化的方法受到了限制。后来人们开始研究在铜中加入Al_2O_3粒子的弥散强化方法制造新导电材料，结果表明这种材料的耐热性与强度均较高，而导电性几乎没有降低，于是很快地得到了应用，它的使用温度可达 600℃。

近年有人研究用钢来补充铜导线的强度不足，该种导线被广泛应用于输电线、架空地铁线、通信线等方面。制造的方法多种多样，常见的有在钢线的表面用电镀的方法镀上一层铜，当然复合后导线的电导率与所镀的铜层厚度有关。

电导率仅次于铜而常用的是铝系导线。日本开发并已投入实用的是 Al-Zr 系耐热导线，该导线最高使用温度可达 230℃，短时间使用温度超过 300℃。不过 Al 合金导线的缺点是机械强度偏低，若采用合金化的办法提高合金强度，必然导致电导率下降。为保证 Al 导线良好的导电性，同时使其又具有高的强度，日本研究开发了利用挤压成型的方法，在压挤过程中将钢丝周围包覆不同厚度的 Al，这样利用钢丝与 Al 之间的摩擦力将两者合在一起。利用此方法，可自由地调解 Al 的厚度、钢丝的尺寸及导线的强度，因此在电器设备上被广泛应用。

另外还有在导电金属中加入如碳纤维、硼纤维、Al_2O_3 纤维等用此来提高金属的耐热能力与强度，但一般此时应该说主要利用的是该种复合材料的结构材料特性，作为纯导电功能开发的是很少的。

(2) 电接触复合材料　电接触元件担负着传递电能和电信号以及接通或切断各种电路的重要功能，电接触元件所使用的材料其性能直接影响到仪表、电机、电器和电路的可靠性、稳定性、精度及使用寿命。碳纤维增强银复合材料被用于制造滑动电接触-导电刷，以银作基体的开关电接触复合材料，既利用了银的导电导热性好、化学稳定性强等特点，又通过添加一些材料来改善银的耐磨、抗蚀和抗电弧侵蚀能力。从而能够满足断路器、开关、断电器中周期性切断或接通电路的触点对各项性能的要求。开关电接触复合材料主要有金属氧化物改性的银基复合材料、碳纤维银基复合材料、碳化硅晶须或颗粒增强银基复合材料。

(3) 超导复合材料　超导材料有着广泛的应用潜力，然而高临界转化温度的氧化物超导体脆性大，虽有一定的抵抗压缩变形的能力，但其拉伸性能极差，成型性不好，使得超导体的大规模实用受到了限制。用碳纤维增强锡基复合材料通过扩散粘接法将 $Yba_2Cu_3O_2$ 超导体包覆于其中，从而获得良好的力学性能、电性能和热性能的包覆材料。

6.7.3　陶瓷基功能复合材料

(1) 耐热、抗激光辐射的复合材料　碳化硅增强玻璃陶瓷基复合材料在氧化环境中，能经受 1300℃的高温。氧化铝纤维增强陶瓷基复合材料具有抗激光破坏的能力，适宜作天线罩。在中等激光功率密度下，厚为 0.762cm 的 65%氧化铝纤维增强氧化铝致密复合材料，抗二氧化碳激光的烧穿时间为 7s；而在高激光功率密度下，其烧穿时间为 5s。

(2) 高热性能绝热复合材料　隔热材料是利用低热导率延缓热量向内部传导而达到防热目的，可用于导弹、航天器外表面或内部以及发动机、推进机储箱的隔热。二氧化硅纤维、硼硅酸铝纤维和少量碳化硅粉末所组成的耐高温的纤维增强复合绝热材料制成防热瓦已用于航天飞行器上。

(3) 具有磁性功能的复合陶瓷　铁氧体是典型的磁性陶瓷，是由氧化铁和其他一种或多种金属氧化物组成的复合氧化物磁性材料。铁氧体的特点是电阻率比金属磁性材料的高，在交变磁场中，涡流损耗和集肤效应都比较小，此外它还具有原料丰富、工艺简单、成本低廉等优点，作为永磁、高频软磁和磁记录材料有其广阔的应用前景。

(4) 具有导电功能的复合陶瓷　将碳化硅系陶瓷粉碎后再加入少量碳粉及沥青，经加压、加热成型，即可获得导电复合陶瓷。通过改变碳的比例，可控制其电阻率，这种导电复合陶瓷可用作电阻炉的电热体，这种电热体的使用温度比镍铬电阻丝的使用温度高得多。利用碳化硅复合陶瓷电阻随电压变化的非线性特征，可制成压敏电阻，其特征是在某一临界电压以下电阻值非常高，几乎没有电流通过，但当超过这-临界电压（压敏电压）时，电阻将急剧变化并有电流通过。这种压敏电阻可用于电子电路的稳定和异常电压控制元件。

（5）具有医用生物功能的复合陶瓷　近几年我国研制成功的羟基磷灰石和生物活性微晶玻璃复合材料，化学性能稳定，具有生物活性，在材料上分布着许多约 $400\mu m$ 的微孔，便于人体骨组织向其内部生长，使骨与材料之间呈活性结合，从而有效地解决了人工关节松动下沉问题。在长碳纤维上涂覆热解碳，植入人体后，可使韧带重新恢复功能；碳/碳复合材料具有良好的力学性能和生物相容性，其弹性模量接近人体骨骼，是颇有前途的医用生物体材料；等离子喷涂生物陶瓷涂层的人工骨与关节临床实验证明疗效良好，已广泛用于人工骨盆、肘关节、膝关节的医治工作。

第7章　新型材料

7.1　新型能源材料

7.1.1　太阳能电池材料

7.1.1.1　太阳能电池工作原理及应用

太阳能电池是通过光电效应或者化学效应直接把光能转化为电能的装置。利用太阳光与材料相互作用直接产生电能，是对环境无污染的可再生能源。太阳能电池具有以下特点：燃料免费；没有磨损、毁坏或需替换的活动部件；保持系统运转仅需很少地维护；系统为组件，可以在任何地方快速地安装；无噪声、无有害物排放和污染气体。

当太阳光照射到半导体表面，半导体内部 N 区和 P 区中原子的价电子受到太阳光子的激发，通过光辐射获取到超过禁带宽度 E_g 的能量，脱离共价键的束缚从价带激发到导带，由此在半导体材料内部产生出很多处于非平衡状态的电子-空穴对。这些被光激发的电子和空穴，或自由碰撞，或在半导体中复合恢复到平衡状态。其中复合过程对外不呈现导电作用，属于太阳能电池能量自动损耗部分。光激发载流子中的少数载流子能运动到 P-N 结区，通过 P-N 结对少数载流子的牵引作用而漂移到对方区域，对外形成与 P-N 结势垒电场方向相反的光生电场。一旦接通外电路，即可有电能输出。当把众多这样小的太阳能光伏电池单元通过串并联的方式组合在一起，构成光伏电池组件，便会在太阳能的作用下输出功率足够大的电能。

太阳能电池的应用范围很广，如应用于人造卫星、无人气象站、通信站、铁路信号、航标灯、计算器、手表等。太阳能电池按化学组成及产生电力的方式可分为无机太阳能电池、有机太阳能电池和光化学电池三大类。太阳能电池材料主要包括产生光伏效应的半导体材料、薄膜用衬底材料、减发射膜材料、电极与导线材料、组件封装材料等。

7.1.1.2　无机太阳能电池

（1）硅太阳能电池　对太阳能电池材料一般的要求有：能充分利用太阳能辐射，导体材料的禁带不能太宽；要有较高的光电转换效率；材料本身对环境不造成污染；材料便于工业化生产且材料性能稳定。基于以上几个方面考虑，硅是最理想的太阳能电池材料，这也是太阳能电池以硅材料为主的主要原因。硅太阳能电池是目前市场上的主导产品，分为单晶硅太阳能电池、多晶硅太阳能电池和非晶硅太阳能电池三种。

自 1954 年贝尔实验室发表了具备 6%光电效率的电池后，随着集成电路的发展，借助于电子级单晶硅材料制备工艺技术的成熟，单晶硅太阳能电池得到很快发展，一直是市场的主角。在电池制作中，一般都要采用表面织构化、发射区钝化、分区掺杂等技术，目前开发的电池主要有平面单晶硅电池和刻槽埋栅电极单晶硅电池，提高转换效率主要靠单晶硅表面微结构处理和分区掺杂工艺。单晶硅纯度高，其转换效率最高，转化率在 20%以上，技术也最为成熟，生产工艺和结构已经定型，产品已广泛应用于空间技术和其他方面。

多晶硅光伏电池比单晶硅光伏电池的材料成本低，是世界各国竞相开发的重点，它的研究热点包括开发太阳及多晶硅生产技术、开发快速掺杂和表面处理技术、提高硅片质量、研究连续和快速的布线工艺、多晶硅电池表面织构化技术和薄片化、高效化电池工艺技术等，以进一步降低成本。多晶硅薄膜太阳能电池与单晶硅相比，其成本低廉，而效率高于非晶硅薄膜电池，其实验室最高转换效率为18%，工业规模生产的转换效率为10%。因此，多晶硅薄膜电池不久将会在太阳能电池市场上占据主导地位。

非晶硅薄膜太阳能电池成本低、质量轻，转换效率较高，便于大规模生产，有极大的潜力。但受制于其材料引发的光电效率衰退效应，稳定性不高，直接影响了它的实际应用。如果能进一步解决稳定性问题，提高转换率，非晶硅太阳能电池则无疑是太阳能电池的主要发展产品之一。

(2) 纳米晶太阳能电池　纳米晶太阳能电池是以纳米材料为太阳能电池材料。纳米晶TiO_2太阳能电池是新近发展的，其优点是成本廉价、工艺简单、性能稳定，其光电效率稳定在10%以上，制作成本仅为硅太阳电池的1/10～1/5，寿命能达到20年以上。但由于此类电池的研究和开发刚刚起步，估计不久的将来会逐步走上市场。与传统的太阳能电池不同，纳米晶TiO_2太阳能电池采用的是有机和无机的复合体系，如吸附BLACK染料（作为敏化剂）的TiO_2纳米晶，其工作电极是纳米晶半导体多孔膜。研究的电极材料除了TiO_2外，还有ZnO、Fe_2O_3、SnO_2、Nb_2O_5、WO_5、Ta_2O_5、CdS、CdSe等。

7.1.1.3 有机太阳能电池

无机太阳能电池由于原料成本高、生产工艺复杂及窄带隙半导体的严重光腐蚀，使太阳能发电不能大面积推广。有机半导体材料具有合成成本低、功能和结构易于调制、柔韧性及成膜性都较好的特点，且有机太阳能电池加工过程相对简单、可低温操作，器件制作成本也随着降低，因而成为最为廉价和最有发展潜力的太阳能电池材料。除此之外，有机太阳能电池的潜在优势还包括：可实现大面积制造、可使用柔性衬底、环境友好、轻便易携等，有望应用在手表、便携式计算器、玩具、柔性可卷曲系统等体系中为其提供电能。

(1) 有机小分子太阳能电池材料　有机小分子太阳能电池材料都具有一定的平面结构，能形成自组装的多晶膜。这种有序排列的分子薄膜使有机太阳能电池的迁移率大大提高。常见的有机小分子太阳能材料有并五苯、酞菁、亚酞菁、卟啉、菁、苝和C_{60}等。并五苯是五个苯环并列形成的稠环化合物，是制备聚合物薄膜太阳能电池最有前途的备用材料之一。酞菁具有良好的热稳定性及化学稳定性，其合成已经工业化，是有机太阳能电池中研究很多的一类材料。

(2) 有机大分子电池材料　有机大分子电池材料主要包括富勒烯衍生物、聚噻吩衍生物、聚对苯撑乙烯衍生物、聚对苯衍生物、聚苯胺以及其他高分子材料。

C_{60}是很好的电子受体，但较小的溶解性限制了它在以溶液方式加工的聚合物太阳能器件中的应用，利用C_{60}特殊笼形结构及功能，将其作为新型功能基团引入高分子体系，可得到具有导电性和光学性质优异的新型功能高分子材料。聚噻吩及其衍生物是良好的导电聚合物，也是近年来在有机太阳能电池中广泛研究的一类给体材料。目前光电转换效率最好的有机太阳能器件是由噻吩类给体与富勒烯衍生物受体构成的体系。

7.1.2 储氢材料

7.1.2.1 氢能源及储氢材料的特点

氢是一种清洁的燃料，其发热值高，1kg氢气燃烧放热相当于3kg汽油的放热值，燃烧产物H_2O对环境无污染。氢能作为一种储量丰富、来源广泛、清洁的绿色能源及能源载体，被认为是未来有发展前景的新型能源之一。也被认为是连接化石能源向可再生能源过渡的重要桥梁。以多种方式制备的氢气，通过燃料电池直接转变为电力，可以用于汽车、火车等交通工具，也可用于工业、商用和民用建筑等固定式发电供热设施，实现终端污染物零排放。

在氢能的开发利用过程中，有两个重要的方面，即氢能的制备和储运。在氢能的制备方面：人类通过利用太阳能光解海水可以制得大量的氢，更重要的是氢的储运问题。氢燃料电池、氢燃料电池汽车及其相关领域的快速发展，有效推动了氢能技术的进步，但经济、安全、高效的氢储存技术仍是现阶段氢能应用的瓶颈。当氢作为一种燃料时，具有分散性和间歇性使用的特点，因此必须解决储存和运输问题。目前常用的储氢方法有物理方法和化学方法，物理方法如高压压缩、深冷液化、固化、活性炭纳米管吸附、Al_2O_3 微球储氢等；化学方法是利用金属、无机物或有机物在一定条件下与氢发生化学反应，形成金属氢化物等。

储氢材料必须具备以下特点：①吸氢能力大，易活化；②用于储氢时，氢化物的生成热小；③平衡氢压适当，平坦而宽，平衡压力适中；④吸放氢快，滞后小；⑤传热性能好，不易粉化；⑥对 O_2、H_2O、CO_2、CO 等杂质敏感性小，反复吸放氢材料性能不致恶化；⑦金属氢化物在储存、运输时性能可靠、安全；⑧储氢合金化学性质稳定，经久耐用，反复吸放氢后衰减小；⑨价格便宜，环境友好。

7.1.2.2　储氢合金材料

（1）储氢合金的组成　储氢合金一般为 AB_x 型，A 是能与 H 形成稳定氢化物的放热型金属，如 Re、Ti、V、Zr、Ca、Mg、Nb、La 等，能大量吸氢，并大量放热（$\Delta H<0$），而 B 为与氢亲和力小，通常不形成氢化物，但氢在其中容易移动，具有催化活性作用的金属，如 Fe、Co、Mn、Cr、Ni、Cu、Al 等，为吸热型金属（$\Delta H>0$）。由前者形成的氢化物稳定，不易放氢，氢扩散困难，为强键氢化物，控制储氢量；后者控制放氢的可逆性，起调节生成热与分解压力的作用。

特定合金在低温、高压下与氢反应，形成金属氢化物，从而吸氢；通过高温或减压，金属氢化物发生分解，从而放氢；通过冷却或加压又充氢。把吸放氢快，可逆性优良的合金称为储氢合金。其氢密度优先于瓶装氢气及液氢，并且安全。

（2）储氢合金的分类　储氢合金一般由吸氢元素或与氢有很强亲和力的元素（A）和吸氢量小或根本不吸氢的元素（B）共同组成。目前世界上已成功研制出多种储氢合金，它们大致可分为稀土镍系、钛铁系、钛锆系、钒基固溶体、镁系等。

稀土镍系储氢合金的典型代表是 $LaNi_5$，具有 AB_5 型结构，该类合金具有较低的工作温度和压力，平台压力适中且平坦，吸/放氢平衡压差小，动力学性能优良以及抗杂质气体中毒性能较好。经过元素部分取代后的 $MmNi_5$（Mm 为混合稀土，主要成分为 La、Ce、Pr、Nd）系合金已广泛应用于金属氢化物/镍电池的负极活性材料。钛锆系储氢合金一般是指具有拉夫斯（Laves）相结构的 AB_2 型金属间化合物。Ti/Zr 占据 A 位置，过渡金属 V、Cr、Mn 和 Fe 等占据 B 位置。与 $LaNi_5$ 体系相比，Laves 相系列化合物由于较高的储氢容量、较快的动力学性能、较长的寿命以及相对低的成本而引起人们的注意。但 AB_2 型合金目前还存在室温下过于稳定，初期活化困难、对于气体纯度较为敏感，合金原材料价格相对偏高等问题。钛铁系储氢合金的典型代表是 TiFe，其价格低廉，在室温下能可逆地吸收和释放氢，最大储氢质量分数可达 1.9%。可是 TiFe 容易被氧化形成 TiO_2 层，而且当成分不均匀或偏离化学计量时，储氢容量将明显降低。为了改善 TiFe 的储氢性能，特别是活化性能，在实际应用中一般要对合金进行处理。镁基储氢合金具有储氢容量高、资源丰富以及价格低廉的特点，受到各国科学家的高度重视，纷纷致力于新型镁基合金的开发。Mg_2Ni 能吸收质量分数 3.6% 的氢形成 Mg_2NiH 氢化物相，但其缺点是放氢温度高，一般为 250～300℃，且放氢动力学性能较差。通过使晶态 Mg-Ni 合金非晶化，利用非晶合金表面的高催化性，可以显著改善 Mg 基合金吸放氢的热力学和动力学性能。

7.1.2.3　碳材料储氢

（1）活性炭储氢材料　活性炭储氢是利用具有超高比表面积的活性炭作吸附剂，在中低温（77～273K）、中高压（1～10MPa）下的吸附储氢技术。一般来说，温度越低、压力越高，储氢量越大。在293K、5MPa和94K、6MPa下，储氢质量分数分别达1.9%、9.8%，氢的等温脱吸附可达95.9%。活性炭由于吸附能力大、表面活性高、循环使用寿命长、易实现规模化生产等优点成为一种独特的多功能吸附剂。但活性炭吸附温度较低，使其应用范围受到限制。

（2）碳纳米纤维储氢材料　碳纳米纤维储氢成本较高，循环使用寿命较短，但该材料具有储氢容量高等优点，因此受到了人们的广泛关注。如在室温、12MPa条件下，经过适当表面处理的碳纳米纤维储氢量可达到10%。

（3）石墨纳米纤维储氢材料　石墨纳米纤维是一种截面呈十字形，面积为（30～500）×$10^{-20}m^2$，长度为10～100μm的石墨材料，它的储氢能力取决于其直径、结构和质量。近年来石墨纳米纤维储氢材料取得了较大进展，如1MPa氢气气氛中用机械球磨法制备的纳米石墨粉，储氢量随球磨时间的延长而增加，当球磨80h后，氢浓度可达7.4%。

（4）碳纳米管储氢材料　碳纳米管具有较大的比表面积及大量的微孔，是一种储氢量很大的吸氢材料，其储氢量远远大于传统材料的储氢量，因此被认为是一种具有发展前景的储氢材料。碳纳米管可以分为单壁碳纳米管和多壁碳纳米管两种。与多壁碳纳米管相比，单壁碳纳米管缺陷少、长径比大、结构简单、强度大、量子效应明显、储氢能力强。

7.1.3 锂离子电池材料

锂离子电池是一种充电电池，它主要依靠锂离子在正极和负极之间移动来工作。锂离子电池主要由正极、负极、隔膜、电解液和外壳材料组成。锂离子电池的正负极均为能够可逆嵌锂-脱锂的化合物。电池在充电时，锂离子从正极中脱嵌，通过电解质和隔膜，潜入到负极中；放电时，锂离子由负极脱嵌，通过电解质和隔膜，重新嵌入到正极中。

锂离子电池是目前具有使用价值、综合性能最好的二次电池体系。锂离子电池具有工作电压高、体积小、质量轻、比能量高、无记忆效应、对环境无污染、自放电小、安全性好、允许工作温度范围宽（−20～60℃）、循环寿命长等特点。其应用领域已经渗透到民用以及军事应用的多个领域，包括移动电话、笔记本电脑、摄像机、数码相机等。

7.1.3.1 正极材料

锂离子电池正极材料要求具有以下基本特征：①嵌锂电位高，以保证电池较高的工作电压；②分子量小嵌锂量大，以保证电池有较高的放电容量；③锂离子的嵌入/脱出过程高度可逆且结构变化小，以保证电池有较长的循环寿命；④具有较高的电子电导率和离子电导率，以减少极化并能进行大电流充放电；⑤化学稳定性好，与电解质有优良的相容性；⑥原料易得，价格便宜；⑦制备工艺简单；⑧对环境友好。

（1）过渡金属氧化物　正极材料一般选用过渡金属氧化物，这是由于过渡金属存在混合价态，电子导电性比较理想，且不易发生歧化反应。目前国内研究较多的是$LiCoO_2$、$LiNiO_2$、$LiMn_2O_4$、$LiFePO_4$等正极材料。其中$LiCoO_2$制备工艺简单，电极性能良好，循环次数可达千次以上，是市场上商品锂离子电池广泛采用的正极材料，但存在价格高、安全性不好、污染大等缺点。$LiNiO_2$正极材料具有容量高，功率大，价格适中等优点，是一种很有希望替代$LiCoO_2$的正极材料。但$LiNiO_2$存在合成困难，热稳定性差等问题，导致其实用化进程一直较缓慢。尖晶石结构的$LiMn_2O_4$正极材料资源丰富、价格便宜、无环境污染、耐过充电性及安全性好，对电池的安全保护装置要求相对较低，从成本和安全性的角度考虑，尖晶石结构的$LiMn_2O_4$正极材料是最具发展潜力的锂离子正极材料。但由于存在容量偏低，高温下容量衰减严重等问题，其应用范围仍受到一定的限制。$LiFePO_4$正极材料是近期研究比较热的正极材料，具有充放电平稳，充放电过程中结构稳定，安全、环保等优势，但堆积密度低，导电性能差。$LiFePO_4$正极材料是近期研究的重点替代材料之一，可应用于动力电池领域，并已取得了一定的经济效益和社会效益。

（2）金属硫化物 金属硫化物作为锂离子电池正极材料虽然具有能量密度高、造价低、无污染等优点，如 TiS_2、MoS_2、NiS、$Ag_4Hf_3S_8$ 和 CuS 等都具有良好的嵌、脱锂性能和循环性能，但这类材料的嵌、脱锂电位较金属氧化物低，在低温条件下的电化学反应速度慢，材料的倍率充放电性能不理想。

（3）其他正极材料 一些其他正极材料如钒类正极材料、纳米复合材料和三元复合材料等已取得了初步的成功，也有一些新型材料一直在研究当中，将来会研究出更多的正极材料，这些材料的研究将推动锂离子电池的进一步发展。V_2O_5、无定形 α-V_2O_5、α-V_2O_5-B_2O_3 和 V_2MoO_8 都有人作过研究，其平均放电电压为 2.5 V 左右，低于 $LiCoO_2$ 和 $LiMn_2O_4$ 的放电电压。因为存在容量衰减问题，这些材料没有从大规模发展的角度进行研究。

7.1.3.2 负极材料

用作锂离子电池的负极材料应满足以下要求：①嵌/脱锂电位低而平稳，以保证电池有高而平稳的工作电压；②嵌/脱锂容量大，以保证电池有较大的充放电容量；③嵌/脱锂过程中结构稳定且不可逆容量小，以保证电池具有良好的循环性能；④电子电导率和离子电导率高，以减少极化并能够大电流充放电；⑤在电解质溶液中具有良好的化学稳定性，以保证电池有较长的使用寿命；⑥原料易得，价格便宜；⑦容易制备，生产成本低；⑧无毒，对环境友好。

锂离子二次电池负极材料经历了由金属锂到锂合金、碳材料、氧化物再回到纳米合金的演变过程。目前，已实际用于锂离子电池的负极材料基本上都是碳素材料，如天然石墨、碳纤维、树脂热解碳等。

（1）金属锂负极材料 金属锂是质量最轻、标准电极电位最负的金属，是目前已知的质量比能量最高的电极材料之一。锂异常活泼，能与很多无机物和有机物反应。在一次锂电池中，锂电极与有机电解质溶液反应，在其表面形成一层钝化膜，这层钝化膜能阻止反应的进一步发生，使金属锂稳定存在，这是一次锂电池得以商品化的基础。对于二次锂电池，由于金属锂电极在充放电过程中易产生锂枝晶，锂枝晶易从极板脱落，脱落后与极板的电接触断开，不能用于充放电反应，导致电池容量降低，若锂枝晶逐渐生长，则会刺穿隔膜延伸至正极，导致内部短路，引起火灾或爆炸。因而二次锂电池很难实现商业化。

（2）锂合金负极材料 在锂当中掺入低熔点金属如 Pb、Bi、Sn、Cd 等，形成的锂金属合金具有很高的可逆性。锂合金作负极材料，可以避免枝晶的生长，提高电池的安全性。但是，锂合金在锂脱/嵌的过程中，体积变化很大，容易造成材料的粉化失效，电池的循环性能差。

（3）碳负极材料 用碳取代金属锂作负极，充放电过程中不会形成锂枝晶，大大提高了电池的安全和循环性能。根据碳材料的石墨化难易程度，可以将其分为石墨、硬碳和软碳三类。天然石墨材料的石墨化程度高、结晶完整、嵌入位置多、容量大，但对电解液比较敏感，循环稳定较差。软碳材料可石墨化，存在一定杂质，难以制备高纯度，但资源丰富、价格低廉。硬碳材料为各种高分子聚合物经高温热解所得，不易石墨化，具有高无序不规则结构，容量很高。但在硬碳材料中存在较大的不可逆容量。在碳材料中掺入钾、硼以及碳纤维表面上镀上一层 Ag、Zn、Sn 能够有效地提高材料的容量及充放电效率。

7.1.3.3 电解质材料

电解质是电池的重要组成部分，其作用是在电池内部正负极之间形成良好的离子导电通道。水溶液、有机溶液、聚合物、熔盐或固体材料都可作为电解质材料。电解质材料的选择在很大程度上决定着电池的工作机制，影响着电池的比能量、安全性、循环性能、倍率充放电性能、储存性能和造价等。

有机溶剂离子的导电性一般都不好，常在有机溶剂中加入可溶解的导电盐以提高离子电导率。目前商用锂离子电池所用的电解液大部分采用 $LiPF_6$ 的乙基碳酸酯和二甲基碳酸酯混合溶剂，它具有较高的离子电导率与较好的电化学稳定性。聚合物电解质大致可分为固态聚合物、凝胶聚合物电解质和无机粉末复合型电解质。目前，不含液体组分的固态聚合物电解质还不能满足锂离子电池的应用要求。现已实现商品化生产的聚合物锂离子电池多使用含有液体增塑剂的聚合物电解质。凝胶聚合物电解质是由聚合物、增塑剂与溶剂通过互溶方法形成的具有适宜微观结构的聚合物网络，利用固定在微观结构中液体电解质分子实现离子传导。它具有固体聚合物的稳定性、可塑性特点，又具有液态电解质的高离子导电特性。无机粉末复合型电解质是将无机粉末掺入凝胶聚合物电解质中，提高 Li^+ 的迁移数而使得聚合物电解质的离子电导率得到提高。

7.1.3.4 隔膜材料

隔膜是锂离子电池的重要组成部分，能够在有效地阻止正负极之间连接的基础上减小正负极之间的距离，降低电池的阻抗。

锂离子电池的隔膜材料主要是多孔性聚烯烃，如 Celgard 公司生产的聚丙烯隔膜和后来出现的聚乙烯膜以及乙烯与丙烯的共聚物等，这些材料都具有较高的孔隙率、较低的电阻、较高的抗撕裂强度、较好的抗酸碱能力、良好的弹性及对非质子溶剂的保持能力。

7.1.4 燃料电池材料

燃料电池是一种在等温下直接将储存在燃料和氧化剂中的化学能高效而与环境友好地转化为电能的发电装置。它的工作过程是通过燃料和氧化剂分别在两个电极上发生反应，由电解液和外电路构成回路，将燃烧中的化学能直接转化成电能。

燃料电池具有以下优点。①能量转化效率高，直接将燃料的化学能转化为电能，中间不经过燃烧过程，因而不受卡诺循环的限制。目前燃料电池系统的燃料-电能转换效率在 45%～60%之间，而火力发电和核电的效率大约在 30%～40%之间，汽车发动机的效率只有 20%左右。②燃料电池用燃料和氧气作为原料，排放出的有害气体 SO_x、NO_x 极少。③燃料电池工作时没有机械传动部件，故没有噪声污染，并且寿命较长。④负荷响应快，运行质量高。燃料电池在数秒钟内就可以从最低功率变换到额定功率，而且电厂离负荷可以很近，从而改善了地区频率偏移和电压波动，降低了现有变电设备和电流载波容量，减少了输变线路投资和线路损失。

从节约能源和保护生态环境的角度来看，燃料电池是最有发展前途的发电技术之一。燃料电池的发展主要围绕提高燃料的发电效率、延长电池的工作寿命、降低发电成本等方面进行，使其成为汽车、航天器、潜艇的动力源或为某些小区域供电。

（1）质子交换膜燃料电池材料　质子交换膜燃料电池材料是以质子交换膜为电解质的一种燃料电池。构成质子交换膜燃料电池的关键材料与部件为质子交换膜、电催化剂、电极、双极板材料。质子交换膜是质子交换膜燃料电池的核心组件之一，它既是分隔正极和负极的一种隔膜，又是传递质子的电解质。目前，质子交换膜燃料电池材料大多数采用全氟磺酸型聚合物膜作为质子交换膜。催化层属于电极的一部分，是发生电子反应的主要场所。催化层的主要材料是电催化剂。电催化剂是用以加快电极与电解质界面上的电荷转移速度的物质。所用材料有铂、钯及其合金、硼化镍、碳化钨等。电极采用多孔气体扩散电极，该电极可以增加反应的表面积，提高电极的极限电流密度，减小浓差极化。双极板的作用是分隔氧化剂和还原剂，传输和均匀分布反应气体，支撑膜电极，保持电池堆结构稳定，连接单电池的电极以实现电池组的电流集结。双极板材料主要有无孔石墨板、金属板和复合双极板。

（2）熔融碳酸盐型燃料电池材料　熔融碳酸盐燃料电池是一种高温电池（600～700℃），具有效率高（高于 40%）、噪声低、无污染、燃料多样化（氢气、煤气、天然气和生物燃料等)、余热利用价值高和电池构造材料价廉等许多优点。熔融碳酸盐燃料电池是由多孔陶瓷阴极、多孔陶瓷电解质隔膜、多孔金属阳极、金属极板构成的燃料电池，其电解质是熔融态碳酸盐。阴极材料普遍采用 NiO。由于 $LiAlO_2$ 材料具有很强的抗碳酸熔盐腐蚀的能力，常作为熔融盐型燃料电池的隔膜。阳极材料采用 Ag、Pt、Ni、Ni-Cr 合金、Ni-Al 合金。双极板材料通常采用不锈钢或各种镍基合金材料。

(3) 固体氧化物型燃料电池材料　固体氧化物型燃料电池是一种全固体燃料电池，其中的电解质是复合氧化物，最常用的是氧化钇或氧化钙掺杂的氧化锆陶瓷。掺杂的复合氧化物中形成了氧离子晶格空位，在电位差和浓度差的驱动下，氧离子可以在其中迁移，在 800～1000℃的高温下具有离子导电性。通过设置底面循环，可以获得超过 60%效率的高效发电。由于氧离子是在电解质中移动，所以也可以用 CO、煤气化的气体作为燃料。由于电池本体的构成材料全部是固体，所以没有电解质的蒸发、流淌。另外，燃料极空气极也没有腐蚀。与其他燃料电池比，发电系统简单，可以期望从容量比较小的设备发展到大规模设备，具有广泛用途。

固体氧化物型燃料电池材料的关键材料为固体电解质、阳极、阴极以及连接材料。固体电解质有用氧化钇掺杂的氧化锆、掺杂的氧化铈、掺杂镓酸镧等。使用较多的阳极材料是 Ni/YSZ，YSZ 陶瓷材料主要起支撑作用，阻止在运行过程中 Ni 粒子团聚而导致阳极活性降低，同时使得阳极的热膨胀系数能与电解质相匹配。其他阳极材料有 Ni/La (Sr) MnO_3、Ru/YSZ、氧化物半导体 V_2O_3 等。常用的阴极材料为 $LaMnO_3$，是一种 P-型钙钛矿结构氧化物材料，在其中掺入碱土金属氧化物后，会提高电极的性能，如掺入锶的 $LaMnO_3$ 阴极材料具有较高的电子电导率、电化学活性及化学稳定性。此外，还有 $La_{1-x}Sr_xCo_{1-y}Fe_yO_3$ 系阴极材料，这类材料催化活性普遍较高，其电催化活性明显优于 $LaMnO_3$ 阴极材料，具有较好的化学稳定性和热稳定性。连接材料用于各单体电池的阳极和阴极的直接串联，因此经常处在高温下，并暴露在氧化、还原气氛中。使用最多的连接材料是掺杂的 $LaCrO_3$，它是一种耐火性能很好的钙钛矿型氧化物。

7.2　磁性材料

7.2.1　材料的磁性

磁性是物质的最基本属性之一。在外磁场 H（单位为 A/m）的作用下，在磁介质材料的内部产生一定的磁通量密度，称为磁感应强度 B，单位为 T 或 Wb/m^2。B 与 H 的关系由下式表示：

$$B=\mu H \tag{7-1}$$

磁导率 μ 是磁性材料的特征参数，表示材料在单位磁场强度作用下内部的磁通量密度，在真空条件下，上式表示为：

$$B_0=\mu_0 H \tag{7-2}$$

式中，μ_0 为真空磁导率，$\mu_0=4\pi\times10^{-7}H/m$。

磁化强度 M 与磁场强度 H 的比值称为磁化率，用下式表达：

$$M=\chi H \tag{7-3}$$

式中，χ 为磁介质材料的磁化率，表达了磁介质材料在磁场 H 的作用下磁化的程度，在国际单位制中是无量纲的，χ 可以是正数或负数，决定着材料的磁性类别。根据磁化率 χ 的大小及其变化规律，可以把物质的磁性分为 5 类，即逆磁性（或抗磁性）、顺磁性、反铁磁性、亚铁磁性、铁磁性，相对应的磁化率 χ 为 $-10^{-8}\sim-10^{-5}$、$10^{-6}\sim10^{-3}$、$10^{-5}\sim10^{-3}$、$1\sim10^4$、$1\sim10^5$。

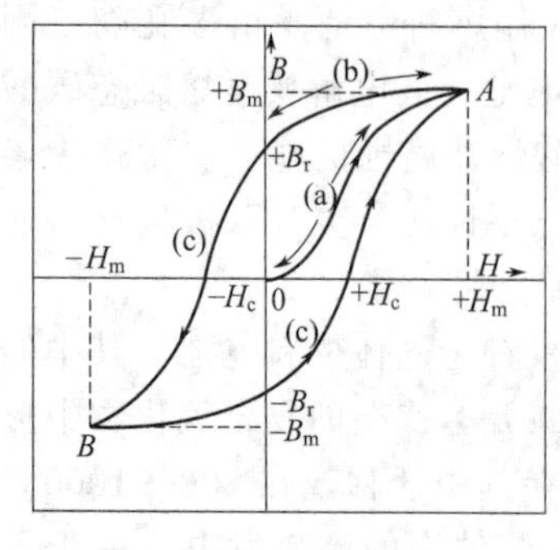

图 7-1 磁化曲线

铁磁性、亚铁磁性材料可以整体磁化，从而具有电磁感应、磁力等功能，获得这种功能的磁化过程叫宏观磁化。磁化过程具有不可逆性，即磁滞现象。磁化曲线见图 7-1。

图中 OA 曲线表示对未磁化的铁磁物加外磁场 H，随 H 的增加，磁化强度 B 也不断增加，也就是磁畴在成长（a）。当 H 再增加至 H_m 时，B 达到饱和。减小磁场 H，磁化强度并不沿原路返回，而是按（b）路线下降。到 B_r 时，磁场为零。只有 H 向—H 方向增加时，B 才为零，继续反向增加 H，会达到反向饱和。构成了磁滞回线。图中 H_c 称为矫顽力，H_m 为最大磁场强度，B_r 为剩余磁感应强度，B_m 为最大磁感应强度，曲线（a）为一次磁化曲线，（b）为退磁曲线，（c）为磁滞曲线。磁化曲线中包围的面积，表示单位体积材料每周期的能量消耗。不同的铁磁材料，磁化曲线会有很大的差别。

7.2.2 磁性材料的种类及其特点

（1）软磁性材料　软磁性材料是指容易被磁化也容易被退磁的磁性材料。其特点是矫顽力（H_c）小，磁导率（μ）高，磁滞损耗小。起始磁导率高，即使在较弱的磁场下也有可能储藏更多的磁能。要求有尽可能小的矫顽力，截止频率高，这样可以在高频下使用。

软磁材料可分为金属软磁材料和非金属软磁材料。金属软磁材料主要以铁芯形式用在变压器、电磁铁、电动机、发电机和继电器等电工和电子设备中。传统的金属软磁材料主要有电工纯 Fe、Fe-Ni、Fe-Si、Fe-Al、Fe-Co、Fe-Si-Al 等合金系列。非金属软磁材料主要是铁氧体。铁氧体品种繁多，其中软磁铁氧体是铁氧体中应用最广、数量最大、经济价值最高的一种。其典型代表是锰锌铁氧体、镍锌铁氧体等。通过改变各种金属元素的比例或加入少量某些元素以及调节制备过程，可以得到性能不同、分别适于在各种线路设计中应用的铁氧体。

软磁材料主要应用于制造发电机和电动机的定子和转子；变压器、电感器、继电器和镇流器的铁芯；计算机磁芯；磁记录的磁头与磁介质等。它是电机工程、无线电、通信、计算机、家用电器和高新技术领域的重要功能材料。

（2）硬磁材料　硬磁材料也称为永磁材料。与软磁性材料相反，硬磁材料是指难以磁化，磁化后不易退磁，而能长期保留磁性的材料。硬磁材料主要特点是剩磁 B_r 要大，这样保存的磁能就多，而且矫顽力 H_c 也要大，才不容易退磁，否则留下的磁能也不易保存。因此，用最大磁能积 $(BH)_{max}$ 可以全面反映硬磁材料储有磁能的能力。

硬磁材料主要用于磁路系统中作永磁以产生恒稳磁场，如扬声器、微音器、拾音器、助听器、录音磁头、电视聚焦器、各种磁电式仪表、磁通计、磁强计、示波器以及各种控制设备等。

（3）旋磁材料　旋磁材料是具有旋磁性的材料。若沿材料的某一方向（如 X 方向）加一交变磁场，能够在 X、Y、Z 各方向都能产生磁化，产生磁感应强度，这个性质就是旋磁性。利用这些旋磁效应可以制成不同用途的微波器件。如非倒易性器件，回相器、环行器、隔离器和移项器等；倒易性器件：衰减器、调制器和调谐器等；非线性器件，倍频器、混频器、振荡器和放大器等。

（4）矩磁材料　矩磁材料是指一种具有矩形磁滞回线的材料。把这种性质叫作矩磁性。由于这类材料具有近于矩形的磁滞回线，所以经过磁化以后的剩磁状态（即外磁场为零的状态）仍保留着接近于磁化时的最大磁化强度；而且根据磁化场的方向不同，可以得到两种不同的稳定的剩磁状态（正或负）。其后，如果再受一定方向和大小的磁场作用时，便可根据磁通量的改变所引起的感应电压的大小来判断它原来是处在正的或负的剩磁状态。这样，矩磁性材料便可以用来作为需要两种易于保存和辨别的物理状态的元件，例如二进位电子计算机的“1”和“0”两种状态（记忆元件），各种开关和控制系统的“开”和“关”两种状态（开关元件）以及逻辑系统的“是”和“否”两种状态（逻辑元件）等。矩磁材料主要包括磁性金属薄带和薄膜、铁氧体等。

利用矩磁材料的矩形磁滞回线可制成记忆元件、无触点开关元件、逻辑元件等。矩磁材料主要用于电子计算机、自动控制和远程控制等许多尖端科学技术领域中，如计算机中的存储器，许多自动控制设备中的无触点继电器和磁放大器等。

(5) 压磁材料　压磁材料也称为磁致伸缩材料。是指某些磁性材料具有很高的磁致伸缩系数，这类材料在外加磁场中能发生长度的改变；因而在交变场中能产生机械振动。通过这一效应，高频线路的磁芯将一部分电磁能转变为机械振动能。

压磁材料主要用于电磁能和机械能相互转换的超声和水声器件、磁声器件以及电信器件、电子计算机和自动控制器件等。

7.3 压电材料

压电材料是指具有应力-电压转换能力的材料，即当材料受压时产生电压，而作用电压时产生相应的变形。压电材料主要有压电晶体、压电陶瓷、压电高分子及压电复合材料。

7.3.1 压电陶瓷

压电陶瓷材料主要有钛酸钡、钛酸铅、锆钛酸铅（PZT）、改性 PZT 和其他三元体系。目前应用最多的是 PZT 和改性 PZT。压电材料的晶体结构不是一成不变的，将随温度而变化。如 $BaTiO_3$ 和 $PbTiO_3$，当温度高于 T_c 时，晶格为立方晶系，低于 T_c 则转变为四方晶系，T_c 称为相变温度，立方晶格为对称结构，无压电效应；转变为四方晶格时，存在压电效应，所以 T_c 又称为居里温度。

压电陶瓷具有压电效应与陶瓷体的立方晶相和四方晶相的内在差别有密切关系。在居里温度以上时，$BaTiO_3$ 和 $PbTiO_3$ 的晶胞都是立方体，正离子的对称中心（正电荷中心）位于立方体的中心，负离子的对称中心（负电荷中心）也位于立方体的中心。这时正、负电荷的中心是重合的，不出现电极化，如图 7-2 (a) 所示。在居里温度以下，立方晶胞转变为四方晶胞，边长有 $a=b<c$ 的关系。正离子（如钛离子）沿 c 轴方向偏离中心位置的机会远大于沿 a 轴或 b 轴方向偏离的机会，晶胞在 c 轴方向就出现了正、负电荷中心的不重合，即晶胞出现了极化，如图 7-2 (b) 所示。这种极化不是外加电场而是晶体的内因造成的，所以称为自发极化。

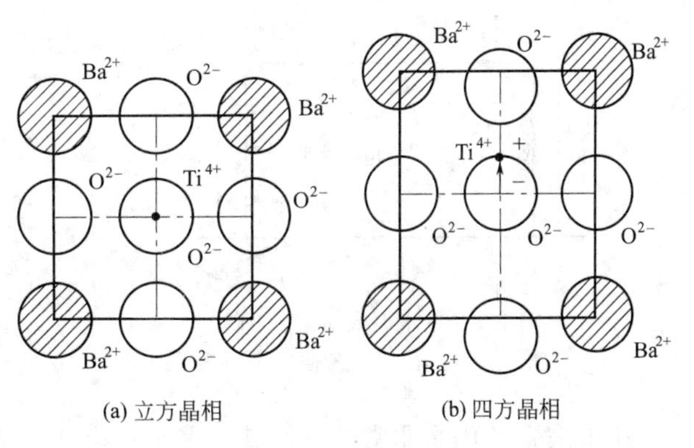

图 7-2　立方晶相和四方晶相结构示意图

自发极化方向一致的区域称为电畴。在极化处理前电畴分布是杂乱无序的，因此，陶瓷材料的宏观极化强度为零，见图 7-3 (a)。在陶瓷片上加足够强的直流电场时，迫使陶瓷内部的电畴转向，使自发极化方向与电场方向一致的电畴不断增大，最后整个晶体由多畴变成单畴，自发极化方向与电场方向一致，见图 7-3 (b)，这一过程称为电畴转向。极化后，陶瓷内存在剩余极化强度，见图 7-3 (c)。

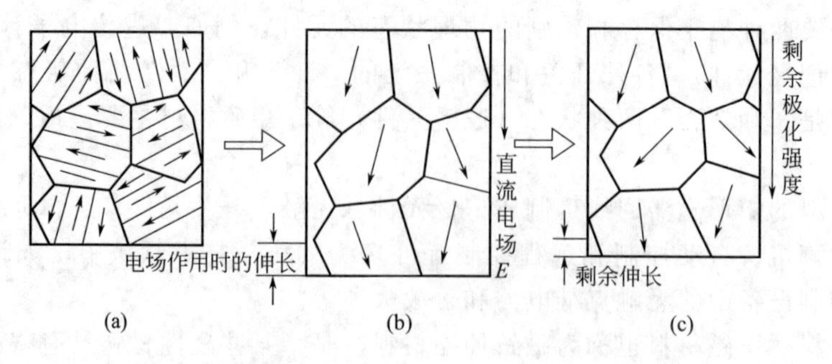

图 7-3 压电陶瓷中电畴在极化前后变化的示意图

陶瓷片经极化处理以后，陶瓷内存在的剩余极化强度以偶极矩形式表示出来。陶瓷的一端出现正束缚电荷，另一端出现负束缚电荷。由于束缚电荷的作用，在陶瓷片的电极面上吸附了一层自由电荷，这些自由电荷与陶瓷片内的束缚电荷大小相等，方向相反，起着屏蔽和抵消陶瓷片内极化强度对外界的作用，所以用电压表不能测出陶瓷片内的极化强度。

若在陶瓷片上加上一个与极化方向平行的压力 F（图 7-4），在 F 作用下，陶瓷片发生变形，c 轴被压缩，钛离子位移概率变小，极化强度降低，因而必须释放部分原来吸附的表面电荷，出现放电现象，当 F 撤除后，陶瓷片恢复原状，晶胞 c 轴变长，极化强度又变大，电极上又多吸附一些自由电荷，出现充电现象，由机械力变为电的效应，或者说由机械能变为电能的效应，称为正压电效应。

若在陶瓷片上施加一个与极化方向相同的电场，如图 7-5 所示，因为电场与极化强度方向相同，所以起增大极化强度的作用，极化强度增大，即表示钛离子位移增加，陶瓷片发生伸长变形，这种电转变为机械运动，或者说由电能转变为机械能的现象，称为逆压电效应。

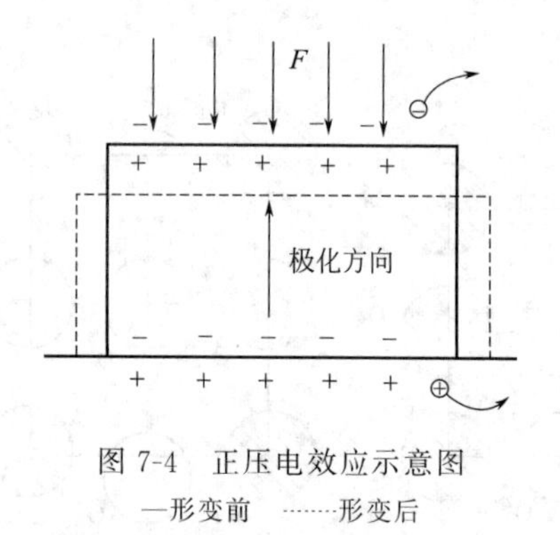

图 7-4 正压电效应示意图

—形变前 ……形变后

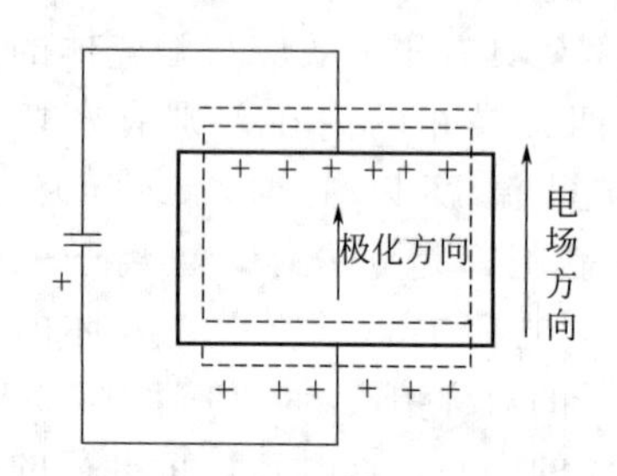

图 7-5 逆压电效应示意图

—形变前 ……形变后

压电陶瓷的用途非常广泛。其中声音转换器是最常见的应用之一，如拾音器、传声器、耳机、蜂鸣器、材料的超声波探伤仪等都可以用压电陶瓷作声音转换器。还可用于压电引爆器、压电打火机、超声波换能器等。

7.3.2 压电高分子材料

具有实用价值的高分子压电材料分为三类，即天然高分子，合成高分子压电材料和复合压电材料。

（1）天然高分子压电材料　动物本身就是由许多种压电材料构成的复合压电体。蛋白质、核酸、骨和肌肉都具有压电性。另外，像纤维素、羊毛、木材、麻等许多天然高分子都具有某种程度的压电性。

（2）合成高分子压电材料　聚乙烯、聚丙烯等高分子材料，在分子中没有极性基团，因此在电场中不发生因偶极取向而极化，这类材料压电性不明显。

聚偏二氟乙烯、聚氯乙烯、尼龙 11、聚碳酸酯及聚丙烯腈等极性高分子在高温下处于软化或熔融状态时，若加以高直流电压使其极化，并在冷却后才撤去电场，使极化状态冻结下来对外显示电场，这种半永久极化的高分子材料称为驻极体。高分子驻极体若在极化前将薄膜拉伸，可获得强压电性。在所有的压电高分子材料中，聚偏二氟乙烯（PVDF）及其共聚物具有特殊重要的地位，不但介电常数大，压电性和热释电性较强，而且具有优良的力学性能。

压电高聚物制作的器件对温度、湿度和化学物质高度稳定，机械强度又高，用其制作的声电转换器件结构简单、形状细致、质量轻、失真小、音质好、稳定性高，能广泛应用于声学设备，特别适宜于高质量的立体声耳机、扬声器和话筒等。压电高聚物还可应用于红外探测器、辐射计、滤波器、光扫描器、方位探测器等。在医疗仪器方面，压电高聚物对生物组织的适应性和相容性很好，用它们制成的电子型人工脏器及其组件将有可能移植到体内，它们制成的医疗仪器已广泛使用。

(3) 压电复合材料　压电复合材料是 20 世纪 70 年代发展起来的一类功能复合材料。一般是由压电陶瓷和聚合物基体复合而成。压电陶瓷材料（如 $BaTiO_3$、PZT 和 $PbTiO_3$ 等）具有很高介电性、较强的压电性和大的机电耦合系数等优点，但其成型温度较高、制备工艺较复杂、不易制得很薄的薄膜材料，并且由于它固有的脆性，使压电陶瓷材料的应用受到很大限制；压电聚合物材料（如 PVDF 等）具有较高的介电性、较强的压电性并具有很高的机械强度和很好的柔韧性等优点，但其使用温度较低，使其在应用上同样受到很大限制。将压电陶瓷与压电聚合物复合成的压电复合材料，克服了压电陶瓷材料自身的脆性和压电聚合物材料的温度限制，是智能材料系统与结构中最有前途的压电材料。

由于压电复合材料具有的优越性能，使得它在水听器、生物医学成像、无损检测、传感器等许多方面被广泛地用作换能器。

7.4　信息材料

7.4.1　信息技术与信息材料

信息技术（information technique）主要指的是信息获取、信息传输、信息存储、信息显示和信息处理几个方面的技术。信息材料（information materials）是指与信息获取、信息传输、信息存储、信息显示和信息处理有关的材料。目前，光和电是信息的主要传递媒介，信息材料又称光电信息材料。这类材料有半导体材料，各种记录材料，信息传输、显示、激光、非线性光学、传感和压电、铁电材料，几乎包括了现代所有的先进功能材料。

20 世纪以来，信息技术依托电子学和微电子学技术迅速发展起来，如通信从长波到微波、存储从磁芯到半导体集成、运算器从电子管到大规模集成电路等。故目前的信息技术主要是电子信息技术。随着信息技术的发展，电子信息技术的局限性将越来越明显。由于光子的速度比电子的速度快得多，光的频率比无线电的频率高得多，所以为提高信息传输速度和载波密度，信息的载体必然由电子发展到光子。计算机也将由目前的电子计算机发展到光子计算机，甚至量子计算机。目前，信息的探测、传输、存储、显示、运算和处理已由光子和电子共同参与和完成，光电子学已应用到信息领域。微电子材料是最重要的信息材料，而光电子材料是发展最快的和最有前途的信息材料。

7.4.2　信息处理材料

基于大规模集成电路为基础，以中央处理器（CPU）为核心的电子计算机技术仍是信息处理的主要技术。要求电子计算机处理信息的速度和容量越来越高，因此 CPU 的中心频率和内存的要求也越高，随着要求芯片的集成度也更高。

以硅材料为核心的集成电路在过去40年里得到迅速发展，它占集成电路的90%以上，可以预见，进入21世纪，它的核心地位仍不会动摇。硅集成电路自1958年问世以来，至今器件已缩小100万倍，单位价格下降了100万倍。

固体量子器件研制一般采用Ⅲ-Ⅴ族化合物半导体材料（易获得高晶体质量和原子级平滑界面的异质结构材料和高的电子迁移率），但考虑到缺乏理想的绝缘介质和顶层表面暴露大气而导致的氧化或杂质污染等不易克服的困难，人们又把希望转向发展硅基材料体系，特别是近年来高质量GeSi/Si材料研制成功和走向实用化，为发展硅基固态纳米电子器件和电路提供了一个很好的机遇。

1998年出现了绝缘层用硅材料SOI（silica on insulator），推动了微电子技术的进一步发展。与硅材料和器件相比较，它避免了器件与衬底间的寄生效应，具有高的开关速度、高的密度、抗辐射、无闭锁效应等优点。能使芯片的性能提高35%。

高介电常数的动态随机存储器材料主要是一些氧化物铁电材料，如（Sr，Ba）TiO_3。非挥发性铁电存储器是一种新型非挥发性铁电随机存储器。它利用铁电材料具有的自发极化以及自发极化在电场作用下反转的特性存储信息。它的这种特性一般用电极化强度随电压变化的电滞回线特性描述。所涉及的材料有：Pt、Ti等金属材料和$SrRuO_3$、RuO_2、IrO_2等。使铁电材料层具有高的自激发强度、低的极化饱和电压、高的开关速度和好的抗疲劳特性，是当前非挥发性铁电存储器研究的主要课题。

局部区域互连材料包括金属导电材料和相配套的绝缘介质材料。传统的导电材料是铝和铝合金，绝缘介质材料是二氧化硅。绝缘介质材料仍以SiO_2为主，目前人们还在研究开发聚酰亚胺、氟化氧化物、聚对苯二甲基、干凝胶等低介电常数材料。

7.4.3 信息存储材料

数字信息存储技术的要求是高存储密度、高数据传输率、高存储寿命、高擦写次数以及设备投资低等。

（1）磁存储材料　磁存储介质材料是应用最广泛的信息存储材料。常用的磁记录材料有γ-Fe_2O_3，CrO_2磁粉，金属磁粉，并由颗粒涂布型磁存储介质向连续薄膜型磁存储介质方向发展。这些材料主要用作录音、录像带、磁盘存储器等。

（2）光存储材料　光信息存储是利用记录介质层所发生的物理和（或）化学变化，从而改变光的反射和透过强度而进行二进制信号的记录。这种已写入的信号又可以通过激光束的扫描将其“读出”。能够实现光学参数的改变，达到记录和读出信号目的的记录介质薄膜材料称为光存储材料或光存储介质。在衬盘上沉积了光存储材料的盘片，称为光盘。

光盘存储技术的优点为：存储容量大，系统可靠，与记录介质无接触，查找数据速度快，读出速率高，使用寿命长。

光盘可分为三大类型：只读型光盘（ROM）；一次写多次读型光盘（WORM）和可擦除型光盘（EDRAW）。ROM、WORM型光盘，由激光辐射后所引起的存储介质（即存储材料）的变化是不可逆的，而EDRAW的变化是可逆的。

只读光盘的存储介质是通过激光等的热作用形成泡、烧蚀、坑等而进行记录的。许多硫、硒、碲、硅、锗和砷等的合金薄膜主要用作一次性记录材料。

可擦除光盘介质有磁光型、相变型和变态型几类。磁光型光盘介质主要使用非晶态稀土，即过渡族元素合金（RE-TM）。相变型光盘材料主要利用在热作用下，非晶态与晶态的转变引起反射率的变化，而作为记录点与周围的反差对比，由于要求相变温度低，大都采用Te合金（如Te-As、Se、Ge，Te-Ge-As等）和Se的合金（Se-Sb、Se-Te-Sn等）。光致结构变化也可用来作为可擦写光盘存储介质。一些非化学计量比化合物，如 TeO_x、VO_x 等的光致折射率和透过率变化较明显，在激光辐射前后皆为非晶态，但在非晶态中有 TeO_2 和 Te 两个态，激光辐照加热后引起 Te 态增加而引起光学性质变化，常称为态变型光盘材料。

7.4.4 信息传递材料

20 世纪 80 年代以来信息传递技术进入了飞速发展时代。卫星通信、移动电话、无线电和光纤通信已形成一个全方位的立体通信网。宽带化、个人化、多媒体化的综合业务数字网（ISDN）获得很大发展。20 世纪通信技术的重大进步是把光子（不仅仅是电子）作为信息载体，即用光纤通信代替电缆和微波通信。20 世纪 70 年代低损耗的熔石英光纤和长寿命半导体激光器的研制成功，使光通信成为可能。

光纤通信由于信息容量大、质量轻、占用空间小、抗电磁干扰、串话小和保密性强，今后将逐步替代电缆和微波通信。光纤通信的基本原理是把声音变为电信号，由发光元件（如 GaP）变为光信号，由光导纤维传向远方，再由接收元件（如 GdS、ZnSe）恢复为电信号，使受话机发出声音。光导纤维是指导光的纤维，通常由折射率高的纤芯及折射率低的包层组成，这两部分对传输的光具有极高的透过率。光线进入光纤在纤芯与包层的界面发生多次全反射，将载带的信息从一端传到另一端，从而实现光纤通信。从材质上，光导纤维可分为熔石英光纤、多组分玻璃光纤、全塑料光纤和塑料包层光纤、红外光纤四种。熔石英光纤是目前光通信应用的唯一商品化材料，它主要有 SiO_2 构成。多组分玻璃光纤的主要成分为 SiO_2，此外还含有 B_2O_3、GeO_2、P_2O_3 和 As_2O_3 等玻璃形成体及 Na_2O、K_2O、GaO、MgO、BaO 和 PbO 等改性剂，它的特点是熔点低，易生产，损耗小，但强度低。全塑料光纤主要由特制的高透明度有机玻璃、聚苯乙烯等塑料制成，已制成阶跃型和梯度型多模光纤，光纤损耗已降至数十分贝/千米，其特点是柔韧，加工方便，芯径和数值孔径大。塑料包层光纤是以石英作纤芯，塑料作包层的阶跃型多模光纤，其芯径和数值孔径大，适于短距离小容量通信系统应用。利用散射损耗与波长四次幂成反比的关系，制造出适用于长波长的光纤，即红外光纤，使损耗进一步降低，从而延长传输距离。

7.4.5 信息显示材料

自 20 世纪初阴极射线管（CRT）问世以来，它一直是活动图像的主要显示手段。但其发光材料的纯度、显示亮度和色彩质量还需进一步提高。值得注意的是 ZnS：Mn 纳米发光新材料，可满足 HDTV（高清晰度电视）的高分辨率要求。是有前途的发光材料。近年来，平板显示（FPD）技术发展较快，主要避免了阴极射线管体积庞大的缺点。它主要指：液晶显示（LCD）技术、场致发射显示（FED）技术、等离子体显示（PDP）技术和发光二极管（LED）显示技术、真空荧光显示（VFD）等。液晶显示的主要优点是功率低、工作电压低、体积小、易彩色化；缺点是显示视觉小、对比度和亮度受环境影响较大、响应速度较慢。液晶显示材料有几十种，按中心桥键归纳主要类型有：甲亚胺类、安息香酸酯类、联苯类、联三苯类、环己烷基碳酸酯类、苯基环己烷基类、联苯基环己烷基类、嘧啶类、环己烷基乙基类、环己烯类、二苯乙炔类、二氟苯撑类、手性掺杂剂等。目前趋向开发反铁电液晶。场致发射显示是将真空微电子管应用于显示技术。其优点是视角宽、功率低、响应速度快、光效率和分辨率高；缺点是显示面积有限。材料主要使用类金刚石材料作冷阴极和稀土掺杂的氧化物作发光材料。传统材料的发光亮度偏低、发光效率不高，期待开发新的 FED 发光材料。等离子体显示可作大屏幕，但其驱动电压高、功率大。气体材料：He、Ne、Ar、Kr、Xe、Hg 以及它们的混合气体。三基色荧光粉：$BaMgAl_{14}O_{23}:Eu^{2+}$、$YVO_4:Eu^{3+}$ 等。发光二极管（LED）材料中，GaN 系列高亮度蓝光材料是目前很受人们注意的、有前途的 LED 新材料。

7.4.6 获取信息材料

(1) 探测器材料　按光电转换方式光电探测器可分为：光电导型、光生伏打型和热电偶型。光电转换中根据探测的光子波长分为狭能隙材料和宽能隙材料。宽能隙材料以SiC、金刚石、GaN、AlN、InN以及Ⅱ-Ⅵ族的化合物和合金为主；狭能隙材料以铅盐、碲镉汞和SbIn等为主。近期光电探测器在两方面有重大进展：用超晶格（量子阱）结构提高量子效率、响应时间和集成度；制成了探测器阵列，可用作成像探测。在Ⅲ-Ⅴ族中，GaAs是最成熟的材料。

(2) 传感器材料　传感器材料主要有两类：半导体传感器材料和光纤传感器材料。半导体传感器主要有下面几种。力学量传感器，如压力传感器、加速度传感器、角速度传感器、流量传感器等。主要用的是单晶硅和多晶硅。纳米硅、碳化硅和金刚石薄膜是正在研究的材料。温度传感器，主要用金属氧化物功能陶瓷，单晶硅、单晶锗也有应用，多晶碳化硅和金刚石薄膜是正在研究的材料。磁学量传感器，包括霍耳效应器件、磁阻效应器件和磁强计。主要用单晶硅、多晶InSb、GaAs、InAs和金属材料。辐射传感器，包括光敏电阻、光敏二极管、光敏三极管、光电耦合器和光电测量器等。主要用Ⅲ-Ⅴ族和Ⅱ-Ⅵ族化合物半导体及其多元化合物，也有Si、Ge材料。陶瓷传感器和有机物传感器是目前传感器研究的另一个热点。

7.5 智能材料

7.5.1 智能材料的定义及分类

智能材料（intelligent materials）是指对环境可感知、响应和处理后，能适应环境的材料。感知、信息处理和执行是智能材料的三种基本功能。智能材料是20世纪90年代迅速发展的一类新型复合材料，它是将传感器、信息处理器和驱动器等复合于基体材料之中，使其既能承载又具有对环境的“自适应”功能的人工智能型新材料。

智能材料按自身结构可分为两大类。①嵌入式智能材料，又称智能材料结构或智能材料系统。在基体材料中，嵌入具有传感、动作和处理功能的三种原始材料。传感元件采集和检测外界环境给予的信息，控制处理器指挥和激励驱动元件，执行相应的动作。②有些材料微观结构本身就具有智能功能，能够随着环境和时间的变化改变自己的性能，如自滤玻璃、受辐射时性能自衰减的InP半导体等。

根据材料的来源可分为金属系智能材料、无机非金属智能材料以及高分子智能材料。

7.5.2 智能材料的构成与功能

智能材料通常由基体材料、敏感材料、驱动材料和信息处理器构成。基体材料主要起承载作用，一般选用轻质材料，其中高分子材料质量轻、耐腐蚀、尤其具有黏弹性的非线性特征为首选的基体材料。其次也可选用金属材料，尤其以轻质有色合金为主。敏感材料主要起感知环境变化（包括温度、压力、应力、电磁场和酸碱度等）的作用，如形状记忆材料、压电材料、光纤、磁致伸缩材料、pH致伸缩材料、电致变色材料、电致黏流体、磁致黏流体和液晶材料等。驱动材料在一定条件下可产生较大的应变和应力，从而起到响应和控制的作用，最有效的如形状记忆材料、压电材料、电致流变体和磁致伸缩材料等。

一般来说，智能材料有七大功能，即传感功能、反馈功能、信息识别与积累功能、响应功能、自诊断能力、自修复能力和自适应能力。①传感功能指能够感知外界或自身所处的环境条件，如应力、热、光、电、磁、化学或核辐射等的强度及其变化；②反馈功能指可通过传感网络，对系统输入与输出信息进行对比，并将结果提供给控制系统；③信息识别与积累功能指能够识别传感网络得到的各类信息并将其积累起来；④响应功能指根据外界环境和内部条件变化，适时动态地作出相应的反应，并采取必要行动；⑤自诊断能力指能通过分析比较系统目前的状况与过去的情况，对例如系统故障与判断失误等问题进行自诊断并予以纠正；⑥自修复能力指外部刺激条件消除后，能通过自繁殖、自生长、原位复合等再生机制，来修补某些局部损伤或破坏，迅速回复到原始状态；⑦自调节能力指对不断变化的外部环境和条件，能及时地自动调整自身结构和功能，并相应改变自己的状态和行为，从而使材料系统始终以一种优化方式对外界变化作出恰如其分地响应。

7.5.3　智能材料的应用

金属材料因强度大、耐热且耐腐蚀，常在航空航天和原子能工业中用作结构材料。金属材料在作用过程中会产生疲劳龟裂及蠕变变形而损伤。期望金属系智能结构材料不但可以检测自身的损伤，而且可将其抑制，具有自我修复功能，从而确保结构物的可靠性。如利用对电磁场敏感的铁氧体包复 NiTi 形状记忆合金可制备纤维智能型复合材料。先在 Al 基材中排列 TiNi 形状记忆合金的长纤维，且在其形状记忆范围内进行拉拔，压延加工；然后对此复合材料进行适当热处理，使形状记忆合金产生收缩变形，利用 Al 基材中所产生的残留压缩应力，控制复合材料的热膨胀，使裂缝闭合，防止破裂，从而达到强韧化的目的，使材料可传感外部磁场和温度的变化，自身可变形并自动修复。

在非金属材料智能材料中，常见的有电流变流体、光致变色和电致变色材料以及压电陶瓷等。压电陶瓷的特点在于其可作感测器、制动器，如钛酸锆铅（PZT），其适应于高频率或低应变量的测量以及闭合回路振动阻尼系统。压电陶瓷已成功地用于各种光跟踪系统、机器人的定位器、喷墨打印机以及噪声和振动的主动控制系统等。

高分子系智能材料的范围很广。作为智能材料的高分子凝胶的研究与开发十分活跃，其次还有智能高分子膜材、智能高分子黏合剂、智能药物释放体系和智能高分子复合材料。

高分子凝胶是指三维高分子网络与溶剂组成的体系，其大分子主链或侧链上有离子解离性、极性和疏水基团，类似于生体组织。此类高分子凝胶可因溶剂种类、盐浓度、pH 值、温度的不同以及电刺激和光辐射而产生可逆的、非连续的体积变化。如通过丙烯酸和正十八烷酰丙烯酸酯共聚制备的具有强烈温度依赖性的水凝胶，加热到转变温度（50℃）以上变软，它很容易变形并伸展成新的形状。如果凝胶被冷却，就保持其新形状，被用作存储器件。

智能高分子材料作为生物医用材料，其应用前景十分广阔。如以其制成药物释放体系（DDS）载体材料，这类 DDS 可依据病灶所引起的化学物质或物理量（信号）的变化，自反馈控制药物释放的通/断特性。

利用智能材料的概念可开发断裂传感器，使结构材料具有断裂自诊断性。测定碳纤维/玻璃纤维增强塑料的荷载-应变-电阻值，绘制成 *L-S-R* 曲线，发现电阻随形变增大，卸载有残留电阻的特点，表明纤维间及纤维界面会产生滞后，这是复合材料对过去承受最大变形的记忆功能。由此可以通过电阻变化预测破坏，从而预防材料断裂。可将所研究的表面形变传感器用于一般结构材料。

7.6　生态环境材料

7.6.1　概述

生态环境材料是指同时具有满意的使用性能和优良的环境协调性，或者能够改善环境的材料。即指那些具有满意的使用性能和可接受的经济性能，并在其制备、使用及废弃过程中对资源和能源消耗最少、对环境影响最小且再生利用率最高的一类材料。它是在传统材料的功能性、舒适性的基础上，强调材料在其整个生命周期中环境协调性的一大类材料。

材料是人类社会进步的物质基础，推动了人类文明的进步。然而，在材料的制备、使用和废弃的过程中，常常需要消耗大量的资源和能源，并排放出废气、废水和废渣，直接污染了人类的生存环境，这在一定程度上阻止了人类文明的进步。针对人类社会经济活动日益受到资源环境的制约这一严重问题，20世纪90年代初，日本东京大学的山本良一教授在研究现有材料与环境间的关系时首次提出了“生态环境材料”的概念，得到世界各国材料工作者的积极响应。生态环境材料的英文名称为ecomatarials，它是environment conscious materials或者ecological material的缩写，也就是具有环境意识的材料或生态学的材料。

从材料本身性质来看，生态环境材料的特征首先是节约资源和能源；其次无毒无害、减少环境污染、避免温室效应、臭氧层破坏等；第三就是容易回收和循环再生利用。它是在传统材料基础上，通过对材料制造工艺的不断调整和改造，逐渐实现传统材料的生态环境材料化。因此，环境材料并不是传统材料门类之外新增加的某一类新材料，而主要是从它对周围环境的功能或环境保护贡献的角度来确定的，其目的是为了防止对环境的损害，在人类认识自然和改造自然的活动中对自然环境和自然资源进行保护，同时保证材料有较好的性能。环境材料与传统材料的本质区别在于材料研究和设计的理念不同。传统材料研究和生产往往追求的是材料的经济成本和使用性能，而在很大程度上忽略了材料的环境协调性，致使材料及其制造加工成为消耗能源和资源并造成环境污染的主要工业产业；而环境材料在合成、制备、加工、使用、废弃和再生过程中，赋予了传统的结构材料或功能材料以优异的环境协调性，以及净化、修复等功能。

7.6.2 材料的环境协调性评价

在环境材料的研究中，如何运用适当的评价工具对具体材料进行环境分析，指出其环境影响，进而提出改善其环境协调性的可行性方案，是环境材料研究中的重点。材料环境负荷的具体化、指标化、定量化是开发生态环境材料的基础，材料环境负荷评价涉及材料寿命周期中的环境问题，目前利用生命周期评价（life cycle assessment，LCA）方法对材料的环境负荷进行评价。LCA是一种评价某一过程、产品或事件从原料投入、加工制备、使用到废弃的整个生态循环过程中环境负荷的定量方法，已成为全世界通用的材料环境影响评价方法，并成为ISO14000国际环境认证标准中的一个系列。生命周期评价的技术方案包括四个有机联系的部分，即确定目标和范围，清单分析，影响评价和解释。

（1）目标与范围的确定　这是LCA的准备阶段，其任务是设定评价的目标和范围并及时进行修订，以界定该过程、产品或事件对环境影响的大小。需要评价的目标主要包括界定评价对象，实施LCA评价的原因，以及评价结果的输出方式；评价的范围包括评价功能单元定义，评价边界定义，系统的输入与输出分配方法，环境影响评价的模型及其解释方法，数据要求，审核方法及其评价报告的类型及其格式等。

（2）清单分析　其目的是将环境负荷定量化，即对产品从制备、使用到废弃整个生命周期中所投入的原料和能源作为输入项逐一列出，而在这个过程中排出的所有影响环境的物质作为输出项逐一列出，对输入和输出进行以数据为基础的客观量化过程，该分析贯穿于产品的整个生命周期，即原材料的提取、加工、制造、使用、废弃物处理等各个阶段。

（3）影响分析评估　影响分析是LCA的核心内容，也是难度最大的部分，它是把清单分析所提供的输入、输出项的资源消耗、水污染、大气污染和土壤污染等数据收集起来进行环境影响评估，即采用定量调查所得的环境负荷数据定量分析对人体健康、生态环境、自然环境所造成的影响及其相互关系。环境影响评估可由以下三步组成：即分类、表征和评价。分类就是利用编目分析来考虑系统对环境的影响；表征是对比分析和量化的过程，如二氧化硫和二氧化氮都可以形成酸雨，但同样的气体量所形成酸雨的程度不同，这就要用表征将其过程量化；评估就是考虑不同的特定影响种类对环境影响的权重，使其能相互间进行比较，评估的目的是对环境影响评估所能获得的相关资料做进一步说明。

(4) 评价结果解释 结果解释是 LCA 最后的一个阶段，是将清单分析和影响评估的结果组合在一起，从整体上进行评价和解释，这是对最初设定目标的评价结论，并为改善提出建议或指明方向。LCA 的最终目标就是通过确定产品的环境负荷，比较不同产品的环境性能优劣，可对产品进行重新设计，提出改善材料环境性能的措施，以得到产品对环境影响程度最小的方案，使产品向环境协调化方向发展。

7.6.3 材料和产品的生态设计

生态设计是指在材料和产品设计中将保护生态、人类健康和安全意识有机地融入其中的设计方法，又称为生命周期工程设计、绿色设计、环境设计或环境协调性设计。生态设计是采用先进技术、工艺并采用可循环材料以减少对生态环境的破坏，要明显地减少材料制造前的隐性材料物质流和能源流，即在材料循环的前端减少，而不仅仅是促进生产造成废弃物的循环。生态设计的关键在于如何把环境意识贯穿或渗透于产品和生产工艺的设计中，在设计中必须考虑到产品在整个生命周期中的环境属性，生态设计已经成为推行预防生态环境受到危害的重要手段，是最高级的清洁生产措施和可持续发展的最佳途径。

生态设计的基本思想是将粗放型生产、消费系统变成集约型生产、消费系统。设计过程中，从产品的孕育阶段就开始自觉地运用生态学原理，使产品生产进行物质合理转换和能量合理流动，使产品生命周期的每个环节结合成有机的整体。

在材料生产和使用过程中，生态设计目标主要考虑四个要素，即先进性、经济性、协调性和舒适性。对材料产品而言，先进性是要充分发挥材料的优异性能，满足各行各业对材料产品的要求；经济性即考虑材料产品的成本，能够保证制造商的利润，维持经济活动的运转；协调性就是要保证在材料的生产和使用过程中与环境尽可能协调，维持生物圈循环过程的平衡；舒适性是指材料产品能够提高生活质量，使人类生活环境更加舒适。

生态设计包括材料生态设计和产品生态设计。材料生态设计着重考虑原料选择，制造过程中省资源、省能源和无污染，废弃后可循环再生。材料的生态设计包括制造环境负载低的设计、材料可循环再生设计等。产品生态设计着重考虑生态材料选择、产品的可拆卸及回收。材料生态设计和产品生态设计均考虑在整个生命周期内，着重考虑生态属性，并将其作为设计目标，同时保持应有的功能、质量、经济性。材料和产品同时存在于一个生命周期内，追求共同的准则。

减少材料环境影响的措施包括减少材料的用量、回收循环再利用、降解及废物处理等。减少材料的用量主要靠采用高强、长寿命及其他性能优异的新材料来实现；加强材料的回收再利用，是提高资源效率的有效措施；对某些材料，特别是一次性包装材料，可采用可降解材料，减少对环境的影响；对那些既不能再回收利用，也不能降解的材料，可以采取废物处理的方式进行处理，尽量减少对环境的污染。

生态设计方法是从原材料的选择与制造、装配、销售、使用、维修、报废整个生命周期的各个阶段进行分析和生命周期成本评估。生态设计的原则和方法不但适用于新材料和新产品的开发，也适用于传统材料和传统产品的改进设计。生态设计主要有两种类型。

(1) 现有材料生态化的再设计 以降低资源、能源消耗，降低环境负荷，通过环境标志标准等为主要目的的设计。目前产品更新换代较快，以现有产品为基础的绿色产品、环境标志产品不断涌现，所以大量的设计需求是生态化的再设计。这一类设计已有相当多的信息资源，有明确的设计依据，一般较容易实现。

(2) 新型生态材料的生态设计 目前尚处于研究发展阶段，还缺乏充分的数据和知识，需要有材料的组成、结构及加工方法与材料环境负荷的内在规律数据的积累。需要建立完善材料生态设计的数据库和知识库，以人工智能、模式识别、计算机模拟等技术作为设计支撑体系。初期是以实验-设计-LCA 的反馈来达到生态设计的目标值。

7.6.4 金属材料的生态环境化

7.6.4.1 金属材料生产及制造过程中耗能与污染问题

金属材料是现代工业的基础性材料。我国经济的高速发展对金属材料的需求不断增长，为金属材料工业发展创造了良好的环境和机遇。但是，我国金属材料工业是以大量的矿产资源和巨大的能源消耗为支撑，受到能源消耗和污染物排放方面的限制和制约。作为耗水大户、CO_2 排放大户、高耗能大户的金属材料产业，不仅要发挥好金属材料产品的制造功能，而且要高度重视能源转换功能的完善化，并充分发挥废弃物的处理和再生资源化的功能，使我国金属材料工业实现可持续发展。

我国金属矿的特点是分布集中，总量较大，品位相对较低。一些低品位矿，连同废石，除少部分用作建筑材料外，绝大部分被堆置在排岩场，给自然环境带来很大的伤害，加上渗漏严重，植物很难生长，尾矿大多堆积存放，短期内难以利用。开采矿山会破坏原有的地质条件和生态平衡，容易引发地下水污染、塌陷、滑坡、泥石流等次生灾害。被开发过的矿山基本上全是岩石，由于表层土和岩石都被剥离，短期内难以生长草本，要想进行植被恢复基本不可能，复垦更是难上加难。

在金属材料的生产中，会产生大量的废水、废气、固体废物。排放的废气中主要是 CO_2 气体，其次还有 SO_2、SO_3、氮氧化物等有害气体。CO_2 主要是由燃料消耗引起，其所排放 CO_2 量占金属材料工业 CO_2 总排放量的 95%以上。我国电力以火力发电为主，导致 CO_2 排放量难以短期明显减少。金属材料生产是耗水大户，其耗水量约占全国总耗水量的 14%。废水排放量约占工业总排放量的 12%；钢铁生产中焦化工序耗水量约占该工业总耗水量的 9%，废水排放量约占 20%。在水资源短缺和环境污染日益严重的情况下，应加强节水及污水回收利用的研究。

钢铁产品的生产过程是由原料、焦化、烧结、炼铁、炼钢、轧钢等生产环节所组成，能源消耗巨大，大约占全国能耗的 10%～11%，每吨钢综合能耗是世界主要产钢国中最高的，比国际一般水平高 30%以上。有色金属也是高能耗工业，但有色金属的循环利用具有能耗低、生产成本低、环境条件好、减缓天然资源的消耗等许多优点，使得各国对有色金属的循环利用越来越重视。

与其他工业污染相比，金属工业污染具有以下一些特点。①废水中含有害元素和重金属，有些毒性大，有些元素虽然毒性不大，但仍然是社会十分关注的目标。②有色金属工业废气中成分复杂，治理难度大。采、选工业废气含工业粉尘，有色金属冶炼废气含硫、氟、氯，有色加工废气含酸、碱和油雾。在高温烟气中，有的还含有汞、镉、铅、砷等，治理困难。③固体废物量大，利用率很低。一般来说，有色金属在原矿中含量较低，生产 1t 有色金属可产生上百吨甚至几百吨固体废物，这种固体废物利用率低，对环境有一定的污染。④三废排放在城市所占比例大，企业将面临巨大的社会压力。许多有色金属工业企业地处城市，由于城市人口密集，环境污染的影响比人烟稀少的地方要严重得多。

7.6.4.2 我国金属材料生态环境化对策

从环境材料的基本概念出发，材料本身无毒无害、全寿命过程资源和能源消耗少、可再生循环、高效率使用等要求对金属材料的冶金、制备工艺和合金化等提出了不同于传统金属材料合金设计、加工制备等方面的要求，不仅要求发展材料的使用性能，而且要充分考虑材料对环境的影响。这就要求企业彻底改变粗放型的生产方式，最大限度地合理利用一次资源和二次资源，减少废物排放，发展绿色生产工艺和技术，促进企业与生态环境友好相处和行业可持续发展的密切结合，这是金属材料工业生存发展的关键所在，也是国家可持续发展的重要组成部分。

（1）添加无毒无害元素　从环境材料观点出发，金属材料合金中添加的元素首先要保证无毒无害。"无毒无害物质"是环境材料在废弃阶段和日常生活中大量消耗类材料的关键词。国际环境保护机构已列出17种对人体和环境有毒害的元素，包括铅、汞、镉、铬等。目前无铅焊料、无铅机械加工合金、无铬表面处理钢等是该类研究的典型示例。

（2）合金元素的选择　合金元素的选择应充分考虑到金属材料在再生循环时残留元素的控制。绝大多数传统合金为改善其性能都含有一些辅助元素，这些辅助元素通常会妨碍合金的再生性。传统的材料技术主要是针对用自然资源生产合金而设计的，因此不能很好地处理合金中的人为杂质。改善材料再生性的新方法是不用辅助元素来控制合金的性能，而是通过改善材料的组织结构来控制。如马氏体和铁氧体的二相合金在不需要加辅助元素的情况下改善了合金的性能。

（3）开发高性能、低环境负荷的新钢种　由金属的资源量调查表明，地球上多数稀有金属可采掘年数只有几十年，金属元素矿石是以氧化物、碳化物等化合物形式存在，矿石中金属元素含量各不相同，从经济和技术角度考虑，一般以采掘和提取比较容易的高品质矿石来保障资源供给，在高品质矿藏枯竭后，即使提取技术进步，也难以避免生产效率低下、尾矿增多、开采量过大等一系列问题。采取提高碳含量（比平均碳约高0.1%）来产生二次硬化效应可降低高速钢合金含量（1%），节约W和Mo资源，同时减少了环境污染，因为冶炼过程中含碳量高可减少CO_2的排放量。

Si是地球上含量丰富的元素之一，常以氧化物的形式存在。以往在钢中是受限制使用的元素。近年的研究表明，钢中辊入Si后（1.0%～2.0%），可提高钢的二次硬化效应，并使二次硬化的峰值浓度向低浓度方向移动，抗氧强度提高，并降低对材料的韧-脆转变温度，可代替部分贵重金属W和Mo等资源，对环境协调发展具有重要作用。

7.6.5　无机非金属材料的生态环境化

7.6.5.1　传统无机非金属材料面临的主要生态环境问题

（1）使用性能与环境协调性的矛盾　材料使用性能与环境协调性是一对矛盾。由于无机非金属材料成分广泛、工艺多样、微观结构千变万化，上述矛盾更加突出。例如，普通陶瓷中的主要原料为石英、黏土和长石等，这些原料只需简单处理即可使用，烧结温度也较低，因此环境协调性较好，但其性能差，强度低，不能够作为结构材料用于机械工程领域。相反，先进陶瓷采用超细、高纯的合成原料，成型、烧结、加工工艺复杂，排出有害物多，环境协调性较差，但性能优良，强度能够高，广泛用于机械、化工、冶金等领域。

（2）土地资源占用和消耗量大、破坏严重　无机非金属材料通常对土地资源的占用和消耗巨大，对地表带来严重破坏，如我国黏土砖、水泥等几大项材料的生产企业10万多家，占地40万公顷以上，破坏绿色土地5万公顷，消耗原料50亿吨，消耗的黏土相当于100万亩土地。对土地资源的累计破坏严重，消耗巨大，产出量低是这一类材料的主要环境问题，并且产品性能低，能耗高，综合效益极差。

（3）制备过程中能耗高　无机非金属材料生产中都要经过高温煅烧（烧结）过程，能耗高。我国无机非金属材料产业单位能耗一般是西方先进国家的两倍左右，高的单位能耗不仅消耗能源，而且是污染物高排放的最直接原因，无机非金属材料的生态化改造应该从降低能耗入手。

（4）很难再循环利用　金属材料可以重新回炉熔炼，热塑性树脂可以重塑成型，热固性树脂也可以回收能源（燃烧、炼油），但是，无机非金属材料却很难再循环利用。由于无机非金属材料的自身特点，其废物很难破碎，即使能够粉碎再利用，其能耗也要比直接使用矿物原料高得多，带来大的二次污染，同时性能大大下降。因此，无机非金属材料的生态化改造考虑的重点应该是超长寿命化设计，尽量提高材料的使用寿命，全面提高无机非金属材料的循环利用率和再资源化率是很困难的。

（5）固体废弃物难处理　无机非金属材料固体废弃物数量特别巨大，再循环利用又很困难，因此，目前很多固体废弃物堆积如山，占用大量耕地，少量利用的也多是低附加值，如铺路。建筑陶瓷、日用陶瓷、工业陶瓷等废弃物量非常大，基本不能回收再利用。电子玻璃、电子陶瓷成分复杂，回收困难，并且污染很重，已在世界范围造成严重的环境问题。如我国废玻璃每年高达200万吨以上，如不采取有效措施，情况更加严重。所以，对固体废弃物的低能耗、高附加值再资源化利用，是无机非金属材料生态化改造的难点。

（6）有毒有害添加剂和排放物问题　陶瓷、玻璃和耐火材料及一些先进陶瓷材料，采用大量铅、氟、镉、铬、砷等有毒化合物，以废水、废气形式污染环境，对人体健康造成危害。有些混凝土、砖、石材等含放射性元素，在衰变过程中放出氡气并伴有放射性，严重威胁人的身体健康。石棉材料对人体有强烈的刺激作用和致癌倾向。

由于大多数无机非金属材料在制造的某个阶段以粉末形式存在，因此，带来的粉尘污染也很严重。例如仅水泥生产的全国年粉尘排放就高达1300万吨。

7.6.5.2 无机非金属材料生态化改造对策

① 用高新技术提升改造传统材料产业，提高产品品质、节能降耗、提高效益，减少或消除排放。

传统无机非金属材料产业，如水泥、玻璃、陶瓷、混凝土等，尤其是水泥与混凝土，量大面广，但是技术、工艺水平落后，企业不集中，规模小，资源、能源消耗高，污染大，环境负荷高。近些年来，发达国家已发展了许多高新技术，成功地解决了这些问题，而我国这方面的问题依然很严重。

对于水泥工业，采用窑外分解技术等新型方法对传统的立窑、机立窑及旋窑、湿法窑进行改造，并运用系统配套新技术如收尘技术，可使燃料消耗、电耗大幅下降（分别可达40%和30%），粉尘等排放大大降低，达到德国等先进国家标准（$10mg/m^3$）。同时质量、产量资源效率均有所提高，CO_2、NO_x 排放也有所降低。配上脱硫技术等，SO_2 等排放会大幅下降。

在混凝土中，可大量采用超塑化剂和超细粉技术生产高性能混凝土，使传统混凝土向绿色材料迈进。目前我国使用添加剂的混凝土不到30%，日本、美国、德国等发达国家高达70%，这样混凝土性能提高，寿命大大延长，水泥用量少，混凝土用量也下降，如此资源消耗下降，排污量也下降，环境负荷就会大大减缓。同时，用工业废渣如石灰石、矿渣、粉煤灰制造混凝土细掺和料，可替代水泥高达60%～80%，而且性能非常优异，如活性粉末混凝土，强度高达2000～8000kg/m^2。这两项技术的广泛应用，可实现3.5亿吨水泥相当5亿吨水泥的效果。

② 充分利用工业废渣、城市垃圾、尾矿改变原料体系，减轻对地表的破坏。

到目前为止，实心黏土砖、水泥、玻璃、陶瓷、混凝土及水泥制品依然大量采用天然矿物原料，如黏土、石灰石、硅砂、砂石等，造成大面积地表破坏，形成了严重生态问题。工业灰渣的主要成分类似于这些矿物，国外的工业实践已证实工业废渣等能为这些材料生产所用，如粉煤灰、高炉矿渣、煤矸石、尾矿、城市垃圾、建筑垃圾等可用于生产水泥、混凝土、水泥制品以及陶瓷墙地砖等。实际上绝大部分废渣可以制造墙体材料和混凝土，按现在工业条件可使利用率达到45%～50%。工业废渣、尾矿、煤矸石等也可作为陶瓷墙地砖及屋面瓦等的原料，以及利用粉煤灰、微珠作吸波材料等。

③ 循环再生利用（闭路循环），零排放零废弃。

无机非金属材料很难循环再生利用，结果造成大量固体废物，且无法降解为环境所消纳。无机非金属材料生态化改造应努力改变这种状况。美国、日本等已广泛开展了利用废弃陶瓷、玻璃及混凝土破碎代替砂石作混凝土集料。陶瓷再生利用较难，一般只能作混凝土或墙体材料的集料。混凝土解体后，一般要降标号使用。玻璃回收利用相对容易，可重新熔化作玻璃，主要注意有害元素的富集。

④ 发展替代材料，淘汰环境负荷重、对人体有毒害的材料。

实心黏土砖对环境的破坏太大，必须用新型墙体材料全面替代，尤其在中心城市及发达地区。目前，新型墙体材料，如水泥空心砌块、加气混凝土砌块与条板、石膏砌块、空心砖等的使用率基本达80%以上，全国达到50%。石棉等材料已证明对人体极有害，发展无石棉纤维水泥板替代石棉水泥板，可消除公害。

7.6.6 高分子材料的生态环境化

7.6.6.1 高分子材料的环境问题

高分子材料由于具有质量轻、加工方便、品种繁多、综合性能好等优点而广泛应用在各行各业，从我们的日常生活到高精尖的技术领域，都离不开高分子材料。但是高分子材料大量使用的同时也带来非常可怕的环境问题，大量高分子材料废弃物的长期积存对人类的生存环境造成了危害。高分子材料的环境问题可归纳为两大类：一是生产和使用过程中的问题，主要是三废（废液、废气、废渣）等有害物质的产生及其对环境和人类的影响；二是废弃物的回收利用问题，主要涉及固体废弃物的回收、处理、再生利用，这既是改善环境的需要，也是资源再次利用的需要。

（1）生产过程中的环境问题　在合成过程中，有些聚合物采用了对环境有污染和对人体健康有害的有毒单体，如氯乙烯、丙烯酸酯类等单体。洗涤、回收、处理聚合物时采用了大量有机溶剂，以及PVC悬浮聚合和ABS乳液聚合等时使用的大量水，不仅需高额的设备投资和昂贵的操作费用，而且也引起了环境问题。树脂制备时形成的废弃物，如黏釜物、过渡料、落地料、低聚物等。

在加工过程中，某些配合剂的添加也会引起环境污染。如作为稳定剂用于聚氯乙烯中的镉系、铅系等重金属化合物毒性很大。用于软质聚氯乙烯塑料以及某些涂料中的增塑剂在加工过程中会以微粒形式飞溅到空气中，在使用过程中增塑剂也会通过挥发、渗出等析出，使环境变坏，危及人类，影响作物生长。

（2）使用过程中的环境问题　高分子材料由于具有优良的性能而得到广泛地应用，但是在使用的过程中也有许多不尽如人意之处。如涂料中含有的挥发分以及目前备受人们青睐的复合地板、硬质纤维板中含有的游离甲醛对皮肤、黏膜有强烈刺激性，长期吸入低浓度甲醛，会引起头痛、乏力、心悸、失眠等。据推测，装修材料中的有害物质可能是小儿白血病的诱因。近年来小儿白血病的患者明显增加，从众多患儿的家庭居住环境调查发现，许多患者家里都是刚刚装修不久，这与日本广岛原子弹爆炸后白血病人增多的现象多少有些吻合。

多数高分子材料具有燃烧性，遇火易燃，并释放大量烟雾和有毒气体，其扩散速度超过火焰蔓延速度。在火灾事故中，中毒死亡率大于燃烧死亡率。在飞机坠机事故中，有约80%死亡者是死于机舱高分子材料燃烧时放出的烟和毒气。高分子材料燃烧时的分解产物为CO、CO_2、$COCl_2$、HF、HCl、HBr、HCN、NO_2、SO_2、H_2S等，其中水溶性产物对鼻腔有刺激作用，而非水溶性产物对动物有窒息作用，渗入肺部，导致血液中毒。

（3）废弃高分子材料引起的环境问题　废弃高分子材料主要来自两个方面：一是产品生产中的废弃料，另一是使用终结产生的废弃料。生产中产生的废弃料通常是一些半成品或边角余料，这一类废弃高分子材料较易回收，也可以再利用，一般来讲，环境问题不大；而使用终结产生的废弃料才是主要的污染源，主要产品多为一次性包装物和农用膜，其主要原料是第二大通用塑料 PE 薄膜，这种材料质轻、透明、耐用。塑料废物通常不易“分解消化”，填埋则占用陆地，破坏地质，而且埋在地下 200 年都不会降解，倒入江湖海洋污染水质，危及生物，焚烧会造成更为严重的污染，燃烧生成大量的 CO 和 CO_2 产物，形成“白色污染”，这种污染已经成为当今世界亟待解决的严重环境污染问题。因此，各国都纷纷以法律形式对废弃高分子材料的处理作出规定。

7.6.6.2 高分子材料的环境协调技术

（1）高分子合成工业的绿色化　在高分子材料的合成与制备过程中，使用洁净技术，减少“三废”的排放，生产过程中应用经济性反应途径，达到零废物、零排放；替代单体生产中的剧毒原料（如光气、氢氰酸等）；减少有机溶剂的使用；利用生物资源等。在生产过程中实施绿色化工技术，是提高资源效率、改善环境污染的有效措施。

（2）高分子废弃物的再生循环技术　高分子产品使用周期不是很长，其废弃物特别是一次性塑料制品成为城市垃圾的重要来源。所以，再生循环技术不仅是解决高分子“白色污染”的有效途径之一，而且有利于充分利用原料，提高资源利用率，保护环境。应大力发展高分子材料的多级利用技术，实现材料多次循环。

（3）可降解高分子材料　高分子材料的降解技术，也可称为高分子材料的零排放。降解技术的根本问题是要发现传统高分子材料废弃物的降解方法，开发新型可降解高分子材料新品种。天然高分子材料的开发与应用被认为是实现高分子材料零排放的最理想途径，但需要解决强度低、寿命短、成本高等问题。

（4）长寿命材料　发展超长寿命的高分子材料，是降低资源开发速度，有效利用资源，减少高分子材料废弃物的有效途径之一。尤其对于用量大、影响深远的农用地膜、棚膜、建筑用高分子材料等应考虑长寿命问题。可通过优化配方和工艺设计、开发功能优异的塑料合金体系等方法来实现。需要指出的是，无论材料的短寿命还是长寿命，都应以维持生态环境、节约资源及提高利用率为最基本目标。

（5）环境友好的新型高分子功能材料　发展高分子功能材料，生产具有高附加值的精细化工产品，是实现资源利用率最大化的有效途径之一。

7.7 生物材料

7.7.1 概述

生物材料（biomaterials）是用于与生命系统接触和发生相互作用的，并能对其细胞、组织和器官进行诊断、治疗、替换、修复、诱导再生或增进其功能的一类天然或人工合成的功能材料，也称生物医用材料（biomedical materials）。生物材料实际上是一种特殊的功能材料，是研制人工器官及医疗器具的物质基础，已成为材料学科的重要分支，是一类与人类的生命和健康密切相关的新型材料。

生物材料是用于与人体或用于与人们健康密切相关的材料，对其自身的性能、生产、加工过程以及与人体接触或植入后对人体产生的作用和影响都有特殊要求。①生物相容性要好。生物相容性主要包括血液相容性、组织相容性和免疫相容性。要求材料本身无毒，在人体内无不良反应，不引起血栓、凝血、溶血现象，不引起人体细胞的突变和组织反应，活体组织不发生炎症、致畸、致癌等。②材料在活体内要有较好的化学稳定性，能够长期使用，即在发挥其医疗功能的同时要抗体液、血液及酶的体内生物老化作用。③具有与天然组织相适应的物理机械性能。材料要有合适的强度、硬度、韧性、塑性等力学性能以满足耐磨、耐压、抗冲击、抗疲劳、弯曲等医用要求。④针对不同的使用目的而具有特定的功能。⑤容易成型和加工，使用操作方便，价格适中。

根据材料的生物性能，生物材料可以分为生物惰性材料和生物活性材料。生物惰性材料是指一类在生物环境中能保持稳定，不发生或仅发生微弱化学反应的生物医学材料，如人工关节、人工骨等。生物活性材料是一类能诱出或调节生物活性的生物医学材料。

根据材料的属性，生物材料又可以分为生物医用金属材料、生物医用高分子材料、生物医用无机非金属材料或称生物陶瓷、生物医用复合材料、生物衍生材料。

7.7.2 生物金属材料

生物医用金属材料（biomedical metallic materials）是用作生物医学材料的金属或合金。又称外科用金属材料（surgicalmetaly）或医用金属材料，是一类生物惰性材料。医用金属材料具有高的机械强度和抗疲劳性能，是临床应用最广泛的承力植入材料。除应具有良好的力学性能及相关的物理性质外，医用金属材料还必须具有优良的抗生理腐蚀性和生物相容性。

医用金属材料主要用于骨和牙等硬组织修复和替换，心血管和软组织修复以及人工器官的制造。在骨科中主要用于制造各种人工关节，人工骨及各种内、外固定器械；牙科中主要用于制造义齿、充填体、种植体、矫形丝及各种辅助治疗器件。金属材料还参与制作各种心瓣膜、肾瓣膜、血管扩张器、心脏起搏器、生殖避孕器材及各种外科辅助器件等，也是制造人工器官或其辅助装置的重要材料。医用金属材料应用中的主要问题是由于生理环境的腐蚀而造成的金属离子向周围组织扩散及植入材料自身性质的退变，前者可能导致毒副作用，后者导致植入失败。

已应用于临床的医用金属材料主要有不锈钢、钴基合金和钛基合金等三大类。此外，还有形状记忆合金、贵金属以及纯金属钽、铌、锆等。

（1）医用不锈钢　目前医用不锈钢主要是奥氏体不锈钢，奥氏体不锈钢是在 Fe-Cr 系统中再加入 8%以上的镍制成的，具有高的塑性，韧性好。其中 316 和 316L 不锈钢的生物相容性和综合力学性能较好，加工工艺简单，成本低廉，是广泛使用的植入材料。但医药不锈钢在人体生理环境下会出现点蚀、晶间腐蚀、应力腐蚀及腐蚀疲劳等，长期植入稳定性不好，力学相容性差，溶出的镍离子有可能诱发肿瘤的形成。近年来，不锈钢作为医药材料的比例呈下降趋势。

（2）医药钴基合金　钴基合金通常指 Co-Cr 合金，钴基合金除能满足生物体对材料的生物、物理和化学性能的要求之外，其主要特点是具有比不锈钢更好的耐腐蚀性、耐磨性和优异的铸造性能。以钴基合金制成的髋、肩、肘、膝关节等以及各种接骨板、义齿，在整形外科、齿科得到广泛应用。钴基合金的主要问题是溶出的钴、镍等离子会造成皮肤过敏和毒性反应，可能导致组织坏死和植入件松动。

（3）医用钛及其合金　医用钛合金是极具开发价值的医药金属材料之一。纯钛在生理环境中具有良好的抗腐蚀性能，但其强度低、耐磨损性能差。为了进一步提高强度，常在纯钛中加入其他金属元素制成钛合金。钛基合金密度轻、生物相容性好，弹性模量接近于天然骨，尤其是钛与氧反应形成致密稳定的氧化膜，能起到很好的钝化作用，其耐腐蚀性优于不锈钢和钴基合金。应用于临床的钛合金主要为 Ti-6Al-4V、Ti-6Al-4V 合金以及近年来出现的新型 β 钛合金，钛合金在人体植入材料方面获得了较快地发展。

7.7.3 生物医用无机非金属材料

生物医用无机非金属材料，又称生物陶瓷（biomedical ceramics）。包括陶瓷、玻璃、碳素等无机非金属材料。此类材料化学性能稳定，具有良好的生物相容性。根据其生物性能，生物陶瓷可分为生物惰性陶瓷、生物活性陶瓷以及生物降解陶瓷。

（1）生物惰性陶瓷　惰性的生物陶瓷植入生物体组织内不与生物体组织形成化学结合，且具有较高的强度、耐磨性及化学稳定性。主要材料有氧化铝、氧化锆、玻璃陶瓷以及医用碳素材料等。可以制作人工关节、人工骨、人工牙根以及人工心脏瓣膜等。

（2）生物活性陶瓷　生物活性陶瓷，如羟基磷灰石、生物活性玻璃等，在生理环境中可通过其表面发生的生物化学反应与生体组织形成化学键性结合；可降解吸收陶瓷，如石膏、磷酸三钙陶瓷，在生理环境中可被逐步降解和吸收，并随着被新生组织替代，从而达到修复或替换被损坏组织的目的。

羟基磷灰石是目前研究最多的生物活性材料之一，其在近代生物医学工程学科领域一直受到人们的密切关注。羟基磷灰石［$Ca_{10}(PO_4)_6(OH)_2$］是脊椎动物骨和齿的主要无机成分，结构也非常相近，与动物体组织的相容性好、无毒副作用。广泛应用于生物硬组织的修复和替换材料，如口腔种植、牙槽脊增高、耳小骨替换、脊椎骨替换等多个方面。

磷酸钙陶瓷主要包括磷酸钙骨水泥和磷酸钙陶瓷纤维两类。前者是一种广泛用于骨修补和固定关节的新型材料，有望部分取代传统的聚甲基丙烯酸甲酯（PMMA）有机骨水泥。其抗压强度已达 60MPa 以上。后者具有一定的机械强度和生物活性，可用于无机骨水泥的补强及制备有机与无机复合型植入材料。

（3）生物降解陶瓷　生物吸收陶瓷是一种暂时性的骨替代材料，植入体内后材料逐渐被吸收，同时新生骨逐渐长入而替代，这种效应也称为降解陶瓷。生物降解（吸收）陶瓷在临床上主要用作治疗脸部和颌部的骨缺损，填补牙周的空洞及有机与无机复合制作人造肌腱及复合骨板，还可作为药物的载体。

7.7.4 生物医用高分子材料

生物医用高分子材料（biomedical polymer）是指在生理环境中使用的高分子材料，它们中有的可以全部植入体内，有的也可以部分植入体内而部分暴露在体外，或置于体外而通过某种方式作用于体内组织。

（1）与血液接触的高分子材料　与血液接触的高分子材料是指用来制造人工血管、人工心脏血囊、人工心瓣膜、人工肺等的生物医用材料，要求这种材料要有良好的抗凝血性、抗细菌黏附性，即在材料表面不产生血栓、不引起血小板变形，不发生以生物材料为中心的感染。此外，还要求它具有与人体血管相似的弹性和延展性以及良好的耐疲劳性等。人工血管用材料有尼龙、聚酯、聚四氟乙烯、聚丙烯及聚氨酯等。人工心脏材料多用聚醚氨酯和硅橡胶等。人工肺则多用聚四氟乙烯、硅橡胶、超薄乙基纤维（涂在 PE 无纺布或多孔 PP 膜上）等材料。人工肾用材料除要求具备良好的血液相容性外，还要求材料具有足够的湿态强度、有适宜的超滤渗透性等。

（2）组织工程用高分子材料　组织工程学是应用工程学和生命科学的原理和方法来了解正常和病理的哺乳类组织的结构－功能关系，以及研制生物代用品以恢复、维持或改善其功能的一门科学。组织工程中的生物材料主要起提供组织再生的支架或三维结构、调节细胞生理功能和免疫保护的作用。当完成自己的使命后，作为组织生长骨架的生物高分子材料则降解为无毒的小分子被机体吸收。作为这种材料使用的聚合物主要有聚乳酸、聚羟基乙酸等。

（3）药用高分子材料　与低分子药物相比，药用高分子具有低毒、高效、缓释、长效、可定点释放等优点。根据分子结构与制剂的形式，药用高分子可分为三类。

① 具有药理活性的高分子药物　它们本身具有药理作用，断链后即失去药性，是真正意义上的高分子药物。天然药理活性高分子有激素、肝素、葡萄糖、酶制剂等。合成药理活性高分子如聚乙烯吡咯烷酮和聚 4-乙烯吡啶-*N*-亚氧基是较早研究的代用血浆。

② 低分子药物的高分子化　将低分子药物与高分子结合的方法有吸附、共聚、嵌段和接枝等。第一个实现高分子化的药物是青霉素，所用载体为聚乙烯胺，以后又有许多的抗生素、心血管药和酶抑制剂等实现了高分子化。

③ 药用高分子微胶囊　将细微的药粒用高分子膜包覆起来形成微小的胶囊。药物经微胶囊化处理后可以达到延缓、控制释放药物、提高疗效、掩蔽药物的毒性、刺激性和苦味等目的。所用高分子材料有骨胶、明胶、纤维素衍生物、聚葡萄糖酸、聚乳酸及乳酸与氨基酸的共聚物等。

(4) 医药包装用高分子材料　包装药物的高分子材料大体上可分为软、硬两种类型。硬型材料如聚酯、聚苯乙烯、聚碳酸酯等，由于其强度高、透明性好、尺寸稳定、气密性好，常用来代替玻璃容器和金属容器，制造饮片和胶囊等固体制剂的包装。软型材料如聚乙烯、聚丙烯、聚偏氯乙烯及乙烯-醋酸乙烯共聚物等，常加工成复合薄膜，主要用来包装固体冲剂、片剂等药物。而半硬质聚氯乙烯片材则被用作片剂、胶囊的铝塑泡罩包装的泡罩材料。

(5) 医用黏合剂与缝合线　生物医用黏合剂是指将组织黏合起来的组织黏合剂，医用黏合剂可黏合各种组织，例如可进行牙齿黏合，血管、组织、肌肉黏合，脑动脉瘤表面补强、防止破裂黏合及骨黏合等。常用的黏合剂有 α-氰基丙烯酸烷基酯类，甲基丙烯酸甲酯-苯乙烯共聚物及亚甲基丙二酸甲基烯丙基酯等。手术用缝合线可分为非吸收型和可吸收型两大类。非吸收类包括天然纤维（如蚕丝、木棉、麻及马毛等）和合成纤维（如 PET、PA、PP、PE 单丝、PTFE 及 PU 等）。可吸收类包括天然高分子材料（如羊肠线、骨胶原、纤维蛋白等）和合成高分子材料（如聚乙烯醇、聚羟乙基丁酸酯、聚乳酸、聚氨基酸及聚羟基乙酸等）。

(6) 医疗器件用高分子材料　高分子材料制的医疗器件有一次性医疗用品（注射器、输液器、检查器具、护理用具、麻醉及手术室用具等）、血袋、尿袋及矫形材料等。一次性医疗用品多采用常见高分子材料如聚丙烯和聚 4-甲基-1-戊烯制造。血袋一般由软 PVC 或 LDPE 制成。由 PU 制的绷带固化速度快，质轻层薄，不易使皮肤发炎，可取代传统的石膏固定材料用于骨折固定。硅橡胶、聚酯、聚四氟乙烯、聚酸酐及聚乙烯醇等都是性能良好的矫形材料，已广泛用于假肢制造及整形外科等领域。

7.7.5　生物医用复合材料

生物医用复合材料（biomedical composites）是由两种或两种以上不同材料复合而成的生物医学材料。主要用于修复或替换人体组织、器官或增进其功能以及人工器官的制造。不同于一般的复合材料，生物医学复合材料除应具有预期的物理化学性质之外，还必须满足生物相容性的要求。为此，不仅要求组分材料自身必须满足生物相容性要求。而且复合之后不允许出现有损材料生物学性能的性质。医用高分子材料、医用金属和合金以及生物陶瓷均可既作为生物医学复合材料基材，又可作为其增强体或填料，它们相互搭配或组合形成了大量性质各异的生物医学复合材料。

7.7.6　生物衍生材料

生物衍生材料（biologically derived materials）是由经过特殊处理的天然生物组织形成的生物医用材料，又称生物再生材料。生物组织可取自同种或异种动物体的组织；特殊处理包括维持组织原有构型而进行的固定、灭菌和消除抗原性的较轻微的处理，以及拆散原有构型、重建新的物理形态的强烈处理。主要用作人工心瓣膜、血管修复体、皮肤掩膜、纤维蛋白制品、骨修复体、巩膜修复体、鼻种植体、血浆增强剂和血液透析膜等。

7.8　纳米材料

7.8.1　概述

7.8.1.1　纳米材料的定义

纳米是一个尺度单位。一纳米是十亿分之一米（10^{-9} m），约为 4 倍原子大小。纳米材料是指在三维空间中至少有一维处于纳米尺度范围或由它们作为基本单元所构成的材料。如果按维度数，纳米材料的基本单元可以分为：①零维纳米材料，指三维空间尺度均为纳米尺度的材料，如纳米尺度颗粒、原子团簇等；②一维纳米材料，指在三维空间中有两维处在纳米尺度的材料，如纳米丝、纳米棒和纳米管等；③二维纳米材料，指在三维空间中有一维在纳米尺度的材料，如超薄膜，多层膜、超晶格等。由上述基本单元所构成的纳米材料则包括三个层次，分别是纳米微粒、纳米组装体系和纳米固体。

纳米微粒从广义来说是属于准零维纳米材料范畴，尺寸的范围一般在1～100nm。材料的种类不同，出现纳米基本物理效应的尺度范围也不一样，金属纳米粒子一般尺度比较小。一般认为，微观聚合体的线度小于1nm时，称为簇，而通常所说的微粉的线度又在微米级。纳米微粒恰好处于这二者之间，故又被称作超微粒。

纳米组装体系是由人工组装合成的纳米结构材料，也叫纳米尺度的图案材料。它是由纳米微粒以及它们组成的纳米丝或管为基本单元在一维、二维和三维空间组装排列成具有纳米结构的体系。纳米微粒、丝和管可以是有序和无序的排列，其特点是能够按照人们的意愿进行设计，整个体系就可以具有人们所期望的特性，因而该领域被认为是材料化学和物理学的重要前沿课题。

纳米固体是由纳米微粒聚集而成的凝聚体。虽然可从不同的角度将其分为不同的种类，但它们都具有一个共同的特征，即超细颗粒间巨大的界面积。从几何形态的角度可将纳米固体划分为纳米块体材料、纳米薄膜材料和纳米纤维材料。这几种形态的纳米固体又称为纳米结构材料。

7.8.1.2 纳米科技

纳米科技是研究由尺寸在0.1～100nm之间的物质组成的体系的运动规律和相互作用，以及可能的实际应用中的技术问题的科学技术。这个定义既反应了纳米科学技术的内涵，又体现了科学技术发展规律的要求。纳米科学技术是研究在百亿分之一米到千万分之一米内，原子、分子和其他类型物质的运动和变化的学问。在这一尺度范围内对原子、分子进行操纵和加工又被称为纳米技术。纳米科技是一种多学科交叉的综合性学科体系，主要包括纳米材料学、纳米生物学、纳米电子学、纳米化学、纳米物理学、纳米加工学、纳米力学、纳米测量学等若干领域。

7.8.1.3 纳米材料发展

人工制备纳米材料的历史至少可以追溯到一千多年以前。中国古代利用燃烧蜡烛收集的炭黑作为墨的原料以及用于着色的染料，就是最早的纳米材料。但当时人们并不知道这是由人的肉眼根本看不到的纳米尺度小颗粒构成。1861年，随着胶体化学的建立，科学家就开始对直径为1～100nm的粒子体系进行研究。真正有意识地研究纳米粒子可追溯到20世纪30年代的日本，当时为了军事需要而开展了“沉烟试验”。但受到实验水平和条件限制，虽用真空蒸发法制成世界上第一批超微铅粉，但光吸收性能很不稳定。1962年，人工纳米微粒在实验室制备成功，日本科学家久保（Kubo）及其合作者针对金属超微粒子的研究，提出了著名的久保理论，也就是超微颗粒的量子限制理论或量子限域理论，从而推动了实验物理学家向纳米尺度的微粒进行探索。

1981年，IBM公司苏黎世研究所的两位科学家G. 宾尼格和H. 洛勒发明了扫描隧道显微镜（STM)。这是一种基于量子隧道效应原理的新型高分辨率显微镜，它能以原子级的空间尺度来观察宏观块体物质表面上的原子和分子的几何分布和状态分布，为实现人们长期追求的直接观察和操纵一个个原子和分子的愿望，提供了有力的工具。科学家们的热情也由最初的探索纳米颗粒制备方法、不同于常规材料的特殊性能转向如何利用它的奇特的性能，设计纳米复合材料、纳米组装体系和纳米结构材料，并应用到各个领域中去，这极大地推动了纳米空间尺度的科学实践活动，为人类进入纳米世界创造了基础性的技术条件，加快了纳米科学技术的形成。为此，这项发明获得了 1986 年度的诺贝尔物理学奖。

1990 年 7 月在美国召开的第一届国际纳米科学技术会议，正式宣布纳米材料科学为材料科学的一个新分支。1994 年，在美国的波士顿召开的材料研究科学（MRS）秋季会议上，正式提出纳米材料工程。它是在纳米材料研究的基础上，通过纳米合成、纳米添加发展新型的纳米材料，并通过纳米添加对传统材料进行改性，扩大纳米材料的应用范围，开始形成了基础研究和应用研究并行发展的新局面。

纳米材料的发展大致可分为三个阶段。第一阶段（1990 年以前），主要是在实验室探索用各种手段制备各种材料的纳米颗粒粉体，合成块体及薄膜等，研究评估表征的方法，探索纳米材料不同于常规材料的特殊性能。第二阶段（1990～1994 年），人们关注的热点是如何利用纳米材料已挖掘出来的奇特物理、化学和力学性能，设计纳米复合材料。通常采用纳米微粒与纳米微粒复合，纳米微粒与常规块体复合。复合材料的合成及物性探索一度成为纳米材料研究的主导方向。第三阶段（从 1994 年以后），纳米组装体系、人工组装合成的纳米结构材料体系越来越受到人们的关注，正在成为纳米材料研究的新热点。国际上，把这类材料称为纳米组装材料体系或者称为纳米尺度的图案材料。它的基本内涵是以纳米颗粒以及它们组成的纳米丝和管为基本单元在一维、二维和三维空间组装排列成具有纳米结构的体系。如果说第一阶段和第二阶段的研究在某种程度上带有一定的随机性，那么这一阶段研究的特点更强调人们的意愿设计、组装、创造新的体系，更有目的地使该体系具有人们所希望的特性。

7.8.2　纳米结构单元

7.8.2.1　零维纳米材料

(1) 原子团簇　原子团簇是 20 世纪 80 年代新发现的一类化学物种，是指几个至几百个原子的聚集体（粒径小于或等于 1nm），如 Fe_n、Cu_nS_m、C_nH_m（n 和 m 都是整数）、碳簇（C_{60}、C_{70}、富勒烯）等。原子团簇不同于具有特定大小和形状的分子、分子间以弱的结合力结合的松散分子团簇以及周期很强的晶体，原子团簇的形状可以是多种多样的，它们尚未形成规整的晶体，除了惰性气体外，它们都是以化学键紧密结合的聚集体。绝大多数原子团簇的结构不清楚，但已知有线状、层状、管状、洋葱状、骨架状、球状等。

原子团簇有许多奇异的特性，如极大的比表面使它具有异常高的化学活性和催化活性、光的量子尺寸效应和非线性效应、电导的几何尺寸效应、C_{60} 掺杂及掺包原子的导电性和超导性等。

1985 年，英国的科洛托教授（Kroto）和美国的斯莫雷（Smlley）教授等人在瑞斯（Rice）大学的实验室采用激光轰击石墨靶，并用苯来收集碳团簇，用质谱仪分析发现了由 60 个碳原子构成的碳团簇丰度最高，通常称为 C_{60}（图 7-6），同时还发现 C_{70} 等团簇。C_{60} 是由 60 个碳原子组成的足球式的中空球形分子，它是由 32 面体构成，其中 20 个六边形，12 个五边形，直径为 0.7nm。制备 C_{60} 常用的方法是采用石墨碳棒在惰性气体（He、Ar）中进行直流电弧放电，并用围于碳棒周围的冷凝板收集挥发物，通过提纯获得 C_{60}。提纯的方法很多，其中一种方法是根据 C_{60} 比较稳定的特征，用酸溶去其他的碳团簇，剩下 C_{60}，但往往在 C_{60} 中还混有 C_{70}。

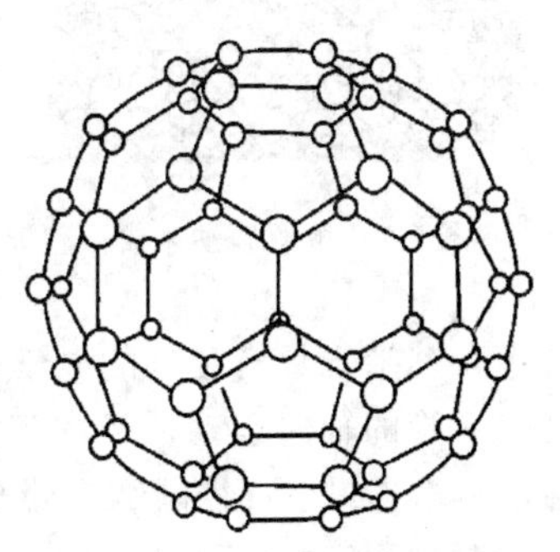

图 7-6　C_{60} 的结构

(2) 纳米微粒　纳米微粒是指颗粒尺寸处在纳米数量级的超细颗粒，它的尺度大于原子团簇，小于通常的微粉，一般为1～100nm，也有人称为超微粒子。纳米微粒是肉眼和一般显微镜看不见的微小粒子。所以，日本名古屋大学上田良二教授给纳米微粒下了这样一个定义：用电子显微镜（TEM）能看到的微粒称为纳米微粒。当小粒子尺寸进入纳米级（1～100nm）时，其本身具有量子尺寸效应、表面效应、小尺寸效应及宏观量子隧道效应，因而展现出许多特有的性质，在催化、滤光、光吸收、医药、磁介质及新材料等方面有广阔的应用前景。

（3）人造原子　人造原子是20世纪90年代提出来的概念，它是由一定数量的实际原子组成的聚集体，其尺寸小于100nm。1996年美国麻省理工学院的阿休理（Achoori）写了一篇综述性文章，正式提出了人造原子的概念。1997年加利福尼亚大学的迈克尤恩（Mc Euen）在“science”上发表文章，系统地总结了关于人造原子的理论和实践工作，特别指出了人造原子的重要意义。他把人造原子的内涵进一步扩大，包括准零维的量子点、准一维的量子棒和准二维的量子圆盘，甚至把100 nm左右的量子器件也看成人造原子。

人造原子与真正原子有许多相似之处。首先，人造原子有离散的能级，电荷也是不连续的，电子在人造原子中也是以轨道的方式运动，这与真正原子极为相似。其次，电子填充的规律也与真正原子相似，服从洪德法则。人造原子与真正原子的差别主要在于：一是人造原子含有一定数量的真正原子；二是人造原子的形状和对称性是多种多样的，真正的原子可以用简单的球形和立方形来描述，而人造原子不局限于这些简单形状；三是人造原子电子间强交互作用比实际原子复杂得多；四是实际原子中电子受原子核吸引作轨道运动，而人造原子中电子是处于抛物线形的势阱中，具有向势阱底部下落的趋势，由于库仑排斥作用，部分电子处于势阱上部，弱的束缚使它们具有自由电子的特征。人造原子还有一个特点，就是放入一个电子或拿出一个电子很容易引起电荷涨落，放入一个电子相当于对人造原子充电，这些现象是设计单电子晶体管的物理基础。

7.8.2.2　一维纳米材料

（1）碳纳米管　1990年底，瑞士苏里士高工的高压电镜实验室在研究碳团簇的结构时意外地发现有管状结构的碳分子存在。1991年11月，日本电器公司（NEC）的电子显微镜专家Sumio Iijima在用高分辨电镜检查球状碳分子时也意外地发现了由纳米级同轴碳分子构成的管状物，现称为碳纳米管，也叫巴基管（bucky tube）。碳纳米管的直径为零点几至几十纳米，每个单壁管侧面由碳原子六边形组成，长度为几十纳米至微米级，管的两端通常被五边形的碳环所封闭。由一层石墨片卷曲成的碳纳米管称为单壁碳纳米管，而由多层的石墨片卷曲而成的称为多壁碳纳米管。根据碳纳米管截面的边缘形状，单壁碳纳米管可存在三种类型的结构，分别为单壁纳米管、锯齿形纳米管和手性纳米管，如图7-7所示。

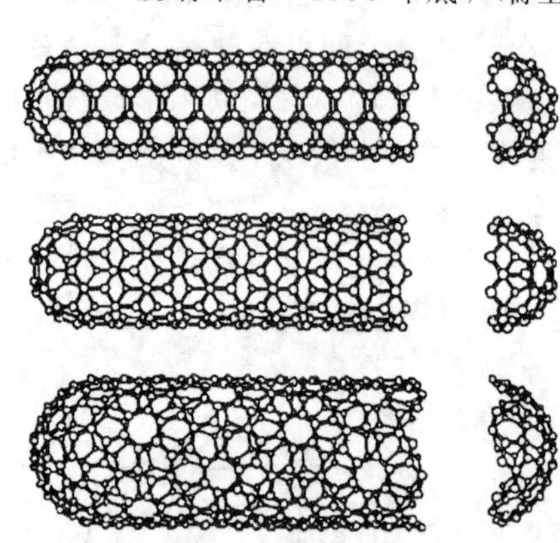

图7-7　单壁碳纳米管（巴基管）

碳纳米管具有独特的电学性质，这是由于电子的量子限域所致，电子只能在单层石墨片中沿纳米管的轴向运动，径向运动受到限制，因此，它们的波矢是沿轴向的。研究人员计算表明，有1/3的小直径碳纳米管是金属的，其余为半导体。共轴的金属-半导体和半导体-金属纳米管对是稳定的。因此，纳米尺度元件可在两个共轴的纳米管或者纳米管之间的结的基础上设计。碳纳米管具有与金刚石相同的热导和独特的力学性质。理论计算指出，碳纳米管的抗张强度比钢高100倍，由碳纳米管悬臂梁振动测量结果可以估计出它们的杨氏模量高达1TPa左右，延伸率达百分之几，并具有好的可弯曲性。碳纳米管热导率与金刚石相仿，电导率高于铜。这些十分优良的性能使碳纳米管具有潜在的应用前景，可用来制备复合材料、金刚石、防磨涂料、润滑剂、液体表面保护剂以及记忆元件的电容。用于晶体管开关电路，制备纳米丝和纳米棒等。

（2）纳米棒、纳米线或纳米丝　准一维实心的纳米材料是指在两维方向上为纳米尺度，而长度较上述两维方向的尺度大得多，甚至为宏观量的新型纳米材料。通常纵横比（长度与直径的比率）小的叫纳米棒，纵横比大的称作纳米线或纳米丝，但是二者之间并没有一个严格统一的界限标准。一般将长度小于 $1\mu m$ 的称为纳米棒，长度大于 $1\mu m$ 的称为纳米丝或线。常见的纳米线有半导体硫化物纳米线、硅纳米线、单金属纳米线、金属合金纳米线、C_{60} 及有机聚合物纳米线等。

（3）同轴纳米电缆　同轴纳米电缆是指芯部为半导体或导体的纳米丝，外包覆异质纳米壳体（导体或非导体）的纳米结构，其壳体和芯部是共轴的。由于这类材料具有独特的性能、广阔的应用前景以及在未来纳米结构器件中占有的战略地位，近年来引起了人们极大的兴趣。1997 年法国科学家柯里克斯（Colliex）等在分析电弧放电获得的产物中，首次发现了几何结构类似于同轴电缆的 C-BN-C 管，因其直径为纳米级，故称其为同轴纳米电缆。1998 年，日本 NEC 公司张跃刚（Y. zhang）等用激光烧蚀法合成了直径为几十纳米、长度达 $50\mu m$ 的 β-SiO_2 芯/非晶 SiO_2 同轴纳米电缆。目前有关同轴纳米电缆的研究主要集中在如何制备出纯度高、产量大、直径分布窄的纳米电缆，如何探测纳米电缆的力学性质、光学性质、电学性质、热学性质等方面。

7.8.2.3 纳米薄膜材料

纳米薄膜是指由尺寸在纳米量级的晶粒（或颗粒）构成的薄膜以及每层厚度在纳米量级的单层或多层膜，有时也称为纳米晶粒薄膜和纳米多层膜，其性能主要依赖于晶粒（颗粒）尺寸、膜的厚度、表面粗糙度及多层膜的结构。根据此定义，已经发现的超晶格薄膜、LB 薄膜、巨磁阻颗粒膜材料等都可以归类为薄膜材料。纳米薄膜与普通薄膜相比，具有许多独特的性能，如由膜厚度或膜中晶粒尺寸大小变化引起的特殊的光学性能，硬度、耐磨性和韧性方面表现出的特殊力学性能以及特殊的电磁学特性、巨磁电阻特性等。

关于纳米薄膜有多种分类方法：按薄膜的用途可分为纳米功能薄膜和纳米结构薄膜。纳米功能薄膜是利用纳米粒子所具有的力、电、光、磁等方面的特性，通过复合制作出同基体功能截然不同的薄膜。纳米结构薄膜则是通过纳米粒子复合，对材料进行改性，以提高材料力学性能为主要目标的薄膜。按构成和致密度，纳米薄膜又可分为颗粒膜与致密膜。颗粒膜是纳米颗粒粘在一起，中间有极为细小的间隙的薄膜。致密膜是指膜层致密但晶粒尺寸为纳米级的连续薄膜。按纳米薄膜的沉积层数，可分为纳米单层薄膜和纳米多层薄膜。其中，纳米多层薄膜包括我们平常所说的“超晶格”薄膜，它一般是由几种材料交替沉积而形成的结构交替变化的薄膜，各层厚度均为纳米级。组成纳米单层薄膜和纳米多层薄膜的材料可以是金属、半导体、绝缘体、有机高分子，也可以是它们的多种组合。按薄膜的应用性能可分为纳米磁性薄膜、纳米光学薄膜、纳米气敏膜、纳米润滑膜及纳米多孔膜等。

7.8.2.4 纳米块体材料

纳米块体材料，又称纳米固体材料或纳米结构材料，是由颗粒或晶粒尺寸为 1～100 nm 的粒子凝聚而成的三维块体。它包括纳米晶体材料、纳米结构材料和纳米复合材料。

纳米晶体材料是通过引入很高密度的缺陷核，密度高至50%的原子（分子）位于这些缺陷核内，可以获得一类新的无序固体（缺陷类型：晶界、相界、位错等），从而得到不同结构的纳米晶体材料。

纳米结构材料是把许多的缺陷（如晶界）引入原来的完整晶体，使坐落在这些缺陷的核心区里的原子的体积分数变得可与坐落在其余晶体中的原子的体积分数相比拟，从而产生了一种新型的固体（在结构上和性质上不同于晶体和玻璃）。根据所引入的缺陷的类型（位错、晶界、相界）可得到不同种类的纳米结构材料。

纳米复合材料大致包括三种类型：第一种是零-零复合，即不同成分、不同相或者不同种类的纳米粒子复合而成的纳米固体。第二种是零-三复合，即把纳米粒子分散到常规的三维固体中，用这种方法获得的纳米复合材料由于它的优越性能和广泛的应用前景，成为当今纳米材料科学研究的热点之一。第三种是零-二复合，即把纳米粒子分散到二维的薄膜材料中，这种复合材料又可分为均匀弥散和非均匀弥散两大类：均匀弥散是指纳米粒子在薄膜中均匀分布；非均匀弥散是指纳米粒子随机地、混乱地分散在薄膜基体中。

7.8.3 纳米材料的制备

纳米粒子的制备方法很多，根据物质的原始状态分为固相法、液相法、气相法。根据制备技术分为机械粉碎法、气体蒸发法、溶液法、激光合成法、等离子体合成法、溶胶-凝胶法等。根据研究领域分为物理方法、化学方法和物理化学方法。

（1）物理方法

① 机械粉碎法　利用球磨机的转动或振动使硬球（不锈钢球、玛瑙球、硬质合金球等）对原料进行强烈地撞击、研磨和搅拌，控制球磨温度和时间，把金属和合金粉末粉碎为纳米级微粒的方法。原料一般选用微米级的粉体或小尺寸条带碎片。该方法工艺简单、生产效率高，并且能够制备出常规方法难以获得的高熔点金属和合金纳米材料，成本较低。近年来随着助磨剂、高能球磨机、超声波与外磁场的引入等的采用，可制备出粒径小于100nm的微粒，但是仍存在产量较低、产品纯度低、成本较高、粒径分布不均的缺点，还有待改进。

② 蒸发-冷凝法　通过在纯净的惰性气体中的蒸发和冷凝过程获得较干净的纳米微粒。蒸发热源可以是电阻加热、高频感应加热、等离子体加热、激光加热、电子束加热等，其制备过程是在真空蒸发室内充入低压惰性气体（He或Ar），将蒸发源加热蒸发，蒸发后的微粒与惰性气体原子碰撞降低动能，随后在液氦冷凝壁上冷凝而形成纳米尺寸团簇。此方法适于金属、合金与陶瓷等。可通过调节惰性气体的压力、蒸发物质的分压即蒸发温度或速率，或惰性气体的温度，来控制纳米微粒粒径的大小。此法的特点是纯度高、结晶组织好、粒度可控，但技术设备要求高。

（2）化学方法

① 气相化学反应法　利用挥发性的金属化合物的蒸气，通过化学反应生成所需要的化合物，在保护气体环境下快速冷凝，从而制备各类物质的纳米粒子。气相化学反应法具有粒子均匀、纯度高、粒度小、分散性好、化学反应活性高等优点。该方法适合于制备各类金属、金属化合物以及非金属化合物纳米粒子，如各种金属、氮化物、碳化物、硼化物等。

② 沉淀法　将不同化学成分的物质混合为溶液，在混合盐溶液中加入适当的沉淀剂，得到前驱体沉淀物后，将沉淀物干燥或煅烧得到纳米材料。沉淀法的特点是简单易行，但纯度低，颗粒半径大，适合制备氧化物。沉淀法分为均相沉淀法、共沉淀法等。沉淀法所用的原料是各类无机盐，如氯化物、硫酸盐、碳酸盐、铵盐，以及金属醇盐（有机金属化合物）。均相沉淀法是制备纳米颗粒材料的经典方法，其原理是在包含一种或多种金属离子的可溶性盐溶液中，加入沉淀剂（OH^-、CO_3^{2-} 等）使其与金属离子形成难溶物质而析出，然后经热解或脱水得到纳米颗粒材料。

③ 溶胶-凝胶法　易于水解的金属化合物（无机盐或金属醇盐）在某种溶剂中与水发生反应，经水解与缩聚过程，逐渐凝胶化，再将凝胶干燥、焙烧，得到无机纳米材料。其基本反应有水解反应和聚合反应，它可在低温下制备高纯度、粒度均匀、化学活性高的单组分和多组分

混合物，并可制备传统方法不能或难以制备的产物，特别适用于制备非晶态材料。

④ 化学气相沉积法 将原物质在特定温度、压力下蒸发到固体表面使其发生固体表面化学反应，形成纳米沉积物。这种方法发展相对较早，是一种相当成熟的方法。它制得的微粒大小可控，粒度均匀，无黏结，已经具有规模生产价值。

7.8.4 纳米材料的性能

7.8.4.1 纳米材料的基本物理效应

纳米材料具有一定的独特性。当物质尺度小到一定程度时，则必须改用量子力学观点取代传统力学的观点来描述它的行为。当粉末粒子尺寸由 10μm 降至 10nm 时，其粒径虽改变为 1000 倍，但换算成体积时则将有 10^9 倍之大，所以二者行为上将产生明显的差异。当小颗粒进入纳米级时，其本身和由它构成的纳米固体主要有如下四个方面的效应。

(1) 量子尺寸效应（久保效应） 量子尺寸效应在微电子学和光电子学中一直占有显赫的地位。当粒子的尺寸降到一定值时，金属费米能级附近的电子能级由准连续变为离散能级的现象以及纳米半导体微粒存在不连续的最高被占据分子轨道和最低未被占据的分子轨道能级而使能隙变宽现象均称为量子尺寸效应。

1993 年，美国贝尔实验室在硒化镉中发现，随着粒子尺寸的减小，发光的颜色从红色变成绿色进而变成蓝色，有人把这种发光带或吸收带由长波长移向短波长的现象称为“蓝移”。1963 年日本科学家久保（Kubo）给量子尺寸效应下了如下定义：当粒子尺寸下降到最低值时，费米能级附近的电子能级由准连续变为离散能级现象。

纳米材料中处于分立的量子化能级中的电子的波动性带来了纳米材料一系列的特殊性质。例如：纳米离子所含的电子数的奇偶性不同，低温下的热容、磁化率有极大的差别。当金属纳米粒子出现能级分离从而出现量子尺寸效应时，其电阻率会大幅度提高。例如金属为导体，但纳米金属微粒在低温由于量子尺寸效应会呈现电绝缘性。

(2) 小尺寸效应 由于纳米粒子尺寸、体积极小，所包含的原子、电子数很少。因此，许多现象就不能用通常有无限个原子的块状物质的性质加以说明。随着纳米颗粒尺寸的不断减小的量变，在一定条件下将引起颗粒性质的质变，这种由于颗粒尺寸变小所引起的宏观物理性质称为小尺寸效应。其中有名的久保理论就是小尺寸效应的典型例子，其对纳米颗粒性质的描述很好地解释了如上所述的量子尺寸效应。例如，纳米铜粉、纳米金粉和纳米银粉将不再分别呈现其特有的赤铜、金黄和银白色的金属光泽，而统统变为黑色，且颗粒越小，颜色越黑。

(3) 纳米材料表面效应 纳米材料的表面效应是指纳米粒子的表面原子数与总原子数的比随粒径的变小而急剧增大后所引起的性质上的变化。由于纳米粒子表面原子数增多，表面原子配位数不足和高的表面能，使这些原子易与其他原子相结合而稳定下来，故具有很高的化学活性。例如：有些金属的块体在室温下的空气中是不会燃烧的，但其纳米粉体却能在同样温度下的空气中迅速氧化、燃烧起来。同时，纳米微粉表面原子比例的增大也使其表面输运与表面构型产生了变化，从而大大提高了原子的自扩散系数，例如金属原子在其相应的纳米晶中的自扩散系数 D_0 可提高 $10^{14} \sim 10^{20}$ 倍。

(4) 宏观量子隧道效应 微观粒子具有贯穿势垒的能力称为隧道效应。近年来，人们发现一些宏观量，例如微颗粒的磁化强度，量子相干器件中的磁通量等也具有隧道效应，称为宏观的量子隧道效应。宏观量子隧道效应的研究对基础研究及实用都有着重要意义。它限定了磁带、磁盘进行信息储存的时间极限。量子尺寸效应、隧道效应将会是未来微电子器件的基础，或者它确立了现存微电子器件进一步微型化的极限。当微电子器件进一步细微化时，必须要考虑上述的量子效应。

7.8.4.2 纳米固体材料的性能

（1）力学性能　材料的力学性能是由材料内部的微结构决定的，所以晶粒的细化及高密度界面的存在，必将对纳米材料的力学性能产生很大的影响。

Hall-Petch关系是表征多晶材料的屈服强度（σ）或硬度（H）与晶粒尺寸之间的关系式：

$$\sigma=\sigma_0+kd^{-1/2} \tag{7-4}$$

$$H=H_0+kd^{-1/2} \tag{7-5}$$

式中，k是比例常数；d为晶粒的平均粒径。

纳米固体具有复杂的Hall-Petch关系，归结起来。主要有三种情况。①正常的Hall-Petch关系（$k>0$），它们与常规多晶材料遵守同样的规律。②反常的Hall-Petch关系（$k<0$），这在常规多晶材料中从未出现过。③混合的Hall-Petch关系，即有些纳米固体材料的屈服应力或硬度随着晶粒尺寸的变化不是单调的，而是存在一个临界晶粒尺寸d_c的拐点。当晶粒尺寸$d>d_c$时，$k>0$；而当$d<d_c$时，$k<0$。这种反常的Hall-Petch关系现象是通常的位错理论所不能解释的。受样品制备及性能测试技术的限制，有关结果和认识都有待深入，一般认为纳米尺度颗粒中的晶格畸变可能会对纳米固体的力学性能的改变有明显地贡献。

（2）光学性能　纳米粒子的表面效应和量子尺寸效应对纳米微粒的光学特性产生很大的影响，甚至使纳米具有同质的大块物体所不具备的新的光学特性。主要表现在以下几个方面。

① 宽频带强吸收　块状金属具有各自的特征颜色，但当其晶粒尺寸减小到纳米量级时，所有金属便都呈黑色，且粒径越小，颜色越深，即纳米晶粒的吸光能力越强。这种对可见光低反射率、强吸收率导致粒子变黑。纳米氮化硅、碳化硅及氧化铝粉对红外有一个宽频带强吸收谱。

② 蓝移现象　与大块材料相比，纳米微粒的吸收带普遍存在"蓝移"现象，即吸收带移向短波方向。例如，纳米碳化硅颗粒和大块碳化硅固体的红外吸收频率峰值分别是814cm^{-1}和794cm^{-1}，纳米氮化硅颗粒和大块氮化硅固体的红外吸收频率峰值分别是949cm^{-1}和935cm^{-1}。利用"蓝移"现象可以设计波段可控的新型光吸收材料。

③ 发光现象　半导体硅是一种间接带隙半导体材料，通常情况下发光效率很弱，但当硅晶粒尺寸减小到5nm及以下时，其能带结构发生了变化，带边向高能带迁移，观察到了很强的可见发射。4nm以下的Ge晶粒也可发生很强的可见光发射。

（3）电学性能　粒子进入纳米级后，其电学性能发生了奇异的变化。同一种纳米材料，当颗粒达到纳米级时，其电阻、电阻温度系数都会发生变化。电子在纳米材料中的传输过程受到空间维度的约束从而呈现出量子限域效应。在纳米颗粒内，或者在一根非常细的短金属线内，由于颗粒内的电子运动受到限制，电子动能或能量被量子化了。结果表现出当在金属颗粒的两端加上电压，电压合适时，金属颗粒导电；而电压不合适时金属颗粒不导电。这样一来，原本在宏观世界内奉为经典的欧姆定律在纳米世界内不再成立了。常态下电阻较小的金属到了纳米级电阻会增大，电阻温度系数下降甚至出现负数；原是绝缘体的氧化物到了纳米级，电阻却反而下降，变成了半导体或导电体。例如，银是优异的良导体，而10～15nm的银微粒电阻突然升高，已失去了典型金属特征，变成了非导体；典型的共价键结构的氮化硅、二氧化硅等，当尺寸达到15～20nm时，电阻可下降几个数量级，用扫描隧道显微镜观察时不需要在其表面镀上导电材料就能观察到其表面的形貌。

（4）磁学性能　当晶粒尺寸减小到纳米级时，晶粒之间的铁磁相互作用开始对材料的宏观磁性有重要影响。纳米微粒奇异的磁特性主要表现在它具有超顺磁性或高的矫顽力。纳米微粒尺寸小到一定临界值时进入超顺磁状态。例如，α-Fe、Fe_3O_4和α-Fe_2O_3的粒径分别为5nm、16nm和20nm时变成超顺磁体。粒径为85nm的镍微粒，矫顽力很高，表面处于单畴状态；

而粒径小于 15nm 的镍微粒，矫顽力 H_c 趋于零，这说明它们进入了超顺磁状态。

(5) 热学性能 与常规材料相比，纳米材料由于界面所占的体积百分比很大，熵对比热的贡献要比常规粗晶材料大得多，因此，纳米结构材料的比热和热膨胀系数都比常规材料高很多。例如，纳米铅的比热比多晶态铅增加 25%～50%，纳米铜的热膨胀系数比普通铜大好几倍，金属银界面热膨胀系数是晶内热膨胀系数的 2.1 倍。

由于颗粒小，纳米微粒表面能高，比表面原子数多，这些表面原子近邻配位不全，活性大，因此纳米粒子熔化时所增加的内能小得多，这就使得纳米微粒熔点急剧下降。例如，块体金的熔点为 1064℃，而 10nm 的金粉熔点却为 940℃，2nm 的金粉的熔点则下降为 327℃。纳米银粉的熔点则会从块体银的 961℃降到 100℃以下。

(6) 纳米陶瓷的超塑性能 超塑性是指材料在断裂前能产生很大的伸长量的性能。这种现象通常发生在经历中温（$\approx 0.5T_m$）、中等到较低的应变速率（$10^{-6}\sim10^{-2}S^{-1}$）条件下的细晶材料中，主要是由晶界及原子的扩散率起作用引起的。一般陶瓷材料属脆性材料，它们在断裂前的形变率很小。科学家们发现，随着粒径的减小，纳米 TiO_2 和 ZnO 陶瓷的形变率敏感度明显提高。CaF_2 和 TiO_2 纳米陶瓷在常温下具有很好的韧性和延展性能，它们在 80～180℃内可产生 100%的塑性变形，且烧结温度降低，能在比大晶粒低 600℃的温度下达到类似于普通陶瓷的硬度。

7.8.5 纳米材料的应用

(1) 纳米陶瓷增韧 纳米陶瓷是指陶瓷原料及其显微结构中所体现的晶粒、晶界、气孔和缺陷分布等的尺度，都在纳米级内。这将使陶瓷的性能得到极大地改善，以至于发生突变而出现新的性能。纳米粉体对陶瓷材料的影响是多方面的，不仅表现在对陶瓷的增韧补强，还对陶瓷显微结构、组织和性能有很大影响，尤其是纳米粉体对陶瓷烧结过程有很大影响。纳米微粒颗粒小，比表面积大并有高的扩散速率，因而用纳米粉体进行烧结，致密化的速度快，还可以降低温度。例如，把纳米 Al_2O_3 粉体加入到粗晶粉体中，可提高 Al_2O_3 的致密度和耐热疲劳性能；英国科学家把纳米 Al_2O_3 与 ZrO_2 进行混合，在实验室已获得高韧性的陶瓷材料，且烧结温度可降低 100℃；德国 Jiilich 将纳米 SiC 掺入粗晶 α-SiC 粉体中，添加量为 20%时，这种粉体制成的块体断裂韧性提高了 25%。

(2) 纳米磁性材料 纳米磁性材料是纳米材料中最早进入工业化生产，应用十分广泛的一类功能材料。纳米磁性材料的特性不同于常规的磁性材料，纳米磁性材料的特性紧密地与颗粒、晶粒的尺寸或薄膜的厚度有关，当其尺度与磁单畴尺寸，超顺磁性临界尺寸，交换作用长度，以及电子平均自由路程等特征物理长度相当时，往往会呈现不同于传统磁性材料的新特性。纳米磁性材料大致分为纳米晶软磁材料、纳米晶永磁材料、纳米磁记录材料、纳米磁性液体、颗粒膜磁性材料以及巨磁电阻材料。

磁性材料与信息化、自动化、机电一体化、国防、国民经济的方方面面紧密相关，磁记录至今仍是信息工业的主体，磁记录发展的总趋势是大容量、小尺寸、高密度、高速度、低价格。为了提高磁记录密度，磁记录介质中的磁性颗粒尺寸已由微米、亚微米向纳米尺度过渡。例如性能优良的 CrO_2 磁粉尺寸约为 200nm×35nm，合金磁粉的尺寸约 80nm。钡铁氧体磁粉的尺寸约 40nm，由超顺磁性所决定的极限磁记录密度理论值约为 6000Gb/in^2。对纳米磁性颗粒的研究，不仅是磁记录工业所需，而且具有基础研究的意义。

磁性液体是由超顺磁性的纳米微粒包覆了表面活性剂，然后弥散在基液中而构成。在磁场作用下，磁性颗粒带动着被表面活性剂所包裹的液体一起运动，好像整个液体具有磁性，故取名为磁性液体。早期采用铁氧体纳米微粒，最典型的是 Fe_3O_4，然后研制成功金属与氮化铁纳米微粒磁性液体。磁性液体广泛地应用于旋转密封，如磁盘驱动器的防尘密封、高真空旋转密封等，以及扬声器、阻尼器件、磁印刷等。

软磁材料是生产量大，品种多的一类磁性材料，广泛地应用于电力、电信、家用电器、计算机等领域。一般纳米软磁材料采取非晶晶化法，即在非晶的基础上有相当大的体积百分数纳米微晶的存在，这种纳米微晶软磁材料已在实际中得到应用。纳米微晶软磁材料具有高磁导率、低损耗、高饱和磁化强度等优异的性能，已应用于开关电源、变压器、传感器等，可实现器件小型化、轻型化、高频化以及多功能化。

磁性金属和合金一般都有磁电阻现象，磁电阻是指一定磁场下电阻改变的现象，人们把这种现象称为磁电阻，巨磁阻是指在一定的磁场下电阻急剧减小，一般减小的幅度比通常磁性金属与合金材料的磁电阻数值约高 10 余倍。纳米微晶巨磁阻抗材料产生这种效应的磁场较低，工作温度为室温以上，这样对巨磁阻抗材料的应用十分有利，同时铁基纳米晶成本低。利用纳米材料已制成了巨磁阻传感器、巨磁电阻高密度磁头、巨磁电阻随机磁存储器、巨磁电阻材料构成的磁电子学器件如磁开关、自控元件等。

（3）光学材料　纳米微粒由于小尺寸效应使它具有常规大块材料不具备的光学特性，如光学非线性、光吸收、光反射、光输送过程中的能量损耗等都与纳米微粒的尺寸有很强的依赖关系。纳米材料的光学特性在高技术领域和日常生活中有广泛应用。

纳米材料制成的红外反射材料，一般是制成薄膜或多层膜来使用。如 Au、Ag、Cu 等金属膜，SnO_2、In_2O_3 等透明导电膜等。通常的纳米微粒紫外吸收材料是将纳米微粒分散到树脂中制成膜，这种膜对紫外光的吸收能力依赖于纳米粒子的尺寸和树脂中纳米粒子的掺加量和组分。如 30～40nm 的 TiO_2 纳米粒子的树脂膜对 400nm 波长以下的紫外光有极强的吸收能力，Fe_2O_3 纳米粒子的树脂膜对 600nm 波长以下的光有很好的吸收能力。

（4）生物和医用纳米材料　随着生命科学、生物信息学和医学的迅速发展，纳米材料因具有特殊的结构效应已在生物医学领域展示出广阔的应用前景。纳米材料可以应用于生物传感器与人造器官，还适用于疾病分析与治疗。

药物纳米载体技术是纳米医药生物技术研究的重要方向。该技术是把药物分子包裹在纳米级的微粒中或吸附在其表面，纳米颗粒作为药物运输体；也可以在颗粒表面偶联特异性的靶向分子，实现安全有效的靶向药物治疗。磁性纳米颗粒作为药物的载体，在外磁场的引导下集中于病患部位，进行定位病变治疗，利于提高药效，减少副作用。

纳米机械和纳米机器人是纳米生物学中的研究内容之一。利用原子和分子直接组装成纳米机器不但速度、效率比常规机器高，而且功能也特殊，应用很广泛。采用纳米电子学控制可装配成纳米机器人，由于纳米机器人可以小到在人的血管中自由地游动，这种纳米机器人可注入人体血管内，进行健康检查和疾病治疗。如疏通脑血管中的血栓、清除心脏动脉脂肪沉积物，这样就不用再进行危险的开颅、开胸手术。

（5）高分子基纳米复合材料　纳米材料用于高聚物中可使材料性能得到很大提高，是形成高性能、高功能复合材料的重要手段之一。纳米级超微粉不仅对聚合物起补强作用，由于粒子尺寸小，透光性好，可使聚合物变得致密。特别是半透明的塑料薄膜，添加超微粉末后不但提高了薄膜的透明度，韧性及防水性能也得到明显改善。将纳米 Al_2O_3 与橡胶制成复合材料，这种材料与常规橡胶相比，耐磨性大大提高，介电常数提高了将近一倍。将纳米 TiO_2、Cr_2O_3、Fe_2O_3、ZnO 等具有半导体性质的粉体掺入到树脂中有良好的静电屏蔽性能。α-Al_2O_3 纳米粉体与环氧树脂制备的复合材料，其玻璃化温度和模量都可以得到明显提高。

参 考 文 献

[1] 冯瑞，师昌绪，刘治国．材料科学导论．北京：化学工业出版社，2002.
[2] 师昌绪．材料大辞典．北京：化学工业出版社，1994.
[3] 周达飞．材料概论．北京：化学工业出版社，2001.
[4] 陈贻瑞，王建．基础材料与新材料．天津：天津大学出版社，1994.
[5] 许并社．材料科学概论. 北京：北京工业大学出版社，2002.
[6] 邱克辉．材料科学概论. 电子科技大学出版社，1996.
[7] 陈光，崔崇主编．新材料概论. 北京：科学出版社，2003.
[8] 肖建中．材料科学导论．北京：中国电力出版社，2001.
[9] 郑子樵．新材料概论．长沙：中南大学出版社，2009
[10] 杜彦良，张光磊．现代材料概论．重庆：重庆大学出版社，2009.
[11] 马小娥．材料科学与工程概论．北京：中国电力出版社，2009.
[12] 周廉．材料科学与工程发展现状与趋势．科技信息，2000（5）：10-13.
[13] 董志武．包装材料与技术的现状及发展趋势．中国包装工业，2002（91）：6-9.
[14] 冯瑞，师昌绪，刘治国．材料科学导论．北京：化学工业出版社，2002.
[15] 孟延军，关昕．金属学及热处理．北京：冶金工业出版社，2008.
[16] 伊藤 邦夫，大冢 和弘，神野 公行，小野修一郎．功能性金属材料．北京：科学出版社，1990.
[17] 吴承建，陈国良，强文江．金属材料学．北京：冶金工业出版社，2000.
[18] 崔忠斤，刘北兴．金属学与热处理原理．哈尔滨：哈尔滨工业大学出版社，1998.
[19] 吴培英．金属材料学．北京：国防工业出版社，1987.
[20] 姚文新．超导材料与技术国外发展现状与趋势．新材料产业，2003（12）：25-28.
[21] 北京钢铁学院．金属学．北京：冶金工业出版社，1961：315-350.
[22] 陈景榕，李承基．金属与合金中的固态相变．北京：冶金工业出版社，1997.
[23] 崔忠圻．金属学与热处理．北京：机械工业出版社，2005.
[24] 董瀚等．先进钢铁材料．北京：科学出版社，2008.
[25] 刘宗昌，任慧平，宋义全．金属固态相变教程．北京：冶金工业出版社，2003.
[26] 毛为民，赵新兵．金属的再结晶与晶粒长大［M]. 北京：冶金工业出版社，1994.
[27] 肖纪美．合金相与相变．北京：冶金工业出版社，2004.
[28] 刘宗昌．金属学与热处理．北京：化学工业出版社，2008.
[29] 李博文，李洪志．无机非金属材料概论．北京：地质出版社，1997.
[30] 刘万生．无机非金属材料概论．武汉：武汉工业大学出版社，1996.
[31] 王培铭．无机非金属材料学．上海：同济大学出版社，1998.
[32] 叶宏明，叶国珍．先进陶瓷材料研究现状．中国陶瓷工业，2002，9（1），30-36.
[33] 谢征芳，陈朝辉，李永清．特种陶瓷的发展与展望．中国陶瓷工业，2000，7（1），31-36.
[34] 郭瑞松，蔡舒，季惠明等．工程结构陶瓷．天津：天津大学出版社，2001.
[35] 金志浩，高积强，乔冠军．工程陶瓷材料．西安：西安交通大学出版社，2000.
[36] 董显林．功能陶瓷研究进展与发展趋势．学科发展，2003，6：407-412.
[37] 曲远方．功能陶瓷及应用．北京：化学工业出版社，2003.
[38] 杨辉，张启龙，王家帮等．微波介质陶瓷及器件研究进展．硅酸盐学报，2003，31（10)：965-980.
[39] 牟国洪，杨世源，张福平等．PZT 压电陶瓷粉体合成的研究进展．中国陶瓷，2003，39（4)：10-13.
[40] 曾令可，王 慧，张海文等．高性能陶瓷材料的发展现状及展望．佛山陶瓷，2002，6：1-7.
[41] 段曦东．多孔陶瓷的制备、性能及应用．陶瓷研究，1999，14（3)：12-17.
[42] 何飞，赫晓东等．多孔陶瓷制备工艺及性能研究．宇航材料工艺，2003（5)：12-43.

[43] 郝小勇．自洁功能陶瓷及其发展．陶瓷工程，2000，34（2）：45-48.
[44] 王维邦．耐火材料工艺学．北京：冶金工业出版社，1990.
[45] 杨光．耐火纤维及其应用．洛阳工业高等专科学院校报，1997，7（1）：61-63.
[46] 葛海桥．耐火陶瓷纤维发展综述．冶金管理，2002（s1）：7-9.
[47] 杜涛，于绍文，孟洪君．耐火材料的发展趋势和新技术．冶金能源，2001，20（1）：30-33.
[48] 钟香崇．新世纪我国耐火材料的发展．钢铁研究，2001（6）：1-14.
[49] 姜中宏．特种玻璃的研究进展与应用开发．硅酸盐通报，1995（4）：46-74.
[50] 赵永田．玻璃工艺学．武汉：武汉工业大学出版社，1993.
[51] 端俊，碧雪．新型玻璃与尖端科技．企业技术开发，1995（4）：10.
[52] 智卫．现代通信传输方式-光导纤维（二）光纤简介．电视技术论谈，1999（1）：1-9.
[53] 肖汉宁，赵运才，刘付胜聪．功能微晶玻璃的研究现状及发展趋势．材料导报，2002，16（8）：39-41.
[54] 宋开新，俞建长．微晶玻璃的制备与应用．山东陶瓷，2002，25（1）：17-20.
[55] 袁润章．胶凝材料学．武汉：武汉工业大学出版社，1996.
[56] 沈卫国，周明凯，吴少鹏．胶凝材料的过去现在和将来．房材与应用，2004，1：11-14.
[57] 胡曙光．特种水泥．武汉：武汉工业大学出版社，1999.
[58] 戴金辉，葛兆明．无机非金属材料概论．哈尔滨：哈尔滨工业大学出版社，1999.
[59] 张留成．高分子材料导论．北京：化学工业出版社，1993.
[60] 高俊刚，李源勋．高分子材料．北京：化学工业出版社，2002.
[61] 周达飞，唐颂超．高分子材料成型加工．北京：中国轻工业出版社，2005.
[62] 徐僖．高分子材料科学研究动向及发展展望．新材料产业，2003，（3）：12-17.
[63] 李伯耿．高分子材料的发展现状与趋势．化工生产与技术，1996，（4）：14-20.
[64] 张桂甲．高分子材料的工程应用与发展．机械工程材料，1998，22（1）：1-5.
[65] 潘祖仁．高分子化学．北京：化学工业出版社，1997.
[66] 张军，纪奎江，夏延致．聚合物燃烧与阻燃技术．北京：化学工业出版社，2005.
[67] 欧育湘，李建军．阻燃剂——性能、制造及应用．北京：化学工业出版社，2005.
[68] 江波，梁子材，王跃川等．功能高分子材料的发展现状与展望．石油化工动态，1998，6（2）：23-27.
[69] 何天白，胡汉杰．功能高分子与新技术．北京：化学工业出版社．2001.
[70] 罗祥林．功能高分子材料．北京：化学工业出版社，2010.
[71] 张东华，石玉，李宝铭．功能高分子材料及其应用．化工新型材料，2004，32（12）.
[72] 沈上越，李珍．矿物岩石材料工艺学．武汉：中国地质大学出版社，2005.
[73] 汪灵．矿物材料学的内涵与特征．矿物岩石，2008，9（28）.
[74] 彭同江．我国矿物材料的研究现状与发展趋势．中国矿业，2009，1（14）.
[75] 廖立兵．矿物材料的定义与分类．硅酸盐通报，2010，10（29）.
[76] 荣葵一，宋秀敏．非金属矿物与岩石材料工艺学．武汉：武汉工业大学出版社，1996.
[77] 肖金凯．矿物材料科学和非金属矿物资源的开发利用．地球科学进展，1991，6（5）：87293.
[78] 万朴．矿物材料与非金属矿工业市场．中国非金属矿工业导刊，2002，（1）：329.
[79] 周祖福主编．复合材料学．武汉：武汉理工大学出版社，2007.
[80] 顾里之主编．纤维增强复合材料．北京：机械工业出版社．1988.
[81] 王顺亭主编．树脂基复合材料．北京：中国建材工业出版社，1997.
[82] 于春田主编．金属基复合材料．北京：冶金工业出版社，1995.
[83] 孙文强，曾辉，牛兰刚等．耐高温复合材料用玻璃纤维表面处理研究．玻璃钢/复合材料，2000，（1）：33-35.
[84] 周晓东，孙斌，郭文军等．接枝改性聚烯烃在玻璃纤维浸润剂中的应用．玻璃钢/复合材料，2000，（1）：12-15.
[85] 余木火，赵世平，滕翠青等．粘胶基碳纤维连续式电化学氧化表面处理．玻璃钢/复合材料，2000，（2）：9-13.

[86] 贾成厂，李汶霞，郭志猛等．陶瓷基复合材料导论．北京：冶金工业出版社，1998.
[87] 师昌绪主编．新型材料与材料科学．北京：科学出版社，1988.
[88] 肖长发主编．纤维复合材料．北京：中国石化出版社，1995.
[89] 张定国等主编．金属基复合材料．上海：上海交通大学出版社，1996.
[90] 李崇俊，马伯信，余志浩．碳/碳复合材料的新发展．材料科学与工程，2000，18（3）：135-140.
[91] 翟洪祥，黄勇，汪长安．晶须增强 CMCS 的增韧机制及其角度依赖性．材料研究学报，l999，13（4）：390-394.
[92] 张锦等主编．新型复合材料力学机理及其应用．北京：北京航空航天大学出版社，1993.
[93] 周馨我．功能材料学．北京：北京理工大学出版社，2002.
[94] 赵书利，叶烽，朱刚．太阳能电池技术应用与发展．船电技术，2010，30（4）：47-50.
[95] 张天慧，朴玲钰，赵谡玲等．有机太阳能电池材料研究新进展．有机化学，2011，31（2）：260-272.
[96] 陶占良，彭 博，梁 静等．高密度储氢材料研究进展．中国材料进展，2009，28（8）：26-40.
[97] 齐凤春．软磁材料的发展现状．材料导报，1995（3）：27-30.
[98] 刘宝棠，江俊勤，何宝鹏．压电陶瓷及其应用．大学物理，1995，14（8）：35-38.
[99] 张华，张桂芳．压电和热释电聚合物 PVDF 及其应用．天津工业大学学报，2003，22（1）：35-39.
[100] 王树彬，韩杰才，杜善义．压电陶瓷/聚合物复合材料的制备工艺及其性能研究进展．功能材料，1999，30（2）：113-121.
[101] 王宥宏，虞明香，崔小朝．信息技术和材料的发展趋势．材料科学与工程学报，2003，21（6）：908-911.
[102] 张怀武，王豪才，杨仕清．信息存储材料的现状与未来．电子科技导报，1996（11）：9-14.
[103] 龙霓东，龙亚东．光电信息材料．空军工程大学学报（自然科学版），2001，2（5）：55-58.
[104] 干福熹．信息材料的跨世纪展望．世界科技研究与发展，2000（1）.
[105] 谷南驹，吕玉申，马志红等．智能材料的发展．金属热处理，1998（7）：15-17.
[106] 张胜兰，沈新元，杨庆等．智能材料的现状及发展趋势．中国纺织大学学报，2000，26（3）：106-111.
[107] 左铁镛，聂祚仁．环境材料基础．北京：科学出版社，2003.
[108] 冯奇，马放，冯玉杰．环境材料概论．北京：化学工业出版社，2007.
[109] 李爱民，孙康宁，尹衍升等．生态环境材料的发展及其对社会的影响．硅酸盐通报，2003，（5）：78-82.
[110] 王天民，郝维昌．生态环境材料——社会可持续发展的物质基础．航空学报，2002，23（5）：459-466.
[111] 龙世卫，解念锁．我国金属材料工业节能减排与环境保护．中国西部科技，2011，10（3）：51-52.
[112] 吉广林．要重视金属矿产资源开发中的环境问题．铜业工程，2009，（4）：18-22.
[113] 卓玉国．高分子材料在环境中的危害及其对策．中国环境管理干部学院学报，2004，14（2）：45-47.
[114] 王迎军，刘康时．生物医学材料的研究与发展．中国陶瓷，1998，34（5）：26-37.
[115] 张立德．纳米材料的主要应用领域．中国高新技术企业，2000，3-4：26-35.
[116] 张立德．纳米材料的现状、特点和发展趋势．中国高新技术企业，2000，3-4：13-14.
[117] 李爱民，孙康宁，尹衍升等．生物材料的发展、应用、评价与展望．山东大学学报（工学版），2002，32（3）：287-293.
[118] 温变英．生物医用高分子材料及其应用．化工新型材料，2001，29（9）：41-44.
[119] 张立德．纳米材料．北京：化学工业出版社，2000.
[120] 张立德，牟季美．纳米材料与纳米结构．北京：科学出版社，2001.
[121] 蒋可玉，赵振杰，杨燮龙等．方兴未艾的纳米结构材料（续）．物理实验，2001，21（8）：3-16.
[122] 都有为．纳米磁性材料及其应用．材料导报，2001，15（7）：6-8.
[123] 赵大庆，杨锋．“top down”和“bottom up”-评我国纳米科技的导向问题．材料导报．2001，15（11）：1-3.
[124] 师昌绪．我国应进一步加大对“纳米科学技术”的支持．材料导报，2001，15（4）：1-2.
[125] 曹茂盛，曹传宝，徐甲强．纳米材料学．哈尔滨：哈尔滨工业大学出版社，2002.